Angewandte Statistik 1

Beschreibende und Explorative Statistik – Wahrscheinlichkeitsrechnung – Zufallsvariablen und Statistische Maßzahlen – Wichtige Verteilungen – Beurteilende Statistik – Vertrauensintervalle – Hypothesentests – Programmbeispiele in MINITAB™

von
Prof. Dr. Manfred Precht
Dr. Roland Kraft
Dr. Martin Bachmaier

7., durchgesehene Auflage

Oldenbourg Verlag München Wien

Bibliografische Information Der Deutschen Bibliothek

Die Deutsche Bibliothek verzeichnet diese Publikation in der Deutschen Nationalbibliografie; detaillierte bibliografische Daten sind im Internet über <http://dnb.ddb.de> abrufbar.

Rosenheimer Straße 145, D-81671 München
Telefon: (089) 45051-0
www.oldenbourg.de

Lektorat: Margit Roth
Herstellung: Anna Grosser
Umschlagkonzeption: Kraxenberger Kommunikationshaus, München
Gedruckt auf säure- und chlorfreiem Papier
Satz: Roland Kraft
Gesamtherstellung: Grafik + Druck, München

ISBN 3-486-57803-0

Inhalt

Vorwort

Die **Angewandte Statistik 1** entstand aus der im gleichen Verlag erschienenen **Biostatistik 1**. Die ersten fünf Auflagen der Biostatistik 1 entstanden aus Vorlesungen und Übungen, die an der Technischen Universität München für Studenten der Agrar- und Gartenbauwissenschaften, der Ernährungs- und Haushaltswissenschaften sowie der Biologie durchgeführt wurden. Der neue Titel berücksichtigt, daß die grundlegenden statistischen Methoden für alle Zweige der Wissenschaft, Technik und Wirtschaft identisch sind und soll deshalb auch Anwender aus allen diesen Bereichen ansprechen. Die Vielzahl von Fachrichtungen muß bei den Voraussetzungen an die Mathematikkenntnisse der Leser berücksichtigt werden. Es wird deshalb versucht, ausschließlich Grundlagen der Mathematik vorauszusetzen und das Verständnis für die Anwendung, Beurteilung und Interpretation statistischer Verfahren und Ergebnisse zu vermitteln.

Das Buch behandelt die Grundlagen der beschreibenden und explorativen Statistik und gibt eine Einführung in die Wahrscheinlichkeitsrechnung. Es werden statistische Maßzahlen und die wichtigsten in der Praxis auftretenden Verteilungen vorgestellt. Die beurteilende Statistik und die Vertrauensintervalle bilden den Übergang zu den statistischen Hypothesentests. Der im selben Verlag erscheinende Band **Angewandte Statistik 2** enthält die wesentlichen weiterführenden statistischen Tests und Analysemethoden wie Varianzanalyse, Regressionsanalyse, Nichtparametrische Statistik, usw.

Die Verfügbarkeit leistungsfähiger Mikrocomputer hat in den letzten Jahren rapide zugenommen. Auch der Erwerb statistischer Software ist erschwinglich geworden. Das preiswerte, anwenderfreundliche und leistungsfähige Statistikprogramm MINITAB ermöglicht die Analyse großer Datenmengen. Aus diesem Grund wurden Programmbeispiele in die Angewandte Statistik aufgenommen. Ein Beispiel dient häufig als Hilfe bei der Analyse eigener Daten. Es ist jedoch prinzipiell unerheblich, welches Statistikprogramm zur Verfügung steht, da die Programmstruktur und Ergebnisausgabe relativ einheitlich ist.

Leider sind Fehler trotz sorgfältiger Korrekturlesung des Manuskripts nicht auszuschließen. Wir sind für jeden Hinweis dankbar.

Die Autoren danken Herrn Martin Reck vom Oldenbourg Verlag für die gute Zusammenarbeit und die Möglichkeit, das Buch in überarbeiteter Form und attraktivem Layout herauszugeben.

Freising-Weihenstephan

Manfred Precht
Roland Kraft
Martin Bachmaier

Einleitung

Wenn man von Statistik spricht, denkt man zunächst an das Gebiet der **beschreibenden Statistik**. Dieser älteste Zweig der Statistik beschäftigt sich vorwiegend mit der übersichtlichen Darstellung großer Datenmengen. Graphische und tabellarische Beschreibungsmethoden bilden das Instrumentarium, um umfangreiche Datenmengen auf einige wesentliche Informationen oder Maßzahlen zu reduzieren. Der Name "Statistik" geht auf Achenwall zurück, der im 18. Jahrhundert Vorlesungen über Staatenkunde ("notitia politica vulgo statistica") hielt. Seine Lehre von den "Staatsmerkwürdigkeiten" enthielt allerdings kaum quantitative Aussagen und hatte noch wenig mit der heutigen beschreibenden Statistik zu tun. Die bevölkerungsstatistische Arbeit von Süßmilch (1741) und die sozialwissenschaftlichen Studien von Quetelet (1796–1874) über einen sog. "mittleren Menschen" zielten schon mehr in eine quantitative Betrachtungsweise und Methodik.

Heute wird in allen modernen Staaten beschreibende Statistik betrieben. In der Bundesrepublik werden auf Bundes- und Länderebene im Rahmen der "Amtlichen Statistik" wirtschafts-, sozialstatistische und agrarstatistische Datenerhebungen von den Statistischen Bundes- und Landesämtern aufgrund bestehender gesetzlicher Grundlagen durchgeführt. Die Ergebnisse dieser Erhebungen werden in den Statistischen Jahrbüchern festgehalten. Aber auch nichtstaatliche Stellen wie Markt- und Meinungsforschungsinstitute, Versicherungen, Wirtschaftsinstitute und Betriebe beschäftigen sich mit beschreibender Statistik. Statistiken über Geburts- und Todesfälle, Verkehrsunfälle, Konsumgewohnheiten, Börsenkurse u.a. sind Beispiele für die Zielrichtungen deskriptiver Statistik. Man kann sagen, Aufgabe der beschreibenden Statistik ist es, große Datenmengen auf einige wenige Maßzahlen zu reduzieren, um damit komplexe Sachverhalte übersichtlich darzustellen. Wenn man jedoch über eine solche deskriptive Datenaufbereitung in Form von Tabellen und Diagrammen hinaus auch noch Rückschlüsse auf Entwicklungen und Trends ziehen will, Abhängigkeiten zwischen verschiedenen Erscheinungen oder Merkmalen herauskristallisieren will oder ganz allgemein Rückschlüsse von einem Teil auf das Ganze ziehen will, dann verläßt man das Gebiet der beschreibenden Statistik und begibt sich auf das der beurteilenden oder mathematischen Statistik.

Die **mathematische Statistik** basiert auf der Wahrscheinlichkeitsrechnung. Diese ist eine rein mathematische Theorie und operiert mit Grundbegriffen, die "axiomatisch" gefordert werden. Die Wahrscheinlichkeitsrechnung wurde im 17. und 18. Jahrhundert von Pascal, den Brüdern Bernoulli sowie Laplace entwickelt und in den dreißiger Jahren unseres Jahrhunderts von dem russischen Mathematiker Kolmogoroff auf ein modernes Fundament gestellt. Die Wahrscheinlichkeitstheorie erklärt, wie man mit Wahrscheinlichkeiten rechnet, wenn man alle Prämissen eines zufällig ablaufenden Experiments vollständig kennt. Sie stellt damit das Rüstzeug für die angewandt arbeitende Statistik dar, denn die Statistik lehrt, wie man aufgrund empirischer Beobachtungen Wahrscheinlichkeiten bestimmt oder schätzt, wie man theoretische Modelle empirischen Sachverhalten anpassen kann. Damit ist man schon beim Kernproblem der mathematischen Statistik, von der man gelegentlich sagt, daß sie sich mit sog. "Massenerscheinungen" beschäftigt. Das sind Erscheinungen, die sich auf eine große

Zahl von Objekten oder Versuchseinheiten (Tiere, Pflanzen, Patienten usw.) beziehen. Während nun eine Einzelerscheinung völlig unregelmäßig verläuft, kann man den Massenerscheinungen im Großen gewisse modellmäßige Gesetzmäßigkeiten zuordnen. Man denke z.B. an die statistische Behandlungsweise in der Thermodynamik. Über ein einzelnes Molekül eines Gases läßt sich nichts aussagen. Der Gesamtheit aller Moleküle kann man jedoch gewisse statistische Parameter zuordnen. Als weiteres Beispiel denke man an einen Würfel. Das Ergebnis eines einzelnen Wurfs ist vollkommen zufällig. Wenn man dagegen eine große Anzahl von Würfen betrachtet, so wird man feststellen, daß die Zahlen von eins bis sechs in etwa gleich häufig vorkommen, sofern der Würfel symmetrisch gebaut ist. Anstelle von Massenerscheinungen sagt man auch **Grundgesamtheit** oder **Population**.

Die statistisch zu untersuchende Grundgesamtheit weist immer eine Variabilität in einer oder mehreren Richtungen auf. Wäre dies nicht der Fall, so hätte es keinen Sinn, sie zum Gegenstand statistischer Untersuchungen zu machen, denn determinierte Vorgänge sind statistisch uninteressant. Eine Tier- oder Pflanzenpopulation weist in einem bestimmten Merkmal (z.B. Körpermaß, Milchleistung, Ertrag usw.) gewisse durch den Zufall zu erklärende Variabilitäten auf. Diese sind zu unterscheiden von Meßfehlern bei der Messung dieser Merkmale. Die Variabilität, die durch physikalische Meßfehler hervorgerufen wird, ist zwar ein Teil der gesamten beobachteten Variabilität, aber selbst wenn man diese Meßfehler eliminiert, bleibt eine zufällige Variabilität übrig, welche die des Meßfehlers in der Regel weit übersteigt, und die man im Falle einer Tier- oder Pflanzenpopulation als "biologische Variabilität" bezeichnet. Es muß jedoch nicht immer eine existente Grundgesamtheit von Individuen vorliegen, sondern man läßt auch hypothetische Grundgesamtheiten zu. So kann man eine einzelne Beobachtung bei einem zufälligen Versuch als Versuchseinheit und die in Gedanken unbegrenzte Wiederholung des Versuchs als grundgesamtheiterzeugend betrachten. Im Sinne der Wahrscheinlichkeitstheorie versteht man unter einer Grundgesamtheit die Menge aller möglichen Resultate eines nach einem festen mathematischen Modell ablaufenden Zufallsexperiments.

In der Praxis ist nun nicht die ganze Grundgesamtheit in ihren Eigenschaften bekannt, sondern nur eine kleine zufällig ausgewählte Teilmenge, denn man kann in der Regel nur einige Versuche z.B. mit einem neuen Medikament, einem Futtermittel oder einer neuen Weizensorte durchführen. Oder man kennt nur einige Exemplare einer bestimmten Tier- oder Pflanzenspezies. Diese zufälligen Teilmengen nennt man auch **Stichproben**. Die wichtigste Aufgabe der mathematischen Statistik ist es nun, Rückschlüsse auf die im Ganzen unbekannte Grundgesamtheit aufgrund der bekannten, beobachteten Stichprobe zu ziehen. Der Anwender statistischer Methoden befindet sich bezüglich der Grundgesamtheit im Ungewissen. Der statistische Rückschluß auf Eigenschaften der Grundgesamtheit soll ihm eine Entscheidungshilfe in einer Situation der unvollständigen Information geben, soll ihm z.B. die Frage beantworten: Ist die Sorte A besser als die Sorte B oder ist das Präparat X wirksamer als das Präparat Y?

Man kann also zusammenfassend die folgende Definition von Statistik geben: Die mathematische oder beurteilende Statistik ist eine methodische Wissenschaft. Sie stellt wissenschaftliche Verfahren zur Verfügung, um Daten zu gewinnen, auszuwerten und zu interpretieren, mit dem Ziel, vernünftige, objektiv vergleichbare Entscheidungen im Falle von Ungewißheit zu treffen.

Es existieren vielfältige Anwendungsgebiete statistischer Methoden in Industrie, Technik und Wissenschaften, z.B. Physik, Meteorologie, Medizin, Pharmazie, Biologie, Agrarwissenschaften, Gartenbauwissenschaften, Ernährungswissenschaften, Umweltwissenschaften, Ökologie, Verkehrswesen, Psychologie, Soziologie, Volks- und Betriebswirtschaft, Demoskopie u.v.m, kurz alle technischen, biologischen, ökonomischen und soziologischen Bereiche. In der Industrie benötigt man beispielweise statistische Methoden bei der Materialprüfung, in der Fertigungssteuerung sowie bei der End- und Abnahmekontrolle. In der Medizin und Pharmazie möchte man z.B. die Wirksamkeit eines neuen Medikaments erproben. Die Agrarwissenschaft fragt möglicherweise nach dem Einfluß verschiedener Fütterungsarten auf die Gewichtszunahmen von Tieren oder möchte wissen, ob sich die Erträge mehrerer Getreidesorten "wesentlich" oder nur zufällig unterscheiden. In der Ökologie interessiert z.B. wie sich bestimmte Tier- oder Pflanzenarten in der Fläche verteilen.

1 Beschreibende und Explorative Statistik

Die **beschreibende** oder **deskriptive Statistik** und die **explorative Statistik** betrachten eine vorliegende Menge von Objekten, von denen für jedes Objekt ein Merkmal oder mehrere Merkmale beobachtet oder gemessen wurden. Um Ordnung in eine solche Datenmenge zu bringen, kann man z.B. auszählen, wie oft die einzelnen Merkmalsausprägungen vorkommen oder wie oft diese in ein bestimmtes Intervall fallen. Die graphische Darstellung der Ergebnisse führt zur sog. **empirischen Häufigkeitsverteilung** der gegebenen Datenmenge. Diese Verteilung gibt das Datenmaterial in übersichtlich aufbereiteter Form wieder. Die Gewinnung einer solchen Verteilung stellt eine Hauptaufgabe der beschreibenden Statistik dar.

Während eine Häufigkeitsverteilung die wesentliche Information, die in einer Datenmenge steckt, nahezu unverändert enthält, geben statistische Maßzahlen, wie z.B. **Mittelwert** und **Streuung** stellvertretend für die ganze Menge von Einzelwerten jeweils eine einzige Zahl als Parameter an.

Neben den empirischen Häufigkeitsverteilungen und entsprechenden Maßzahlen werden später die theoretischen Verteilungen und analoge Maßzahlen vorgestellt. Sie dienen zur Angabe der Wahrscheinlichkeit für das Eintreffen bestimmter zufälliger Ereignisse.

1.1 Beschreibung eindimensionaler Stichproben

Wird für jedes Objekt einer Menge lediglich ein Merkmal beobachtet oder gemessen, so ist die entsprechende Häufigkeitsverteilung dieses Merkmals eine **eindimensionale Häufigkeitsverteilung**. Bestimmt man z.B. bei einer Anzahl von Autos die Kohlenmonoxidkonzentration der Abgase, so ist die zugehörige Verteilung des Merkmals "Kohlenmonoxid" eindimensional. Eine zusätzliche Messung der Stickoxidkonzentration führt zu zwei Meßwerten pro Auto. Dieses Zahlenmaterial kann in einer **zweidimensionalen Häufigkeitsverteilung** zusammengefaßt werden (Abschnitt 1.3).

1.1.1 Stichprobe und Grundgesamtheit

Das Ergebnis einer statistischen Erhebung liegt in der Regel zunächst in Form einer **Urliste** vor. Darunter versteht man ein Protokoll, auf dem die beobachteten Werte in der Reihenfolge stehen, wie sie beobachtet und notiert wurden.

Wird z.B. eine gewisse Anzahl von Studenten der Technischen Universität München-Weihenstephan zufällig ausgewählt und ihre Größe bestimmt, so erhebt man eine Stichprobe über die Körpergröße der Studenten. Die notierten Meßwerte in der Urliste, also die Größe der ausgewählten Studenten, sind die **Stichprobenwerte**.

Eine zufällige Teilmenge aus einer Menge von beliebigen Objekten (Personen, Tiere, Gegenstände usw.), die sich durch ein oder mehrere gemeinsame Merkmale auszeichnen, heißt eine **Stichprobe**. Umfaßt diese Teilmenge genau n Objekte, so spricht man von einer Stichprobe vom Umfang n. Wenn zukünftig von Stichproben die Rede ist, dann ist damit meistens die Stichprobe der Merkmalswerte und weniger die der Objekte gemeint. Die **Grundgesamtheit** ist die Menge aller möglichen oder denkbaren Objekte, die sich durch die gleiche Eigentümlichkeit auszeichnen, z.B. die Grundgesamtheit aller Weihenstephaner Studenten.

Aus ökonomischen, zeitlichen oder praktischen Gründen arbeitet man fast ausschließlich mit **Stichprobenerhebungen** und nur in Ausnahmefällen mit **Vollerhebungen**, d.h. mit einer Erhebung der ganzen Grundgesamtheit. Es ist z.B. praktisch ausgeschlossen, alle Weihenstephaner Studenten zu vermessen, da immer ein Teil davon im Praktikum ist. Eine annähernd vollständige Vollerhebung liegt beispielsweise bei Volkszählungen vor, die mit einem erheblichen Finanz- und Arbeitsaufwand durchgeführt werden. Ziel einer Stichprobenerhebung ist also, aufgrund einer Stichprobe realistische Aussagen über die Grundgesamtheit zu machen, also beispielsweise die unbekannte tatsächliche Körpergrößenverteilung der Studenten durch die Verteilung der Stichprobenwerte abzuschätzen.

Eine gegebene Datenmenge soll im folgenden als eine Stichprobe aus einer Grundgesamtheit angesehen werden. Die Aufgabe der beschreibenden Statistik ist, die in einer Urliste gegebene Menge von Daten zu ordnen, übersichtlich darzustellen und mit statistischen Maßzahlen zu kennzeichnen, um einen Überblick über die Verteilung der Merkmalswerte zu bekommen.

Beispiele:

1. *Tab. 1.1 zeigt die Urliste einer Stichprobe von* 100 *Jungsauen, bei denen das Merkmal "Anzahl der Ferkel pro Wurf" betrachtet wurde. Es liegt eine eindimensionale Stichprobe vor, denn für jedes Element, also für jede Sau, wurde ein Merkmalswert gemessen.*

11	13	7	15	6	11	8	7	4	12
9	14	11	10	10	8	14	7	12	10
9	12	6	7	8	12	9	10	7	9
13	10	8	10	12	11	9	8	6	10
9	13	14	9	11	9	11	10	11	7
12	10	12	11	9	11	9	10	12	8
16	11	9	10	11	9	12	10	13	11
10	7	9	11	10	9	11	10	14	8
7	9	10	9	10	11	8	13	9	10
12	8	12	11	10	7	15	9	10	8

Tabelle 1.1: Urliste über die Anzahl der Ferkel pro Wurf bei einer Stichprobe von $n = 100$ Jungsauen

2. *Eine zweidimensionale Stichprobe vom Umfang $n = 20$ erhält man beispielsweise, wenn man bei 20 zufällig ausgewählten Rindern jeweils zwei Merkmale mißt. In Tabelle 1.2 ist der Brustumfang und die Kreuzhöhe von 20 Rindern festgehalten.*

Tier Nr.	Brustumfang [cm]	Kreuzhöhe [cm]	Tier Nr.	Brustumfang [cm]	Kreuzhöhe [cm]
1	180	121	11	170	123
2	168	116	12	170	118
3	170	114	13	175	115
4	167	116	14	172	117
5	177	119	15	175	119
6	164	115	16	172	123
7	180	121	17	171	114
8	169	120	18	167	117
9	164	112	19	168	115
10	180	117	20	155	115

Tabelle 1.2: Brustumfang und Kreuzhöhe bei 20 Rindern

3. *Allgemein erhält man eine m-dimensionale Stichprobe vom Umfang n, wenn an jedem der n Elemente jeweils m Merkmale $(x_1, x_2, \ldots, x_m)$ gemessen werden. Tab. 1.3 enthält eine fünfdimensionale Stichprobe vom Umfang $n = 10$.*

Nr.	28 Tage-Gewicht [kg]	Alter bei Mastende [Tage]	tägliche Zunahme [g]	Stallendgewicht [kg]	Schlachtgewicht [kg]
1	8.3	179	745	98	76.5
2	9.5	164	814	103	78.5
3	9.2	166	778	102	76.0
4	10.7	166	761	102	78.5
5	9.6	175	761	101	78.5
6	8.4	186	700	98	75.0
7	9.1	178	745	98	76.5
8	10.2	183	707	100	76.0
9	7.5	184	778	103	80.0
10	7.3	197	700	97	70.0

Tabelle 1.3: Schweinedaten über fünf verschiedene Merkmale der Mastleistung

1.1.2 Einteilung der Merkmale

Bei Merkmalen einer Stichprobe wird zunächst zwischen **quantitativen**, d.h. zahlenmäßig erfaßbaren und **qualitativen**, d.h. artmäßig erfaßbaren Merkmalen unterschieden.

Beispiele für qualitative Merkmale sind Geschlecht, Farbe, Schadens- oder Handelsklasse, Sorte, Beruf usw. Eine genauere Einteilung der qualitativen Merkmale unterscheidet ordinal und nominal erfaßbare Merkmale.

Bei einem **ordinalen Merkmal** kann man die einzelnen Ausprägungen nicht mehr messen im üblichen Sinne, wohl aber noch in eine Reihenfolge bringen oder ordnen. Ein solches Stichprobenelement besitzt jeweils einen Rang 1, Rang 2, Rang 3 usw., das heißt aber nicht, daß mittels dieser Rangzahlen ein echtes quantitatives metrisches Merkmal vorliegt. Mit einer solchen Rangskala kann man zwar eine Rangordnung konstatieren, aber nicht sagen, der Abstand zwischen Rang 1 und Rang 3 ist zweimal so groß wie zwischen Rang 1 und Rang 2.

Bei einem **nominalen Merkmal** kann man nur noch die einzelnen Ausprägungen des Merkmals feststellen und willkürlich nebeneinander aufreihen, ohne eine Abstufung durchzuführen oder eine Angabe über Abstände zu machen.

Beispiele für ordinale Merkmale sind Schadens- oder Handelsklassen, Schulnoten, Angaben über die Befallshäufigkeit einer bestimmten Krankheit bei Pflanzen oder die Stadien eines Tumors. Beispiele für nominale Merkmale sind Konfession, Farbe, Geschlecht, Sorte oder Beruf.

Quantitative oder **metrische Merkmale** können durch einen Meß- oder Zählvorgang erfaßt werden. Beispiele dafür sind Körpergröße, Gewicht, Ferkel- oder Kinderzahl, Einkommen. Quantitative Merkmale unterteilt man darüberhinaus in diskrete und stetige Merkmale.

Stetige Merkmale können jeden beliebigen Wert innerhalb eines gewissen Intervalls annehmen, z.B. die Körpergröße oder das Körpergewicht. **Diskrete Merkmale** haben nur ganz bestimmte Ausprägungen, die man abzählen kann, wie z.B. Ferkel- und Kinderzahl oder die Anzahl der Blätter bei Pflanzen. Die Merkmalsausprägungen diskreter Merkmale sind also ganze, meist nichtnegative Zahlen.

Eine zweite Art der Unterteilung der quantitativen Merkmale differenziert, ob Merkmale mit einer Intervall- oder mit einer Verhältnisskala erfaßt werden.

Bei einer **Intervallskala** ist charakteristisch, daß die Erfassung des Abstands, d.h. Bildung der Differenz zwischen zwei Merkmalsausprägungen, möglich ist. Beispiel dafür ist die Temperaturmessung in Grad Celsius oder Fahrenheit.

Bei einer **Verhältnisskala** hat man zusätzlich einen wahren, absoluten Nullpunkt, auf den die einzelnen Merkmalsausprägungen bezogen werden können. Beispiele sind die Temperaturmessung in Grad Kelvin, die Längen-, Gewichts- und Zeitmessung.

Der Übergang zwischen diskreten und stetigen Merkmalen ist zum Teil fließend. Wenn man die Länge eines Werkstücks, die ein stetiges Merkmal darstellt, auf volle Zentimeter abrundet, so nimmt dieses Merkmal den Charakter eines diskreten Merkmals an. Außerdem kann man jedes stetige Merkmal gruppieren und erhält so ein diskretes Merkmal.

Eine zusammenfassende Übersicht der Merkmalseinteilung mit Beispielen enthält Tab. 1.4.

qualitativ artmäßig		**quantitativ (metrisch)** zahlenmäßig	
nominal Ausprägungen	**ordinal** Rangfolge	**diskret** ganzzahlig	**stetig** beliebig
Religion Geschlecht Art	Handelsklassen Schulnoten Schadensstufen	Kinder Pflanzen Tiere	Gewicht Zeit Stoffgehalt

Typ		Merkmal	
qualitativ	nominal	Baumart	Tanne, Fichte, Kiefer, Buche, Eiche
	ordinal	Schädigung	ohne, schwach, mittel, stark, tot
quantitativ	diskret	Rehe/ha	0 – 20
	stetig	Bleigehalt	0.0 – 100.0 ppm

Tabelle 1.4: Einteilung der Merkmale

1.1.3 Häufigkeitsverteilungen bei diskreten Merkmalen

Betrachtet wird das Merkmal "Anzahl der Ferkel pro Wurf" in Tab. 1.1 auf Seite 6. Dieses Merkmal nimmt nur ganze Zahlen größer oder gleich Null als Werte an und stellt damit ein diskretes Merkmal dar.

Wenn man auszählt, wie oft die verschiedenen Ferkelzahlen vorkommen, erhält man die **Häufigkeitstabelle**, bzw. **Verteilung** der Merkmalswerte in Tab. 1.5.

Ferkel pro Wurf	4	5	6	7	8	9	10	11	12	13	14	15	16
Häufigkeit	1	0	3	9	10	18	20	16	11	5	4	2	1

Tabelle 1.5: Häufigkeitstabelle für die Ferkelzahlen von Tab. 1.1

Beim Auszählen der Urliste kann man sich mit einer **Strichliste** behelfen. In der Strichliste geben die Summen der einzelnen Striche in einer Zeile die **absolute Häufigkeit** n_i für den i-ten Merkmalswert x_i an (Tab. 1.6).

Auf kariertem Papier kann man ebenfalls bequem eine Urliste auszählen, indem man über dem entsprechenden Merkmalswert ein Kreuz malt (Bild 1.1). Die Summe der Kreuze über einem Merkmalswert ist die absolute Häufigkeit n_i.

Wenn man die absoluten Häufigkeiten auf den Umfang n der Stichprobe bezieht, erhält man die **relativen Häufigkeiten** h_i für die Merkmalswerte x_i.

4	|
5	
6	|||
7	~~||||~~ ||||
8	~~||||~~ ~~||||~~
9	~~||||~~ ~~||||~~ ~~||||~~ |||
10	~~||||~~ ~~||||~~ ~~||||~~ ~~||||~~
11	~~||||~~ ~~||||~~ ~~||||~~ |
12	~~||||~~ ~~||||~~ |
13	~~||||~~
14	||||
15	||
16	|

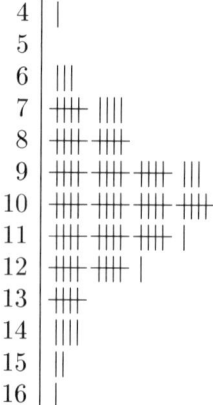

Tabelle 1.6: Strichliste der Ferkelzahlen von Tab. 1.1

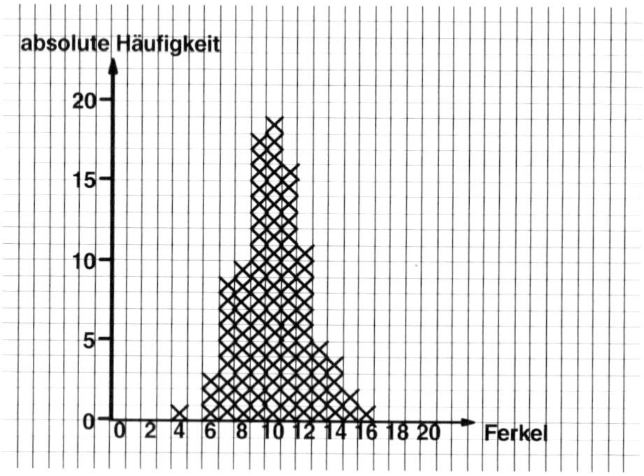

Bild 1.1: Kreuztabelle der Ferkelzahlen aus Tabelle 1.1

Sei mit $h(x_i) = h_i$ die relative Häufigkeit für den Merkmalswert x_i bezeichnet. Dann gilt:

$$h_i = h(x_i) = \frac{\text{Anzahl der Stichprobenwerte mit } x_i \text{ als Ergebnis}}{\text{Stichprobenumfang } n} \tag{1.1}$$

Im Beispiel hat die Wurfzahl 8 die Häufigkeit $h_8 = h(8) = 10/100 = 0.10$ oder auch 10%. Es ist klar, daß die relative Häufigkeit einer Merkmalsausprägung (hier: einer Wurfzahl) zwischen 0 und 1 liegt bzw. zwischen 0% und 100%, die beiden Zahlen jeweils eingeschlossen. Es gilt also: $0 \leq h_i \leq 1$.

Tab.1.7 zeigt die absoluten und relativen Häufigkeiten der Ferkelzahlen aus Tab. 1.1.

Ferkel pro Wurf	absolute Häufigkeit	relative Häufigkeit
4	1	0.01
5	0	0.00
6	3	0.03
7	9	0.09
8	10	0.10
9	18	0.18
10	20	0.20
11	16	0.16
12	11	0.11
13	5	0.05
14	4	0.04
15	2	0.02
16	1	0.01
Summe	100	1.00

Tabelle 1.7: Häufigkeitstabelle der Ferkelzahlen von Tabelle 1.1

1.1.4 Häufigkeitsfunktion einer Stichprobe

Einer Stichprobe vom Umfang n mit m verschiedenen Werten $x_1, x_2, \ldots, x_m$ kann man eine Funktion $\widetilde{f}$, die sog. **Häufigkeitsfunktion**, zuordnen. Wenn h_i die relative Häufigkeit $h(x_i)$ für $i = 1, 2, \ldots, m$ bezeichnet, so erfolgt die Zuordnung:

$$\widetilde{f}(x) = \begin{cases} h_i & \text{für } x = x_i \ (i = 1, 2, \ldots, m) \\ 0 & \text{sonst} \end{cases} \tag{1.2}$$

Die Funktion $\widetilde{f}$ nimmt also an den m Stellen x_i $(i = 1, 2, \ldots, m)$ die Werte h_i an und ist sonst überall gleich Null (vgl. Bild 1.2).

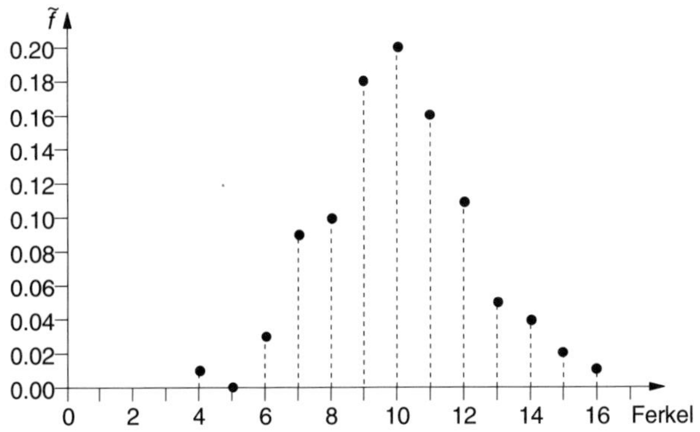

Bild 1.2: Häufigkeitsfunktion $\widetilde{f}$ der Ferkelzahlen aus Tabelle 1.1

Man verwendet jedoch als graphische Darstellung meist ein **Balken-**, **Säulendiagramm** oder **Histogramm**. Dies ist eine optisch etwas ansprechendere graphische

Form der Häufigkeitsfunktion $\widetilde{f}$. Man zeichnet einfach eine Säule bzw. einen Balken über den Stichprobenwert dessen Höhe der absoluten oder relativen Häufigkeit des Stichprobenwerts entspricht. Man erhält dann eine Auftragung wie in Bild 1.3, in der die absoluten Häufigkeiten als Balken dargestellt sind.

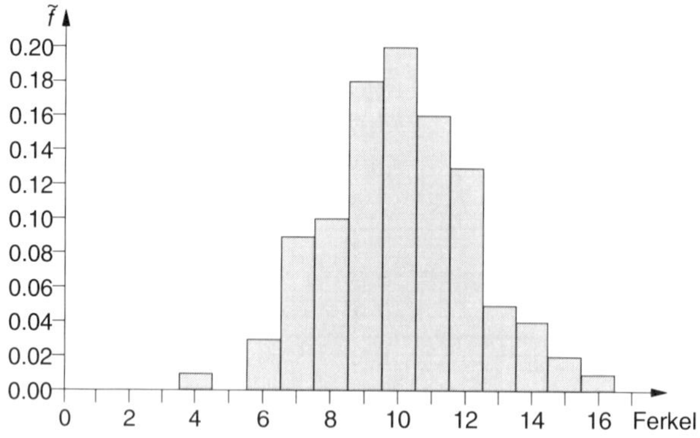

Bild 1.3: Histogramm der Ferkelzahlen aus Tabelle 1.1

Wenn man die Punkte der Häufigkeitsfunktion bzw. die Mitten der Säulen beim Balkendiagramm durch Geradenstücke miteinander verbindet, erhält man ein sog. **Häufigkeitspolygon**. Das kann nützlich sein, um z.B. die zeitliche Entwicklung eines Merkmals deutlich zu machen.

1.1.5 Häufigkeitsverteilungen bei stetigen Merkmalen

Hat eine Stichprobe einen sehr großen Umfang und kommen viele zahlenmäßig verschiedene Werte vor, so ist die Zeichnung der Häufigkeitsfunktion wenig übersichtlich. Auch wenn die Stichprobenwerte keine ganzen Zahlen sind, wie im Beispiel mit der Anzahl der Ferkel, sondern Zahlen aus einem gewissen Intervall, wenn z.B. ein Ertrag, ein Gewicht oder eine Länge gemessen werden, ist eine **Klassenbildung** sinnvoll.

Das Intervall, in dem alle vorkommenden Stichprobenwerte liegen, wird in eine zweckmäßige Anzahl von **Teilintervallen** oder **Klassenintervallen** unterteilt. Es ist dabei oft nützlich, daß alle Klassen gleich groß sind, also konstante Klassenbreite haben. Eine Klasse wird entweder mit Hilfe der unteren (linken) und oberen (rechten) Klassengrenze oder mit der Klassenmitte und Klassenbreite festgelegt.

Die Anzahl von Stichprobenwerten, die in eine bestimmte Klasse fallen, heißt **absolute Klassenhäufigkeit** dieser Klasse. Die **relative Klassenhäufigkeit** erhält man nach Division der absoluten Klassenhäufigkeit durch den Stichprobenumfang. Vor der Zuordnung der Stichprobenwerte zu den einzelnen Klassen legt man eine sich nicht überlappende Klassenteilung fest, so daß die Zuordnung der Stichprobenwerte zu den einzelnen Klassen eindeutig ist.

Man wählt außerdem entweder die Klassenmitten oder die Klassenenden so, daß sie möglichst einfachen Zahlen entsprechen. Bei der Klassenbildung geht natürlich Information verloren. Die Menge aller Stichprobenwerte wird reduziert auf die Häufigkeiten in den einzelnen Klassen.

Will man nachträglich aufgrund einer Klassifizierung den arithmetischen Mittelwert $\overline{x}$ (vgl. Kap. 1.2) berechnen bzw. schätzen, so nimmt man zweckmäßigerweise an, daß alle Werte in einer Klasse auf der Klassenmitte liegen. Der Fehler, den man dabei macht, ist umso kleiner, je gleichmäßiger sich die Merkmalswerte über das ganze Intervall verteilen.

Man sollte generell nicht "zu klein" klassifizieren, weil dabei noch "zuviel" Information aus der Urliste übrig bleibt. Andererseits sollte auch nicht "zu groß" klassifiziert werden, da in diesem Fall "zuviel" Information über die Häufigkeitsverteilung der Stichprobe verloren geht. Als Faustregel gilt: Die Anzahl der Klassen sollte kleiner oder höchstens gleich der Wurzel aus der Anzahl der Stichprobenwerte sein ($\sqrt{n}$), wobei jedoch mindestens 5 und höchstens 25 Klassen vorkommen sollen. Außerdem sollten möglichst keine leeren Klassen auftreten. Die Häufigkeit in Abhängigkeit von den Klassenmitten heißt die **Häufigkeitsfunktion der klassifizierten Stichprobe**.

Tab. 1.8 zeigt die Urliste der jährlichen Milchleistung einer Stichprobe von 100 Kühen. Es liegt eine eindimensionale Stichprobe vor, denn für jedes Element, also für jede Kuh, wurde ein Merkmalswert gemessen.

5614	5662	4344	5268	4629	4273	5754	5197	5448	4552
5866	5601	6799	4834	4113	5548	3760	4599	5560	5650
3952	5952	4951	4875	3702	5262	4986	6352	5614	5577
5626	6627	5884	5908	6532	4201	4593	5770	4702	4491
5170	5142	5250	5329	4891	5055	5659	5292	5542	5662
4870	4935	5700	5397	5296	4689	5899	5155	5580	5851
6270	4908	5046	6505	4555	3867	4305	4660	4947	4504
5566	5436	4254	5569	5611	4618	6235	5065	5242	5608
5049	5067	4558	5613	5898	4611	4593	5259	5059	4933
5358	4938	5875	5626	3916	4381	5221	4999	4318	5832

Tabelle 1.8: Milchleistung von 100 Milchkühen in kg/a

Es liegt ein stetiges Merkmal vor, auch wenn die Meßwerte auf ganze Kilogramm gerundet sind. Die meisten Werte kommen nur einmal vor. Aus diesem Grund nimmt man eine Klasseneinteilung vor und zählt, wieviele Messungen in eine bestimmte Klasse fallen. In Tab. 1.9 wurde eine konstante Klassenbreite von 400 kg/a festgelegt. Die untere Grenze der am weitesten links liegenden Klasse (sog. **Reduktionslage**) wurde auf 3600 kg/a gesetzt, so daß man wie folgt klassifizieren kann:

1. Klasse: [3600 . . . 4000), 2. Klasse: [4000 . . . 4400), usw.

Die vorletzte Spalte von Tab. 1.9 zeigt die absolute Häufigkeitsverteilung, die letzte Spalte die relative Häufigkeitsverteilung dieser Stichprobe.

Graphisch stellt man meistens die Häufigkeitsverteilung einer klassifizierten Stichprobe in Form eines **Histogramms** oder **Treppenpolygons** dar. Man repräsentiert die Häufigkeit der einzelnen Klassen durch Rechtecke, deren Flächen über den verschiedenen Intervallen den Häufigkeiten in diesen Intervallen proportional sind. Dieses Prinzip der Flächentreue sollte man insbesondere beachten, wenn man verschiedene Klassenbreiten wählt. Wenn man eine konstante Klassenbreite $(x_i - x_{i-1}) = \Delta x$ gewählt hat,

Klassen-intervall	Klassen-mitte	Absolute Klassenhäufigkeit Strichliste	n	Relative Klassen-häufigkeit h
3600 . . . 4000	3800	卌	5	0.05
4000 . . . 4400	4200	卌 |||	8	0.08
4400 . . . 4800	4600	卌 卌 ||||	14	0.14
4800 . . . 5200	5000	卌 卌 卌 卌 ||	22	0.22
5200 . . . 5600	5400	卌 卌 卌 卌	20	0.20
5600 . . . 6000	5800	卌 卌 卌 卌 ||||	24	0.24
6000 . . . 6400	6200	|||	3	0.03
6400 . . . 6800	6600	||||	4	0.04
			100	1.00

Tabelle 1.9: Häufigkeitsverteilung zur Stichprobe aus Tabelle 1.8

braucht man nur die Höhe der einzelnen Rechtecke proportional zur Häufigkeit h_i zu zeichnen.

Das Histogramm zur Verteilungstafel in Tab. 1.9 ist in Bild 1.4.a wiedergegeben. Als Ordinate ist dort die relative Häufigkeit $\widetilde{f}(x)$ in Prozent aufgetragen. Man kann jedoch genauso gut die absoluten Häufigkeiten darstellen.

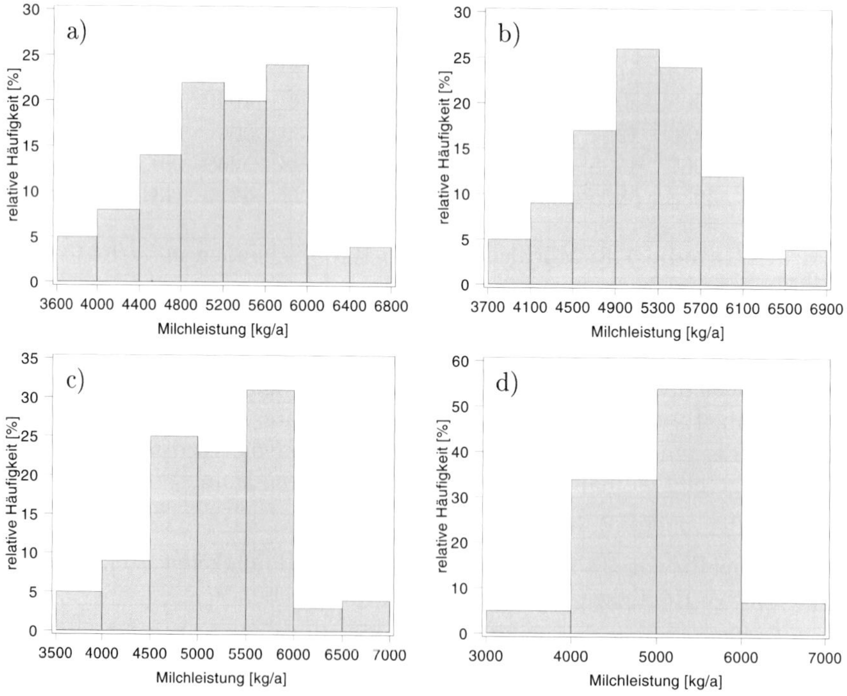

Bild 1.4: Histogramme zur Stichprobe aus Tab. 1.8

Das Histogramm einer Stichprobe hängt von der Festlegung der Klassenbreite und der Reduktionslage ab. Für das Beispiel der Milchleistungsstichprobe wurden in Bild 1.4 verschiedene Reduktionslagen und Klassenbreiten gewählt. Wenn man die Reduktionslage von 3600 kg/a (Bild 1.4.a) auf 3700 kg/a erhöht (Bild 1.4.b), dann verschwindet der bei 5200 kg/a zu beobachtende sog. **Rückschlag**, d.h. ein Abfall und anschließender Anstieg der Häufigkeiten. Bild 1.4.c zeigt ein Histogramm mit sieben Klassen. In Bild 1.4.d mit einer Klassenbreite von 1000 kg/a sind nur vier Klassen besetzt. Diese Art der Darstellung ist aufgrund einer zu geringen Anzahl von Klassen für eine Häufigkeitsverteilung ungeeignet.

1.1.6 Summenhäufigkeitsfunktion einer Stichprobe

Die Stichprobe ist nicht in Klassen eingeteilt

Will ein Tierzüchter bei der Stichprobe über die Ferkelzahl von 100 Jungsauen wissen, wieviel Prozent der Tiere Ferkelzahlen von 10 oder weniger aufweisen, so kann er das aus der Häufigkeitstabelle 1.7 bzw. aus der Häufigkeitsfunktion nicht sofort entnehmen. Er muß die Häufigkeiten für die Ferkelzahlen $4, 5, \ldots, 10$ aufsummieren:

$0.01 + 0.00 + 0.03 + 0.09 + 0.10 + 0.18 + 0.20 = 0.61$

61% der Tiere dieser Stichprobe haben also Ferkelzahlen von 10 oder weniger. Man kann nun für jede in Tab. 1.7 vorkommende Ferkelzahl x_i fragen, wieviel Prozent der Tiere weisen Ferkelzahlen von x_i oder weniger auf und die entsprechenden **relativen Summenhäufigkeiten** berechnen. Damit hat man die **Summenhäufigkeitsfunktion** oder die **empirische Verteilungsfunktion** $\widetilde{F}$ der Stichprobe gewonnen.

Die Summenhäufigkeitsfunktion $\widetilde{F}$ einer diskreten Stichprobe ordnet also jedem x die Summe der relativen Häufigkeiten aller Stichprobenwerte t zu, die kleiner als x oder gleich x sind.

Tabelle 1.10 zeigt die Berechnung der Summenhäufigkeitsfunktion für die Ferkelzahlen von Tab. 1.1.

Als Formel ist die Summenhäufigkeitsfunktion $\widetilde{F}$ durch folgende Definitionsgleichung gegeben:

$$\widetilde{F}(x) = \sum_{t \leq x} \widetilde{f}(t) \tag{1.3}$$

Bild 1.5 enthält die graphische Darstellung der Summenhäufigkeitsfunktion (1.3) für die Ferkelzahlen von Tab. 1.1.

Die Stichprobe ist in Klassen eingeteilt

In diesem Fall muß man die Definition der Summenhäufigkeitsfunktion etwas modifizieren. In einer Klasse sind genau so viele Werte enthalten wie der absoluten Klassenhäufigkeit entspricht.

Die Summenhäufigkeitsfunktion an der Stelle x soll nach der bisherigen Auffassung angeben, wieviele Werte kleiner oder gleich x sind. Bei einer klassifizierten Stichprobe läßt

Anzahl der Ferkel pro Wurf x_i	relative Häufigkeit $\widetilde{f}(x_i)$	relative Summenhäufigkeit $\widetilde{F}(x_i)$
4	0.01	0.01
5	0.00	0.01
6	0.03	0.04
7	0.09	0.13
8	0.10	0.23
9	0.18	0.41
10	0.20	0.61
11	0.16	0.77
12	0.11	0.88
13	0.05	0.93
14	0.04	0.97
15	0.02	0.99
16	0.01	1.00

Tabelle 1.10: Relative Summenhäufigkeit der Ferkelzahlen aus Tab. 1.1

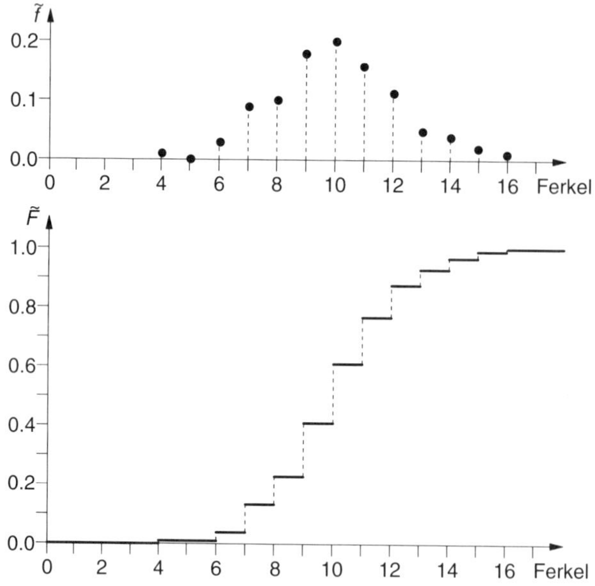

Bild 1.5: Häufigkeits- und Summenhäufigkeitsfunktion der Stichprobe aus Tabelle 1.1

sich diese Definition nicht exakt anwenden, weil die Werte in einer Klasse zusammengefaßt wurden und eine Zuordnung zu den x-Werten des Klassenintervalls nicht mehr möglich ist. Die beste Möglichkeit ist, die Stichprobenwerte gedanklich in einer Klasse gleichmäßig über die Intervallbreite zu verteilen. Man kann dann die Summenhäufigkeitsfunktion als Polygonkurve zeichnen. $\widetilde{F}$ verläuft dabei in jedem Klassenintervall als Geradenstückchen, welches jeweils vom linken bis zum rechten Klassenende um die betreffende Klassenhäufigkeit ansteigt. Diese Version der Summenhäufigkeitsfunktion läßt sich in vielen Fällen sinnvoll anwenden. Als Beispiel dient noch einmal die Stichprobe aus Tab. 1.8 (siehe Tab. 1.11).

Klassen	relative Klassenhäufigkeit $\widetilde{f}(x)$	relative Summenhäufigkeit $\widetilde{F}(x)$
...3600	0.00	0.00
3600...4000	0.05	0.00...0.05
4000...4400	0.08	0.05...0.13
4400...4800	0.14	0.13...0.27
4800...5200	0.22	0.27...0.49
5200...5600	0.20	0.49...0.69
5600...6000	0.24	0.69...0.93
6000...6400	0.03	0.93...0.96
6400...6800	0.04	0.96...1.00
6800...	0.00	1.00

Tabelle 1.11: Relative Summenhäufigkeit der Stichprobe von Tab. 1.8

Bild 1.6 zeigt die zugehörige Summenhäufigkeitsfunktion.

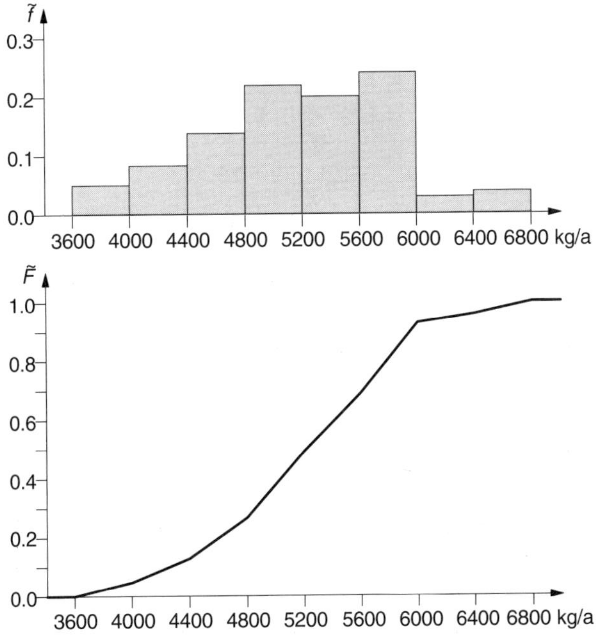

Bild 1.6: Histogramm und Summenhäufigkeitsfunktion der Stichprobe aus Tabelle 1.8

1.1.7 Streudiagramme und Punkteplots

Eindimensionale Streudiagramme oder **Scatter Plots** stellen alle Einzelwerte über einem Zahlenstrahl dar. Sie sind besonders für stetige Merkmale geeignet. Bild 1.7 zeigt das Streudiagramm für die Milchleistungen aus Tab. 1.8.

Bild 1.7: Streudiagramm der Milchleistung aus Tabelle 1.8

Das Merkmal Ferkelzahl ist diskret. Infolgedessen werden im Streudiagramm gleiche Werte mehrmals übereinander gezeichnet. Besser ist in diesem Fall ein **Punkteplot** oder **Dotplot**, bei dem gleiche große Werte als Punkte übereinander gezeichnet werden. Er besitzt deshalb starke Ähnlichkeit mit einem Häufigkeitsdiagramm. Bild 1.8 zeigt einen Punkteplot für die Ferkelzahlen aus Tab. 1.1.

```
             :
           : :
           : : :
           : : :
           : : : .
       . : : : : :
       : : : : : :
       : : : : : : .
     . : : : : : : : :
 .   : : : : : : : : : : .
-+-------+-------+-------+-Ferkel
4.0     8.0    12.0    16.0
```

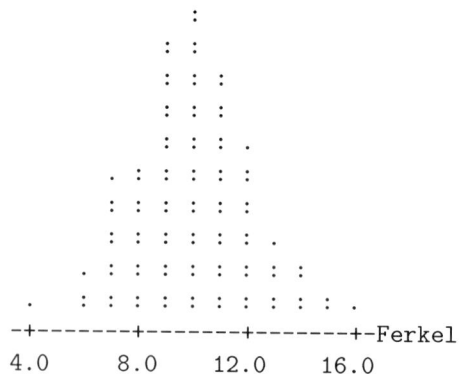

Bild 1.8: Punkteplot der Ferkelzahlen aus Tab. 1.1

1.1.8 Häufigkeitsverteilungen bei nominalen Merkmalen

Tab. 1.12 zeigt die Häufigkeitsverteilung von zehn Unkräutern auf einem Ackerflächenstück.

Bei einem nominalen Merkmal wird die absolute oder relative Häufigkeit in der Regel durch ein Balkendiagramm mit Zwischenräumen zwischen den Säulen präsentiert. Bild 1.9 zeigt das Balkendiagramm der Unkrautverteilung in Tab. 1.12.

Da bei einem nominalen Merkmal die Reihenfolge der Stichprobenwerte beliebig variiert werden kann, ist es nicht sinnvoll, eine Summenhäufigkeitsfunktion zu berechnen und darzustellen.

Häufig erfolgt die Darstellung der nach aufsteigenden oder abfallenden Häufigkeiten geordneten Werte im Balkendiagramm (Bild 1.10).

Unkraut	Anzahl
Gänsefuß	13
Vogelmiere	30
Ehrenpreis	18
Ackerstiefmütterchen	9
Franzosenkraut	2
Hirtentäschel	8
Klettenlabkraut	17
Kamille	33
Kornblume	4
Klatschmohn	4
	138

Tabelle 1.12: Unkrautverteilung auf einem Ackerflächenstück

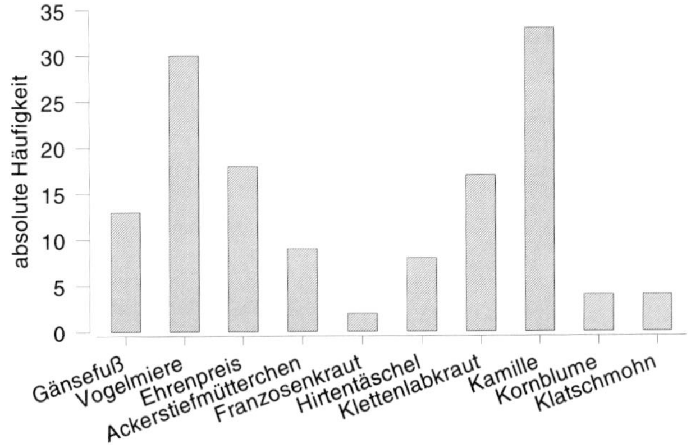

Bild 1.9: Balkendiagramm der Unkrautverteilung von Tab. 1.13

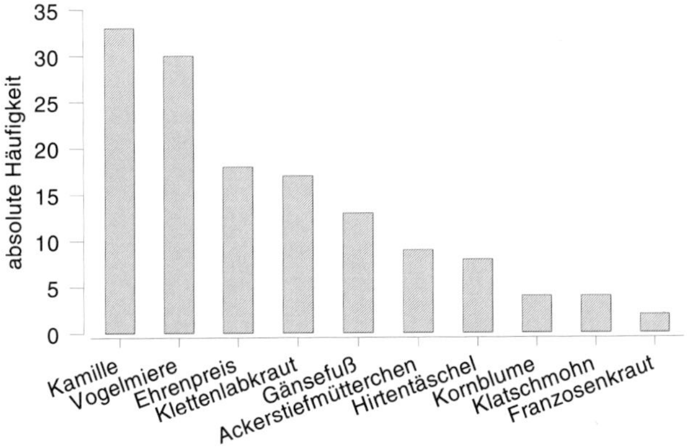

Bild 1.10: Verteilung der Unkräuter in Tab. 1.12 nach fallenden Häufigkeiten

1.1.9 Häufigkeitsverteilungen bei ordinalen Merkmalen

Bei einem ordinalen Merkmal wird die absolute oder relative Häufigkeit wie bei nominalen Merkmalen dargestellt. Allerdings sollte die Anordnung der Merkmalswerte in aufsteigender Form erfolgen, so daß auch die Berechnung der Summenhäufigkeiten Sinn macht. Tab. 1.13 zeigt das Ergebnis der Schadklassenkartierung einer Stichprobe von Bäumen in einem Untersuchungsgebiet.

Schadstufe	Bäume	relative Häufigkeit	Summenhäufigkeit
ohne	31	0.248	0.248
schwach	48	0.384	0.632
mittel	19	0.152	0.784
stark	22	0.176	0.960
tot	5	0.040	1.000
	125	1.000	

Tabelle 1.13: Häufigkeitsverteilung von Baumschäden

Bild 1.11 zeigt das Balkendiagramm der Stichprobe aus Tab. 1.13.

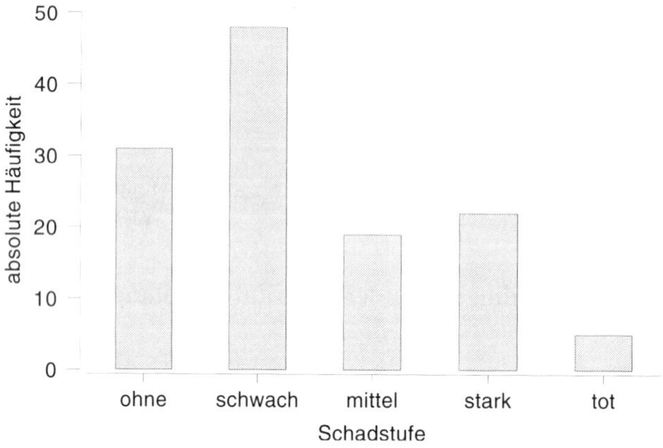

Bild 1.11: Balkendiagramm der Schadstufen aus Tabelle 1.13

1.2 Statistische Maßzahlen eindimensionaler Stichproben

Bei vielen praktischen Fragestellungen will man eine Reihe von Stichprobenwerten durch einige charakteristische Maßzahlen beschreiben. Man unterscheidet Maßzahlen der Lage oder der zentralen Tendenz (Mittelwerte), der Variabilität (Streuungsmaße) sowie der Schiefe und Wölbung.

1.2.1 Arithmetischer Mittelwert

Zunächst soll die Stichprobe vom Umfang n mit den quantitativen Stichprobenwerten $x_1, x_2, \ldots, x_n$ durch einen **Mittelwert** gekennzeichnet werden. Mittelwerte werden auch als **Lageparameter** bezeichnet. Der wichtigste Mittelwert ist der **arithmetische Mittelwert** $\overline{x}$ der Stichprobenwerte. Er ist definiert als:

$$\overline{x} = \frac{x_1 + x_2 + \ldots + x_n}{n} = \frac{1}{n} \cdot \sum_{i=1}^{n} x_i \tag{1.4}$$

Beispiel:

Bei 5 Kühen wurden folgende jährlichen Milchleistungen (in kg/a*) gemessen:*

$x_1 = 5250,\ x_2 = 4955,\ x_3 = 4763,\ x_4 = 5538,\ x_5 = 4994$

Die mittlere Milchleistung ist: $\overline{x} = \dfrac{25500}{5} = 5100$

Eine weitere Stichprobe von 5 Kühen brachte folgende Ergebnisse:

$y_1 = 5032,\ y_2 = 4270,\ y_3 = 4922,\ y_4 = 5430,\ y_5 = 5846$

Die mittlere Milchleistung ist: $\overline{y} = \dfrac{25500}{5} = 5100$

Die Summe der Stichprobenwerte beträgt bei beiden Stichproben 25500*. Damit sind auch beide Mittelwerte* $\overline{x} = \overline{y} = 5100$ *gleich groß.*

1.2.2 Spannweite und mittlere absolute Abweichung

Die Mittelwerte oder die durchschnittlichen Jahresmilchleistungen betragen in beiden oben angeführten Stichproben 5100 kg. Die zweite Stichprobe unterscheidet sich jedoch auffallend von der ersten Stichprobe durch die weiter auseinanderliegenden Stichprobenwerte. Also wird der arithmetische Mittelwert zur Kennzeichnung einer Stichprobe i.a. nicht ausreichen. Aus diesem Grund werden zusätzlich Maße für die Streubreite der Stichprobe eingeführt.

Als einfachstes Maß bietet sich die sogenannte **Spannweite**, **Variationsbreite** oder **Range** R an. Sie ist definiert als Differenz zwischen dem größten Stichprobenwert $x_{\max}$ und dem kleinsten Stichprobenwert $x_{\min}$:

$$R = x_{\max} - x_{\min} \tag{1.5}$$

Die Spannweite R ist ein brauchbares Maß für die Streuung, wenn die Stichprobe nur wenige Meßwerte umfaßt (etwa bis zu 10 Meßwerten). Innerhalb der Spannweite von $x_{\min}$ bis $x_{\max}$ liegen alle Stichprobenwerte. Die Spannweite spielt eine Rolle bei der Festlegung der Klassenbreite, wenn man eine größere Stichprobe klassifiziert. Sie ist aber weniger geeignet zur Kennzeichnung der Streuung einer großen Anzahl von Stichprobenwerten, vor allem weil sie stark von der Zahl der Stichprobenwerte abhängig ist. Je größer die Anzahl der Beobachtungen ist, desto größer ist die Wahrscheinlichkeit, daß einzelne vom Mittelwert $\overline{x}$ stark abweichende Meßwerte in der Stichprobe enthalten sind.

Seltener wird die **mittlere absolute Abweichung** D vom Mittelwert $\overline{x}$ verwendet:

$$D = \frac{1}{n} \cdot \sum_{i=1}^{n} |x_i - \overline{x}| \tag{1.6}$$

Dabei wird die Abweichung $|x_i - \overline{x}|$ des Wertes x_i vom Mittelwert $\overline{x}$ absolut genommen, obwohl die Handhabung mit den Absolutwerten etwas umständlich ist. Für kleine Stichproben kann man jedoch die mittlere absolute Abweichung vom Mittelwert sowohl aus rechentechnischen als auch aus sachlichen Gründen als Streuungsmaß benutzen.

Beispiel:

Für die Stichproben des Beispiels von Seite 21 berechnen sich folgende Spannweiten und mittleren absoluten Abweichungen in kg/a*:*

	Stichprobe x	Stichprobe y
max	5538	5846
min	4763	4270
R	775	1576
D	235	430

Bei identischen Mittelwerten von $\overline{x} = \overline{y} = 5100$ *sind Spannweite und mittlere absolute Abweichung bei der Stichprobe* y *praktisch doppelt so groß wie bei der Stichprobe* x.

1.2.3 Empirische Varianz und Standardabweichung

Überwiegend wird bei quantitativen Daten als Streuungsmaß die **mittlere quadratische Abweichung** oder **empirische Varianz** verwendet. Dieses Streuungsmaß wird üblicherweise mit s^2 abgekürzt. Die Größe s^2 ist für $n > 1$ definiert als:

$$s^2 = \frac{1}{n-1} \cdot \sum_{i=1}^{n} (x_i - \overline{x})^2 \tag{1.7}$$

Wenn die Stichprobenwerte nicht alle gleich groß sind, ist die Varianz immer größer als Null. Die positive Quadratwurzel aus der Varianz s^2 heißt **Standardabweichung** der Stichprobe oder **empirische Standardabweichung** und wird mit s bezeichnet. Die

Standardabweichung s hat die gleiche Dimension wie die Stichprobenwerte. Es fällt auf, daß die Quadratsumme in Gleichung (1.7) durch $n-1$ und nicht durch n dividiert wird. Der Grund ist, daß die Varianz s^2 bestimmte Eigenschaften erfüllen muß, die erst im Zusammenhang mit der Wahrscheinlichkeitstheorie erklärt werden können (vgl. Kap. 4.5.2). Anschaulich erscheint die Division durch $n-1$ insofern plausibel, als bei $n-1$ sich stets $\sum_{i=1}^{1}(x_i-\overline{x}) = x_1-\overline{x} = x_1-x_1 = 0$ ergeben würde. Der erste Wert hat wegen der Subtraktion des Mittelwerts sozusagen noch keine Freiheit. Man sagt deswegen auch, die Quadratsumme in (1.7) hat $n-1$ **Freiheitsgrade**.

Eine zu Gleichung (1.7) alternative Berechnungsformel für die empirische Varianz folgt durch Umformung der sog. **Summe der Abweichungsquadrate** oder **Abweichungsquadratsumme**:

$$\begin{aligned}\sum_{i=1}^{n}(x_i-\overline{x})^2 &= \sum_{i=1}^{n}(x_i^2-2x_i\overline{x}+\overline{x}^2) = \sum_{i=1}^{n}x_i^2-2n\overline{x}^2+n\overline{x}^2 = \\ &= \sum_{i=1}^{n}x_i^2-n\overline{x}^2 = \sum_{i=1}^{n}x_i^2-n\cdot\left(\frac{1}{n}\sum_{i=1}^{n}x_i\right)^2 = \\ &= \sum_{i=1}^{n}x_i^2-\frac{1}{n}\cdot\left(\sum_{i=1}^{n}x_i\right)^2\end{aligned} \tag{1.8}$$

Aus Gleichung (1.7) und (1.8) folgt:

$$s^2 = \frac{1}{n-1}\cdot\left(\sum_{i=1}^{n}x_i^2-\frac{1}{n}\cdot\left(\sum_{i=1}^{n}x_i\right)^2\right) \tag{1.9}$$

Gleichung (1.9) ist gegenüber (1.7) bei Handrechnung vorzuziehen. Bei Anwendung von (1.9) in Computern können jedoch in bestimmten Fällen sehr große Rundungsfehler auftreten, und zwar dann, wenn die beiden Ausdrücke in der obigen Klammer nahezu gleich groß sind, d.h. wenn die Varianz im Vergleich zum Mittelwert sehr klein ist.

Beispiel:

Die Varianz der Stichprobe x des Beispiels von Seite 21 wird nach Gleichung (1.7) berechnet, die der Stichprobe y nach Gleichung (1.9):

$x_i-\overline{x}$	$(x_i-\overline{x})^2$
150	22500
−145	21025
−337	113569
438	191844
−106	11236
	360174

y_i	y_i^2
5032	25321024
4270	18232900
4922	24226084
5430	29484900
5846	34175716
25500	131440624

$$s_x^2 = \frac{1}{4} \cdot 360174 = 90043.5 \;\Rightarrow\; s_x = 300 \text{ [kg/a]}$$

$$s_y^2 = \frac{1}{4} \cdot \left(131440624 - \frac{1}{5} \cdot 25500^2\right) = 347656 \;\Rightarrow\; s_y = 590 \text{ [kg/a]}$$

Die empirische Varianz in der Stichprobe y ist also trotz gleicher Mittelwerte größer.

1.2.4 Mittelwert und Varianz bei klassifizierten Stichproben

Häufig ist die Stichprobe in einer Häufigkeitstabelle oder in einem Histogramm zusammengefaßt, d.h. es kommen insgesamt m verschiedene Werte x_i $(i = 1, 2, \ldots, m)$ vor mit jeweils den absoluten Häufigkeiten n_i $(i = 1, 2, \ldots, m)$, wobei $n_1 + n_2 + \ldots + n_m = n$, wenn n der Umfang der gesamten Stichprobe ist. Anstatt der absoluten Häufigkeiten n_i können auch die relativen Häufigkeiten h_i zur Berechnung herangezogen werden. Dies ist insbesondere dann nötig, wenn der Gesamtstichprobenumfang n nicht bekannt ist, weil er nicht in der Häufigkeitstabelle oder im Histogramm angegeben wurde.

Das arithmetische Mittel $\overline{x}$ berechnet sich dann zu:

$$\overline{x} = \frac{1}{n} \cdot \sum_{i=1}^{m} (n_i \cdot x_i) = \sum_{i=1}^{m} (h_i \cdot x_i) \tag{1.10}$$

Entsprechend lautet die Berechnungsformel für die Varianz:

$$\begin{aligned} s^2 &= \frac{1}{n-1} \cdot \left(\sum_{i=1}^{m} (n_i \cdot x_i^2) - \frac{1}{n} \cdot \left(\sum_{i=1}^{m} (n_i \cdot x_i) \right)^2 \right) \approx \\ &\approx \sum_{i=1}^{m} (h_i \cdot x_i^2) - \left(\sum_{i=1}^{m} (h_i \cdot x_i) \right)^2 \end{aligned} \tag{1.11}$$

Hier wird allerdings die Varianz innerhalb der Klassen vernachlässigt. Weiter ist zu beachten, daß bei der Varianzschätzung über die relativen Häufigkeiten der Stichprobenumfang eigentlich durch n statt durch $n-1$ geteilt wird. Für größere Stichproben ist dieser Fehler sehr gering, weil dann $\frac{1}{n} \approx \frac{1}{n-1}$ ist.

Beispiel:

Die mittlere Ferkelzahl pro Wurf der Stichprobe aus Tab. 1.1 und ihre empirische Varianz wird mit Hilfe der absoluten Häufigkeiten aus Tab.1.7 berechnet.

x_i	n_i	$n_i \cdot x_i$	$n_i \cdot x_i^2$
4	1	4	16
5	0	0	0
6	3	18	108
7	9	63	441
8	10	80	640
9	18	162	1458
10	20	200	2000
11	16	176	1936
12	11	132	1584
13	5	65	845
14	4	56	784
15	2	30	450
16	1	16	256
$\sum$	100	1002	10518

$$\overline{x} = \frac{1}{100} \cdot 1002 = 10.02,\; s^2 = \frac{1}{99} \cdot \left(10518 - \frac{1}{100} \cdot 1002^2\right) = 4.828 \;\Rightarrow\; s = 2.197$$

Auch bei klassifiziertem Datenmaterial einer Stichprobe berechnet man Mittelwert und Varianz mit Hilfe der Gleichungen (1.10) und (1.11). Man verfährt so, als ob alle Stichprobenwerte einer Klasse auf der Klassenmitte liegen, allerdings unter der Voraussetzung, daß keine offen endenden Intervalle wie z.B. $x < a$ oder $x > b$ vorkommen. Im Falle klassifizierter Stichproben fällt der Fehler bei der Varianzschätzung über die relativen Häufigkeiten nicht sehr ins Gewicht, da die Größe von Mittelwert und Varianz von der Klasseneinteilung abhängen

Beispiel:

Als Beispiel dient die klassifizierte Stichprobe der Milchleistungen aus Tab. 1.8. Es wird angenommen, daß der Stichprobenumfang unbekannt ist, also lediglich die relativen Häufigkeiten bekannt sind.

x_i (Klassenmitte)	h_i	$h_i \cdot x_i$	$h_i \cdot x_i^2$
3800	0.05	190	722000
4200	0.08	336	1411200
4600	0.14	644	2962400
5000	0.22	1100	5500000
5400	0.20	1080	5832000
5800	0.24	1392	8073600
6200	0.03	186	1153200
6600	0.04	264	1742400
$\sum$	1.00	5192	27296800

$$\overline{x} = 5192 \text{ [kg/a]},\; s^2 = (27296800 - 5192^2) = 339936 \;\Rightarrow\; s = 583 \text{ [kg/a]}$$

1.2.5 Gewogener arithmetischer Mittelwert

Der **gewogene arithmetische Mittelwert** wird verwendet, wenn die einzelnen Stichprobenwerte x_i nicht gleichberechtigt bei der Durchschnittsbildung mitwirken, sondern gewichtet werden sollen. Bei einer Diplomprüfung gehen z.B. nicht alle Noten x_i $(i = 1, 2, \ldots, m)$ der Prüfungsfächer mit gleichem Gewicht in die Endnote $\overline{x}$ ein, sondern entsprechend den in der Prüfungsordnung festgelegten Gewichten $g_1, g_2, \ldots, g_m$, wobei $g_1 + g_2 + \ldots + g_m = n$. Das gewogene Mittel $\overline{x}_{\text{gew}}$ berechnet sich dann zu:

$$\overline{x}_{\text{gew}} = \frac{1}{n} \cdot \sum_{i=1}^{m} (g_i \cdot x_i) \tag{1.12}$$

Wenn man Mittelwerte $\overline{x}_1, \overline{x}_2, \ldots, \overline{x}_m$ von mehreren Stichproben verschiedenen Umfangs vorliegen hat, kann man einen gemeinsamen Mittelwert $\overline{x}$ ausrechnen, indem man entsprechend den Stichprobenumfängen $n_1, n_2, \ldots, n_m$ gewichtet:

$$\overline{x} = \frac{n_1\overline{x}_1 + n_2\overline{x}_2 + \ldots + n_m\overline{x}_m}{n_1 + n_2 + \ldots + n_m} = \frac{\sum_{i=1}^{m} (n_i \cdot \overline{x}_i)}{\sum_{i=1}^{m} n_i} \tag{1.13}$$

Beispiel:

Auf einem Versuchsgut in Weihenstephan wurden folgende Ernteerträge erzielt:

	dt/ha	ha
Winterweizen	63.4	15.1
Sommerweizen	54.8	14.5
Wintergerste	56.4	7.0
Sommergerste	51.2	8.1
Hafer	45.9	8.3
		53.0

Der durchschnittliche Getreideertrag aller Flächen errechnet sich dann durch Gewichtung der einzelnen Erträge mit ihren Flächen:

$$\overline{x} = \frac{63.4 \cdot 15.1 + 54.8 \cdot 14.5 + 56.4 \cdot 7.0 + 51.2 \cdot 8.1 + 45.9 \cdot 8.3}{53.0} = 55.52$$

Das gewogene arithmetische Mittel wird insbesondere in der amtlichen Statistik zur Berechnung von sog. Indizes verwendet (z.B. Lebenshaltungskostenindex, Index der Großhandelspreise, Aktienindex usw.).

1.2.6 Geometrischer Mittelwert

Die Definition des **geometrischen Mittels** $\overline{x}_{\text{geom}}$ aus n positiven Beobachtungswerten $x_1, x_2, \ldots, x_n$ lautet:

$$\overline{x}_{\text{geom}} = \sqrt[n]{x_1 \cdot x_2 \cdot \ldots \cdot x_n} \tag{1.14}$$

Es ist $\log \overline{x}_{\text{geom}} = \frac{1}{n} \cdot (\log x_1 + \log x_2 + \ldots + \log x_n)$, d.h. der Logarithmus des geometrischen Mittels $\overline{x}_{\text{geom}}$ ist gleich dem arithmetischen Mittel der Logarithmen der Stichprobenwerte.

Das geometrische Mittel ist stets kleiner als das arithmetische Mittel (nur wenn alle Stichprobenwerte gleich sind, fallen die beiden Mittel zusammen). Eine sinnvolle Anwendung des geometrischen Mittels ist angebracht, wenn man relative Änderungen mitteln will, z.B. bei Wachstumsvorgängen, bei denen sich eine Variable mit der Zeit in annähernd konstantem Verhältnis ändert oder wenn die Variationsbreite der Stichprobenwerte im Vergleich zum arithmetischen Mittelwert sehr groß ist. Das geometrische Mittel wird nämlich durch Extremwerte nicht so stark beeinflußt wie das arithmetische Mittel oder anders ausgedrückt, wenn die Stichprobenwerte annähernd logarithmisch normalverteilt sind (siehe Kap. 3.2).

Beispiel:

Gegeben seien die Absatzsteigerungen eines Unternehmens von 5%, 7% *und* 12% *in drei aufeinanderfolgenden Jahren. Die Prozentzahlen sind dabei jeweils auf den vorjährigen Absatz bezogen. Wie groß ist die durchschnittliche Absatzsteigerung* x*?*

Man muß x *so berechnen, daß die dreimalige Anwendung der durchschnittlichen Absatzsteigerung* x *zum gleichen Ergebnis führt wie die oben angeführten verschiedenen Steigerungsraten* $x_1 = 0.05$, $x_2 = 0.07$ *und* $x_3 = 0.12$, *also:*

$(1 + x)^3 = (1 + x_1) \cdot (1 + x_2) \cdot (1 + x_3) = 1.05 \cdot 1.07 \cdot 1.12 \Rightarrow$

$1 + x = \sqrt[3]{1.05 \cdot 1.07 \cdot 11.2} \Rightarrow x = \sqrt[3]{1.25832} - 1 = 0.0796 \approx 8\%$

Der durchschnittliche Multiplikationsfaktor $1 + x$ *ist also das geometrische Mittel aus den drei unterschiedlichen Multiplikationsfaktoren* 1.05, 1.07 *und* 1.12.

Man kann zeigen, daß das geometrische Mittel $\overline{x}_{\text{geom}}$ von Stichprobenwerten $x_i > 0$ mit dem arithmetischen Mittel $\overline{x}$ sehr gut übereinstimmt, wenn die relative Abweichung $\frac{x_i - \overline{x}}{\overline{x}}$ der Stichprobenwerte dem Betrag nach sehr klein ist.

1.2.7 Variationskoeffizient

Sehr oft interessiert nicht die Standardabweichung s allein, sondern ihre Relation zum Mittelwert. Dieses relative Maß der Standardabweichung prozentual bezogen auf den arithmetischen Mittelwert heißt **Variationskoeffizient** (VK).

$$\text{VK} = \frac{s}{\overline{x}} \tag{1.15}$$

Mit Hilfe des Variationskoeffizienten kann man die Streuung oder die Variation zweier Merkmale miteinander vergleichen, die in verschiedenen Maßeinheiten gemessen wurden.

Wenig Sinn hat die Verwendung des Variationskoeffizienten, wenn in die Berechnung von $\overline{x}$ auch negative Beobachtungswerte eingehen.

Beispiel:

Tab. 1.14 zeigt die Mittelwerte und Standardabweichungen für eine Reihe verschiedener Merkmale (Stichprobenumfang $n = 30$), die bei der Schweinemastprüfung erfaßt werden. Aus der Spalte des Variationskoeffizienten ist zu entnehmen, daß die Merkmale der Mastleistung (tägliche Zunahme, Futterverwertung) weniger variabel sind als die Merkmale der Schlachtkörperqualität.

Merkmal	$\overline{x}$	s	VK [%]
tägl. Zunahme	720.2 g	46.3 g	6.43
Futterverwertung	3.016	0.164	5.44
Körperlänge	99.53 cm	2.78 cm	2.79
Schlachtkörpergewicht	77.083 kg	2.535 kg	3.29
Rückenspeckdicke	2.86 cm	0.35 cm	12.24
Seitenspeckdicke	3.08 cm	0.62 cm	20.13
Fleischfläche	33.30 cm^2	3.70 cm^2	11.11
Fettfläche	24.91 cm^2	4.14 cm^2	16.62

Tabelle 1.14: Mittelwert $\overline{x}$, Standardabweichung s sowie Variationskoeffizient VK verschiedener Merkmale einer Stichprobe über die Mastleistung und Schlachtkörperqualität bei Schweinen

1.2.8 Median oder Zentralwert

Wenn man die Meßwerte x_i der Größe nach ordnet, so liegt der **Zentralwert** oder **Median** $\tilde{x}$ in der Mitte dieser Stichprobenwerte. Links und rechts von $\tilde{x}$ liegen gleich viele Stichprobenwerte oder Beobachtungen. Wenn eine ungerade Zahl von Beobachtungen vorliegt, so ist der Zentralwert eindeutig als die mittlere Beobachtung definiert. Bei einer geraden Zahl von Beobachtungen ist der Zentralwert nicht mehr eindeutig, sondern eine Zahl zwischen den beiden mittleren Beobachtungen. Meist nimmt man dann die Mitte dieser beiden mittleren Beobachtungen (vgl. Bild 1.12).

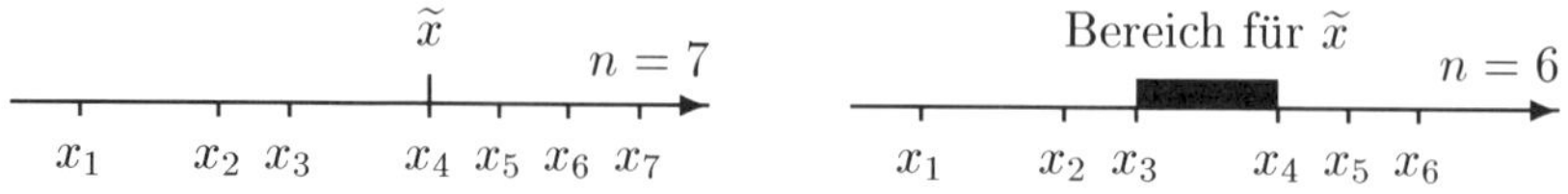

Bild 1.12: Median bei einer ungeraden und geraden Anzahl von Stichprobenwerten

Der Median hat z.B. den Vorteil, daß man ihn bei einer Rangskala, also bei ordinalen Daten verwenden kann, bei der die Berechnung des arithmetischen Mittels nicht mehr möglich ist.

Beispiele:

1. *Der Median bei der Schadklassenkartierung von Bäumen in Tab. 1.13 ist die Schadstufe des 63. Baums, also* $\widetilde{x}$ = schwach. *Das heißt, die eine Hälfte aller Bäume ist schwach oder nicht geschädigt, die andere Hälfte ist schwach oder schlimmer geschädigt. Man kann auch die Häufigkeiten für die Schadstufen berechnen und anschließend die Summenhäufigkeiten bestimmen. Der Median der Verteilung nimmt dann den Wert an, an dem die Summenhäufigkeitsfunktion den Wert* 0.5 *erreicht.*
2. *Aus Tab. 1.10 über die Stichprobe der Ferkelzahlen ist der Median leicht als* $\widetilde{x} = 10$ *abzulesen, da die Summenhäufigkeitsfunktion bei* 10 *Ferkeln den Wert* 0.5 *überschreitet. Im vorliegenden Fall gibt es auch keine Probleme mit dem geradzahligen Stichprobenumfang, da die nächst niedrigere und höhere Ferkelzahl ebenfalls* 10 *beträgt. Die Hälfte aller Sauen hat also* 10 *oder weniger Ferkel/Wurf, die andere Hälfte* 10 *oder mehr. Mittelwert* $\overline{x} = 10.2$ *und Median* $\widetilde{x} = 10$ *sind hier fast identisch.*

Der Median wird von den speziellen Werten der größten und kleinsten Beobachtung nicht berührt und er stellt daher ein "robusteres" Maß der Lage oder der zentralen Tendenz dar als der arithmetische Mittelwert. Robust bedeutet in diesem Zusammenhang, daß $\widetilde{x}$ von möglichen "Ausreißerwerten" der Stichprobe nicht oder viel weniger abhängig ist als der Mittelwert $\overline{x}$.

Wenn die Stichprobenwerte bei einer stetigen Variablen klassifiziert sind, gibt man als Zentralwert entweder nur die **Medianklasse** an, also die Klasse, in der der Zentralwert liegt, oder man liest in der Summenhäufigkeitsfunktion den zu $\widetilde{F}(x) = 0.5$ gehörigen Wert auf der Abszisse ab. Eine lineare Interpolation mit Hilfe der Summenhäufigkeitsfunktion kann auch über folgende Interpolationsformel erfolgen:

$$\widetilde{x} = u + b \cdot \frac{0.5 - \widetilde{F}(u)}{\widetilde{f}_{\text{Median}}}, \tag{1.16}$$

wobei u die untere Klassengrenze der Medianklasse, b die Klassenbreite, $\widetilde{F}(u)$ der Wert der Summenhäufigkeitsfunktion an der unteren Grenze der Medianklasse und $\widetilde{f}_{\text{Median}}$ die relative Häufigkeit der Medianklasse ist.

Beispiel:

Es wird die klassifizierte Stichprobe der Milchleistungen von Tab. 1.11 betrachtet. Die Medianklasse ist das Intervall von 5200 . . . 5600. *In der Summenhäufigkeitsfunktion von Bild 1.6 kann man bei* $\widetilde{F}(0.5)$ *den Median zu etwa* $\widetilde{x} = 5200$ *abschätzen. Dies korrespondiert auch mit den Werten in Tab. 1.11, denn bei* 5200 *hat die Summenhäufigkeitsfunktion bereits den Wert* 0.49 *und* 0.50 *wird bei einem geringfügig höheren Wert erreicht. Mit Hilfe von Gleichung (1.16) wird der Median zu*

$$\widetilde{x} = 5200 + 400 \cdot \frac{0.5 - 0.49}{0.20} = 5220$$

geschätzt. Der wahre Median, der aus den Originaldaten von Tab. 1.8 berechnet wurde, liegt zwischen 5221 *und* 5242. *Das Mittel aus diesen beiden Werten ist* 5231.5. *Das arithmetische Mittel* $\overline{x} = 5188.67$ *ist hier etwas kleiner als der Median.*

Der Zentralwert hat die charakteristische Eigenschaft, daß die Summe der absoluten Abweichungen der Beobachtungen x_i von ihrem Zentralwert $\widetilde{x}$ kleiner ist als von jeder anderen Zahl. Diese Summe ist also ein Minimum.

1.2.9 Modus oder Dichtemittel

Der **Modalwert**, **Modus** oder das **Dichtemittel** $\overline{x}_d$ ist derjenige Stichprobenwert, der am häufigsten vorkommt.

Beispiel:

Bei der Stichprobe mit den Ferkelzahlen von Tab. 1.1 ist die Ferkelzahl $\overline{x}_{\mathrm{d}} = 10$ der Modalwert (vgl. Bild 1.3).

Es können in einer Stichprobe mehrere modale Werte vorkommen. So unterscheidet man neben **unimodalen** oder **eingipfligen** Verteilungen auch **bimodale** oder **zweigipflige** und schließlich **multimodale** oder **mehrgipflige** Verteilungen. Ein Dichtemittel ist in solchen Fällen jeweils als ein Wert bestimmt, der häufiger vorkommt als seine Nachbarwerte. So spricht man auch genauer vom **häufigsten Wert** als dem absoluten Dichtemittel oder dem **1. Modalwert** und bezeichnet weitere relative Dichtemittel als **2. Modalwert** usw.

Beispiel:

Bei der Stichprobe in Bild 1.11 ist die Schadstufe schwach *der erste Modus und die Schadstufe* stark *der zweite Modus.*

Bei nominalen bzw. kategorialen Daten ist nur die Bestimmung des ersten Dichtemittels möglich. Andere Mittel können in diesem Fall nicht bestimmt werden.

Beispiel:

Bei der Unkrautverteilung in Bild 1.9 macht nur das erste Dichtemittel bei der Kamille als Lageparameter Sinn, da die Anordnung der Nominaldaten auf der Abszisse beliebig variiert werden kann (vgl. Bild 1.10).

Es ist einleuchtend, daß bei einer ausgeprägten Mehrgipfligkeit einer Verteilung die Dichtemittel diese Verteilung besser beschreiben können als das arithmetische Mittel oder der Median, da deren Größe in einem Bereich liegen können, in denen sehr wenige oder im Extremfall gar keine Meßwerte liegen.

Beispiel:

Bild 1.13 zeigt die Häufigkeitsverteilung der in einer zweiwöchigen Beobachtungsperiode gelegten Eier von Hühnern.

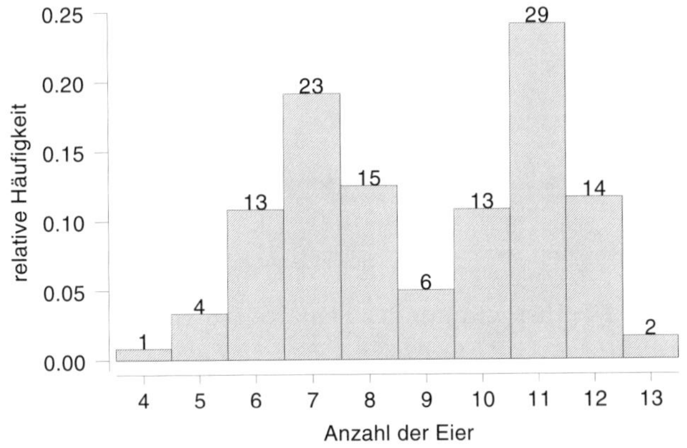

Bild 1.13: Histogramm der Anzahl von gelegten Eiern pro Huhn

Mittelwert und Median $\overline{x} = \widetilde{x} = 9$ fallen genau in einen Bereich, in denen die Häufigkeit sehr gering ist. Der erste Modus bei 11 und der zweite Modus bei 7 beschreiben die Verteilung als Lageparameter viel besser. Dies wird auch klar, wenn man weiß, daß das Histogramm in Bild 1.13 die Eianzahl zweier Hühnerrassen ist, deren Mittelwerte getrennt nach Rassen jeweils 7 und 11 beträgt.

Bei diskreten Merkmalsausprägungen ist die Bestimmung der Dichtemittel relativ einfach und klar. Wie geht man jedoch bei stetigen Merkmalswerten vor, wenn also eine klassifizierte Verteilung in Form eines Histogramms vorliegt? Entweder nimmt man die gesamte Klassenbreite oder die Klassenmitte als Modus oder man paßt der Verteilung in der Umgebung des zu bestimmenden Dichtemittels, also an der am stärksten besetzten Klasse sowie den beiden Nachbarklassen, eine Interpolationsparabel an und nimmt die Stelle, an der die Parabel ihr Maximum hat, als Dichtemittel an dieser Stelle.

Beispiel:

Bild 1.14 zeigt die Verteilung der Schlafdauer von 150 Probanden beim Test eines Schlafmittels.

Die häufigsten Schlafdauern liegen zwischen 7 und 8 Stunden. Die Klassenmitte dieses Intervalls von 7.5 als Dichtemittel anzugeben ist hier nicht sehr elegant. Eine Schätzung kann durch Interpolation erfolgen, wenn man eine Parabel durch die Punkte $(6.5, 44)$, $(7.5, 61)$ und $(8.5, 26)$ legt. Diese Parabel bestimmt man leicht zu $-26x^2 + 381x - 1334$. Die erste Ableitung gleich Null gesetzt ergibt $-52x + 381 = 0$. Daraus folgt $\overline{x}_{\mathrm{d}} = 7.3296 \approx 7.33$.

Auch bei sehr schiefen Verteilungen (vgl. Kap. 1.2.13) kann das Dichtemittel ein geeignetes Maß für die Verteilung sein.

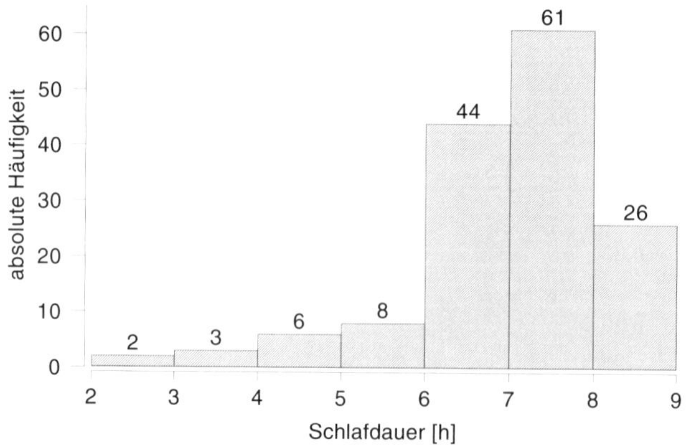

Bild 1.14: Histogramm der Schlafzeiten von 150 Personen

Beispiel:

Es liegen folgende DM-*Beträge als Stichprobenwerte einer Spendenaktion vor:*

100000.– DM, 100.– DM, 100.– DM, 100.– DM, 100.– DM, 50.– DM

Das arithmetische Mittel $\overline{x}$ *ist rund* 16741.– DM. *Wenn man behauptet, daß im Durchschnitt rund* 16741.– DM *gespendet wurden, so ist dies zwar mathematisch richtig, trifft aber nicht den Kern der Sache. Hier verwendet man besser den Modalwert, und man kann in diesem Falle sagen: Die häufigste Spende betrug* 100.– DM.

1.2.10 Standardfehler des arithmetischen Mittels

Das arithmetische Mittel $\overline{x}$ einer Stichprobe wird häufig als Approximation oder Schätzwert des unbekannten Mittelwerts der dazugehörigen Grundgesamtheit verwendet. Die Varianz s^2 der Stichprobe ist entsprechend ein Schätzwert für die unbekannte Varianz in der Grundgesamtheit (vgl. 4.5).

Entnimmt man einer unendlich großen Grundgesamtheit mehrere Stichproben und berechnet jeweils das Stichprobenmittel, so stellt man fest, daß diese Stichprobenmittelwerte weniger streuen als die Einzelbeobachtungen einer Stichprobe. Die Standardabweichung dieser Stichprobenmittelwerte ist ein Maß für die Variabilität der Stichprobenmittelwerte. Es ist einsichtig, daß die Abweichung eines Stichprobenmittels $\overline{x}$ vom unbekannten Mittelwert der Grundgesamtheit umso kleiner ist, je kleiner die Streuung für die Einzelwerte in der Grundgesamtheit ist und je größer der Stichprobenumfang ist.

Stellt man sich nun gedanklich eine unendliche Wiederholung der Stichprobenziehung mit anschließender Berechnung des arithmetischen Mittelwerts vor, so kommt man zu einer (hypothetischen) Grundgesamtheit von Stichprobenmittelwerten, die jeweils aus einem Umfang n berechnet wurden. Es besteht eine einfache Beziehung zwischen der Standardabweichung in der Grundgesamtheit der arithmetischen Mittelwerte und der Standardabweichung in der Grundgesamtheit der Einzelwerte, deren genaue Begründung im Zusammenhang mit der Verteilung von Zufallsgrößen ersichtlich wird.

Indem man diese Beziehung auf die Schätzwerte überträgt, wird der späteren Herleitung (vgl. 3.1.3) vorausgegriffen. Der Schätzwert für die Standardabweichung des arithmetischen Mittels $\overline{x}$ heißt auch **Standardfehler des arithmetischen Mittelwerts** $s_{\overline{x}}$.

Es gilt:

$$
\begin{aligned}
s_{\overline{x}} = \frac{s}{\sqrt{n}} &= \sqrt{\frac{1}{n \cdot (n-1)} \cdot \sum_{i=1}^{n} (x_i - \overline{x})^2} = \\
&= \sqrt{\frac{1}{n \cdot (n-1)} \cdot \left(\sum_{i=1}^{n} x_i^2 - \frac{1}{n} \left(\sum_{i=1}^{n} x_i \right)^2 \right)}
\end{aligned}
\qquad (1.17)
$$

In der Physik bezeichnet man $s_{\overline{x}}$ auch als **mittleren Fehler**. Jede Stichprobe liefert nämlich zufällige Werte für die einzelnen x_i und somit auch für den Mittelwert $\overline{x}$. Das Streuungsmaß der Standardabweichung wird dabei als "mittlere" Abweichung interpretiert. So wird die Standardabweichung s als mittlerer Fehler für ein x_i bzw. eine Einzelbeobachtung bezeichnet, und der Standardfehler $s_{\overline{x}}$ wird als mittlerer Fehler des Mittelwerts bezeichnet.

1.2.11 Zur Wahl eines Mittelwerts

Jeder Mittelwert gibt stellvertretend für eine ganze Reihe von Einzelwerten einen einzigen Wert als Lageparameter an. Ein Mittel kann deshalb nicht kurz in einer einzigen Zahl das Wesentliche ausdrücken und gleichzeitig alle Details der Häufigkeitsverteilung enthüllen. Ein Mittelwert verdeckt und glättet unter Umständen Extremwerte und wird je nach Definition mehr oder weniger von ihnen beeinflußt. Um das richtige Mittel zu finden, überlegt man sich vorher, welcher Lageparameter am besten zur Charakterisierung der Daten geeignet ist.

Am häufigsten wird das arithmetische Mittel verwendet. Die Vorteile des arithmetischen Mittels sind:

1. Multiplikation mit der Anzahl n ergibt die Summe der insgesamt beobachteten Merkmalswerte.
2. Die arithmetischen Mittelwerte verschiedener Gruppen können kombiniert werden. Durch ein gewogenes Mittel findet man das arithmetische Mittel der kombinierten Gruppen.
3. $\sum_{i=1}^{n} (x_i - \overline{x}) = 0$, d.h. die Summe der positiven und der negativen Abweichungen sind der Größe nach gleich.
4. Die Summe der quadratischen Abweichungen $\sum_{i=1}^{n} (x_i - \overline{x})^2$ ist kleiner als für jede andere Zahl.

Der zweitwichtigste Mittelwert ist der Zentralwert oder Median. Er teilt die Beobachtungen in zwei Hälften, d.h. links und rechts von ihm liegen jeweils 50% der Beobachtungswerte. Bei ungeradem n fällt der Median genau auf den mittelsten Beobachtungswert, den man "halb zur linken und halb zur rechten Gruppe" der Beobachtungswerte zählt. Wenn man weiß, daß die betrachtete Verteilung symmetrisch ist, kann man den leichter zu bestimmenden Zentralwert als gute Schätzung für das arithmetische Mittel heranziehen. Der Zentralwert kann im Gegensatz zum arithmetischen Mittel bei einer klassifizierten Häufigkeitsverteilung auch berechnet werden, wenn diese Verteilung offen-endende Klassen enthält. Bei ordinalen Daten ist der Zentralwert das Mittelwertsmaß der Wahl.

Der Modalwert oder das Dichtemittel ist sinnvoll, wenn man den gewöhnlichsten oder häufigsten Wert charakterisieren will, insbesondere bei stark asymmetrischen oder schiefen Verteilungen. Bei nominalen Daten kann als Lageparameter ausschließlich das Dichtemittel angegeben werden.

Das geometrische Mittel ist zur Messung des Mittels einer Veränderung angebracht, wenn man eine durchschnittliche Veränderungsrate berechnen möchte. Das geometrische Mittel oder auch der Median charakterisieren solche asymmetrischen Verteilungen von positiven Werten gut, die durch Übergang auf die Logarithmen dieser Werte in eine symmetrische Verteilung transformiert werden.

Bei einer symmetrischen eingipfligen Verteilung fallen Modalwert, Median und arithmetisches Mittel zusammen. Bei asymmetrischen Verteilungen weichen diese drei Mittel mehr oder weniger voneinander ab. Es reicht in solchen Fällen nicht immer aus, nur ein bestimmtes Mittel anzugeben, um die Lage der Verteilung zu charakterisieren. Neben Mittelwert gibt man dann noch Schiefe und evtl. Wölbung an (vgl. Kap. 1.2.13).

In der beurteilenden Statistik wird bei quantitativen Beobachtungen vorwiegend das arithmetische Mittel $\overline{x}$ als Lageparameter und die Standardabweichung s als Variabilitätsmaß verwendet. Der Grund ist, daß diese Maßzahlen einer Stichprobe optimale Approximationseigenschaften (vgl. Kap. 4.5.2) in Bezug auf die analogen Maßzahlen der Grundgesamtheit haben, insbesondere wenn man für die Verteilung der Grundgesamtheit die Normalverteilung (vgl. Kap. 3.1) voraussetzt.

So besitzt das arithmetische Mittel die kleinste Varianz unter allen möglichen Mittelwerten (vgl. Eigenschaft 4 oben) und strebt mit wachsendem Umfang der Stichprobe "am besten" gegen den unbekannten Mittelwert der Grundgesamtheit.

Läßt man jedoch die Annahmen der Normalverteilung fallen und setzt beispielsweise eine Laplace-Verteilung (vgl. Kap. 4.5.2) für die Grundgesamtheit voraus, dann ist der Median als Lageparameter dem arithmetischen Mittel eindeutig vorzuziehen.

Normalverteilung und Laplace-Verteilung sind beide symmetrische Verteilungen, unterscheiden sich aber dadurch, daß die Laplace-Verteilung "dickschwänziger" ist, d.h. größere Abweichungen vom Mittelwert sind wahrscheinlicher als bei der Normalverteilung.

Nimmt man für die Grundgesamtheit eine gegenüber der Laplace-Verteilung noch dickschwänzigere Verteilung an, z.B. eine Cauchy-Verteilung (vgl. Kap. 4.5.2), dann kann man zeigen, daß das arithmetische Mittel $\overline{x}$ als Maß der zentralen Tendenz sinnlos wird. Auch in diesem Fall ist es angebracht, den Median als Lageparameter zu verwenden.

Neben arithmetischem Mittelwert und Median verwendet man im Rahmen der sog. **robusten Statistik** weitere Mittelwerte zur Beschreibung und Schätzung der zentralen Tendenz. Diese "robusten" Mittelwerte versuchen, unabhängig von der Verteilung der zugrundeliegenden Grundgesamtheit, aus der man sich die Stichprobe gezogen denkt, möglichst effiziente Schätzungen der zentralen Tendenz zu liefern (vgl. Kap. 4.5.2). Solche Mittelwerte sind z.B. die **getrimmten Mittelwerte**. Diese werden berechnet, indem man vom oberen und unteren Ende der geordneten Stichprobenwerte jeweils einen bestimmten Prozentsatz der Beobachtungen wegläßt und das arithmetische Mittel aus den restlichen Beobachtungen errechnet. Für das 5%-getrimmte Mittel $\overline{x}_{5\%}$ (manchmal sagt man auch **gestutztes Mittel**) werden also jeweils die 5% größten und kleinsten Werte der Stichprobe abgeschnitten und aus den restlichen 90% der Werte wird das arithmetische Mittel berechnet. Diese getrimmten Mittelwerte haben den Vorteil, robust gegenüber Ausreißern zu sein. **Ausreißer** sind Beobachtungen, die weit entfernt vom überwiegenden Teil der Beobachtungen liegen, z.B. falsch notierte Werte, also grobe Fehler. Die Identifizierung von Ausreißern ist nicht einfach. Ein einziger Ausreißer kann aber das arithmetische Mittel als Schätzwert für den Lageparameter völlig unbrauchbar machen. Der 5%-getrimmte Mittelwert dagegen toleriert 5% Ausreißer auf beiden Seiten der Stichprobenwerte. Er verliert andererseits nur wenige Prozent an Effizienz bei der Schätzung des Lageparameters (vgl. Kap. 4.5.2).

1.2.12 Zur Wahl eines Streuungsmaßes

Anschaulich ist die Streuung einer Verteilung durch die Spannweite R, also die Differenz zwischen größter und kleinster Beobachtung, charakterisierbar. Bei Stichprobenumfängen bis etwa 10 kann man die Spannweite noch gut als Streuungsmaß im beschreibenden Sinne verwenden. Bei größeren Stichproben sagt die Spannweite aber wenig darüber aus, wie die Einzelwerte um den Mittelwert streuen, weil mit wachsendem n auch die Wahrscheinlichkeit zunimmt, daß Ausreißer auftreten, die die Spannweite als Streuungsmaß verzerren.

Bei quantitativen Daten verwendet man in der Regel die Standardabweichung s bzw. die Varianz s^2 als Streuungsmaß. In Verbindung mit dem arithmetischen Mittel gibt die Standardabweichung einen brauchbaren Überblick über die empirische Verteilung der Stichprobe, wenn man Normalverteilung voraussetzt. Die Standardabweichung ist neben dem Mittelwert ein entscheidender Parameter der Normalverteilung. In Kapitel 3.1 wird gezeigt, daß rund 68% aller Beobachtungen um höchstens eine Standardabweichung vom Mittelwert nach links oder rechts entfernt und rund 95% aller Beobachtungen um höchstens zwei Standardabweichungen nach links oder rechts vom Mittelwert entfernt liegen.

Bei ordinalen Daten, aber auch im Rahmen der explorativen Statistik, verwendet man als Streuungsmaß den sog. **Quartilsabstand**. Dieser ist unempfindlich gegen Ausreißer und stellt daher ein robustes Streuungsmaß dar. Um den Quartilsabstand zu erklären, denkt man sich die Stichprobenwerte der Größe nach geordnet und teilt die Daten in etwa gleich große Gruppen auf. Bei 4 Gruppen gelangt man zu den **Quartilen** Q_1, Q_2, Q_3. Diese teilen die gesamte Spannweite $x_{\min}$ bis $x_{\max}$ so auf, daß vier Gruppen entstehen, welche jeweils 25% der Stichprobenwerte enthalten (Bild 1.15). Als Streuungsmaß bietet sich dann der Quartilsabstand $Q_3 - Q_1$ an, also der Bereich, in dem die mittleren 50% der Beobachtungen liegen.

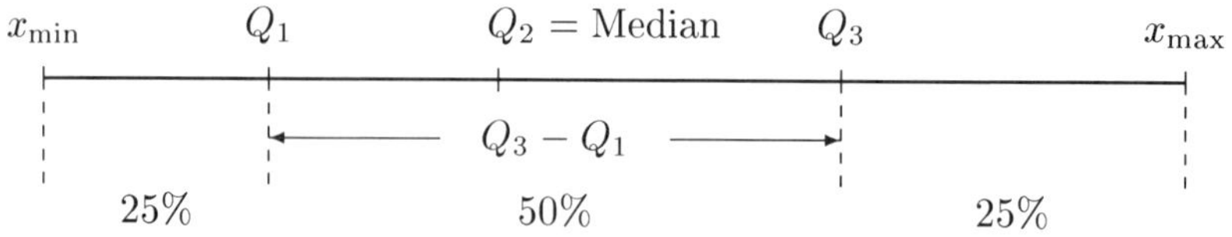

Bild 1.15: Quartilsabstand $Q_3 - Q_1$ als Streuungsmaß

Ein weiteres sehr robustes Streuungsmaß ist die sog. **Median-Abweichung** MAD (von engl. *median absolute deviation*). Man erhält sie, wenn man in Gleichung (1.6) für die Berechnung der mittleren absoluten Abweichung jeweils die arithmetische Mittelwertbildung durch den Median ersetzt:

$$\text{MAD} = \text{Median}\,(|x_i - \widetilde{x}|) \tag{1.18}$$

Auch im Bereich $(\widetilde{x} - \text{MAD} \ldots \widetilde{x} + \text{MAD})$ liegen 50% der Stichprobenwerte. Zum Vergleich: Im Bereich $(\overline{x} - s \ldots \overline{x} + s)$ liegen ca. 2/3 der Stichprobenwerte.

1.2.13 Schiefe

Das Dichtemittel weicht bei quantitativen Daten umso stärker vom arithmetischen Mittel ab, je asymmetrischer eine Verteilung ist. Bild 1.16 zeigt eine solche **asymmetrische Verteilung**. Darin sind Weizenblätter auf ihren Befall nach einer Skala von 0 (kein Befall) bis 9 (Totalbefall) bonitiert.

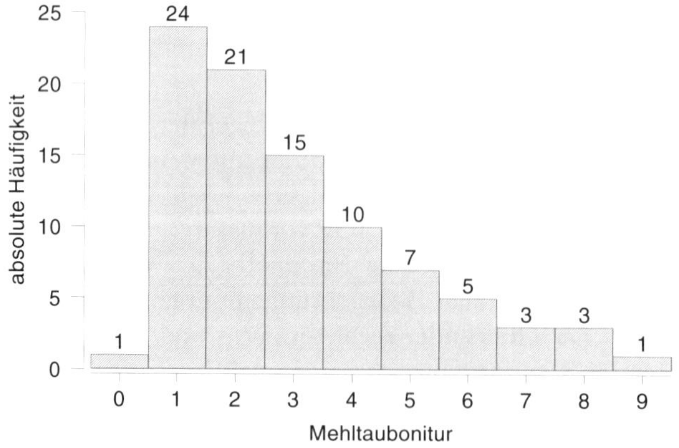

Bild 1.16: Bonitur des Mehltaubefalls von Weizenblättern

Der Modus der Verteilung in Bild 1.16 ist $\overline{x}_\text{d} = 1$, das arithmetische Mittel ist $\overline{x} = 3$. Der Median $\widetilde{x} = 2$ liegt zwischen Dichtemittel und arithmetischem Mittelwert und teilt die Verteilung in zwei gleiche Hälften. Das arithmetische Mittel ist in diesem Fall das größte Mittel. Man nennt die Verteilung in Bild 1.16 **linkssteil**, **rechtsschief** oder **positiv schief**. Eine linkssteile Verteilung ist typisch für Bonituren, da starke Befälle wesentlich weniger häufig auftreten als geringe Befälle.

Eine Verteilung wie in Bild 1.14 nennt man **rechtssteil**, **linksschief** oder **negativ schief**. Für die Stichprobe der Schlafdauern in Bild 1.14 ist im Unterschied zur linkssteilen Verteilung von Bild 1.16 das arithmetische Mittel $\overline{x} = 7.0$ h der kleinste, der Median $\widetilde{x} = 7.2$ der mittlere und der Modalwert $\overline{x}_\mathrm{d} = 7.3$ h der größte Lageparameter.

Eine extrem rechtsschiefe Verteilung, deren Modalwert ganz links liegt, wird als **L-Verteilung** bezeichnet. Bild 1.17 zeigt eine L-Verteilung des Betriebseinkommens einer Stichprobe von 25 landwirtschaftlichen Betrieben.

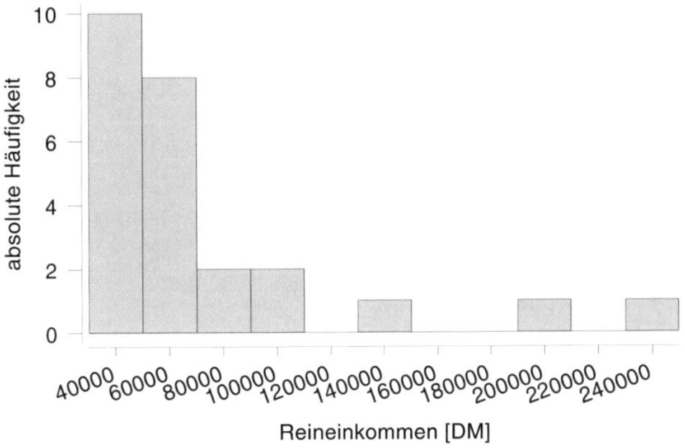

Bild 1.17: Betriebseinkommen Landwirtschaftlicher Betriebe

Eine extrem linksschiefe Verteilung mit dem Modalwert rechts außen heißt entsprechend **J-Verteilung**. Die Bezeichnungen kommen von der Form der Buchstaben L und J, die annähernd wie solche Verteilungen aussehen.

Bei L- und J-Verteilungen sind arithmetisches Mittel $\overline{x}$ und Modalwert $\overline{x}_d$ keine geeigneten Parameter. Der Median $\widetilde{x}$ ist in diesen Fällen vorzuziehen, da er die Stichprobe in zwei Hälften teilt. Aus Bild 1.17 kann man z.B. das arithmetische Mittel nach Gleichung (1.10) zu $\overline{x} = 72800$ DM schätzen. In der Klasse dieser Größe liegen jedoch nur zwei Beobachtungen. Auch die Klasse des Modus mit der Klassenmitte von 40000 DM charakterisiert die Einkommensverteilung nicht sehr gut. Es empfiehlt sich hier die Angabe des mittelsten Betriebs, da dieser Betrieb mindestens genauso viel wie die 12 schlechteren und weniger als die 12 besseren Betriebe erwirtschaftet hat. Dieser Betrieb liegt in der Medianklasse mit der Klassenmitte 60000 DM.

Es gibt mehrere Möglichkeiten, die Schiefe einer Verteilung durch eine Maßzahl zu charakterisieren.

Ein einfaches Maß ist das **Pearsonsche Schiefheitsmaß** S_1. Es verwendet die Differenz zwischen arithmetischem Mittel $\overline{x}$ und Dichtemittel $\overline{x}_\mathrm{d}$ bezogen auf die Standardabweichung s.

$$\mathrm{S}_1 = \frac{\overline{x} - \overline{x}_\mathrm{d}}{s} \tag{1.19}$$

Falls $\overline{x} > \overline{x}_\mathrm{d}$ und damit $\mathrm{S}_1 > 0$ ist, handelt es sich um eine rechtsschiefe Verteilung. Falls $\overline{x} < \overline{x}_\mathrm{d}$ und damit $\mathrm{S}_1 < 0$ ist, handelt es sich um eine linksschiefe Verteilung.

Weil in manchen Fällen die Bestimmung des Dichtemittels nicht einfach bzw. auch nicht eindeutig ist, verwendet ein anderes Schiefemaß S_2 die dreifache Differenz zwischen arithmetischem Mittel $\overline{x}$ und Median $\widetilde{x}$, ebenfalls bezogen auf die Standardabweichung s.

$$\mathrm{S}_2 = \frac{3 \cdot (\overline{x} - \widetilde{x})}{s} \tag{1.20}$$

Auch hier gilt: Falls $\overline{x} > \overline{x}_\mathrm{d}$ und damit $\mathrm{S}_2 > 0$ ist, ist die Verteilung rechtsschief, im umgekehrten Fall ($\mathrm{S}_2 < 0$) linksschief.

Am häufigsten verwendet man jedoch als Schiefemaß das sog. 3. Moment bezüglich des Mittelwerts $\overline{x}$, also $\mathrm{M}_3 = \frac{1}{n} \cdot \sum_{i=1}^{n} (x_i - \overline{x})^3$, bezogen auf die dritte Potenz der Standardabweichung s:

$$\mathrm{S}_3 = \frac{\mathrm{M}_3}{s^3} = \frac{\sum_{i=1}^{n} (x_i - \overline{x})^3}{n \cdot s^3} \tag{1.21}$$

Auch S_3 nimmt für rechtsschiefe Verteilungen positive und für linksschiefe Verteilungen negative Werte an.

Beispiele:

1. *Die Häufigkeitsverteilung der Stichprobe mit den Ferkelzahlen in Bild 1.3 ist relativ symmetrisch. Deshalb liegen alle Schiefheitsmaße in der Umgebung von 0:*

   $$\mathrm{S}_1 = \frac{10.02 - 10}{2.197} = 0.009$$

   $$\mathrm{S}_2 = \frac{3 \cdot (10.02 - 10)}{2.197} = 0.027$$

   $$\mathrm{S}_3 = \frac{183.321}{100 \cdot 2.197^3} = 0.173$$

2. *Die Häufigkeitsverteilung der Stichprobe der Milchleistungen aus Tab. 1.8 ist ebenfalls relativ symmetrisch. Da der Modus je nach Klasseneinteilung differiert, werden nur die Schiefheitsmaße S_2 und S_3 berechnet. Diese liegen natürlich auch in der Umgebung von 0:*

   $$\mathrm{S}_2 = \frac{3 \cdot (5188.7 - 5231.5)}{655.4} = -0.196$$

   $$\mathrm{S}_3 = \frac{-1130173824}{100 \cdot 655.4^3} = -0.040$$

3. *Die Verteilung der Bonituren in Bild 1.16 ist offensichtlich linkssteil. Dies drückt sich auch in den Schiefheitsmaßen aus, die alle sehr viel größer als 0 sind:*

$$S_1 = \frac{3-1}{2.033} = 0.984$$

$$S_2 = \frac{3 \cdot (3-2)}{2.033} = 1.476$$

$$S_3 = \frac{744}{90 \cdot 2.033^3} = 0.984$$

4. *Die Verteilung der Schlafzeiten in Bild 1.14 ist offensichtlich rechtssteil.*

$$S_1 = \frac{7.02 - 7.33}{1.196} = -0.259$$

$$S_2 = \frac{3 \cdot (7.02 - 7.20)}{1.196} = -0.452$$

$$S_3 = \frac{-357.746}{150 \cdot 1.196^3} = -1.394$$

In diesem Fall gibt das Schiefheitsmaß S_3 *die Rechtssteilheit am besten wieder.*

1.2.14 Kurtosis oder Exzeß

Symmetrische Häufigkeitsverteilungen von Stichproben haben in vielen Fällen eine annähernd glockenförmige Gestalt, die man durch eine sog. **Gaußsche Glockenkurve** approximieren kann (vgl. Kap. 3.1). Das Histogramm der Ferkelzahlen in Bild 1.3 besitzt z.B. eine solche Form.

Andere Verteilungen sind jedoch wesentlich spitzer. Bild 1.18 zeigt eine solche steilgipflige Verteilung von Ferkelzahlen.

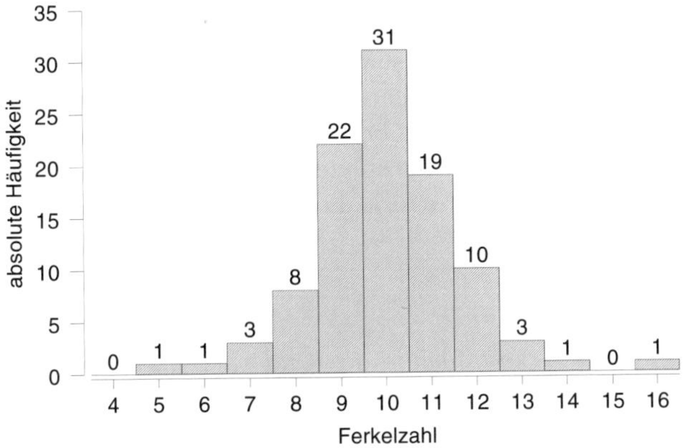

Bild 1.18: Steilgipflige Verteilung mit positiver Kurtosis

Im umgekehrten Fall kann die Verteilung auch breiter als eine Glockenkurve sein. Bild 1.19 zeigt eine extrem flachgipflige Verteilung von Ferkelzahlen.

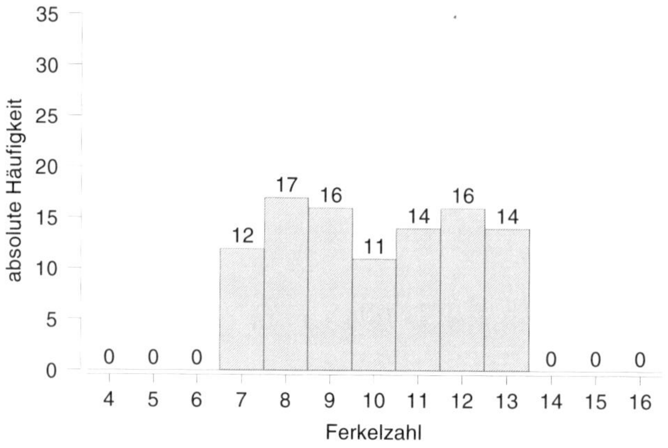

Bild 1.19: Flachgipflige Verteilung mit negativer Kurtosis

Man verwendet zum Vergleich einigermaßen symmetrischer Verteilungen, die annähernd gleiche Streuung, aber unterschiedliche Wölbung besitzen, die **Kurtosis** oder den **Exzeß**. Die Wölbung wird im wesentlichen erfaßt durch das auf $\overline{x}$ bezogene Moment 4. Ordnung $\mathrm{M}_4 = \dfrac{1}{n}\sum\limits_{i=1}^{n}(x_i - \overline{x})^4$, dividiert durch s^4. Da für die wichtige standardisierte Normalverteilung mit glockenförmiger Gestalt (vgl. Kap. 3.1) diese Größe den Wert 3 hat, wählt man als Kurtosis K einer Verteilung den Wert von $\dfrac{\mathrm{M}_4}{s^4} - 3$, also die Differenz:

$$\mathrm{K} = \frac{\sum\limits_{i=1}^{n}(x_i - \overline{x})^4}{n \cdot s^4} - 3 \tag{1.22}$$

Die Kurtosis hängt vom Moment M_4 sowie der Standardabweichung s ab. Wenn z.B. eine Verteilung eine positive Kurtosis hat, so heißt das in etwa, daß die Anzahl "größerer" Abweichungen von $\overline{x}$ größer ist als bei einer Gaußschen Glockenkurve mit gleicher Streuung. Die Verteilung wird also eine spitzere Form aufweisen (Bild 1.18). Ganz analog wird im Falle einer negativen Kurtosis diese Verteilung eine stumpfere Form haben (Bild 1.19).

Beispiel:

Die Stichproben mit den Ferkelzahlen in den Bildern 1.3, 1.18 und 1.19 haben alle den Mittelwert $\overline{x} = 10.02$ und ungefähr die gleiche Standardabweichung. Die Kurtosis ist:

Bild 1.3: $\quad \mathrm{K} = \dfrac{7122.2}{100 \cdot 2.197^4} - 3 = 0.057$

Bild 1.18: $\quad \mathrm{K} = \dfrac{3240.3}{100 \cdot 1.620^4} - 3 = 1.705$

Bild 1.19: $\quad \mathrm{K} = \dfrac{2661.4}{100 \cdot 2.000^4} - 3 = -1.337$

1.3 Beschreibung zweidimensionaler Stichproben

Es werden im folgenden zwei Merkmale X und Y betrachtet. Das Merkmal X soll mit den Ausprägungen $x_1, x_2, \ldots x_m$, das Merkmal Y mit den Ausprägungen $y_1, y_2, \ldots y_n$ vorkommen. Zugelassen sind nominale, ordinale und quantitative Ausprägungen, die auch schon klassifiziert sein können. Die Urliste einer zweidimensionalen Stichprobe zeigt z.B. Tab. 1.2.

1.3.1 Häufigkeitsverteilungen

Das allgemeine Schema einer **zweidimensionalen Häufigkeitsverteilung** zeigt Tab. 1.15.

	y_1	y_2	$\ldots$	y_j	$\ldots$	y_l	R.H.
x_1	n_{11}	n_{12}	$\ldots$	n_{1j}	$\ldots$	n_{1l}	$n_{1.}$
x_2	n_{21}	n_{22}	$\ldots$	n_{2j}	$\ldots$	n_{2l}	$n_{2.}$
$\vdots$	$\vdots$	$\vdots$		$\vdots$		$\vdots$	$\vdots$
x_i	n_{i1}	n_{i2}	$\ldots$	n_{ij}	$\ldots$	n_{il}	$n_{i.}$
$\vdots$	$\vdots$	$\vdots$		$\vdots$		$\vdots$	$\vdots$
x_k	n_{k1}	n_{k2}	$\ldots$	n_{kj}	$\ldots$	n_{kl}	$n_{k.}$
R.H.	$n_{.1}$	$n_{.2}$	$\ldots$	$n_{.j}$	$\ldots$	$n_{.l}$	n

Tabelle 1.15: Zweidimensionale Häufigkeitsverteilung als Kontingenztafel

Eine solche Tabelle wird auch als **Kontingenztafel** bezeichnet.

Die x_i bzw. y_i können im Falle quantitativer Daten diskrete Werte sein oder im Falle einer gruppierten Verteilung auch Klassenmitten. n_{ij} gibt die absolute Häufigkeit für das Auftreten von Elementen mit der Ausprägung x_i bzgl. des x-Merkmals und mit der Ausprägung y_i bzgl. des y-Merkmals an. Interessiert nur die Verteilung der Merkmalswerte eines Merkmals, so braucht man die sog. **Randhäufigkeiten** R.H. oder **Randverteilungen**.

Will man wissen, wie die x-Werte sich verteilen ohne Rücksicht auf die y-Werte, dann muß man in der obigen Häufigkeitstafel die Zeilensummen bilden und erhält die Randverteilung bezüglich x:

$$n_{i.} = \sum_{j=1}^{l} n_{ij} \qquad (i = 1, 2, \ldots, k) \tag{1.23}$$

Die Randverteilung von y ergibt sich aus den Spaltensummen:

$$n_{.j} = \sum_{i=1}^{k} n_{ij} \qquad (j = 1, 2, \ldots, l) \tag{1.24}$$

Beispiel:

Tab. 1.16 zeigt die Kontingenztafel für die Anzahl der betriebseigenen Schlepper aufgeteilt nach Betriebs- und Schlepperleistungsklassen einer landwirtschaftlichen Region.

Betriebs-größe [ha]	Schlepperleistung [kW] < 30	30 – 50	50 – 70	70 – 90	> 90	R.H.
< 30	6	8	2			16
30 – 50		16	44	7		67
50 – 70		5	29	25	1	60
> 70				5	2	7
R.H.	6	29	75	37	3	150

Tabelle 1.16: Kontingenztafel der Anzahl betriebseigener Schlepper aufgeteilt nach Betriebsgrößen- und Schlepperleistungsklassen

Die zweidimensionale Häufigkeitsverteilung der Kontingenztafel in Tab. 1.16 zeigt Bild 1.20.

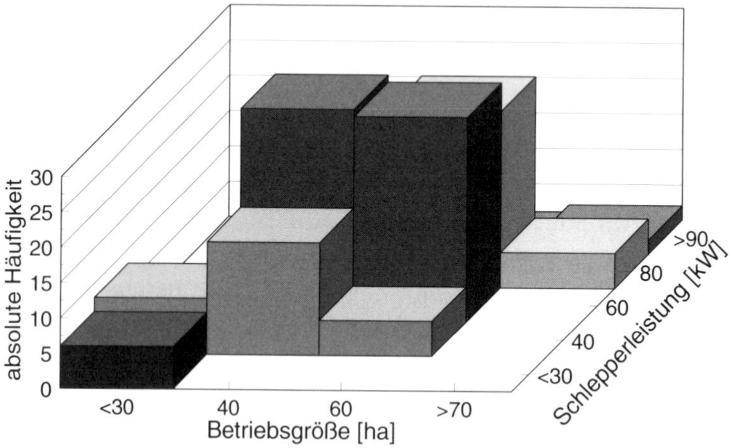

Bild 1.20: Zweidimensionale Häufigkeitsverteilung der Anzahl betriebseigener Schlepper aufgeteilt nach Betriebsgrößen- und Schlepperleistungsklassen

Die Häufigkeiten können absolut (mit n_{ij} bezeichnet) oder relativ (mit h_{ij} bezeichnet) angegeben sein. Bei einer relativen Häufigkeitsverteilung können jedoch die einzelnen Häufigkeiten h_{ij} auf verschiedene Summen bezogen sein. Man kann sie erstens auf die Spaltensummen, zweitens auf die Zeilensummen und drittens auf die gesamte Anzahl n von untersuchten Elementen beziehen.

Beispiel:

Die Möglichkeiten zur Darstellung der relativen Häufigkeiten am Beispiel der Schlepper in Tab. 1.16 zeigen die Tab. 1.17 – 1.19.

In Tab. 1.17 sind die Schlepperzahlen auf die Spaltensummen bezogen. Sie zeigt, wie sich Schlepper einer bestimmten Leistungsklasse auf einzelne Größenklassen der Betriebe verteilen.

Betriebs-	Schlepperleistung [kW]				
größe [ha]	< 30	30 – 50	50 – 70	70 – 90	> 90
< 30	100.0	27.6	2.7		
30 – 50		55.2	58.7	18.9	
50 – 70		17.2	38.7	67.6	33.3
> 70				13.5	66.7
	100	100	100	100	100

Tabelle 1.17: Relative Häufigkeiten [%] der Schlepper in Tab. 1.16 bezogen auf die Randhäufigkeiten der Spalten

In Tab. 1.18 sind die Schlepperzahlen auf die Zeilensummen bezogen. Sie zeigt, wie sich eine bestimmte Betriebsgrößenklasse bei der Auswahl der Leistung ihres Schleppers verhält.

Betriebs-	Schlepperleistung [kW]					
größe [ha]	< 30	30 – 50	50 – 70	70 – 90	> 90	
< 30	37.5	50.0	12.5			100
30 – 50		23.9	65.7	10.5		100
50 – 70		8.3	48.3	41.7	1.7	100
> 70				71.4	28.6	100

Tabelle 1.18: Relative Häufigkeiten [%] der Schlepper in Tab. 1.16 bezogen auf die Randhäufigkeiten der Zeilen

Tab. 1.19 bezieht alle Schlepper in den einzelnen Gruppen auf die Gesamtzahl der untersuchten Schlepper und stellt die eigentliche zweidimensionale Verteilung dar, die Verteilung der Schlepper in Abhängigkeit von den Leistungsklassen und den Betriebsgrößenklassen.

Betriebs-	Schlepperleistung [kW]					
größe [ha]	< 30	30 – 50	50 – 70	70 – 90	> 90	
< 30	4.0	5.3	1.3			10.7
30 – 50		10.7	29.3	4.7		44.7
50 – 70		3.3	19.3	16.7	0.7	40.0
> 70				3.3	1.3	4.7
	4.0	19.3	49.9	24.7	2.0	100

Tabelle 1.19: Relative Häufigkeiten [%] der Schlepper in Tab. 1.16 bezogen auf die Gesamtzahl der Schlepper

Es stellt sich die Frage, nach welcher Richtung (horizontal oder vertikal, d.h. Zeilensummen oder Spaltensummen als Bezugsbasis) man die absoluten Häufigkeiten prozentuieren soll. Wenn man in einer solchen Kreuztabellierung zwei Merkmale oder zwei "Faktoren" zusammenbringt und man eindeutig einen Faktor als Ursache und den anderen als Wirkung betrachten kann, so ist es sinnvoll, in der Richtung des Ursachenfaktors zu prozentuieren. Wenn die Stichprobe, aus der die Kreuztabelle errechnet wird, jedoch nicht "repräsentativ"[1] ist, ist stets große Vorsicht geboten, eine Ursache-Wirkungs-Relation auf eine Grundgesamtheit zu verallgemeinern. Zwei Merkmale oder Faktoren müssen auch nicht immer in einem direkten Ursache-Wirkungs-Verhältnis stehen. Sehr häufig sind jedoch auch Merkmale in einer zweidimensionalen Häufigkeitsverteilung miteinander verknüpft, bei denen keine eindeutige Wirkungsrichtung von einem Merkmal auf das andere festzustellen ist. So hängen z.B. die Merkmale Brustumfang und Kreuzhöhe beim Rind voneinander ab (sie sind miteinander korreliert), ohne daß man sagen könnte, die eine Variable ist Kausalursache für die andere. Der Zusammenhang zwischen zwei solchen Merkmalen ist wechselseitig. Für das Folgende wird unterstellt, daß eine zufällige Stichprobe zugrundeliegt. Daraus wird eine zweidimensionale, empirische Häufigkeitsverteilung aufgestellt. In der Regel wird dabei von der absoluten Häufigkeitsverteilung ausgegangen.

1.3.2 Zusammenhang zweier Merkmale

In vielen Fällen kann man aus der Häufigkeitsverteilung einer zweidimensionalen Stichprobe auf einen Zusammenhang zwischen zwei Merkmalen schließen (Bild 1.21).

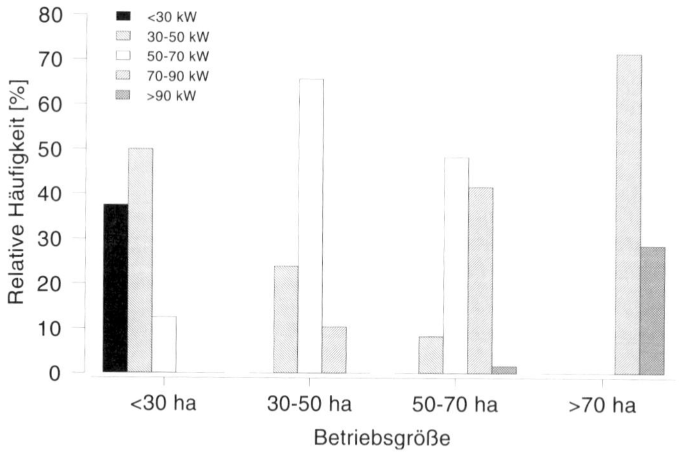

Bild 1.21: Relative Häufigkeitsverteilung der Schlepperleistung von Tab. 1.16 getrennt nach Betriebsgrößen

[1] Man benutzt gelegentlich nur eine Teilmenge aus einer endlichen Grundgesamtheit und zieht die Stichprobe dann aus dieser Teilmenge. In der Regel zeigt diese Teilmenge eine ähnliche Struktur wie die Grundgesamtheit. Man nimmt daher an, daß die Stichprobe repräsentativ ist bzgl. der Grundgesamtheit. Damit man diese Teilmenge aus einer endlichen Grundgesamtheit richtig auswählt, muß man jedoch die Struktur der Grundgesamtheit gut kennen.

Aus den Tabellen 1.17 – 1.19 wird deutlich, daß in größeren Betrieben tendenziell auch Schlepper mit höheren Leistungen vorkommen. Dies ist auch offensichtlich, wenn die relativen Häufigkeiten der Schlepperleistungsklassen innerhalb der jeweiligen Betriebsgröße für jede Betriebsgröße getrennt aufgetragen werden (Bild 1.21). Dies entspricht den Werten in Tab. 1.18. Die relativen Häufigkeiten innerhalb einer Betriebsgrößenklasse addieren sich zu 100%.

Diese Abhängigkeit zweier Merkmale kann man in einem **zweidimensionalen Streudiagramm** oder engl. **Scatter Plot** darstellen. Dabei trägt man die Meßwerte jedes Objekts gegeneinander auf.

Beispiel:

Bild 1.22 zeigt das Streudiagramm von Betriebsgröße und Schlepperleistung der ursprünglichen Stichprobenwerte von Tab. 1.16.

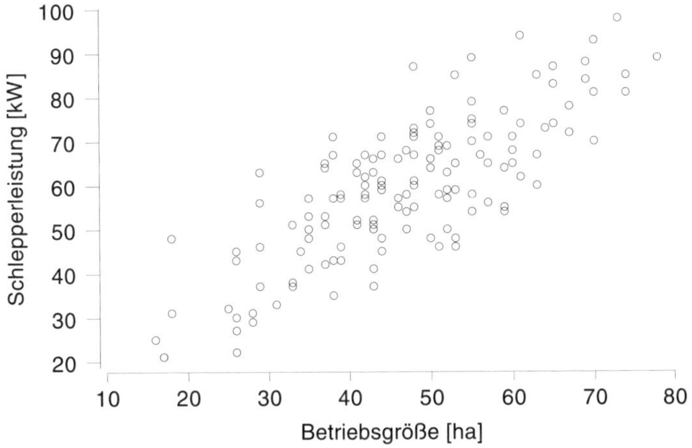

Bild 1.22: Streudiagramm von Betriebsgröße und Schlepperleistung

Es existiert offensichtlich eine positive lineare Abhängigkeit der beiden Merkmale. Der Zusammenhang ist jedoch nicht exakt linear, da die Meßwerte mehr oder weniger um eine Gerade streuen.

Bild 1.23 zeigt vier verschiedene zweidimensionale Streudiagramme.

In Bild 1.23 a) ist der Zusammenhang zwischen den beiden Merkmalen streng linear, d.h. die Beobachtungen liegen exakt auf einer Geraden. Ein linearer Zusammenhang kann auch in Bild 1.23 b) angenommen werden, allerdings streuen die Werte in gewissem Umfang um eine Gerade. Bei Bild 1.23 c) existiert kein Zusammenhang zwischen den Merkmalen. Die Beziehung ist mehr oder weniger zufällig. Schließlich ist in Bild 1.23 d) durchaus ein Zusammenhang zwischen den Merkmalen abzuleiten, allerdings ist dieser offensichtlich nicht linear.

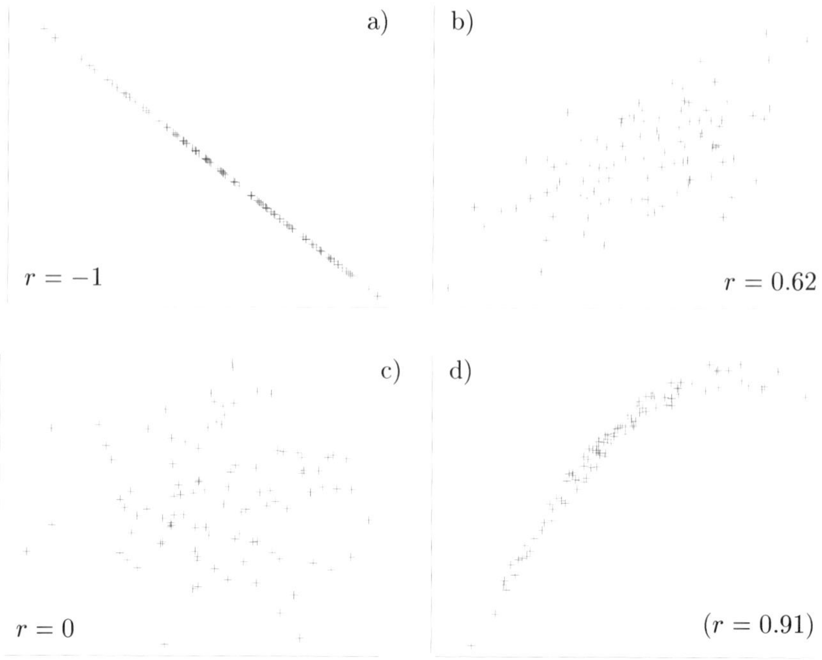

Bild 1.23: Streudiagramme zweier Merkmale mit verschiedenen Korrelationen

Eine Quantifizierung der Stärke des linearen Zusammenhangs zweier Merkmale ist mit der **Korrelationsanalyse** möglich. Dabei wird untersucht, ob zwei Merkmale voneinander linear abhängig, d.h. korreliert, oder linear unabhängig, also unkorreliert, sind[2].

Ein Maß für die Stärke des linearen Zusammenhangs soll weder vom Nullpunkt der Meßskalen noch von den Maßeinheiten der Merkmale X und Y abhängen. Aus diesem Grund werden die Variablen X und Y auf den Mittelwert 0 und die Standardabweichung 1 skaliert.

Die Skalierung auf den Mittelwert 0 erfolgt durch die Bildung der Differenz der Stichprobenwerte x_i bzw. y_i minus den Mittelwerten $\overline{x}$ bzw. $\overline{y}$. Haben die Differenzen $x_i - \overline{x}$ und $y_i - \overline{y}$ das gleiche Vorzeichen, so deutet dies auf einen positiven Zusammenhang hin. Ein negativer Zusammenhang wird durch verschiedene Vorzeichen der Differenzen angezeigt.

[2]Es erfolgt hier lediglich eine kurze Einführung in die Korrelationsanalyse. Eine umfassende Behandlung beinhaltet Band 2.

Die Summe

$$\mathrm{SP}_{xy} = \sum_{i=1}^{n}(x_i - \overline{x})(y_i - \overline{y}) \tag{1.25}$$

heißt **Summe der Abweichungsprodukte** in Analogie zur **Summe der Abweichungsquadrate**

$$\mathrm{SQ}_x = \sum_{i=1}^{n}(x_i - \overline{x})^2 \quad \text{bzw.} \quad \mathrm{SQ}_y = \sum_{i=1}^{n}(y_i - \overline{y})^2. \tag{1.26}$$

Die Größe

$$s_{xy} = \frac{1}{n-1}\sum_{i=1}^{n}(x_i - \overline{x})(y_i - \overline{y}) = \frac{1}{n-1}\mathrm{SP}_{xy} \tag{1.27}$$

heißt **Kovarianz** zwischen X und Y.

Dividiert man die Differenzen $x_i - \overline{x}$ und $y_i - \overline{y}$ durch die jeweilige Standardabweichung s_x bzw. s_y, so erhält man die transformierten Variablen U und V, die den Mittelwert 0 und die Standardabweichung 1 haben:

$$u_i = \frac{x_i - \overline{x}}{s_x}, \qquad v_i = \frac{y_i - \overline{y}}{s_y} \tag{1.28}$$

Der lineare Zusammenhang zwischen X und Y ist jetzt umso größer, je ausgeprägter die Tendenz ist, daß U und V entweder gleiches Vorzeichen oder ungleiches Vorzeichen haben. Im ersten Fall spricht man von positivem linearen Zusammenhang bzw. **positiver Korrelation**, im zweiten Fall von negativem linearen Zusammenhang bzw. **negativer Korrelation**.

Das Produkt $u_i \cdot v_i$ ist ein einfaches Maß für die Tendenz bzw. den linearen Zusammenhang zwischen x_i und y_i. Ein Maß für den linearen Zusammenhang der ganzen Stichprobe ist das Mittel der einzelnen Beträge, wobei in Analogie zur Berechnung der Varianz nach Gleichung (1.7) anstatt durch n wieder durch $n-1$ dividiert wird:

$$r_{xy} = \frac{1}{n-1}\sum_{i=1}^{n} u_i \cdot v_i = \frac{1}{n-1}\sum_{i=1}^{n}\frac{x_i - \overline{x}}{s_x} \cdot \frac{y_i - \overline{y}}{s_y} \tag{1.29}$$

r_{xy} ist der **empirische Korrelationskoeffizient** zwischen X und Y. Dieser kann nach Gleichung (1.28), (1.25) und (1.29) auch ausgedrückt werden als:

$$r = r_{xy} = \frac{s_{xy}}{s_x \cdot s_y} = \frac{\mathrm{SP}_{xy}}{\sqrt{\mathrm{SQ}_x \cdot \mathrm{SQ}_y}} \tag{1.30}$$

Der Korrelationskoeffizient r kann Werte zwischen -1 und $+1$ annehmen. Unkorrelierte Daten haben einen Korrelationskoeffizienten von $r = 0$ oder nahe 0 (Bild 1.23 c). Für $|r| = 1$ liegen die (x_i, y_i)-Werte im Streudiagramm exakt auf einer Geraden (Bild 1.23 a). Für $|r| < 1$ streuen die Punkte mehr oder weniger um eine Ausgleichsgerade Der Datensatz in Bild 1.23 b) ist korreliert mit einem Koeffizienten von $r = 0.62$. Eine positive Steigung dieser Geraden liegt vor, wenn $r > 0$ ist (Bild 1.23 b). Die Steigung ist negativ für $r < 0$ (Bild 1.23 a). Je größer r dem Betrag nach ist, desto geringer ist die Streuung um diese Ausgleichsgerade. Für die Stichprobe in Bild 1.23 d) berechnet sich rein formal ein Korrelationskoeffizient von $r = 0.91$. Dieser ist jedoch nicht interpretierbar, da der Zusammenhang nicht linear ist.

Beispiele:

1. *Für den Spezialfall $x_i = y_i$ für alle Stichprobenwerte liegt eine extreme lineare Abhängigkeit vor. Die Korrelation ist $r_{xy} = 1$, denn es gilt:*

$$\mathrm{SP}_{xy} = \sum_{i=1}^{n}(x_i - \overline{x}) \cdot (y_i - \overline{y}) = \sum_{i=1}^{n}(x_i - \overline{x})^2 = \mathrm{SQ}_x = \sum_{i=1}^{n}(y_i - \overline{y})^2 = \mathrm{SQ}_y$$

Also folgt nach Gleichung (1.30) für r:

$$r_{xy} = \frac{\mathrm{SP}_{xy}}{\sqrt{\mathrm{SQ}_x \cdot \mathrm{SQ}_y}} = \frac{\mathrm{SP}_{xy}}{\sqrt{\mathrm{SP}_{xy} \cdot \mathrm{SP}_{xy}}} = 1$$

2. *Wenn die Punkte exakt auf einer beliebigen Geraden $y_i = y_0 + m \cdot x_i$ liegen, dann ist $y_i - \overline{y} = m \cdot (x_i - \overline{x})$ und es gilt nach Gleichung (1.27):*

$$s_{xy} = \frac{1}{n-1} \cdot \sum_{i=1}^{n}(x_i - \overline{x}) \cdot (y_i - \overline{y}) = \frac{1}{n-1} \cdot m \cdot \sum_{i=1}^{n}(x_i - \overline{x})^2 = m \cdot s_x^2$$

Außerdem gilt $s_y^2 = m^2 \cdot s_x^2$. Der Korrelationskoeffizient ist deshalb:

$$r_{xy} = \frac{m \cdot s_x^2}{s_x \cdot |m| \cdot s_x} = \frac{m}{|m|}$$

Für $m > 0$ ist $r_{xy} = 1$ und für $m < 0$ ist $r_{xy} = -1$. Ein Koeffizient bei einer Geraden mit der Steigung $m = 0$ ist nicht definiert.

3. *Der Korrelationskoeffizient zwischen der Betriebsgröße und der Schlepperleistung in Bild 1.22 ist $r = 0.78$.*

Zur Berechnung von r per Hand empfiehlt es sich, folgende Berechnungsformel zu verwenden, welche analog zur Berechnungsformel (1.9) für die empirische Varianz hergeleitet werden kann:

$$r = \frac{\mathrm{SP}_{xy}}{\sqrt{\mathrm{SQ}_x}\cdot\sqrt{\mathrm{SQ}_y}} = \frac{\sum_{i=1}^{n}(x_i-\overline{x})\cdot(y_i-\overline{y})}{\sqrt{\sum_{i=1}^{n}(x_i-\overline{x})^2}\cdot\sqrt{\sum_{i=1}^{n}(y_i-\overline{y})^2}} = \frac{\sum_{i=1}^{n}x_i\cdot y_i-\frac{1}{n}\cdot\left(\sum_{i=1}^{n}x_i\right)\cdot\left(\sum_{i=1}^{n}y_i\right)}{\sqrt{\sum_{i=1}^{n}x_i^2-\frac{1}{n}\cdot\left(\sum_{i=1}^{n}x_i\right)^2}\cdot\sqrt{\sum_{i=1}^{n}y_i^2-\frac{1}{n}\cdot\left(\sum_{i=1}^{n}y_i\right)^2}} \qquad (1.31)$$

Es sind also folgende Summen mit einem Taschenrechner auszurechnen:

$$\sum x_i,\ \sum x_i^2,\ \sum y_i,\ \sum y_i^2,\ \sum x_i y_i$$

An dieser Stelle sei nochmals an die Tatsache erinnert, daß bei einer Programmierung von Gleichung (1.31) die Gefahr von "Stellenauslöschung" und damit großer Rundungsfehler im Computer besteht, falls die beiden Ausdrücke im Zähler nahezu gleich groß sind.

Beispiel:

Die folgende Tabelle zeigt die Baumhöhe und den Stammdurchmesser von sechs Kastanienbäumen.

Baumhöhe [m]	12.3	10.1	5.4	2.6	14.1	7.3
Stammdurchmesser [cm]	31.9	30.2	15.7	10.0	40.9	23.1

Der Korrelationskoeffizient wird nach Gleichung (1.31) bestimmt:

i	x_i	y_i	x_i^2	y_i^2	$x_i y_i$
1	12.3	31.9	151.29	1017.61	392.37
2	10.1	30.2	102.01	912.04	305.02
3	5.4	15.7	29.16	246.49	84.78
4	2.6	10.0	6.76	100.00	26.00
5	14.1	40.9	198.81	1672.81	576.69
6	7.3	23.1	53.29	533.61	168.63
$\sum$	51.8	151.8	541.32	4482.56	1553.49

$$r = \frac{1553.49 - 51.8\cdot 151.8/6}{\sqrt{541.32 - 51.8^2/6}\cdot\sqrt{4482.56 - 151.8^2/6}} = 0.98836 \approx 0.99$$

1.4 Beschreibung mehrdimensionaler Stichproben

Werden mehrere Merkmale für eine Beobachtung gemessen, so erhält man **multivariate Daten**. In Tab. 1.20 liegt z.B. eine Stichprobe von 20 Getreidesorten über die Merkmale Ertrag, Tausendkorngewicht, Kornzahl pro Ähre und Pflanzen pro Quadratmeter vor.

Ertrag [dt/ha]	TKG [g]	Kornzahl/Ähre	Pflanzen/m^2
76.0	46.7	43	427
69.5	54.9	34	430
65.0	56.0	37	364
73.0	46.8	44	403
69.1	47.6	43	386
78.5	47.1	44	426
72.3	48.6	38	445
68.7	46.8	46	366
75.7	41.3	41	497
74.1	40.5	41	499
64.2	52.9	35	407
67.2	49.6	42	373
65.6	52.0	38	384
79.1	45.5	44	450
74.7	49.5	41	411
60.8	54.6	37	352
71.8	50.7	40	399
64.8	52.1	39	369
64.5	51.5	45	322
63.4	57.5	38	343

Tabelle 1.20: Ertragsmerkmale von 20 Getreidesorten

Allgemein heißt ein Schema der Art

$$\begin{matrix} x_{11} & x_{12} & \cdots & x_{1j} & \cdots & x_{1m} \\ x_{21} & x_{22} & \cdots & x_{2j} & \cdots & x_{2m} \\ \vdots & \vdots & \ddots & \vdots & & \vdots \\ \vdots & \vdots & & x_{ij} & & \vdots \\ \vdots & \vdots & & \vdots & \ddots & \vdots \\ x_{n1} & x_{n2} & \cdots & x_{nj} & \cdots & x_{nm} \end{matrix}$$

eine **Datenmatrix**, wobei x_{ij} der Wert des j-ten Merkmals bzw. der j-ten Variablen für die i-te Beobachtung ist. Man sagt in diesem Fall, daß die Daten die **Dimension** m haben. Eine Datenmatrix ist auch die grundlegende Struktur für die Eingabe von Daten in Statiskikprogrammen auf Computern. In Tab. 1.20 stehen die Daten jeder Sorte in den $n = 20$ Matrixzeilen, die Werte der einzelnen Merkmale stehen in den Spalten der Datenmatrix. Die Dimension der Daten beträgt also $m = 4$.

1.4.1 Häufigkeitsverteilungen

Ein Häufigkeitsverteilung für Datensätze mit einer Dimension von $m \geq 3$ ist anschaulich nicht mehr möglich, da mindestens 4 Dimensionen zur Darstellung benötigt werden. Man muß sich auf die Häufigkeitsverteilungen der Einzelmerkmale beschränken. Bild 1.24 zeigt die Histogramme jedes einzelnen Merkmals der Tab. 1.20.

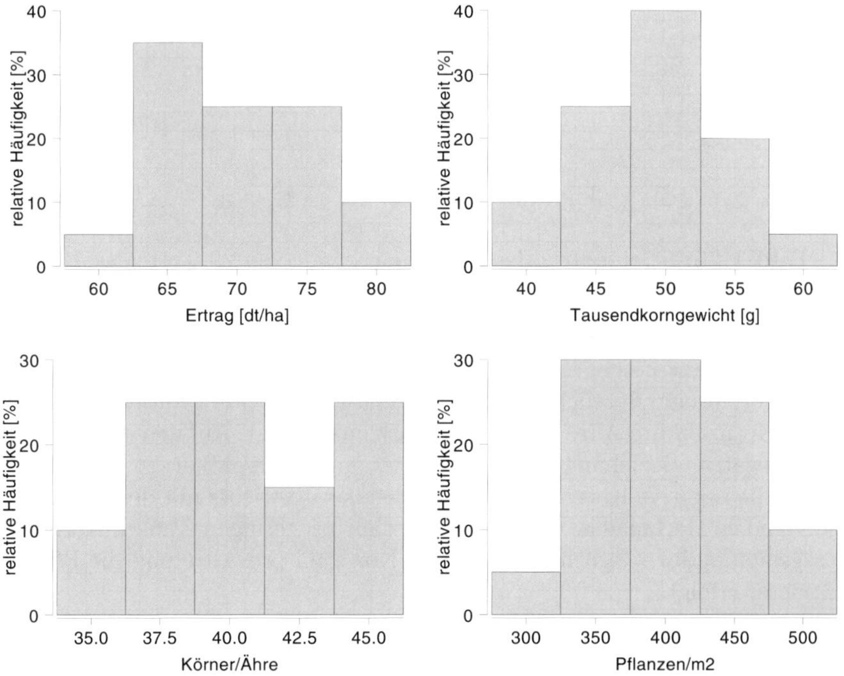

Bild 1.24: Histogramme der Ertragsmerkmale von 20 Getreidesorten

1.4.2 Streumatrizen

Streudiagramme wie bei zweidimensionalen Datensätzen sind für höhere Dimensionen ebenfalls nicht mehr anschaulich darstellbar. Man trägt deshalb die Streudiagramme für jeweils zwei Merkmale in einer **Streumatrix** oder einer **Scatter-Plot-Matrix** auf. Bild 1.25 zeigt die Streumatrix der Ertragsmerkmale von Tab. 1.20.

Das Merkmal Ertrag ist in der ersten Zeile der Streumatrix von Bild 1.25 als Ordinate und in der ersten Spalte als Abszisse abgetragen. In der zweiten Zeile bzw. Spalte ist die Ordinate bzw. Abszisse das Tausendkorngewicht. Entsprechendes gilt für die dritte und vierte Zeile bzw. Spalte für die Merkmale Kornzahl/Ähre und Pflanzen/m^2. Es gibt nun für jedes Merkmal das Streudiagramm in Bezug auf alle anderen Merkmale. Bei den Darstellungen gegenüber der Diagonalen, ist lediglich Abszisse und Ordinate vertauscht. Die Abbildungen sind also äquivalent. Es existiert offensichtlich ein negativer linearer Zusammenhang zwischen Tausendkorngewicht und Kornzahl pro Ähre

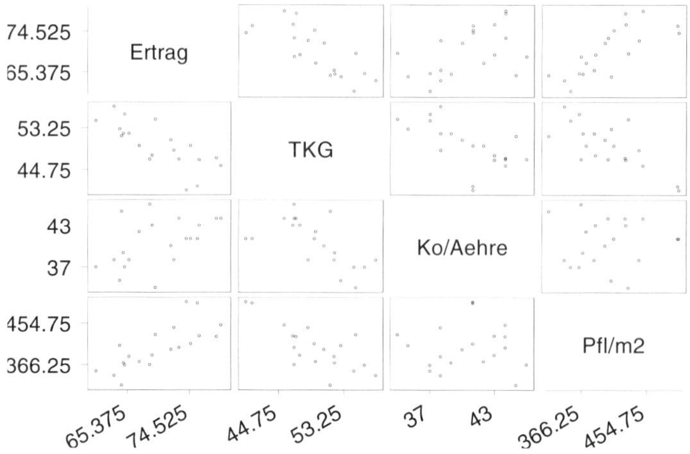

Bild 1.25: Streumatrix der Ertragsmerkmale von 20 Getreidesorten

sowie Pflanzen pro Quadratmeter. Eine Korrelation zwischen Kornzahl pro Ähre und Pflanzen pro Quadratmeter ist nicht erkennbar. Zwischen Ertrag und Pflanzen pro Quadratmeter besteht eine deutlich positive Korrelation. Die positive Beziehung zwischen Ertrag und Kornzahl pro Ähre ist weniger stark ausgeprägt. Auf den ersten Blick überrascht die negative Beziehung zwischen Ertrag und Tausendkorngewicht. Betrachtet man jedoch die negative Korrelation des Tausendkorngewichts mit den anderen beiden ertragsbildenden Merkmalen, dann ist klar, daß bei geringen Tausendkorngewichten die Ertragsbildung im wesentlichen über die Kornzahl pro Ähre und die Pflanzen pro Quadratmeter erfolgt.

1.4.3 Zusammenhang mehrerer Merkmale

Die Streumatrix ist die graphische Variante einer Zusammenstellung der einfachen Korrelationen zwischen den beobachteten Merkmalen. Die **Korrelationsmatrix** ist ein Schema, das die Korrelationskoeffizienten zwischen jeder Variable enthält. Für die Merkmale in Tab. 1.20 bzw. die Streumatrix in Bild 1.25 lautet die Korrelationsmatrix:

$$\begin{array}{rrrr} 1.000 & -0.756 & 0.484 & 0.764 \\ -0.756 & 1.000 & -0.617 & -0.738 \\ 0.484 & -0.617 & 1.000 & 0.004 \\ 0.764 & -0.738 & 0.004 & 1.000 \end{array}$$

Jedes Merkmal mit sich selbst ist natürlich zu $r = 1$ korreliert. Außerdem sind Koeffizienten oberhalb der Diagonalen identisch mit Koeffizienten unterhalb davon. Infolgedessen kann die Korrelationsmatrix zum Dreiecksschema in Tab. 1.21 vereinfacht werden:

Die Korrelationsmatrix in Tab. 1.21 bestätigt die Schlußfolgerungen aus der Streumatrix in Bild 1.25 und gibt darüberhinaus quantitative Maße für den linearen Zusammenhang der Merkmale an.

	Ertrag [dt/ha]	TKG [g]	Kornzahl/Ähre
TKG [g]	−0.756		
Kornzahl/Ähre	0.484	−0.617	
Pflanzen/m^2	0.764	−0.738	0.004

Tabelle 1.21: Korrelationsmatrix für die Ertragsmerkmale in Tab. 1.20

1.4.4 Sterndiagramme

Mit **Sterndiagrammen** können im Prinzip beliebig viele Variablen dargestellt werden. Die Merkmale werden als Strahlen in verschiedene Richtungen der Ebene interpretiert. Die Länge der Strahlen entspricht der Größe der Merkmalswerte. Da die Merkmalswerte als Länge von Strahlen dargestellt werden, müssen sie alle positiv und etwa von gleicher Größe sein. Aus diesem Grund werden die Werte jeder Variablen auf das Intervall $[c, 1]$ skaliert, wobei c das Verhältnis der Längen des kleinsten und größten Strahls ist. Bezeichnet x_{ij} den i-ten Meßwert der j-ten Variable, dann ist die skalierte Variable x^*_{ij}:

$$x^*_{ij} = (1-c) \cdot \frac{x_{ij} - \min_j(x_{ij})}{\max_j(x_{ij}) - \min_j(x_{ij})} + c \tag{1.32}$$

Wurden m Variablen gemessen, so wählt man m Strahlen, die in m Richtungen der Zeichenebene zeigen. Der Winkel α zwischen allen Strahlen ist gleich, also $\alpha = 360°/m$. Für jedes beobachtete Objekt i wird ein Stern mit m Strahlen gezeichnet, deren Länge den skalierten Merkmalswerten x^*_{ij} proportional ist.

Bild 1.26 zeigt das Sterndiagramm für die Ertragsmerkmale von Tab. 1.20.

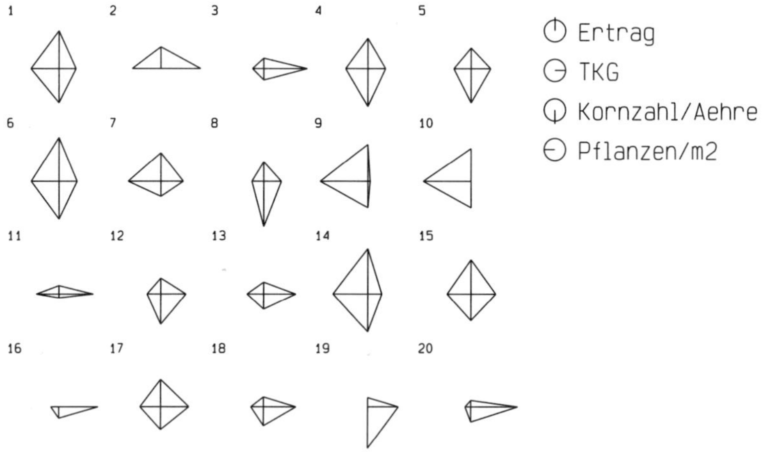

Bild 1.26: Sterndiagramm der Ertragsmerkmale aus Tab. 1.20

Jedes Merkmal wird in Bild 1.26 durch einen Strahl in vier verschiedene Richtungen dargestellt. Der Winkel zwischen den Strahlen ist $\alpha = 360°/4 = 90°$. Die Richtung ist im Diagramm oben rechts für die einzelnen Variablen angegeben. Je länger ein Strahl innerhalb einer Variablen ist, desto größer ist der gemessene Stichprobenwert der Variablen.

Sterndiagramme ermöglichen einen schnellen Überblick über Objekte, die in mehreren oder allen Merkmalen sehr große oder sehr kleine Werte besitzen. Sorte 9 bringt beispielsweise einen hohen Ertrag, der v.a. durch die Ertragskomponenten Pflanzen pro Quadratmeter und Kornzahl pro Ähre bei geringem Tausendkorngewicht zustande kommt, während bei Sorte 1 alle ertragsbestimmenden Komponenten an der Ertragsbildung beteiligt sind. Darüberhinaus kann man auch bestimmte Gruppen erkennen, bei denen der Ertrag auf ähnliche Weise gebildet wird. Sorte 1, 6 und 14 haben bei hohem Ertrag auch hohe Werte in allen drei ertragsbildenden Komponenten. Alle Sorten, die lediglich hohe Tausendkorngewichte aufweisen, wie z.B. 3, 11, 16 und 20, erreichen nicht annähernd die Erträge mit hohen Werten der beiden anderen Komponenten. Daraus kann man schließen, daß die Ertragshöhe vorwiegend durch die Komponenten Pflanzen pro Quadratmeter und Kornzahl pro Ähre beeinflußt wird.

1.5 Explorative Statistik

In den letzten Jahren fanden sog. **explorative Methoden** im Vorfeld einer statistischen Analyse immer mehr Verbreitung. Diese Methoden gehen über die bisher dargestellten Verfahren der beschreibenden Statistik hinaus und versuchen, vor allem mit graphischen Hilfsmitteln die Daten augenfällig und prägnant zu beschreiben und Besonderheiten bzw. Auffälligkeiten einer Stichprobe deutlicher darzustellen, als dies mit den klassischen Mitteln der beschreibenden Statistik möglich ist. Darüberhinaus kann man bei der Erforschung und der Suche nach Zusammenhängen zwischen verschiedenen Merkmalen unabhängig von restriktiven Verteilungsannahmen vorgehen. Explorative Methoden werden in diesem Zusammenhang auch als **hypothesenerzeugende Methoden** bezeichnet, im Gegensatz zu den **hypothesenbestätigenden Methoden** der Inferenzstatistik. Die Vielfalt der explorativen Methoden, kurz **EDA-Verfahren** genannt (**E**xploratory **D**ata **A**nalysis), geht auf Tukey zurück, der 1977 in seinem Buch "Exploratory Data Analysis" eine große Anzahl solcher Methoden erstmals umfassend vorstellte.

Hier sollen einige ausgewählte Methoden als Ergänzung des bisher gebrachten Instrumentariums vorgestellt werden.

1.5.1 Stem-and-Leaf-Diagramme

Stem-and-Leaf-Diagramme oder **Stamm-und-Blatt-Diagramme** geben ähnlich wie Histogramme die Häufigkeitsverteilung einer Reihe von Beobachtungswerten wieder. Allerdings gehen die numerischen Werte in individueller, augenfälliger Weise in das Diagramm ein.

Die Konstruktion eines Stem-and-Leaf-Diagramms wird anhand einer Stichprobe über das Gewicht von 25 Versuchspersonen in Bild 1.27 erläutert. Die Merkmalswerte werden unter Berücksichtigung eines Maßstabfaktors und eventueller Rundung auf zwei führende Ziffern transformiert. Die erste Ziffer stellt die **Stem-Ziffer**, die zweite die **Leaf-Ziffer** dar.

Stem	Leaf
4	9
5	4
5	68
6	3
6	55577889
7	11334
7	5679
8	01
8	7

Bild 1.27: Stem-and-Leaf-Diagramm der Gewichtsverteilung von Versuchspersonen

In der ersten, d.h. in der linken Spalte des Diagramms werden die Stem-Ziffern der Größe nach eingetragen, bei Bedarf mehrfach. In Bild 1.27 sind in dieser Spalte die

Zehner-kg abgetragen. Rechts von den Stem-Ziffern werden die dazugehörenden Leaf-Ziffern notiert, so daß waagrechte Häufigkeitssäulen mit den individuellen Leaf-Ziffern (hier die Einer-kg), entstehen. Die dritte Zeile stellt also die Meßwerte 56 kg und 58 kg dar. Das Stem-and-Leaf-Diagramm in Bild 1.27 enthält demnach neben der gesamten Information über die einzelnen Meßwerte gleichzeitig die graphische Darstellung der Häufigkeitsverteilung.

1.5.2 Letter-Value-Tabellen

Letter-Value-Tabellen dienen dazu, Beobachtungswerte summarisch durch Angabe charakteristischer Maßzahlen (**Letter-Values** oder **Buchstabenwerte**) zu beschreiben. Solche Maßzahlen sind der **Median** (teilt die Datenreihe in 2 Hälften), die **Quartile** (teilt die Datenreihe in etwa 4 Viertel) und weitere **Quantilswerte**, welche man durch fortgesetzte Halbierung der entsprechend geordneten Datenmenge erhält.

Bevor die Letter-Values definiert werden, sind die Werte einer Beobachtungsreihe der Größe nach zu ordnen. Für jeden Wert wird dann bestimmt, wie weit er vom oberen oder unteren Ende der geordneten Zahlenreihe entfernt ist. Damit ist die **Tiefe** t eines Wertes gemeint, d.h. die Nummer der Position, welche bei demjenigen Ende der Reihe mit $1, 2, \ldots$ zu zählen beginnt, welches dem betreffenden Wert näher ist. Die beiden äußersten Werte, also der kleinste und der größte haben jeweils die Tiefe 1, der zweitkleinste und der zweitgrößte jeweils die Tiefe 2 usw.

Bei einer ungeraden Anzahl n von Werten gibt es einen tiefsten Wert, nämlich den Median oder den mittelsten Wert, kurz mit M bezeichnet. Seine Tiefe $t(M)$ ist dann $\frac{n+1}{2}$. Bei einem geraden Stichprobenumfang, gibt es zwei mittelste Werte. Gewöhnlich sind diese Werte verschieden und keiner von ihnen teilt die Stichprobe exakt in zwei Hälften. Üblicherweise nimmt man dann den Mittelpunkt zwischen den zwei mittelsten Werten, von denen jeder die Tiefe $\frac{n+1}{2} - \frac{1}{2}$ hat. Dieser Median spaltet also die Reihe in zwei Hälften auf, und man kann nun wieder nach der Mitte dieser Hälften fragen, welche dann die sog. **Hinges** oder **Fourth**[3] darstellen.

Die Tiefe der Hinges berechnet sich zu:

$$t(H) = \frac{\big([t(M)] + 1\big)}{2} \tag{1.33}$$

Mit [ ] ist die Entier-Funktion gemeint. $[t(M)]$ bedeutet also die größte ganze Zahl, welche kleiner oder gleich $t(M)$ ist.

Ist die berechnete Tiefe keine ganze Zahl, so nimmt man analog zum obigen Vorgehen bei der Festlegung des Medians in einem solchen Fall das arithmetische Mittel der benachbarten Werte als Letter-Value. (vgl. folgendes Beispiel).

[3] Die Hinges bzw. die Fourth sind den Quartilen Q_1 und Q_3 (vgl. Bild 1.15) sehr ähnlich. Die Quartilen Q_1 und Q_3 werden als Teilpunkte der Datenmenge so definiert, daß 25% der Werte unterhalb von Q_1 bzw. 25% der Werte oberhalb von Q_3 liegen. Die Berechnung der Hinges mit Hilfe des Begriffs der Tiefe ist dagegen etwas einfacher. Die Unterschiede zwischen Hinges und Quartilen sind gering. Es kann sein, daß die Hinges etwas näher als die Quartilen Q_1 und Q_3 beim Median liegen.

Man kann in dieser Weise fortfahren und mittlere Werte für die beiden äußeren Viertel der Stichprobe finden. Diese Werte sind etwa ein Achtel der ganzen "Länge" zwischen Maximum und Minimum von den beiden Enden der geordneten Reihen entfernt und sie werden daher auch **Achtel** genannt bzw. mit E wie **Eighth** abgekürzt. Ihre Tiefe berechnet sich zu:

$$t(E) = \frac{\Big([t(H)] + 1\Big)}{2} \tag{1.34}$$

Die Letter-Values außerhalb der Achtel-Werte werden seltener benutzt und haben keine als Standard akzeptierten Namen. Sie werden eventuell mit den Buchstaben $D, C, B, A, Z, Y, \ldots$ bezeichnet.

Die nächsten Letter-Values nach den Achtel-Werten wären die D-Werte und ihre Tiefe findet man mit:

$$t(D) = \frac{\Big([t(E)] + 1\Big)}{2} \tag{1.35}$$

Die beiden extremsten, also die äußersten Werte der Stichprobe haben die Tiefe $t = 1$.

Tab. 1.22 zeigt anschaulich, wie man die Letter-Values der Gewichtsstichprobe von Bild 1.27 berechnet.

Die in Tab. 1.22 gefundenen Letter-Values werden i.a. in einer Tabelle übersichtlich zusammengestellt, wobei zusammengehörige Letter-Values (oberer und unterer Wert) zeilenweise notiert werden. Außerdem wird der Mittelwert zusammengehörender Letter-Values (Mitte) und die Spannweite (Weite) zwischen diesen beiden Letter-Values angegeben.

Tab. 1.23 zeigt die zu den Gewichten in Bild 1.27 gehörige Letter-Value-Tabelle.

Wenn die Mitten oder Mittelwerte ungefähr gleich sind, liegen die Letter-Values etwa symmetrisch um den Median. Wenn jedoch die H-, E-, D-Mitten usw. im Vergleich zum Median mehr nach der einen oder anderen Seite tendieren (also jeweils größer oder kleiner sind), deutet dies auf eine entsprechende Schiefe der Stichprobenverteilung hin.

Wie die Mitten werden auch die Weiten mit dem entsprechenden Letter-Value-Symbol versehen. Man spricht also von ***H*-Weite**, ***E*-Weite** usw. und von der **Range** oder der **Spannweite**, wenn die Differenz der Extremwerte gemeint ist.

Die Mitten dienen dazu, Abweichungen einer Stichprobenverteilung von der Symmetrie, also Schiefe, anzuzeigen.

Man möchte nun häufig Stichprobenwerte so transformieren, daß ihre Verteilung eine symmetrische Gestalt erhält. Die Verwendung und die Beobachtung der oben eingeführten Mitten ist dabei ein nützliches Hilfsmittel, die richtige Transformation der Stichprobenwerte herauszufinden.

Tiefenberechnung	Tiefe	Wert	Letter-Value
	1	50	Extremwert 50
$t(C) = (2+1)/2 = 1.5$			$C = 51.5$
	2	53	
$t(D) = (4+1)/2 = 2.5$			$D = 56.5$
	3	60	
$t(E) = (7+1)/2 = 4$	4	60	$E = 60$
	5	61	
	6	62	
$t(H) = (13+1)/2 = 7$	7	62	$H = 62$
	8	63	
	9	63	
	10	64	
	11	64	
	12	65	
$t(M) = (25+1)/2$	13	67	$M = 67$
	12	68	
	11	69	
	10	69	
	9	71	
	8	72	
$t(H) = 7$	7	72	$H = 72$
	6	73	
	5	75	
$t(E) = 4$	4	79	$E = 72$
	3	80	
$t(D) = 2.5$			$D = 80.5$
	2	81	
$t(C) = 1.5$			$C = 83.5$
	1	86	Extremwert 86

Tabelle 1.22: Berechnung der Letter-Values für die Gewichte von Bild 1.27

	Tiefe	Letter-Value unterer	Letter-Value oberer	Mitte	Weite
M	13	67		67	
H	7	62	72	67	10
E	4	60	79	69.5	19
D	2.5	56.5	80.5	68.5	24
C	1.5	51.5	83.5	67.5	32
	1	50	86	68	36

Tabelle 1.23: Letter-Value-Tabelle für die Gewichte von Bild 1.27

1.5.3 Box-Plots

Box-Plots oder **Schachtel-Plots** stellen die wesentlichen summarischen Charakteristika einer Reihe von Beobachtungswerten graphisch sehr anschaulich dar.

Die fünf Letter-Values Median, die beiden Hinges (bzw. Quartilen Q_1 und Q_3) sowie die zwei Extremwerte werden in einen sog. **Box-and-Whiskers-Plot** gezeichnet. Die mittlere Hälfte der Werte, also vom oberen bis zum unteren Hinge wird durch ein Rechteck oder eine Box dargestellt. Der Median wird markiert, z.B. mit einem +-Zeichen oder mit einem Strich quer durch die Box. Von jedem Hinge bzw. von jedem Ende der Box aus wird eine Linie bis zum Extremwert bzw. zum äußersten Wert gezogen (vgl. Bild 1.28). Auf diese Weise erhält man einen groben, aber schnellen Überblick über die Stichprobe (Spannweite, Median, H-Weite, Symmetrie).

Bild 1.28 zeigt den Box-and-Whiskers-Plot für die Gewichte aus Bild 1.27.

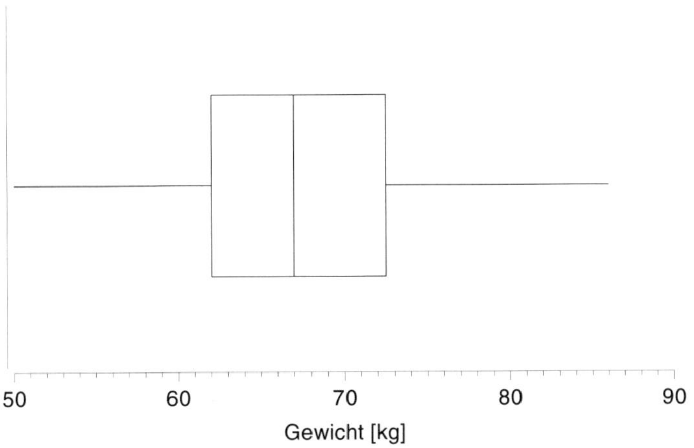

Bild 1.28: Box-and-Whiskers-Plot der Gewichte aus Bild 1.27

Manchmal enthalten Stichproben Werte, die so extrem niedrig oder hoch sind, daß sie nicht zur Stichprobe gehörig erscheinen. Solche Werte nennt man **Ausreißer**. Ausreißer können z.B. durch falsches Messen oder Notieren entstehen. Solche Fehler will man verständlicherweise korrigieren, bzw. wenn das nicht mehr möglich ist, wird man diese zweifelhaften Werte von der weiteren statistischen Untersuchung ausschließen. Nicht alle Ausreißer müssen falsche Werte sein. Sie können natürlich auch sehr ungewöhnliche Werte in einer Stichprobe darstellen und man wird dann dem Grund ihres Auftretens ganz besondere Aufmerksamkeit widmen. Um Ausreißer explorativ zu erfassen, kann man folgendermaßen vorgehen (vgl. Tukey bzw. Vellemann/Hoaglin):

Ausgehend von den Hinges und der H-Weite definiert man die **inneren Zäune** (**inner fences**) als folgende Punkte:

$$\begin{array}{lll} \text{untere innere Zäune:} & \text{unterer Hinge} & - \; 1.5 \cdot H\text{-Weite} \\ \text{obere innere Zäune:} & \text{oberer Hinge} & + \; 1.5 \cdot H\text{-Weite} \end{array} \tag{1.36}$$

Die **äußeren Zäune** (**outer fences**) sind definiert als:

$$\begin{array}{lll} \text{untere äußere Zäune:} & \text{unterer Hinge} & - \; 3 \cdot H\text{-Weite} \\ \text{obere äußere Zäune:} & \text{oberer Hinge} & + \; 3 \cdot H\text{-Weite} \end{array} \tag{1.37}$$

Wenn Stichprobenwerte außerhalb der inneren Zäune liegen, werden sie als **außen** oder als **äußere Werte** bezeichnet, und Stichprobenwerte, die außerhalb der äußeren Zäune liegen, werden als **weit außen** oder als **weit äußere Werte** bezeichnet.

Die Werte auf jeder Seite des Medians, welche innerhalb der inneren Zäune diesen am nächsten liegen, werden als **Adjacent-Werte** oder **Anrainer-Werte** bezeichnet.

Für die Gewichte in Bild 1.27 waren die Hinges 62 kg und 72 kg (vgl. Tab. 1.23). Die H-Weite ist also 10 kg. Damit erhält man die inneren Zäune zu $62 - 1.5 \cdot 10 = 47$ und $72 + 1.5 \cdot 10 = 87$ und die äußeren Zäune zu $62 - 3 \cdot 10 = 32$ und $72 + 3 \cdot 10 = 102$. Die beiden Extremwerte 50 und 86 liegen nicht außen, sie sind in diesem Fall gleich den Anrainer-Werten.

Neben dem einfacheren Box-and-Whiskers-Plot verwendet man häufig den sog. **Box-Plot**. Er wird folgendermaßen konstruiert. Zuerst zeichnet man die Box von Hinge zu Hinge mit Kennzeichnung des Medians, genauso wie im Box-and-Whiskers-Plot. Dann zeichnet man Linien auf beiden Seiten der Box, jedoch nicht bis zu den Extremwerten, sondern nur bis zu den Adjacent-Werten. Äußere Werte werden durch "$*$" weit äußere Werte durch "$\circ$" gekennzeichnet. Weil für die Gewichte in Bild 1.27 die Extremwerte gleich den Anrainer-Werten sind, sind Box-Plot und Box-and-Whiskers-Plot identisch (Bild 1.28).

1.6 Beschreibende und Explorative Statistik mit MINITAB

Die statistische Datenanalyse ist für große Datenmengen äußerst rechenaufwendig. Aus diesem Grund benutzt man heute Statistikprogramme auf Computern. Es existieren viele anwenderfreundliche Softwareprodukte für Personalcomputer am Markt. Das Programmsystem MINITAB ist ein preiswertes und einfach zu erlernendes Statistikpaket. In den folgenden Abschnitten werden einige Verfahren der beschreibenden und explorativen Statistik mit MINITAB durchgeführt. In der Windows-Version kann man nahezu alle statistischen Verfahren über die grafische Benutzeroberfläche steuern. MINITAB setzt dann entsprechende Kommandos im Session-Fenster (Bild 1.29) ab, in dem auch die Ergebnisse der Analyse ausgegeben werden. Da die Kommandos im Session-Fenster auch vom Benutzer nach der Eingabeaufforderung `MTB >` selbst eingegeben werden können, erfolgt die Benutzung dieser Befehle auf Kommandoebene, was die Darstellung in den folgenden Abschnitten drastisch verkürzt.

1.6.1 Datenformat und Dateneingabe

Die zu analysierenden Daten werden in MINITAB in Spalten `c` (von engl. *column* = Spalte) abgelegt. Auf die einzelnen Spalten kann entweder über die Spaltennummer, also `c1`, `c2`, `c3` usw. oder über individuell vergebene Namen, z.B. `'Ertrag'`, `'N_min'`, `'Ozongeh.'` zugegriffen werden. Die Vergabe von Namen hat den Vorteil, daß man sich nicht merken muß, welches Merkmal in welcher Spalte steht.

Der zu analysierende Datensatz kann entweder direkt in das Data-Fenster (Bild 1.29) geschrieben und mit Namen belegt oder aus einer ASCII-Datei eingelesen werden. Die folgende Befehlssequenz liest den Datensatz von Tab. A.10 aus einer Datei `KUEHE.DAT` von der Festplatte in die Spalten `c1` bis `c8` in MINITAB ein.

```
MTB > read 'kuehe.dat' c1-c8
Entering data from file: kuehe.dat
    120 rows read.
MTB > name c1 'Rasse' c2 'ML(kg)' c3 'Fett(%)' c4 'Eiw(%)'
MTB > name c5 'Fett(kg)' c6 'Gew(kg)' c7 'KH(cm)' c8 'BU(cm)'
MTB > save 'kuehe.mtw'
Saving worksheet in file: kuehe.mtw
```

MINITAB bestätigt das Einlesen von 120 Zeilen (`rows`). Anschließend werden vom Benutzer Namen für die Spalten mit den das jeweilige Merkmal erklärenden Namen vergeben (vgl. Tab. A.10 im Anhang). Das resultierende Data-Fenster zeigt Bild 1.29. Der Datensatz wird als MINITAB-Arbeitsblatt mit dem `save`-Befehl abgespeichert. MINITAB fügt die Endung `.MTW` (von engl. *Minitab Worksheet*) auch automatisch an den Dateinamen an und bestätigt die Speicherung. Es existiert nun eine Datei `KUEHE.MTW`, die durch das Kommando `retrieve 'kuehe'` nach einem Neustart wieder geladen werden kann.

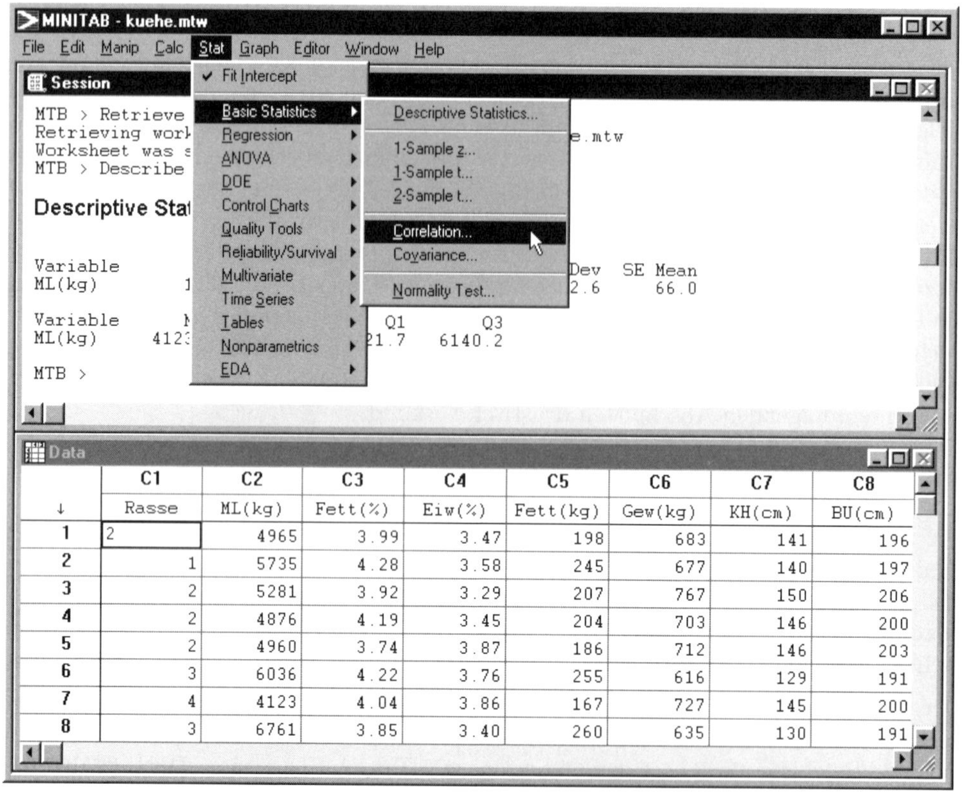

Bild 1.29: MINITAB Session- und Data-Fenster

1.6.2 Statistische Maßzahlen

Der Befehl `describe` gibt einige wichtige statistische Maßzahlen der angegebenen Spalten aus.

```
MTB > describe 'ML(kg)'

                 N      MEAN    MEDIAN    TRMEAN     STDEV    SEMEAN
ML(kg)         120    5513.0    5503.0    5511.6     722.6      66.0

               MIN       MAX        Q1        Q3
ML(kg)      4123.0    7002.0    4921.7    6140.2
```

Es werden Stichprobenumfang n = `N`, arithmetisches Mittel $\overline{x}$ = `MEAN`, der Zentralwert oder Median $\widetilde{x}$ = `MEDIAN`, empirische Standardabweichung s = `STDEV` (engl. *standard deviation*) und der Standardfehler des Mittelwerts $s_{\overline{x}}$ = `SEMEAN` (engl. *standard error of mean*) ausgegeben. Für `TRMEAN` (engl. *trimmed mean*) werden jeweils die 5% größten und kleinsten Werte abgeschnitten und aus den restlichen 90% der Mittelwert berechnet. `MIN` und `MAX` sind jeweils die kleinsten und größten Stichprobenwerte. `Q1` und `Q3` bezeichnen die erste und dritte Quartile.

Man kann die statistischen Maßzahlen auch für mehrere Spalten ausgeben.

```
MTB > describe c2-c8

                 N     MEAN   MEDIAN   TRMEAN    STDEV   SEMEAN
ML(kg)         120   5513.0   5503.0   5511.6    722.6     66.0
Fett(%)        120   4.0208   4.0300   4.0231   0.2050   0.0187
Eiw(%)         120   3.5072   3.4950   3.5048   0.1966   0.0179
Fett(kg)       120   221.27   219.00   221.15    28.19     2.57
Gew(kg)        120   699.92   702.00   700.36    41.21     3.76
KH(cm)         120   141.99   142.00   142.06     4.97     0.45
BU(cm)         120   197.92   198.00   197.96     4.45     0.41

               MIN      MAX       Q1       Q3
ML(kg)      4123.0   7002.0   4921.7   6140.2
Fett(%)     3.3200   4.4400   3.8800   4.1700
Eiw(%)      3.0600   4.0100   3.3900   3.6300
Fett(kg)    167.00   278.00   198.00   246.00
Gew(kg)     602.00   799.00   674.25   727.75
KH(cm)      129.00   158.00   139.00   145.00
BU(cm)      184.00   206.00   195.00   201.00
```

Die Bestimmung der Maßzahlen für die Rasse macht keinen Sinn, da es sich um ein nominales Merkmal handelt. Es ist jedoch sinnvoll, die Anzahl der Tiere verschiedener Rasse aufzulisten.

```
MTB > table 'Rasse'

 ROWS: Rasse

         COUNT

  1         40
  2         50
  3         20
  4         10
 ALL       120
```

Die Rassenverteilung ist also 40 Schwarzbunte, 50 Fleckvieh, 20 Braunvieh und 10 Gelbvieh, was zusammen den Gesamtstichprobenumfang von 120 ergibt.

Wenn man die statistischen Maßzahlen für die Rassen getrennt ausgeben will, muß nach dem `describe`-Kommando ein Strichpunkt eingegeben werden. MINITAB wartet dann auf ein Subkommando, das mit einem Punkt abgeschlossen werden muß.

```
MTB > describe 'ML(kg)';
SUBC> by 'Rasse'.

          Rasse       N     MEAN   MEDIAN   TRMEAN    STDEV   SEMEAN
ML(kg)        1      40   5990.2   6007.0   5988.9    267.9     42.4
              2      50   4973.5   4959.0   4964.3    231.4     32.7
              3      20   6464.5   6426.5   6472.6    319.7     71.5
              4      10   4398.3   4275.5   4383.5    254.0     80.3

          Rasse     MIN      MAX       Q1       Q3
ML(kg)        1  5471.0   6566.0   5762.2   6171.0
              2  4533.0   5715.0   4870.8   5115.2
              3  5783.0   7002.0   6216.0   6737.5
              4  4123.0   4792.0   4168.0   4644.0
```

Die mittlere Milchleistung von Schwarzbunten (1) und Braunvieh (3) liegt also im Bereich von 6000 kg, während Fleckvieh (2) und Braunvieh (4) im Bereich unter 5000 kg liegt.

1.6.3 Häufigkeitsverteilungen

Der Befehl `histogram` liefert die Häufigkeitsverteilung eines Merkmals.

```
MTB > histogram 'ML(kg)'
```

Bild 1.30 zeigt das von MINITAB erstellte Histogramm.

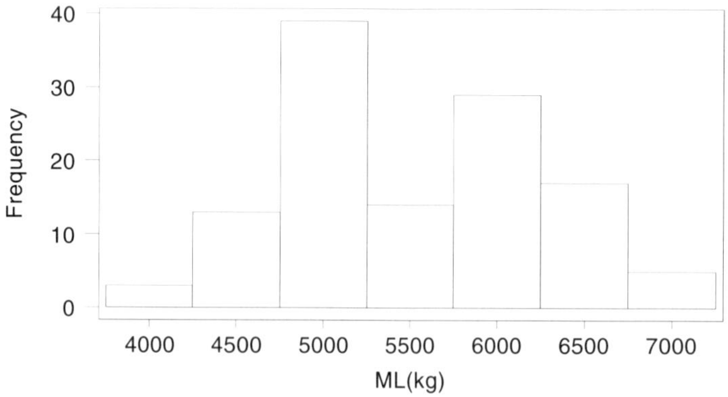

Bild 1.30: Histogramm der Milchleistung

Auffällig in Bild 1.30 ist die mehrgipflige Verteilung der Milchleistung. Dies wird jedoch verständlich, wenn man beachtet, daß sich die Stichprobe aus mehreren Rassen mit unterschiedlicher mittlerer Milchleistung zusammensetzt.

1.6.4 Stem-and-Leaf-Diagramme

Der Befehl `stem-and-leaf` erzeugt ein Stem-and-Leaf-Diagramm. Dieses wird nun für den Milcheiweißgehalt erstellt.

```
MTB > stem-and-leaf 'Eiw(%)'

Stem-and-leaf of Eiw(%)     N  = 120
Leaf Unit = 0.010

     2    30 69
     9    31 3559999
    17    32 03344589
    31    33 11355567777999
    60    34 00123334444555666777788889999
    60    35 00001122222334444555678
    37    36 0001133344556777778
    18    37 2336678
    11    38 05566799
     3    39 56
     1    40 1
```

MINITAB gibt die Meldung `Leaf Unit = 0.010` aus. Das bedeutet, daß z.B. die beiden Werte in der ersten Zeile als 3.06 und 3.09 zu interpretieren sind. In der ersten Spalte werden lediglich die Anzahl der Stichprobenwerte bis zum Median hochgezählt und anschließend wieder abgezählt. Das Stem-and-Leaf-Diagramm ist recht informativ, da es einerseits die Häufigkeitsverteilung und andererseits die Stichprobenwerte selbst zeigt.

1.6.5 Letter-Value-Tabellen

Der Befehl `lvals` erzeugt eine Letter-Value-Tabelle:

```
MTB > lvals 'Eiw(%)'
         DEPTH         LOWER          UPPER            MID          SPREAD
  N=   120
  M     60.5              3.495                       3.495
  H     30.5       3.390          3.630               3.510          0.240
  E     15.5       3.265          3.745               3.505          0.480
  D      8.0       3.190          3.860               3.525          0.670
  C      4.5       3.150          3.890               3.520          0.740
  B      2.5       3.110          3.955               3.533          0.845
  A      1.5       3.075          3.985               3.530          0.910
         1         3.060          4.010               3.535          0.950
```

Es werden die Letter-Values mit ihren Tiefen (`DEPTH`), unteren (`LOWER`) und oberen (`UPPER`) Grenzen sowie deren Mitte (`MID`) ausgegeben. Die Weite (`SPREAD`) ist die Differenz zwischen oberem und unterem Letter-Value.

1.6.6 Box-Plots

Der Befehl `boxplot` erzeugt einen Box-Plot,

```
MTB > boxplot 'Eiw(%)'
```

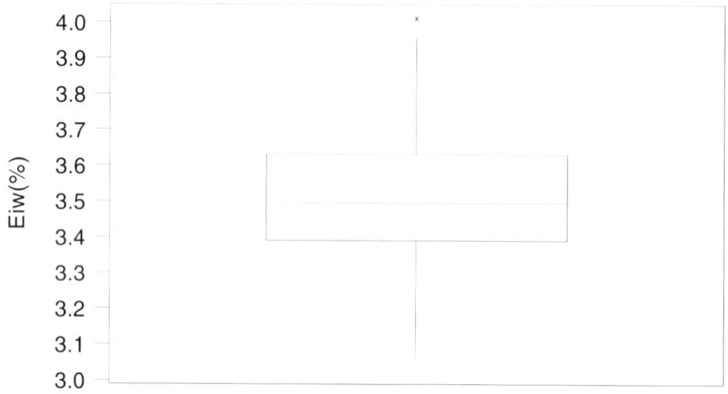

Bild 1.31: Boxplot des Eiweißgehalts

Die Verteilung besitzt rechts außen einen Anrainer-Wert.

Beim `boxplot`-Befehl kann man die Merkmale nach Rassen getrennt darstellen.

```
MTB > boxplot 'ML(kg)'*'Rasse'
```

Bild 1.32 zeigt die einzelnen Verteilungen der Stichprobenwerte getrennt nach Rassen als Boxplot. Dabei werden die Rassenunterschiede in der Milchleistung deutlich.

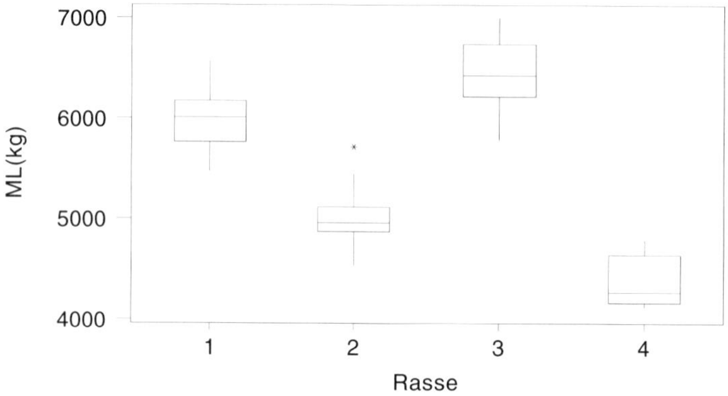

Bild 1.32: Boxplots der Milchleistung getrennt nach Rassen

1.6.7 Streudiagramme

Die Analyse des Zusammenhangs zwischen zwei Variablen erfolgt im einfachsten Fall durch eine Auftragung der einen Variablen über der anderen. Interessiert z.B. der Zusammenhang zwischen Fettertrag in kg und Milchleistung, so kann man für jede untersuchte Kuh deren Milchleistung auf der Abszisse und deren Fettmenge auf der Ordinate abtragen. Es entsteht dann eine Punktewolke im Streudiagramm bzw. Scatter Plot (Bild 1.33).

```
MTB > plot 'Fett(kg)'*'ML(kg)'
```

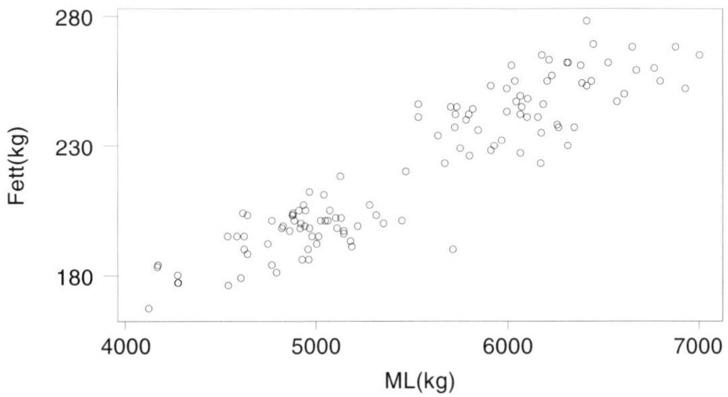

Bild 1.33: Streudiagramm von Fettmenge und Milchleistung

Es besteht offensichtlich ein linearer Zusammenhang zwischen der Fettmenge und Milchleistung. Dies ist einleuchtend, da eine höhere Milchmenge natürlich auch einen höheren Fettertrag zur Folge hat. Darüberhinaus wurde der Fettertrag in kg aus dem Produkt von Milchleistung und Fettgehalt in % berechnet. Der Zusammenhang ist jedoch nicht exakt linear, da durch den unterschiedlichen Fettgehalt der Milch eine Streuung verursacht wird. Außerdem sind im Streudiagramm von Bild 1.33 auch wieder die beiden Gruppen der Milchleistungen erkennbar.

1.6.8 Streumatrizen

Häufig interessiert der Zusammenhang zwischen mehreren Merkmalen. Beispielsweise ist eine Abhängigkeit zwischen Gewicht, Kreuzhöhe und Brustumfang wahrscheinlich. Man kann nun jede Variable über der anderen in einem Streudiagramm auftragen. Eine Darstellung dieser Diagramme in einem einzigen Bild führt zur Streumatrix oder Scatter Plot-Matrix (Bild 1.34).

Eine Streumatrix wird mit dem Kommando `matrixplot` erzeugt.

```
MTB > matrixplot 'Gew(kg)'-'BU(cm)'
```

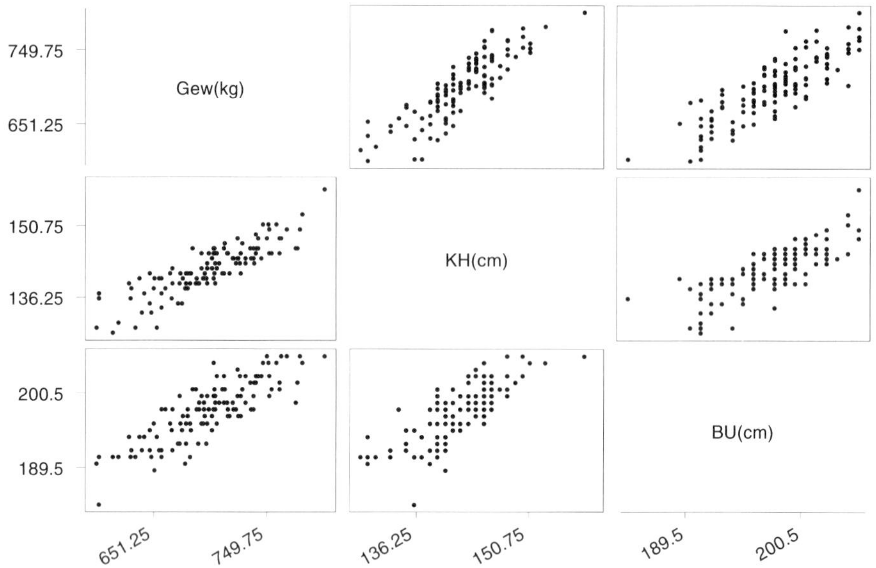

Bild 1.34: Streumatrix von Gewicht, Kreuzhöhe und Brustumfang

Links oben steht das Gewicht in kg, d.h. die Abszisse der Einzelbilder in der 1. Spalte und die Ordinate der Einzelbilder in der 1. Zeile der Matrix sind mit dem Gewicht skaliert. Entsprechendes gilt für die Kreuzhöhe in Spalte und Zeile 2 sowie für den Brustumfang in der 3. Spalte und Zeile.

Ein Zusammenhang ist für alle drei Variablen in Bild 1.34 ersichtlich. Dies ist auch klar, da größere Tiere in allen drei Merkmalen höhere Werte haben als kleinere.

1.6.9 Korrelationskoeffizienten und Korrelationsmatrix

Das `correlate`-Kommando berechnet den empirischen Korrelationskoeffizienten zwischen zwei Merkmalen.

```
MTB > correlate 'ML(kg)' 'Fett(kg)'

Correlation of ML(kg) and Fett(kg) = 0.921
```

Der Korrelationskoeffizient als Maß für die Stärke des linearen Zusammenhangs zwischen Milchleistung und Fettmenge beträgt also $r = 0.921$. Dieser relativ hohe Wert bestätigt die offensichtlich enge lineare Beziehung der Werte in Bild 1.33.

Der `correlate`-Befehl kann auch für die Bestimmung der Korrelationskoeffizienten mehrerer Variablen verwendet werden und liefert dann die Korrelationsmatrix.

```
MTB > correlate c2-c8

          ML(kg)  Fett(%)    Eiw(%) Fett(kg)  Gew(kg)    KH(cm)
Fett(%)   -0.276
Eiw(%)    -0.228   -0.133
Fett(kg)   0.921    0.117   -0.286
Gew(kg)   -0.577   -0.150    0.026   -0.661
KH(cm)    -0.721   -0.011    0.094   -0.753    0.857
BU(cm)    -0.535   -0.045    0.131   -0.577    0.838     0.797
```

Aus dieser Korrelationsmatrix ist z.B. ersichtlich, daß die Milchleistung mit der Fettmenge in kg hoch positiv korreliert ist, mit dem Fettgehalt in % jedoch eine negative Korrelation aufweist. Es ist also bei höheren Milchmengen ein Verdünnungseffekt im Fettgehalt erkennbar. Da die Fettmenge das Produkt aus Milchleistung und Fettgehalt ist, wird dieser Verdünnungseffekt beim Fettgehalt durch die hohe Milchmenge kompensiert.

1.6.10 Balkendiagramme

Balkendiagramme (engl. *bar charts*) eignen sich sehr gut zur Darstellung der Häufigkeitsverteilung nominaler Merkmale. Die Auftragung der nominalen Merkmalsausprägung erfolgt an der Abszisse. Über der jeweiligen Merkmalsausprägung wird ein Balken gezeichnet, dessen Höhe der Häufigkeit des entsprechenden Merkmals entspricht.

Zur Erstellung eines Balkendiagramms in MINITAB dient der Befehl `chart`.

```
MTB > chart 'Rasse'
```

Die Rassenverteilung der Kühe, die auf Seite 63 mit dem `table`-Befehl erzeugt wurde, zeigt Bild 1.35 als Balkendiagramm. Dabei ist zu beachten, daß die nominalen Merkmale an der Abszisse beliebig vertauscht werden können, da sie nicht in eine festgelegte Reihenfolge gebracht werden können, wie das bei ordinalen Merkmalen der Fall ist.

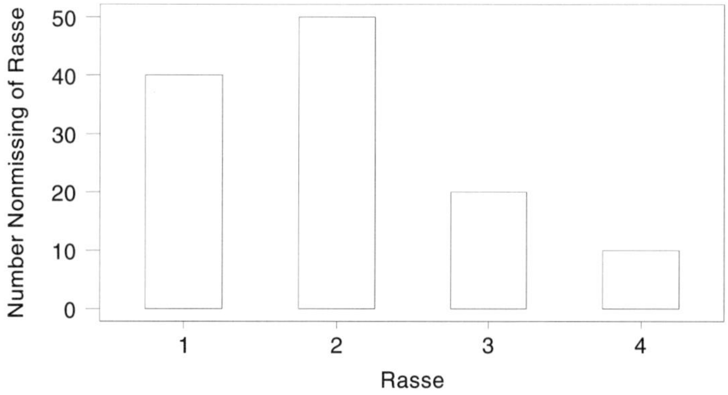

Bild 1.35: Balkendiagramm der Rassenverteilung von Kühen

1.6.11 Kuchendiagramme

Eine Alternative zu den Balkendiagrammen sind die häufig verwendeten **Kuchendiagramme** (engl. *pie charts*). Der zugehörige Wert einer diskreten oder nominalen Merkmalsausprägung wird als Segment aus einem Kreis herausgeschnitten. Die Segmentgröße ist proportional zur Größe dieses Werts bzw. der entsprechenden Häufigkeit.

Kuchendiagramme werden mit dem Makro[4] `%pie` erzeugt. Das entsprechende Kuchendiagramm zum Balkendiagramm für die Rassenverteilung von Bild 1.35 zeigt Bild 1.36.

```
MTB > %pie 'Rasse'
```

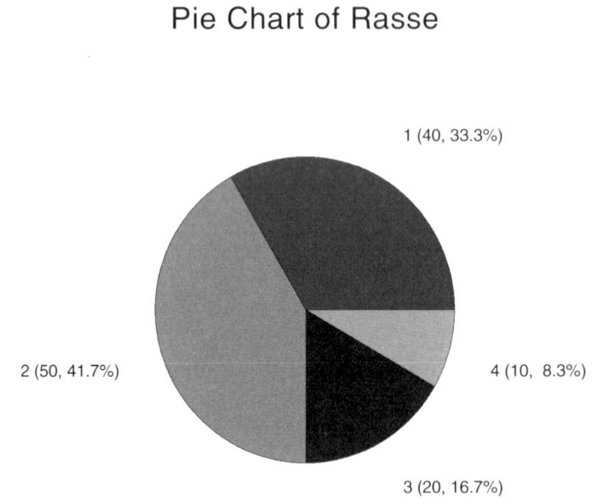

Bild 1.36: Kuchendiagramm der Rassenverteilung von Kühen

[4]Ein Makro ist eine Folge von Befehlen, die in einer eigenen Datei abgespeichert sind und bei Aufruf des Makros abgearbeitet werden. In MINITAB haben Makros die Dateierweiterung `.MAC`. Ihr Aufruf erfolgt durch ein vorangestelltes %-Zeichen.

2 Wahrscheinlichkeitsverteilungen und Zufallsvariablen

In der beschreibenden Statistik werden Stichproben übersichtlich tabellarisch oder graphisch beschrieben. Ein wichtiges Ziel ist jedoch, Schlüsse von einer zufällig herausgegriffenen Stichprobe auf die zugehörige Grundgesamtheit zu ziehen. In der Regel ist die Grundgesamtheit mit den interessierenden Eigenschaften nicht vollständig bekannt. Das mag prinzipielle Gründe haben, weil es sich um eine hypothetische Grundgesamtheit handelt oder auch ökonomische, weil die Erfassung der ganzen Grundgesamtheit unwirtschaftlich ist. In dieser Situation soll eine Stichprobe aus dieser Grundgesamtheit helfen, eine Aussage über die interessierenden Parameter zu machen. Betrachtet man die Grundgesamtheit als große Urne, so wird jede daraus gezogene Stichprobe jeweils etwas andere Parameterwerte liefern. Um nun mit Hilfe einer einzigen Stichprobe eine Aussage, wenn auch nicht mit 100%-iger Sicherheit, zu machen, so muß man wissen, wie sich die Parameterwerte aller möglichen Stichprobenwerte vom Umfang n in dieser Grundgesamtheit verteilen. Damit kommt man zu den theoretischen Wahrscheinlichkeitsverteilungen, die die Gesetzmäßigkeiten zwischen Parametern der Grundgesamtheit und Parametern einer Stichprobe aufzeigen.

Die bisher behandelten Häufigkeitsverteilungen, die aus Stichproben gewonnen wurden, werden als **empirische Verteilungen** bezeichnet, im Gegensatz zu den **theoretischen Wahrscheinlichkeitsverteilungen**, die als mathematische Modelle von Grundgesamtheiten aufgefaßt werden können.

In Kapitel 3 werden einige wichtige Wahrscheinlichkeitsverteilungen vorgestellt, die sich zum großen Teil in der Natur angenähert wiederfinden. Sie werden zur statistischen Analyse benötigt, um einen Schluß von einer Stichprobe auf die Grundgesamtheit ziehen zu können.

Im folgenden Kapitel erfolgt zunächst eine kurze Einführung in die Kombinatorik, die für die Berechnung von klassischen Wahrscheinlichkeiten eine große Bedeutung hat. Im Anschluß daran werden Zufallsereignisse definiert und der Begriff der Wahrscheinlichkeit mathematisch erfaßt. Die Wahrscheinlichkeitstheorie hat die Aufgabe, mathematische Modelle für zufällig ablaufende Experimente zu entwickeln. Grundlegende Arbeiten hierzu hat Kolmogoroff geleistet, der 1933 den axiomatischen Aufbau der Wahrscheinlichkeitstheorie vorschlug. Wahrscheinlichkeitsverteilungen ermöglichen wahrscheinlichkeitstheoretische Aussagen über hypothetische Zufallsvariablen. Der Abschluß des Kapitels behandelt die Beschreibung von Verteilungen durch geeignete Maßzahlen.

2.1 Kombinatorik

Bei vielen Problemen, insbesondere in der Wahrscheinlichkeitstheorie, tritt die Frage auf, wieviele verschiedene Anordnungen von Elementen einer Menge es gibt. Die Kombinatorik gibt Auskunft über mögliche Zusammenstellungen und Anordnungen von endlich vielen, beliebig gegebenen Elementen einer Menge. Zwei Zusammenstellungen gelten zunächst als verschieden, wenn in ihnen nicht genau die gleichen Elemente auftreten oder die Elemente in verschiedener Anzahl vorkommen. Man differenziert im einzelnen:

- Zusammenstellungen ohne Berücksichtigung der Anordnung
- Zusammenstellungen mit Berücksichtigung der Anordnung

Je nachdem, ob in einer Zusammenstellung dieselben Elemente mehrmals auftreten oder nicht, unterscheidet man außerdem zwischen:

- Zusammenstellungen ohne Wiederholung
- Zusammenstellungen mit Wiederholungen

Es gibt im wesentlichen drei Arten von Zusammenstellungen. Man bezeichnet diese wie folgt:

- **Permutationen** sind Zusammenstellungen, die alle gegebenen Elemente einer Menge enthalten
- **Variationen** sind Zusammenstellungen von k Elementen aus einer Menge von n Elementen mit Berücksichtigung der Anordnung (Variationen k-ter Klasse)
- **Kombinationen** sind Zusammenstellungen von k Elementen aus einer Menge von n Elementen ohne Berücksichtigung der Anordnung (Kombinationen k-ter Klasse)

2.1.1 Permutationen

Eine Zusammenstellung, in der alle n Elemente einer gegebenen Menge in irgendeiner Anordnung stehen, heißt **Permutation**. Unterschiedliche Anordnungen der n gegebenen Elemente sollen stets als verschiedene Permutationen aufgefaßt werden.

Permutationen ohne Wiederholung

Es seien n verschiedene Elemente (z.B. Personen, Gegenstände, Zahlen) gegeben, die mit $a_1, a_2, \ldots, a_n$ oder lediglich durch die Zahlen $1, 2, \ldots, n$ gekennzeichnet seien. Diese Elemente lassen sich auf mehrere Arten nebeneinander anordnen. P_n sei die Anzahl der unterschiedlichen Permutationen von n verschiedenen Elementen. Für $n = 1, 2, 3$ gibt es folgende verschiedenen Permutationen:

Elemente	n	Permutationen	P_n
1	1	1	$1 = 1$
1, 2	2	12 21	$2 = 1 \cdot 2$
1, 2, 3	3	123 213 312 132 231 321	$6 = 1 \cdot 2 \cdot 3$

Man kann sich Permutationen auch durch Anordnung verschieden farbiger Kugeln klarmachen (Bild 2.1).

$n = 1$	ⓡ	1
$n = 2$	ⓡⓖ ⓖⓡ	2
$n = 3$	ⓡⓖⓑ ⓡⓑⓖ ⓖⓡⓑ ⓖⓑⓡ ⓑⓡⓖ ⓑⓖⓡ	6

Bild 2.1: Permutationen ohne Wiederholung

Entwickelt man dieses Schema weiter für größere n, so folgt:

Die Anzahl P_n der **Permutationen ohne Wiederholung**, d.h. die Anordnung von n verschiedenen Elementen ist:

$$P_n = 1 \cdot 2 \cdot 3 \cdot \ldots \cdot n = \prod_{i=1}^{n} i = n! \qquad (2.1)$$

$n! = \prod_{i=1}^{n} i$ wird als "n-Fakultät" bezeichnet.

Der Beweis von Satz (2.1) erfolgt durch vollständige Induktion.

Beispiel:

Vier Personen `A`,`B`,`C`,`D` *sollen nebeneinander in einer Reihe aufgestellt werden. Es gibt* $P_4 = 4! = 24$ *verschiedene Anordnungen:*

ABCD	ABDC	ACBD	ACDB	ADBC	ADCB
BACD	BADC	BCAD	BCDA	BDAC	BDCA
CABD	CADB	CBAD	CBDA	CDAB	CDBA
DABC	DACB	DBAC	DBCA	DCAB	DCBA

Die obige Auflistung bezeichnet man als **lexikographische Reihenfolge** der Permutationen, da die einzelnen Permutationen wie in einem Lexikon der Reihe nach aufgeführt sind.

Permutationen mit Wiederholungen

Mit den 3 Elementen a_1, a_2, b kann man $3! = 6$ Permutationen bilden:

$$a_1a_2b \quad a_2a_1b \quad a_1ba_2 \quad a_2ba_1 \quad ba_1a_2 \quad ba_2a_1$$

Ist nun $a_1 = a_2 = a$, so tritt das Element a zweimal auf. Von den 6 Permutationen kann man nun diejenigen nicht mehr voneinander unterscheiden, die sich nur durch eine Vertauschung der beiden Elemente a_1 und a_2 ergeben:

$$\underbrace{\begin{matrix}\mathtt{a_1a_2b} & \mathtt{a_2a_1b}\\ \mathtt{a\ a\ b} & \mathtt{a\ a\ b}\end{matrix}}_{\mathtt{aab}}\quad \underbrace{\begin{matrix}\mathtt{a_1ba_2} & \mathtt{a_2ba_1}\\ \mathtt{a\ ba} & \mathtt{a\ ba}\end{matrix}}_{\mathtt{aba}}\quad \underbrace{\begin{matrix}\mathtt{ba_1a_2} & \mathtt{ba_2a_1}\\ \mathtt{ba\ a} & \mathtt{ba\ a}\end{matrix}}_{\mathtt{baa}}$$

Auch hier kann man das Kugelbeispiel zur Verdeutlichung heranziehen (Bild 2.2).

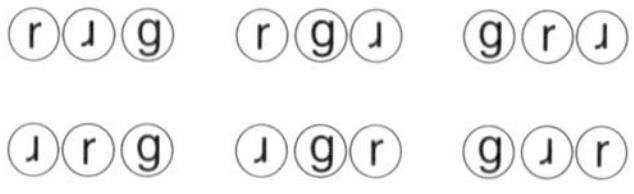

Bild 2.2: Permutationen mit Wiederholungen

Untereinander abgebildete Kugelfolgen sind identisch, denn es interessiert nur die Kugelfarbe. Die beiden roten Kugeln können also beliebig vertauscht werden, ohne daß sich die Anordnung ändert. Es gibt also nur noch $3!/2! = 3$ verschiedene Permutationen.

Ähnlich überlegt man sich, daß bei den 24 Permutationen der Elemente $\mathtt{a}_1$, $\mathtt{a}_2$, $\mathtt{a}_3$ und $\mathtt{b}$ diejenigen zusammenfallen, die sich nur durch eine Permutation der Elemente $\mathtt{a}_1$, $\mathtt{a}_2$ und $\mathtt{a}_3$ unterscheiden, wenn man $\mathtt{a}_1 = \mathtt{a}_2 = \mathtt{a}_3 = \mathtt{a}$ zuläßt, also das Element $\mathtt{a}$ dreimal vorkommt. Es gibt $3! = 6$ verschiedene Anordnungen der 3 Elemente $\mathtt{a}_1$, $\mathtt{a}_2$ und $\mathtt{a}_3$. Also gibt es letztlich $4!/3! = 24/6 = 4$ verschiedene Permutationen von vier Elementen, von denen drei gleich sind:

a a a b, a a b a, a b a a, b a a a

Es gilt allgemein: Sind unter den n Elementen genau r gleiche Elemente, so wird eine Anordnung der n Elemente durch Permutation der gleichen Elemente nicht geändert. Sämtliche Anordnungen lassen sich daher zusammenfassen in Gruppen von je $r!$ gleichen Anordnungen. Es gibt also $n!/r!$ verschiedene Permutationen. Dieser Schluß läßt sich verallgemeinern auf den Fall, daß unter den n Elementen nicht nur gleiche Elemente einer Art, sondern je $r_1, r_2, \ldots, r_p$ Elemente einander gleich sind:

Die Anzahl $\widetilde{P}_n$ der verschiedenen **Permutationen mit Wiederholungen**, also bei $r_1, r_2, \ldots, r_p$ gleichen Elementen, ist:

$$\widetilde{P}_n = \frac{n!}{r_1! \cdot r_2! \cdot \ldots \cdot r_p!} \tag{2.2}$$

Beispiele:

1. *Wie groß ist die Anzahl der Permutationen aus den 10 Elementen:* a, a, a, a, b, b, c, d, d, d*? Es ist $n = 10$, $r_1 = 4$, $r_2 = 2$, $r_3 = 1$, $r_4 = 3$. Die Anzahl $\widetilde{P}_{10}$ der verschiedenen Anordnungen ist:* $\widetilde{P}_{10} = \dfrac{10!}{4! \cdot 2! \cdot 1! \cdot 3!} = 12600$
2. *Zwei Zwillingspaare (eineiig)* $\mathtt{A}_1$ $\mathtt{A}_2$ *und* $\mathtt{B}_1$ $\mathtt{B}_2$ *werden nebeneinander in einer Reihe aufgestellt. Die Zwillinge sind nicht zu unterscheiden, also* $\mathtt{A}_1 = \mathtt{A}_2 = \mathtt{A}$ *und* $\mathtt{B}_1 = \mathtt{B}_2 = \mathtt{B}$*. Es gibt dann* $\widetilde{P}_4 = \dfrac{4!}{2! \cdot 2!} = 6$ *verschiedene Anordnungen:*

AABB ABAB ABBA BBAA BABA BAAB

2.1.2 Variationen

Zusammenstellungen von k Elementen aus n Elementen ($k \leq n$) unter Berücksichtigung ihrer Anordnung nennt man **Variationen** von n Elementen zur k-ten Klasse. Ihre Anzahl bezeichnet man mit $V_n^{(k)}$. Auch hier wird unterschieden zwischen Variationen mit oder ohne Wiederholungen, je nachdem ob einzelne Elemente mehrmals auftreten oder nicht.

Variationen ohne Wiederholung

Aus n verschiedenen Elementen kann man Gruppen aus k Elementen bilden. Dies entspricht prinzipiell dem Ziehen von Kugeln aus einer Urne ohne Zurücklegen. Sind 3 Kugeln der Farbe rot, grün und blau in der Urne, dann kann man $V_3^{(1)}$ Anordnungen mit einer Kugel, $V_3^{(2)}$ mit zwei Kugeln und $V_3^{(3)}$ Anordnungen mit 3 Kugeln bilden (Bild 2.3).

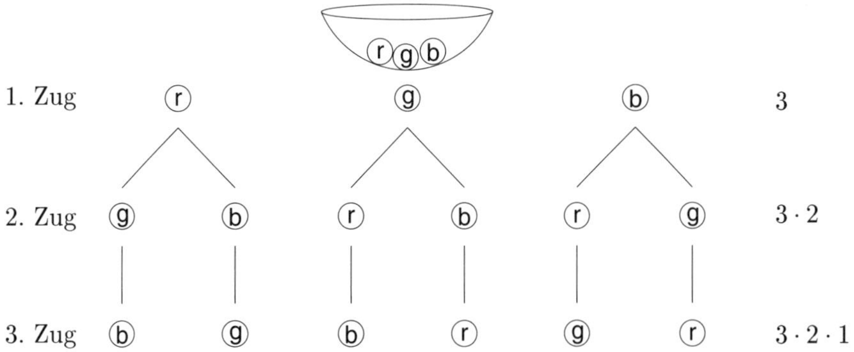

Bild 2.3: Variationen ohne Wiederholung

Das Ziehen jeweils einer Kugel führt zu $V_3^{(1)} = 3$ verschiedenen Möglichkeiten. Beim zweiten Zug ist eine Kugel weniger in der Urne. Infolgedessen hat man nur noch zwei Möglichkeiten, eine Kugel zu ziehen. Mit den drei Möglichkeiten des ersten Zugs ergibt sich $V_3^{(2)} = 3 \cdot 2 = 6$. Beim dritten Zug ist nur noch eine Kugel in der Urne. Es existiert nur noch eine Möglichkeit. Die Anzahl der Variationen von drei Kugeln ist demnach $V_3^{(3)} = 3 \cdot 2 \cdot 1 = 6$. Dies ist gleich der Anzahl der Permutationen von drei Kugeln.

Für n Kugeln hat man folgende Möglichkeiten:

Zug	Möglichkeiten
1.	n
2.	$n-1$
3.	$n-2$
$\vdots$	$\vdots$
k.	$n-k+1$

Daraus folgt:

Die Anzahl $V_n^{(k)}$ der **Variationen ohne Wiederholung** von n Elementen zur k-ten Klasse beträgt:

$$V_n^{(k)} = n \cdot (n-1) \cdot \ldots \cdot (n-k+1) = \frac{n!}{(n-k)!} \tag{2.3}$$

Permutationen können auch als Variationen n-ter Klasse aus n Elementen aufgefaßt werden:

$$P_n = V_n^{(n)} \tag{2.4}$$

Beispiel:

Aus den vier Nucleotiden Adenin, Thymin, Guanin und Cytosin kann man
$V_4^{(3)} = \frac{4!}{(4-3)!} = \frac{4!}{1!} = 4! = 24$
Triplets mit verschiedenen Basen bilden.

Variationen mit Wiederholungen

Können in den Anordnungen Elemente auch mehrmals vorkommen, so erhält man Variationen mit Wiederholungen $\widetilde{V}_n^{(k)}$. Die entspricht dem Ziehen von Kugeln aus einer Urne mit Zurücklegen (Bild 2.4).

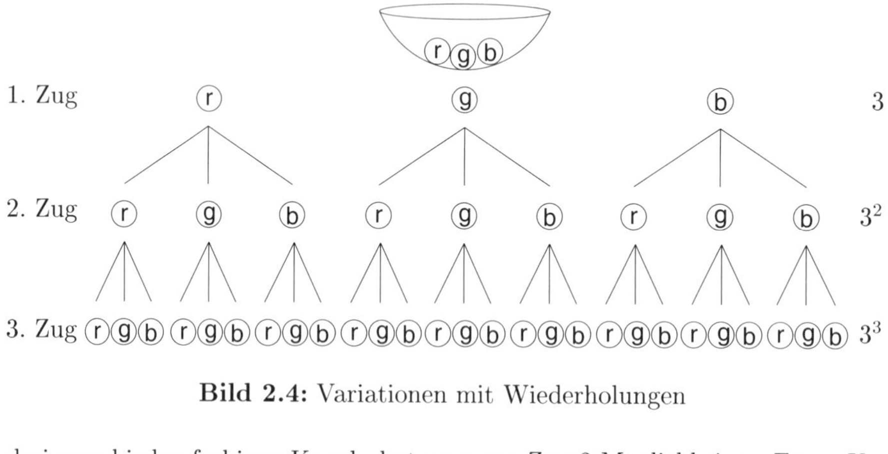

Bild 2.4: Variationen mit Wiederholungen

Bei drei verschieden farbigen Kugeln hat man pro Zug 3 Möglichkeiten. Für n Kugeln existieren pro Zug n Möglichkeiten. Folglich gilt:

Die Anzahl $\widetilde{V}_n^{(k)}$ der **Variationen mit Wiederholungen** von n Elementen zur k-ten Klasse beträgt:

$$\widetilde{V}_n^{(k)} = n^k \tag{2.5}$$

Beispiel:

Aus den vier Nucleotiden Adenin, Thymin, Guanin und Cytosin kann man

$\widetilde{V}_4^{(3)} = 4^3 = 64$

Triplets bilden, wenn gleiche Basen auch mehrfach auftreten dürfen.

Bei Variationen mit Wiederholungen kann $k > n$ sein, denn man kann beim Ziehen von Kugeln mit Zurücklegen beliebig oft ziehen.

Beispiel:

Das Genom eines Bakteriums besteht aus ca. 4 Mio. *Nucleotiden. Die Anzahl aller möglichen Nucleotidsequenzen dieser Länge beträgt:*

$\widetilde{V}_4^{(4\text{ Mio.})} = 4^{(4\text{ Mio.})} \approx 10^{(2.4\text{ Mio.})}$

Zum Vergleich: Die Gesamtzahl aller stabilen Elementarteilchen des Universums wird auf ca. 10^{80} *geschätzt.*

2.1.3 Kombinationen

Verzichtet man bei Zusammenstellungen von k Elementen aus einer Menge von n Elementen auf die Berücksichtigung der Anordnung, so erhält man **Kombinationen** k-ter Klasse.

Kombinationen ohne Wiederholung

Betrachtet man zunächst wieder den Fall lauter verschiedener Elemente in einer Kombination. Es gibt $n!/(n-k)!$ verschiedene Variationen k-ter Klasse, jedoch zählen alle Variationen, die die gleichen Elemente enthalten, nur als eine einzige Kombination. Bei k Elementen sind das $k!$ Möglichkeiten (Permutationen), d.h. $k!$ Variationen gelten als jeweils gleich. In Bild 2.5 werden die untereinander stehenden Kugelfolgen nicht unterschieden, da lediglich die Reihenfolge der Kugeln verschieden ist.

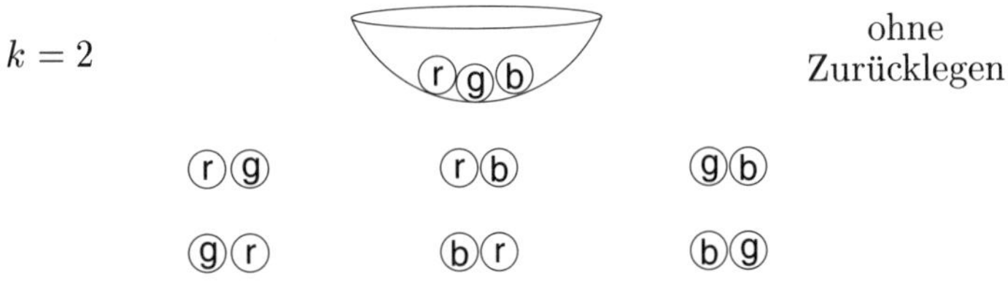

Bild 2.5: Kombinationen ohne Wiederholung

Mit Berücksichtigung der Anordnung gäbe es $V_3^{(2)} = 6$ Möglichkeiten. Da jedoch die untereinander stehenden Anordnungen in diesem Fall als gleich gelten, reduzieren sich die Möglichkeiten um den Faktor $P_2 = 2$. Es ist also: $C_3^{(2)} = \dfrac{V_3^{(2)}}{P_2} = \dfrac{6}{2} = 3$

Für beliebige n gilt: $C_n^{(k)} = \frac{V_n^{(k)}}{P_k}$ Daraus folgt:

Die Anzahl $C_n^{(k)}$ der **Kombinationen ohne Wiederholung** aus n Elementen zur k-ten Klasse beträgt:

$$C_n^{(k)} = \frac{n \cdot (n-1) \cdot \ldots \cdot (n-k+1)}{1 \cdot 2 \cdot \ldots \cdot k} = \frac{n!}{(n-k)! \cdot k!} = \binom{n}{k} \tag{2.6}$$

Die abkürzende Schreibweise $\binom{n}{k}$ wird gesprochen als "n über k". Die Ausdrücke $\binom{n}{k}$ heißen **Binomialkoeffizienten**.

Beispiel:

Im Zahlenlotto 6 aus 49 gibt es $\binom{49}{6} \approx 14$ Mio. *mögliche Tips.*

Die Möglichkeiten, einen Vierer zu tippen sind $\binom{6}{4} \cdot \binom{43}{2} = 13545$, *denn die vier Richtigen lassen sich auf* $\binom{6}{4}$ *Arten aus den sechs Richtigen ziehen, die zwei Falschen auf* $\binom{43}{2}$ *Arten aus den Falschen.*

Kombinationen mit Wiederholungen

Ähnlich wie bei den Variationen mit Wiederholung erhält man Kombinationen mit Wiederholung, indem man aus einer n-elementigen Menge k-mal ein Element zieht und wieder zurücklegt (Bild 2.6).

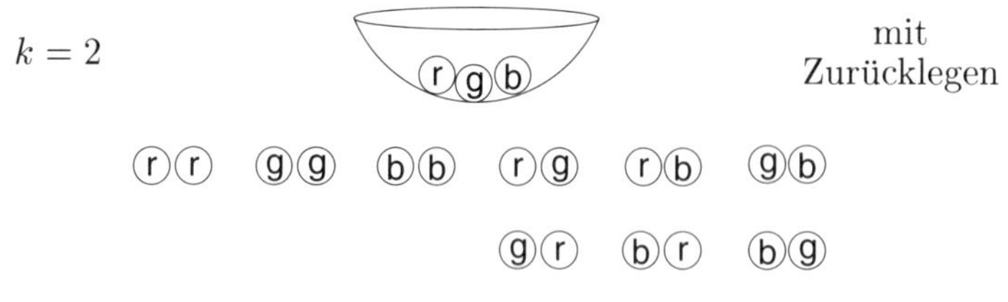

Bild 2.6: Kombinationen mit Wiederholungen

Die Anzahl der Kombinationen mit Wiederholung läßt sich berechnen zu:

$$\widetilde{C}_3^{(2)} = \frac{(3+2-1) \cdot (3+2-2)}{1 \cdot 2} = \binom{3+2-1}{2} = 6$$

Für beliebige n gilt:

Die Anzahl $\widetilde{C}_n^{(k)}$ der **Kombinationen mit Wiederholungen** aus n Elementen zur k-ten Klasse beträgt:

$$\widetilde{C}_n^{(k)} = \binom{n+k-1}{k} = \frac{(n+k-1)\cdot(n+k-2)\ldots(n+1)\cdot n}{1\cdot 2\cdot\ldots\cdot k} \tag{2.7}$$

Auch bei Kombinationen mit Wiederholungen ist $k > n$ möglich.

Beispiel:

Ein Strauß mit 10 Tulpen aus 5 verschiedenfarbigen Sorten kann auf

$$\widetilde{C}_5^{(10)} = \binom{5+10-1}{10} = \binom{14}{10} = \frac{14!}{4!\cdot 10!} = 1001$$

Arten zusammengestellt werden.

2.1.4 Zusammenfassung

Häufig bereitet es Schwierigkeiten zu entscheiden, welche Anordnung von Elementen vorliegt. Es empfiehlt sich folgende Vorgehensweise:

- Man entscheidet zunächst welche Art der Anordnung vorliegt.

  Besteht die Anordnung aus allen Elementen einer Menge, dann liegt eine Permutation vor. Im anderen Fall kommt Variation oder Kombination in Frage.

  Wird die Reihenfolge der Elemente berücksichtigt, so handelt es sich um eine Variation, ansonsten um eine Kombination.

- Nach der Entscheidung, welche Anordnung vorliegt, fragt man, ob Wiederholungen vorkommen oder nicht.

Die folgende Tabelle zeigt einen Überblick über die verschiedenen Arten der Anordnung von Elementen und die Berechnung der Anzahl der unterschiedlichen Möglichkeiten.

Anordnung		Anzahl der Anordnungen	
Permutation	ohne Wiederholung	$n!$	
	mit Wiederholungen	$\frac{n!}{r_1!\cdot r_2!\cdot\ldots\cdot r_p!}$	
Variation	ohne Wiederholung	$\frac{n!}{(n-k)!}$	$(k \leq n)$
	mit Wiederholungen	n^k	$(k > n$ möglich)
Kombination	ohne Wiederholung	$\binom{n}{k}$	$(k \leq n)$
	mit Wiederholungen	$\binom{n+k-1}{k}$	$(k > n$ möglich)

2.2 Zufallsereignisse

2.2.1 Zufallsexperimente und Ereignisse

Kausal-determinierte Experimente sind Experimente, deren Ergebnisse eindeutig vorhersagbar sind wie z.B. die Fallzeit beim freien Fall einer Kugel, die Bahnkurve eines Satelliten in einer Erdumlaufbahn, die Konzentration eines chemischen Reaktionsprodukts oder Schmelz- und Siedetemperatur von Eis bzw. Wasser.

Zufallsexperimente sind Experimente, die man beliebig oft in genau der gleichen Weise wiederholen kann und deren Ergebnisse nicht eindeutig vorhersagbar sind, sondern vom Zufall abhängen wie z.B. beim Werfen eines Würfels, beim Ziehen von Losen, der radioaktive Zerfall eines bestimmten Uranatoms, die Milchleistung einer zufällig ausgewählten Kuh aus einer Population, der Kornertrag einer Einzelpflanze aus einem Getreidefeld oder der Einschlagpunkt eines Schusses auf eine Scheibe.

Bei der Ausführung eines Zufallsexperiments treten in der Regel verschiedene **Ergebnisse** oder **Ereignisse** auf.

Ein **Elementarereignis** ist ein Ergebnis bei einmaliger Ausführung eines Zufallsexperiments.

Beispiele:

1. *Beim Würfeln existieren als mögliche Elementarereignisse die Augenzahlen* 1, 2, 3, 4, 5 *und* 6.
2. *Bei einem Münzwurf mit einem Zweimarkstück gibt es nur zwei mögliche Ausgänge: Das Obenliegen von* "Kopf" *oder von* "Zahl".
3. *Die Milchleistung von zufällig ausgewählten Kühen kann innerhalb eines gewissen Intervalls (z.B.* $0 \ldots 10000$ kg/Jahr*) liegen. In diesem Fall sind unendlich viele Elementarereignisse möglich.*
4. *Die Ergebnisse der bisherigen Beispiele kann man mit einer einzigen Zahl beschreiben. Für das Ergebnis eines Schusses auf eine Scheibe ist es zweckmäßig, die* x*- und* y*-Koordinate des Treffers bezogen auf einen Nullpunkt anzugeben. Die Menge der Elementarereignisse besteht in diesem Fall aus allen Zahlenpaaren* ($x, y \in \mathbb{R}$)

Die Menge Ω aller Elementarereignisse oder Ergebnisse eines Zufallsexperiments heißt **Ergebnisraum**.

Beispiele:

1. $\Omega_{\text{Würfel}} = \{1, 2, 3, 4, 5, 6\}$
2. $\Omega_{\text{Münze}} = \{\text{Kopf}, \text{Zahl}\}$
3. $\Omega_{\text{Milchleistung}} = \{0 \ldots 10000 \text{ kg/Jahr}\}$
4. $\Omega_{\text{Schuß}} = \{(x, y) : x, y \in \mathbb{R}\}$

Die mehrmalige Ausführung eines Zufallsexperiments liefert nacheinander mehrere Ergebnisse. Man kann den Versuchsausgang auf bestimmte Merkmale untersuchen. Tritt ein Ergebnis mit diesem Merkmal auf, so sagt man, das zugehörige Ereignis ist eingetreten.

Ein **Zufallsereignis** (oder kurz **Ereignis**) A ist eine Teilmenge des Ergebnisraums Ω. Ein Ereignis A tritt ein, wenn das eintretende Elementarereignis zur Teilmenge A gehört. Die Menge aller Ereignisse heißt **Ereignisraum**. Der Ereignisraum ist die Potenzmenge $P(\Omega)$ des Ergebnisraums Ω, da die Potenzmenge die Menge aller Teilmengen ist.

Beispiele:

1. *Werfen einer Münze:* $\Omega_{\text{Münze}} = \{\text{Kopf}, \text{Zahl}\}$. *Alle Teilmengen von* $\Omega_{\text{Münze}}$ *sind Ereignisse, also:*

   $A_1 = \emptyset$, $A_2 = \{\text{Kopf}\}$, $A_3 = \{\text{Zahl}\}$, $A_4 = \{\text{Kopf}, \text{Zahl}\}$

   Wirft man mit der Münze Kopf, *dann sind die Ereignisse* A_2 *und* A_4 *eingetreten.*

2. *Würfeln:* $\Omega_{\text{Würfel}} = \{1, 2, \ldots, 6\}$.

Merkmal	Ereignis
Augenzahl ist 6	$A_1 = \{6\}$
Augenzahl ist ungleich 3	$A_2 = \{1, 2, 4, 5, 6\}$
Augenzahl ist zwischen 4 und 6	$A_3 = \{5\}$
Augenzahl ist Primzahl	$A_4 = \{2, 3, 5\}$
Augenzahl ist 7	$A_5 = \emptyset$
Augenzahl ist ungerade	$A_6 = \{1, 3, 5\}$

3. *Ermittlung der Milchleistung aus einer Population. Sei* $A = \{x|3500 \leq x \leq 4000\}$. *Das Ereignis* A *tritt ein, wenn eine Kuh eine Milchleistung zwischen* 3500 *und* 4000 kg *hat. Sei* $B = \{x|x > 4000\}$. *Das Ereignis* B *besteht darin, eine Kuh herauszugreifen, deren Milchleistung größer als* 4000 kg *ist.*

Während man in den ersten drei Beispielen alle Teilmengen von Ω aufzählen kann, ist dies im 4. Beispiel nicht möglich.

2.2.2 Verknüpfung von Zufallsereignissen

Bei der Durchführung eines Zufallsexperiments ist es möglich, daß mehrere Ereignisse, die aus Verknüpfungen von Ereignissen $A, B, C \ldots$ hervorgehen, gleichzeitig eintreten.

Ein Ereignis $A + B$ ist die Menge aller Elementarereignisse, die mindestens zu einem der beiden Ereignisse A oder B gehören, also die Vereinigungsmenge von A und B (Bild 2.7 a):

$$A + B = A \cup B \tag{2.8}$$

Ein Ereignis $A \cdot B$ ist die Menge aller Elementarereignisse, die sowohl zu A als auch zu B gehören, also die Durchschnittsmenge von A und B (Bild 2.7 b):

$$A \cdot B = A \cap B \tag{2.9}$$

Das Ereignis $A - B = A \cdot \overline{B}$ besteht aus allen Elementen von A, die nicht zu B gehören. $A - B$ ist also die Differenzmenge von A und B (Bild 2.7 c):

$$A - B = A \setminus B \tag{2.10}$$

$\overline{A}$ heißt das **Komplementärereignis** von A bezüglich Ω. $\overline{A}$ besteht aus allen Elementen von Ω, die nicht zu A gehören, d.h. $\overline{A}$ ist die Komplementärmenge von A (Bild 2.7 d):

$$\overline{A} = \Omega - A \tag{2.11}$$

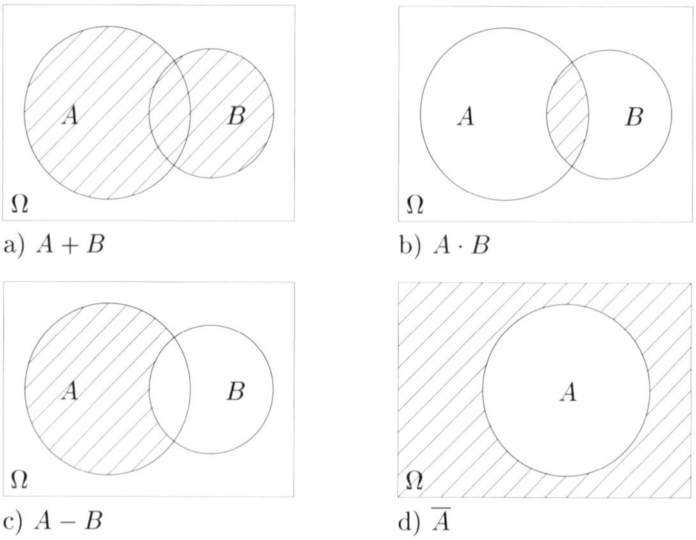

Bild 2.7: Verknüpfung von Ereignissen

Beispiel:

Würfeln (vgl. Tabelle im vorhergehenden Beispiel):

Merkmal	Ereignis
Augenzahl: 6 oder Primzahl	$A_1 + A_4 = \{2, 3, 5, 6\}$
Augenzahl: ungerade, ungleich 3	$A_6 \cdot A_2 = \{1, 5\}$
Augenzahl: gerade	$\overline{A_6} = \Omega - A_6 = \{2, 4, 6\}$
Augenzahl: prim, ungleich 5	$A_4 - A_3 = A_4 \cdot \overline{A_3} = \{2, 3\}$

2.2.3 Unvereinbare Ereignisse

Zwei zufällige Ereignisse A und B heißen **unvereinbar**, wenn sie keine gemeinsamen Elemente (Elementarereignisse) haben, also wenn ihr Durchschnitt $A \cdot B$ die leere Menge $\emptyset$ ist: $A \cdot B = \emptyset$.

Beispiel:

Würfeln: $\Omega = \{1, 2, 3, 4, 5, 6\}$.

$A:$ Augenzahl gerade, $B:$ Augenzahl ungerade, $A \cdot B = \emptyset$.

A und B sind also unvereinbar.

2.2.4 Sicheres und unmögliches Ereignis

Ist $A = \Omega$, so nennt man A das **sichere Ereignis**.

Ist $A = \overline{\Omega} = \emptyset$, also die leere Menge, so heißt A das **unmögliche Ereignis**.

Beispiel:

Würfeln: $\Omega = \{1, 2, 3, 4, 5, 6\}$.

$A:$ Augenzahl zwischen 1 und 6, $A = \Omega$.

A ist also das sichere Ereignis.

Ein unmögliches Ereignis ist das Würfeln der Zahl 7.

2.3 Wahrscheinlichkeiten

2.3.1 Die mathematische Wahrscheinlichkeit

Die mathematische Wahrscheinlichkeit definiert man durch folgende Axiome:

1. Jedem Ereignis A aus dem Ereignisraum[1] wird eine nichtnegative Zahl $P(A)$ zugeordnet. Diese Zahl $P(A)$ heißt die **mathematische Wahrscheinlichkeit** des Ereignisses A:

$$P(A) \geq 0 \tag{2.12}$$

2. Die Menge aller Elementarereignisse erhält die Wahrscheinlichkeit 1. Mit anderen Worten: Die Wahrscheinlichkeit des sicheren Ereignisses ist 1:

$$P(\Omega) = 1 \tag{2.13}$$

3. Für jede Folge $A_1, A_2, A_3, \ldots$von paarweise unvereinbaren Ereignissen des Ereignisraums gilt:

$$P(A_1 + A_2 + A_3 + \ldots) = P(A_1) + P(A_2) + P(A_3) + \ldots \tag{2.14}$$

Die Vereinigung $A_1 + A_2 + A_3 + \ldots$ ist das Ereignis, das genau dann eintritt, wenn mindestens eines der genannten unendlich vielen Ereignisse eintritt.

Folgerungen:

1. Die Wahrscheinlichkeit für das Eintreffen des Komplementärereignisses ist:

$$P(\overline{A}) = 1 - P(A) \tag{2.15}$$

A und $\overline{A}$ sind unvereinbar ($A \cdot \overline{A} = \emptyset$) und $A + \overline{A} = \Omega$

$\Rightarrow 1 = P(\Omega) = P(A + \overline{A}) = P(A) + P(\overline{A}) \Leftrightarrow P(\overline{A}) = 1 - P(A)$

2. $P(A)$ und $P(\overline{A})$ sind nach Axiom (2.12) nicht negativ, es kann $P(A)$ also höchstens 1 sein. Daher gilt:

$$0 \leq P(A) \leq 1 \tag{2.16}$$

3. Das unmögliche Ereignis erhält die Wahrscheinlichkeit 0, das sichere Ereignis die Wahrscheinlichkeit 1. Es gilt jedoch nicht, daß ein Ereignis mit der Wahrscheinlichkeit 0 unmöglich eintreten kann. Ereignisse mit der Wahrscheinlichkeit 0 heißen **fast unmöglich**, solche mit der Wahrscheinlichkeit 1 heißen **fast sicher**.

4. Sind $A_1, A_2, \ldots, A_n$ paarweise unvereinbare Ereignisse im Ereignisraum, so gilt:

$$P(A_1 + A_2 + \ldots + A_n) = P(A_1) + P(A_2) + \ldots + P(A_n) \tag{2.17}$$

Dies folgt aus Axiom (2.14). Man setze nur $A_{n+1} = A_{n+2} = \ldots = \emptyset$.

[1]Theoretisch (z.B. wenn $\Omega = I\!R$) kann es auch Teilmengen A des Ergebnisraums Ω geben, denen man keine Wahrscheinlichkeit zuordnen kann. Solche Teilmengen gehören nicht zum Ereignisraum. Sie sind auch für die Praxis völlig irrelevant.

5. Für beliebige Ereignisse A und B aus F ist $A + B = A + (B - A \cdot B)$ und $B = A \cdot B + (B - A \cdot B)$. Die einzelnen Summanden der rechten Seiten sind jeweils unvereinbare Ereignisse (vgl. Bild 2.8). Also gilt:

   $P(A + B) = P(A) + P(B - A \cdot B)$, $P(B) = P(A \cdot B) + P(B - A \cdot B)$

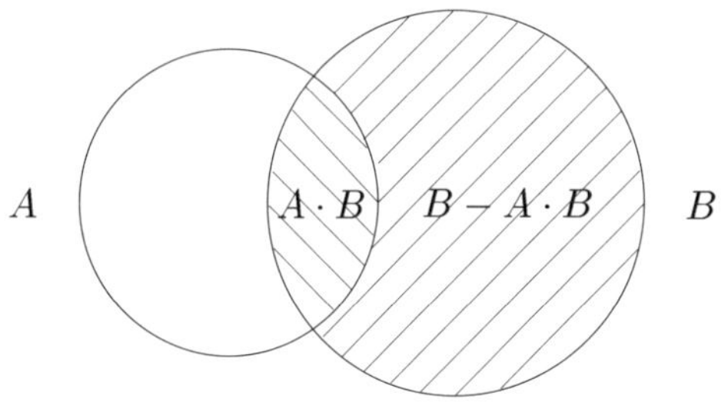

Bild 2.8: Veranschaulichung des Additionssatzes

Somit ergibt sich nach Substitution von $P(B - A \cdot B)$ der **allgemeine Additionssatz**:

$$P(A + B) = P(A) + P(B) - P(A \cdot B) \tag{2.18}$$

Für drei Ereignisse A, B, C findet man entsprechend:

$$\begin{aligned} P(A + B + C) &= P(A) + P(B) + P(C) - \\ &\quad - P(A \cdot B) - P(A \cdot C) - P(B \cdot C) + \\ &\quad + P(A \cdot B \cdot C) \end{aligned} \tag{2.19}$$

2.3.2 Die klassische Wahrscheinlichkeit

Sind bei einem Zufallsexperiment endlich viele Elementarereignisse gleichwahrscheinlich, so ist die Wahrscheinlichkeit $P(A)$ eines beliebigen Zufallsereignisses A:

$$P(A) = \frac{\text{Anzahl der “}\mathbf{g}\text{ünstigen“ }\mathbf{u}\text{nvereinbaren } \mathbf{g}\text{leichwahrscheinlichen }\mathbf{E}\text{lementarereignisse}}{\text{Anzahl der “}\mathbf{m}\text{öglichen“ }\mathbf{u}\text{nvereinbaren } \mathbf{g}\text{leichwahrscheinlichen }\mathbf{E}\text{lementarereignisse}} \tag{2.20}$$

oder kurz als Merkregel: $P(A) = \dfrac{\text{GUGE}}{\text{MUGE}}$.

Diese sog. **Abzählregel** kann man aus den Axiomen und Rechenregeln für Wahrscheinlichkeiten ableiten. Wird das Experiment einmal realisiert, so tritt eines der gleichwahrscheinlichen Ereignisse $A_1, A_2, \ldots A_n$ ein. Es ist $A_1 + A_2 + \ldots + A_n = \Omega$. Die Ereignisse $A_1, A_2, \ldots, A_n$ bilden dann eine sog. **vollständige Ereignismenge**.

Liegt eine vollständige Ereignismenge vor, die aus paarweise unvereinbaren Ereignissen besteht, so gilt nach Gleichung (2.17): $P(A_1 + A_2 + \ldots + A_n) = P(A_1) + P(A_2) + \ldots + P(A_n)$. Wegen $A_1 + A_2 + \ldots + A_n = \Omega$ folgt:

$$P(A_1 + A_2 + \ldots + A_n) = P(\Omega) = 1 \tag{2.21}$$

Außerdem sollen die Ereignisse gleichwahrscheinlich sein, d.h. es ist $P(A_1) = P(A_2) = \ldots = P(A_n) = 1/n$. Betrachtet man nun ein Ereignis $A = A_1 + A_2 + \ldots + A_m$ $(m \leq n)$, dann ist nach Gleichung (2.17):

$$\begin{aligned} P(A) &= P(A_1 + A_2 + \ldots + A_m) \\ &= P(A_1) + P(A_2) + \ldots + P(A_m) = \\ &= \frac{m}{n} \end{aligned} \tag{2.22}$$

$P(A)$ ist also der Quotient aus der Anzahl m der zu A gehörigen günstigen Ereignisse A_i $(i = 1, 2, \ldots, m)$ und der Anzahl n aller Ereignisse der vollständigen Ereignismenge.

Beispiele:

1. *Wie groß ist die Wahrscheinlichkeit, sechs Richtige im Lotto zu tippen?*

   Es gibt nur eine einzige Möglichkeit, einen Sechser zu tippen: GUGE = 1.

   Die möglichen Zahlenkombinationen sind: MUGE $= \binom{49}{6} = 13983816$

   $P(6\text{er}) = \dfrac{1}{13983816} \approx 7.15 \cdot 10^{-8}$, *also ungefähr* 1 : 14 Mio.

2. *Es interessiere die Wahrscheinlichkeit, mit zwei symmetrischen Würfeln bei einem Wurf die Augensumme* 5 *zu würfeln. Als Elementarereignis kann hier ein Augenpaar, d.h. die vom einen und vom anderen Würfel gewürfelten Augenzahlen, betrachtet werden. Zum Ereignis* A = Augensumme 5 *gehören die vier Augenpaare* $(1,4)$, $(2,3)$, $(3,2)$ *und* $(4,1)$ *von insgesamt* $6 \cdot 6 = 36$ *möglichen Augenpaaren. Also ist* $P(5) = 4/36 = 1/9$. *Die Anzahl* m *der "günstigen" Fälle für jede der in Frage kommenden Augensumme* $S = 2, 3, \ldots, 12$ *und die zugehörigen Wahrscheinlichkeiten* $P(S) = \dfrac{m}{n}$ *zeigt folgende Tabelle.*

S	2	3	4	5	6	7	8	9	10	11	12
	1,1	1,2	1,3	1,4	1,5	1,6	2,6	3,6	4,6	5,6	6,6
		2,1	2,2	2,3	2,4	2,5	3,5	4,5	5,5	6,5	
			3,1	3,2	3,3	3,4	4,4	5,4	6,4		
				4,1	4,2	4,3	5,3	6,3			
					5,1	5,2	6,2				
						6,1					
m	1	2	3	4	5	6	5	4	3	2	1
$P(S)$	$\frac{1}{36}$	$\frac{2}{36}$	$\frac{3}{36}$	$\frac{4}{36}$	$\frac{5}{36}$	$\frac{6}{36}$	$\frac{5}{36}$	$\frac{4}{36}$	$\frac{3}{36}$	$\frac{2}{36}$	$\frac{1}{36}$

Die klassische Definition der Wahrscheinlichkeit wurde von Laplace (1749-1837) eingeführt. Sie ist insbesondere im Bereich der Glücksspiele anwendbar, wenn endlich viele gleichmögliche Elementarereignisse vorhanden sind. Bei vielen anderen praktischen Zufallsexperimenten kann man aber die Menge der Elementarereignisse nicht in endlich viele gleichwahrscheinliche Fälle unterteilen. Der klassische Wahrscheinlichkeitsbegriff ist dann nicht mehr anwendbar. Ein Beispiel dafür ist ein Würfelspiel mit einem unsymmetrischen Würfel oder das zufällige Herausnehmen eines Tieres aus einer Population mit der Frage nach der Wahrscheinlichkeit, daß dessen Gewicht zwischen 100 und 120 kg liegt. Die Saatzuchtforschung fragt evtl. nach der Wahrscheinlichkeit einer ungewöhnlich hohen Ertragssteigerung mit einer bestimmten Sorte. Die pharmazeutische Industrie ist an der Wahrscheinlichkeit interessiert, mit der ein Heilerfolg bei einem neuen Medikament zu erwarten ist. In allen diesen Fällen kann man keine Einteilung in endlich viele gleichwahrscheinliche Elementarereignisse angeben. Insofern ist also die klassische Definition nach Laplace nicht immer eine befriedigende Definition. Man müßte z.B. schon vor der Festlegung der Wahrscheinlichkeiten wissen, wann verschiedene Ereignisse die gleiche Wahrscheinlichkeit besitzen.

Durch die Axiome (2.12) – (2.14) ist die Wahrscheinlichkeit für ein gegebenes Problem mit einer ganz bestimmten Menge von Elementarereignissen nicht eindeutig festgelegt. Man kann z.B. den Augenzahlen eines Würfels jeweils die gleiche Wahrscheinlichkeit, nämlich 1/6, zuordnen, wenn man einen symmetrischen Würfel unterstellt. Man könnte aber auch folgende Zuordnung von Wahrscheinlichkeiten zu den Elementarereignissen $1, 2, \ldots, 6$ treffen: $P(1) = 1/10$, $P(2) = 1/5$, $P(3) = 1/5$, $P(4) = 1/5$, $P(5) = 1/5$, $P(6) = 1/10$ und hätte dann einen "asymmetrischen" Würfel.

Jede dieser beiden Wahrscheinlichkeitsbelegungen würde die Axiome erfüllen. Das bedeutet: Man kann den Elementarereignissen oder den Ereignissen der Borelschen Ereignismenge F auf verschiedene Arten Wahrscheinlichkeiten zuordnen. Eine feste Zuordnung bedeutet, daß man ein bestimmtes Wahrscheinlichkeitsmodell auf das Zufallsexperiment anwendet. Die primäre Forderung bei dieser Zuordnung von Wahrscheinlichkeiten ist jedoch, daß die Axiome nicht verletzt werden, denn sie stellen gewissermaßen die Grundrechenregeln dar, denen Wahrscheinlichkeiten unbedingt genügen müssen. Die Zuordnung von Wahrscheinlichkeiten in einem praktischen Problem muß aufgrund zusätzlicher Überlegungen getroffen werden und gibt dann die Verteilung der Wahrscheinlichkeiten, oder kurz die Wahrscheinlichkeitsverteilung des betreffenden zufälligen Experimentes an. Diese sind als Modelle aufzufassen, wie Wahrscheinlichkeiten Elementarereignissen oder Ereignissen zugeordnet werden können. Ob die gewählte Zuordnung mit dem zugrundeliegenden realen Sachverhalt übereinstimmt, ist eine andere Frage und muß separat überprüft werden.

Glaubt man z.B. einen symmetrischen Würfel vor sich zu haben, nimmt man die Gleichwahrscheinlichkeit für die sechs Augenzahlen an. Scheint der Würfel unsymmetrisch zu sein, liegt eine andere Wahrscheinlichkeitsverteilung vor. Einen Anhaltspunkt für diese schiefe Wahrscheinlichkeitsverteilung wird man u.U. aus empirischen Würfelversuchen mit diesem Würfel gewinnen und danach ein Modell aufstellen und dieses selbst wieder mit statistischen Prüfverfahren nachprüfen.

Im speziellen Fall von endlich vielen gleichwahrscheinlichen Elementarereignissen kann man die Wahrscheinlichkeit irgendeines Ereignisses einfach mit der Abzählregel bestimmen. In allen anderen Fällen wird die Wahrscheinlichkeit eines Ereignisses aufgrund der unterstellten Wahrscheinlichkeitsverteilung und den Rechenregeln für Wahrscheinlichkeiten bestimmt. Das Berechnen von Wahrscheinlichkeiten aufgrund von theoretischen Modellen oder Wahrscheinlichkeitsverteilungen ist die Hauptaufgabe der Wahrscheinlichkeitstheorie. Die Überprüfung, ob das gewählte Modell mit der Wirklichkeit nicht in Widerspruch steht, gehört u.a. zur Aufgabe der Statistik.

2.3.3 Die bedingte Wahrscheinlichkeit

In einer Urne seien 100 Lose, davon 40 rote und 60 blaue. Von den 40 roten seien 10 Gewinnlose, von den 60 blauen seien 30 Gewinnlose. Das Ziehen eines Loses stellt ein Elementarereignis dar. Unter der Voraussetzung, daß ein rotes Los gezogen wurde, will man die Wahrscheinlichkeit berechnen, daß dieses gezogene Los ein Gewinnlos ist. Man fragt also nach der Wahrscheinlichkeit $P(\text{Gewinn}|\text{rot})$, daß das Ereignis "Gewinn" eintritt unter der Bedingung "rot".

Nach der Abzählregel (2.20) folgt: $P(\text{Gewinn}|\text{rot}) = \frac{10}{40} = 0.25$.

Andererseits ist $P(\text{Gewinn und rot}) = \frac{10}{100} = 0.10$.

Das Ereignis "Gewinn und rot" unterscheidet sich vom Ereignis "Gewinn unter der Bedingung rot" dadurch, daß man von vorneherein nicht weiß, ob ein rotes Los gezogen wird.

Außerdem ist: $P(\text{rot}) = \frac{40}{100} = 0.4$

Man kann nun folgern:

$$P(\text{Gewinn}|\text{rot}) = \frac{P(\text{Gewinn und rot})}{P(\text{rot})} = \frac{10/100}{40/100} = 0.25$$

Ausgehend von diesem Beispiel, bei dem insgesamt n gleichmögliche Fälle unterschieden werden können, definiert man allgemein die bedingte Wahrscheinlichkeit $P(B|A)$ eines Ereignisses B aus F unter der Bedingung A, falls A nicht ein unmögliches oder fast unmögliches Ereignis ist.

Die **Wahrscheinlichkeit eines Ereignisses *B* unter der Bedingung *A*** ist:

$$P(B|A) = \frac{P(A \cdot B)}{P(A)}, \quad \text{falls } P(A) \neq 0 \tag{2.23}$$

Aus Gleichung (2.23) folgt unmittelbar der **allgemeine Multiplikationssatz**:

Die Wahrscheinlichkeit, daß sowohl das Ereignis A als auch das Ereignis B eintritt, ist gleich dem Produkt aus der Wahrscheinlichkeit von A und der Wahrscheinlichkeit von B unter der Bedingung, daß A eingetreten ist:

$$P(A \cdot B) = P(A) \cdot P(B|A) \tag{2.24}$$

Die bedingten Wahrscheinlichkeiten $P(B|A) = \frac{P(A \cdot B)}{P(A)}$ sind Wahrscheinlichkeiten in dem Sinn, wie sie früher eingeführt wurden, denn sie erfüllen die Axiome der Wahrscheinlichkeitsrechnung. Es gilt nämlich:

1. $P(B|A) \geq 0$ wegen $P(A \cdot B) \geq 0$ und $P(A) > 0$.
2. $P(\Omega|A) = \frac{P(A \cdot \Omega)}{P(A)} = \frac{P(A)}{P(A)} = 1$.

3. Falls die Ereignisse B und C unvereinbar sind, so sind auch $A \cdot B$ und $A \cdot C$ unvereinbar, und es gilt: $P(A \cdot B + A \cdot C) = P(A \cdot B) + P(A \cdot C)$.

   Daraus folgt: $$P(B + C|A) = \frac{P(A \cdot (B + C))}{P(A)} = \frac{P(A \cdot B + A \cdot C)}{P(A)} = \frac{P(A \cdot B)}{P(A)} + \frac{P(A \cdot C)}{P(A)} = P(B|A) + P(C|A)$$

Es gilt also bei unvereinbaren Ereignissen B und C das Additionstheorem auch für bedingte Wahrscheinlichkeiten:

$$P(B + C|A) = P(B|A) + P(C|A) \tag{2.25}$$

Speziell: $P(B + \overline{B}|A) = P(B|A) + P(\overline{B}|A) \Rightarrow P(\overline{B}|A) = 1 - P(B|A)$.

Aus der Definition für die bedingte Wahrscheinlichkeit (2.23) und dem Multiplikationssatz (2.24) folgt für beliebige Ereignisse B und C aus F:

$$\begin{aligned} P(B \cdot C|A) &= \frac{P(A \cdot B \cdot C)}{P(A)} = \frac{P(A \cdot B) \cdot P(C|A \cdot B)}{P(A)} = \\ &= \frac{P(A) \cdot P(B|A) \cdot P(C|A \cdot B)}{P(A)} \end{aligned} \tag{2.26}$$

Damit folgt der **Produktsatz** für bedingte Wahrscheinlichkeiten:

$$P(A \cdot B \cdot C) = P(A) \cdot P(B|A) \cdot P(C|A \cdot B) \tag{2.27}$$

Die Verallgemeinerung von Gleichung (2.27) auf mehrere Ereignisse liefert:

$$\begin{aligned} P(A_1 \cdot A_2 \cdot \ldots \cdot A_n) &= P(A_1) \cdot P(A_2 \cdot A_3 \cdot \ldots \cdot A_n|A_1) = \\ &= P(A_1) \cdot P(A_2|A_1) \cdot P(A_3 \cdot A_4 \cdot \ldots \cdot A_n|A_1 \cdot A_2) = \\ &= P(A_1) \cdot P(A_2|A_1) \cdot P(A_3|A_1 \cdot A_2) \cdot \ldots \cdot \\ &\quad \cdot P(A_n|A_1 \cdot A_2 \cdot \ldots \cdot A_{n-1}) \end{aligned} \tag{2.28}$$

Beispiel:

Ein Obsthändler kauft aus drei verschiedenen Ländern jeweils eine Kiste Bananen. Davon sind in der ersten Kiste 2%, in der zweiten Kiste 5% und in der dritten Kiste 10% verfault. Es soll die Wahrscheinlichkeit $P(V)$ berechnet werden, beim Zug einer Banane aus einer beliebigen Kiste, eine verfaulte Banane zu ziehen.

Das Zufallsexperiment besteht aus zwei Schritten:

1. Auswahl der Kiste

2. Auswahl der Banane

Die Wahrscheinlichkeit, eine beliebige Kiste zu wählen, ist für jede Kiste gleich:

$P(K_1) = P(K_2) = P(K_3) = \frac{1}{3}$

Die Wahrscheinlichkeit, aus einer ausgewählten Kiste eine verfaulte Banane zu ziehen ist:

$P(V|K_1) = 2\% = \frac{1}{50}, \; P(V|K_2) = 5\% = \frac{1}{20}, \; P(V|K_2) = 10\% = \frac{1}{10}$

Das Ereignis "Banane verfault" *besteht aus drei unvereinbaren Ereignissen:*

$$\begin{aligned} P(V) &= P(K_1 \cdot V) + P(K_2 \cdot V) + P(K_3 \cdot V) = \\ &= P(K_1) \cdot P(V|K_1) + P(K_2) \cdot P(V|K_2) + P(K_3) \cdot P(V|K_3) = \\ &= \frac{1}{3} \cdot \frac{1}{50} + \frac{1}{3} \cdot \frac{1}{20} + \frac{1}{3} \cdot \frac{1}{10} = \\ &= 0.057 = 5.7\% \end{aligned}$$

2.3.4 Unabhängige Ereignisse

Ein Ereignis B heißt **unabhängig** vom Ereignis A, wenn:

$$P(B|A) = P(B) \tag{2.29}$$

Aus $P(A \cdot B) = P(B \cdot A)$ folgt nach dem allgemeinen Multiplikationssatz (2.24) stets $P(A) \cdot P(B|A) = P(B) \cdot P(A|B)$. Falls $P(B|A) = P(B)$, so ist auch $P(A|B) = P(A)$.

Ist also das Ereignis B unabhängig von A, so ist auch A unabhängig von B, d.h. die Unabhängigkeit ist wechselseitig. Man kann daher sagen, die Ereignisse A und B sind "voneinander unabhängig". Der Produktsatz lautet dann speziell:

Sind A und B voneinander unabhängig, so ist:

$$P(A \cdot B) = P(A) \cdot P(B) \tag{2.30}$$

In diesem Zusammenhang soll noch einmal die Verschiedenartigkeit der Begriffe "Unvereinbarkeit zweier zufälliger Ereignisse" und "Unabhängigkeit zweier zufälliger Ereignisse" betont werden. Der Begriff der Unvereinbarkeit spielt eine besondere Rolle beim Additionstheorem. Der Begriff der Unabhängigkeit ist insbesondere für das Multiplikationstheorem wichtig.

Die Ereignisse A und B seien voneinander unabhängig, d.h. $P(B|A) = P(B)$ und $P(A|B) = P(A)$. Betrachtet man zusätzlich die komplementären Ereignisse $\overline{A}$ und $\overline{B}$, dann gilt $P(\overline{B}|A) = 1 - P(B|A)$ und somit $P(\overline{B}|A) = 1 - P(B) = P(\overline{B})$. Wegen der wechselseitigen Unabhängigkeit ist auch $P(A|\overline{B}) = P(A)$. Damit sind A und $\overline{B}$ unabhängig. Ganz analog zeigt man die Unabhängigkeit für $\overline{A}$ und B sowie für $\overline{A}$ und $\overline{B}$. Sind A und B voneinander unabhängig, so gilt dies demnach auch für A und $\overline{B}$, $\overline{A}$ und B sowie $\overline{A}$ und $\overline{B}$.

Die Entscheidung, ob zwei Ereignisse unabhängig sind, kann man aufgrund der Definition (2.29) prüfen. Zwei Ereignisse sind dann unabhängig, wenn die Wahrscheinlichkeit für das Eintreten des einen Ereignisses stets dieselbe ist, ob nun das andere Ereignis eingetreten ist oder nicht. Bei manchen praktischen Aufgabenstellungen sieht man jedoch aus den Bedingungen des zufälligen Versuchs und der gewählten Zuordnung der Wahrscheinlichkeiten, daß der Eintritt des Ereignisses A unmöglich die Wahrscheinlichkeit für den Eintritt des Ereignisses B beeinflussen kann.

Beispiele:

1. *Aus einem gut gemischten Kartenspiel mit 32 Karten werden zwei Karten der Reihe nach gezogen.*

   Wie groß ist die Wahrscheinlichkeit $P(KK)$, daß die beiden gezogenen Karten jeweils Könige sind, wenn die zuerst gezogene Karte wieder in das Spiel zurückgemischt wird?

   Die Ereignisse K_1 = König beim 1. Zug *und* K_2 = König beim 2. Zug *sind offenbar unabhängige Ereignisse. Also gilt:*

   $$\begin{aligned} P(KK) &= P(K_1 \text{ und } K_2) = P(K_1 \cdot K_2) = P(K_1) \cdot P(K_2) = \\ &= \frac{4}{32} \cdot \frac{4}{32} = \frac{1}{64} = 0.016 = 1.6\% \end{aligned}$$

   Wie groß ist die Wahrscheinlichkeit $P(KK)$, daß die beiden gezogenen Karten jeweils Könige sind, wenn die zuerst gezogene Karte nicht mehr zurückgelegt wird?

   Die Ereignisse K_1 und K_2 sind nun nicht mehr voneinander unabhängig.

   $$P(KK) = P(K_1 \text{ und } K_2) = P(K_1 \cdot K_2) = P(K_1) \cdot P(K_2|K_1)$$

   Es ist $P(K_1) = \frac{4}{32}$ *und* $P(K_2|K_1) = \frac{3}{31}$. *Also folgt:*

   $$P(KK) = \frac{4}{32} \cdot \frac{3}{31} = \frac{3}{248} = 0.012 = 1.2\%$$

2. *Es ist nicht immer intuitiv klar, ob Unabhängigkeit vorliegt oder nicht. Betrachtet man z.B. Familien mit drei Kindern und nimmt an, daß Knaben- und Mädchengeburten gleichwahrscheinlich sind, so gibt es* $2^3 = 8$ *gleichwahrscheinliche Möglichkeiten (jeweils mit Wahrscheinlichkeit* $1/8$*), wie sich das Merkmal* "männlich-weiblich" *auf die drei Kinder verteilt. A sei das Ereignis, eine Familie hat Kinder beiderlei Geschlechts und B das Ereignis, die Familie hat höchstens ein Mädchen. Mit den Bezeichnungen J für Junge und M für Mädchen gilt dann:*

   $$\begin{aligned} P(A) &= P(JMM) + P(MJM) + P(MMJ) + P(JJM) + \\ &\quad + P(JMJ) + P(MJJ) = \frac{6}{8} = 0.75 \end{aligned}$$

   $$P(B) = P(JJJ) + P(MJJ) + P(JMJ) + P(JJM) = \frac{4}{8} = 0.5$$

   Die Wahrscheinlichkeit, daß eine Familie Kinder beiderlei Geschlechts, aber höchstens ein Mädchen hat, ist:

   $$P(A \cdot B) = P(MJJ) + P(JMJ) + P(JJM) = \frac{3}{8}$$

   Es gilt $P(A \cdot B) = P(A) \cdot P(B)$. Also sind A und B voneinander unabhängig.

Nun betrachtet man Familien mit zwei Kindern. Hier ist

$$P(A) = P(JM) + P(MJ) = \frac{2}{4} = 0.5$$

$$P(B) = P(JJ) + P(JM) + P(MJ) = \frac{3}{4} = 0.75$$

Die Wahrscheinlichkeit, daß eine Familie Kinder beiderlei Geschlechts, aber höchstens ein Mädchen hat, ist:

$$P(A \cdot B) = P(JM) + P(MJ) = \frac{2}{4} = 0.5$$

Es gilt hier nicht $P(A \cdot B) = P(A) \cdot P(B)$. Also sind in diesem Fall die Ereignisse A und B nicht unabhängig voneinander.

Unabhängigkeit bei mehr als zwei Ereignissen

Wenn man den Begriff der Unabhängigkeit auf mehr als zwei Ereignisse anwenden will, genügt es nicht zu verlangen, daß die Ereignisse paarweise unabhängig sind. Es können z.B. die drei Ereignisse A_1, A_2 und A_3 paarweise voneinander unabhängig sein, aber dennoch A_3 vom Ereignis $A_1 \cdot A_2$ abhängig sein.

Beispiel:

Beim Spiel mit einem Würfel sei A_1 das Ereignis, beim ersten Wurf eine ungerade Augenzahl und A_2 das Ereignis beim zweiten Wurf eine ungerade Augenzahl zu würfeln. A_3 sei das Ereignis, daß die Summe der gewürfelten Zahlen ungerade ist. Die Ereignisse A_1, A_2, A_3 sind paarweise unabhängig. Es ist jedoch A_3 nicht unabhängig vom Ereignis $A_1 \cdot A_2$.

Man definiert daher:

Zufällige Ereignisse A_i $(i = 1, 2, \ldots, n)$ heißen voneinander **unabhängig**, wenn jedes Ereignis A_i von jedem möglichen Ereignis $A_{i_1} \cdot A_{i_2} \cdot \ldots \cdot A_{i_k}$ ($i_\nu \neq i$ für $\nu = 1, 2, \ldots, k$ und $k = 1, 2, \ldots, n-1$) unabhängig ist.

Für unabhängige Ereignisse $A_1, A_2, \ldots, A_n$ gilt der **allgemeine Produktsatz**:

$$P(A_1 \cdot A_2 \cdot \ldots \cdot A_n) = P(A_1) \cdot P(A_2) \cdot \ldots \cdot P(A_n) \tag{2.31}$$

Beispiele:

1. *Ein Industrieprodukt bestehe aus drei Teilen. In der Fertigung bestehe Unabhängigkeit zwischen den Teilen. Die Wahrscheinlichkeit, daß ein Teil Ausschuß ist, betrage für die drei Teile jeweils 3%, 5% und 6%. Wie groß ist die Wahrscheinlichkeit $P(\text{ok})$, daß ein Endprodukt völlig einwandfrei ist?*

$$\begin{aligned} P(\text{ok}) &= P(\text{1. Teil ok und 2. Teil ok und 3. Teil ok}) = \\ &= P(\text{1. Teil ok}) \cdot P(\text{2. Teil ok}) \cdot P(\text{3. Teil ok}) = \\ &= 0.97 \cdot 0.95 \cdot 0.94 = 0.866 = 86.6\% \end{aligned}$$

2. *Eine Münze wird fünfmal geworfen. Wie groß ist die Wahrscheinlichkeit, daß fünfmal hintereinander Wappen oben liegt?*

   Die fünf Würfe sind unabhängig voneinander. Die Wahrscheinlichkeit, daß einmal Wappen kommt, ist 0.5. *Also ist die gesuchte Wahrscheinlichkeit* $0.5^5 = 0.031 = 3.1\%$.

2.3.5 Das Bayessche Theorem

An dieser Stelle sei noch das berühmte **Theorem von Bayes** erwähnt.

Man betrachte n unvereinbare Ereignisse $A_1, A_2, \ldots, A_n$ einer vollständigen Ereignismenge $\Omega = A_1 + A_2 + \ldots + A_n$ und ein Ereignis B aus dem Ereignisraum. Dann sind die Ereignisse $B \cdot A_i$ und $B \cdot A_k$ $(i \neq k)$ unvereinbare Ereignisse und es gilt: $B = \Omega \cdot B = (A_1 + A_2 + \ldots + A_n) \cdot B = A_1 \cdot B + A_2 \cdot B + \ldots + A_n \cdot B$. Daraus folgt:

$$P(B) = \sum_{i=1}^{n} P(A_i \cdot B) = \sum_{i=1}^{n} P(A_i) \cdot P(B|A_i) \tag{2.32}$$

Falls $P(B) \neq 0$, gilt außerdem:

$$P(A_i|B) = \frac{P(A_i \cdot B)}{P(B)} = \frac{P(A_i) \cdot P(B|A_i)}{P(B)} \tag{2.33}$$

Aus Gleichung (2.32) und (2.33) folgt der **Satz von Bayes**:

$$P(A_i|B) = \frac{P(A_i) \cdot P(B|A_i)}{\sum_{k=1}^{n} P(A_k) \cdot P(B|A_k)} \tag{2.34}$$

Beispiel:

Ein Patient leide an der Krankheit A_1 oder der Krankheit A_2. Man weiß außerdem, daß die Wahrscheinlichkeit $P(A_1)$ für Krankheit A_1 gleich 0.8 und die Wahrscheinlichkeit $P(A_2)$ für Krankheit A_2 gleich 0.2 ist. Um eine genaue Diagnose zu stellen, führt der Arzt eine Enzymbestimmung durch, von der er weiß, daß sie bei Krankheit A_1 in 90% aller Fälle positiv ist, bei A_2 dagegen nur in 20%. Man nehme nun an, daß der Enzymtest bei einem Patienten negativ verläuft (= Ereignis B). Welche Wahrscheinlichkeiten für A_1 bzw. A_2 resultieren aus diesem Befund?

Es ist $P(A_1) = 0.8$ und $P(A_2) = 0.2$. Man sagt auch, dies seien die sog. **A-priori-Wahrscheinlichkeiten**.
$P(\text{Test ist positiv}|A_1) = 0.9, \quad P(\text{Test ist negativ}|A_1) = 0.1$
$P(\text{Test ist positiv}|A_2) = 0.2, \quad P(\text{Test ist negativ}|A_2) = 0.8$

Unter Anwendung von Gleichung (2.34) erhält man:

$$P(A_1|\text{Test ist negativ}) = \frac{0.8 \cdot 0.1}{0.8 \cdot 0.1 + 0.2 \cdot 0.8} = \frac{1}{3}$$

$$P(A_2|\text{Test ist negativ}) = \frac{0.2 \cdot 0.8}{0.8 \cdot 0.1 + 0.2 \cdot 0.8} = \frac{2}{3}$$

Bei Anwendung des Bayesschen Satzes werden die Ereignisse $A_1, A_2, \ldots, A_n$ häufig als **Hypothesen** und ihre Wahrscheinlichkeiten $P(A_i)$ **A-priori-Wahrscheinlichkeiten** für die Hypothese bezeichnet. $P(A_i|B)$ ist die Wahrscheinlichkeit für A_i aufgrund der Beurteilung, daß das Ereignis B eingetreten ist, und heißt daher auch **A-posteriori-Wahrscheinlichkeit** für die Hypothese A_i.

Die Bayessche Formel liefert damit eine Vorschrift, wie man A-priori-Wissen (z.B. wie häufig treten die Krankheiten A_1 und A_2 auf) aufgrund von Beobachtungen (Enzymbestimmung) zu einem A-posteriori-Wissen korrigieren kann. In diesem Zusammenhang spricht man auch häufig von "Lernen durch Erfahrung".

Die Größe $P(B|A_i)$ könnte man zunächst als bedingte Wahrscheinlichkeit für B unter der festen Bedingung A_i auffassen. Betrachtet man jedoch $P(B|A_i)$ bei bereits eingetretenem Ereignis B als Funktion aller möglichen Ereignisse A_i, $i = 1, 2, \ldots, n$, dann stellen die $P(B|A_i)$ keine Wahrscheinlichkeiten für A_i dar, sondern sie werden als sog. **Mutmaßlichkeiten** oder **Likelihoods** für die A_i aufgefaßt und die Gesamtheit der $P(B|A_i)$ in Abhängigkeit der A_i wird als **Likelihoodfunktion** bezeichnet. Diese Likelihoodfunktion gibt für jedes mögliche Ereignis A_i an, welche Wahrscheinlichkeit das Ereignis B unter der Bedingung A_i besitzt, aber sie gibt, sobald das Ereignis B eingetreten ist, keine Wahrscheinlichkeiten, sondern Mutmaßlichkeiten oder Plausibilitäten für A_i an, nachdem das feste Ereignis B beobachtet wurde. Man muß sich beim Übergang vom Begriff Wahrscheinlichkeit zur Likelihood vergegenwärtigen, daß man die Rollen von B und A_i in dem Ausdruck $P(B|A_i)$ einfach vertauscht. Im obigen Beispiel besteht die Likelihoodfunktion unter der Maßgabe, daß die Beobachtung B (z.B. der Test ist negativ) gemacht wurde, aus den zwei Werten $P(B|A_1) = 0.1$ und $P(B|A_2) = 0.8$.

Mit Hilfe der Likelihoods kann man das Bayessche Theorem in Worten folgendermaßen formulieren:

Die A-posteriori-Wahrscheinlichkeit für die A_i sind proportional zum Produkt aus den A-priori-Wahrscheinlichkeiten für A_i und der Likelihood von A_i, nachdem die Beobachtung B gemacht wurde.

2.3.6 Interpretation von Wahrscheinlichkeiten

Die mathematische Wahrscheinlichkeit ist eine rein formelle Größe, welche durch die Axiome (2.12) – (2.14) festgelegt wird. Die Wahrscheinlichkeitstheorie lehrt, wie man neue Wahrscheinlichkeiten aus gegebenen Wahrscheinlichkeiten berechnet, sie sagt jedoch nichts darüber aus, was unter Wahrscheinlichkeit zu verstehen ist.

Für den Anwender ist üblicherweise von großem Interesse, wie der Begriff Wahrscheinlichkeit zu interpretieren ist. So ergeben sich in diesem Zusammenhang Fragen, z.B.

"Wie kommt man zu Wahrscheinlichkeitsaussagen?" oder "Wie überprüft man Wahrscheinlichkeitsaussagen?" oder "Warum lassen sich Wahrscheinlichkeitsaussagen auf Sachverhalte des täglichen Lebens anwenden?"

Es gibt im wesentlichen zwei miteinander konkurrierende Interpretationsmöglichkeiten, einmal die **frequentistische** und zweitens die **subjektivistische Interpretation**. Die Anhänger der ersten Theorie, die sog. Frequentisten, verstehen unter Wahrscheinlichkeit die relative Häufigkeit auf lange Sicht, die Subjektivisten dagegen verstehen unter Wahrscheinlichkeit den Grad der individuellen Überzeugung.

Beide Interpretationsversuche haben gewisse Schwierigkeiten. Im Rahmen dieser Einführung soll der erste Standpunkt, also der frequentistische, eingenommen werden. Dies hat seinen Grund in der bei Zufallsexperimenten gemachten Erfahrung folgender Art:

Man kann die nächste Realisation eines Experimentes nicht vorhersagen. Wenn man aber das Experiment unter gleichen Bedingungen sehr oft durchführt, so schwankt die relative Häufigkeit für ein bestimmtes Ereignis, z.B. eine 6 zu würfeln, umso weniger um eine gewisse Zahl zwischen 0 und 1, je häufiger man den Versuch durchführt. Diese Zahl kann man dem Ereignis, eine 6 zu würfeln, als charakteristisch zuordnen. Man versuchte sogar, auf diese Weise den Begriff der Wahrscheinlichkeit als Grenzwert von relativen Häufigkeiten zu definieren.

Es sei hier nicht verschwiegen, daß es bei dem Versuch jedoch prinzipielle Schwierigkeiten gibt, weil es sich dabei nicht um eine Konvergenz im üblichen mathematischen Sinn handelt, sondern um eine Konvergenz der Wahrscheinlichkeiten, d.h. es wird versucht, den Begriff Wahrscheinlichkeit mit sich selbst zu erklären.

Die oben erwähnte Erfahrungstatsache, daß die relative Häufigkeit für hinreichend große Anzahlen von Versuchen eine beliebig gute Näherung für die unbekannte Wahrscheinlichkeit ist, nennt man auch das **empirische Gesetz der großen Zahlen**.

Die Häufigkeitsinterpretation der Wahrscheinlichkeit ist besonders dann sinnvoll, wenn man sie auf Experimente anwendet, die beliebig oft durchgeführt werden können. Daher ist der frequentistische Standpunkt für solche Anwender attraktiv, die mit großen Versuchsreihen zu tun haben. Dies trifft im wesentlichen auch auf den biologischen und landwirtschaftlichen Bereich (Feldversuche) zu. Die Häufigkeitsinterpretation hilft dagegen nicht weiter, wenn man Wahrscheinlichkeiten von Einzelereignissen betrachtet.

Die oben experimentell als Häufigkeit auf lange Sicht implizierte Wahrscheinlichkeit nennt man auch **statistische Wahrscheinlichkeit**, weil sie aufgrund statistischer Versuche bestimmt wird.

Viele statistische Methoden, z.B. Vertrauensintervalle und statistische Tests, gehen von der Häufigkeitsinterpretation aus.

2.3.7 Das Gesetz der großen Zahlen

Viele Lotto- oder Roulettespieler haben eine etwas "schiefe" Vorstellung vom sog. **Gesetz der großen Zahlen**. Die Auffassung besteht z.B. darin zu glauben, daß, wenn zehnmal "rot" gekommen ist, nun bald "schwarz" kommen muß. Oder wenn beim Lotto einige Zahlen sehr lange nicht gezogen wurden, tippen viele Spieler solche Zahlen, denn nach ihrer Meinung sind diese Zahlen nun fällig. Die landläufige Auffassung über das Gesetz der großen Zahlen ist die des Ausgleichs und der Kompensation innerhalb endlicher Zeit oder endlich vieler Versuche. Wirft man eine Münze sehr oft hintereinander, so sollte etwa "Kopf" und "Wappen" gleich oft vorkommen. Das muß aber noch nicht bei 1000 Würfen oder bei 10000 Würfen der Fall sein. Grob formuliert verlangt das Gesetz der großen Zahlen eine Einstellung oder Einpendelung auf den erwarteten Wert nur "auf lange Sicht". Nach einer ungewöhnlich großen Anzahl von "Köpfen" ist es nicht wahrscheinlicher, daß "Wappen" als Ergebnis des nächsten Wurfs kommt. Diese Auffassung ist deshalb falsch, weil jeder Wurf der Münze vom vorhergehenden und nachfolgenden Wurf unabhängig ist. In Worten kann man das Gesetz der großen Zahlen etwa folgendermaßen formulieren:

Wiederholt man ein zufälliges Experiment genügend oft unter den gleichen Bedingungen, dann kommt die relative Häufigkeit eines bestimmten Ereignisses der theoretischen Wahrscheinlichkeit dieses Ereignisses beliebig nahe.

Bei einer einzigen Wurfserie von 1000 Würfen mit einer symmetrischen Münze braucht jedoch die relative Häufigkeit für "Kopf" noch nicht beliebig nahe bei 1/2 liegen, auch noch nicht bei 10000 Würfen, sondern möglicherweise erst viel später. In mathematischer Form soll nun das Gesetz der großen Zahlen formuliert werden, das sog. **Bernoullische Gesetz der großen Zahlen**:

Es sei p die Wahrscheinlichkeit für den Eintritt eines Ereignisses A bei einem Versuch. In einer Serie von n unabhängigen Wiederholungen dieses Versuches trete m-mal das Ereignis A auf. $h_n(A) = m/n$ bezeichne dann die relative Häufigkeit für das Auftreten von A in einer solchen Serie. Gibt man nun eine beliebig kleine positive Zahl ε vor, dann strebt die Wahrscheinlichkeit dafür, daß $h_n(A)$ von p um weniger als ε nach oben oder unten abweicht, mit wachsendem n gegen 1, wie klein auch ε gewählt sein mag:

$$\lim_{n\to\infty} P(p - \varepsilon < h_n(A) < p + \varepsilon) = 1 \tag{2.35}$$

Gleichung (2.35) läßt sich mit den Axiomen und den Rechenregeln für die Wahrscheinlichkeit beweisen. Der Beweis soll hier übergangen werden. Dieser Satz manifestiert die bereits früher erwähnten Erfahrungstatsachen. Man kann z.B. sagen, ein Ereignis, das eine sehr kleine Wahrscheinlichkeit hat, tritt sehr selten auf. Oder ein Ereignis mit einer sehr nahe bei 1 gelegenen Wahrscheinlichkeit tritt praktisch sicher auf. Das Gesetz der großen Zahlen schlägt sozusagen die Brücke von der Wahrscheinlichkeitsrechnung zur empirischen Wirklichkeit und bestätigt, daß die axiomatische Einführung der Wahrscheinlichkeit mit der Wirklichkeit in Einklang steht.

So werden die Eigenschaften für Wahrscheinlichkeiten, welche aus den Axiomen folgen, bekanntlich auch von den empirischen Häufigkeiten erfüllt. Damit ist eine Verbindung hergestellt zwischen der mathematischen Wahrscheinlichkeit und der relativen Häufigkeit. Die mathematische Wahrscheinlichkeit kann als theoretisches Gegenstück zu der empirischen Häufigkeit aufgefaßt werden.

Die Wahrscheinlichkeit kann also bei Zugrundelegung der Häufigkeitsinterpretation empirisch als sog. statistische Wahrscheinlichkeit bestimmt werden, und darin liegt die Bedeutung dieses Gesetzes der großen Zahlen.

2.4 Eindimensionale Zufallsvariablen

Die Idee einer eindimensionalen reellwertigen Zufallsvariable besteht darin, den oft recht komplexen Ergebnisraum Ω in die mathematisch leicht faßbare Menge $\mathbb{R}$ der reellen Zahlen abzubilden[2]. Interessiert man sich z.B. für die gewürfelte Augenzahl bei einmaligem Würfeln, so führt man eine Zufallsvariable X ein, die jedem Würfelergebnis $\omega \in \Omega$ die Zahl der oben liegenden Augen zuordnet. Freilich interpretiert man die Funktionswerte dieser Abbildung schon oft in den Ergebnisraum Ω hinein, so daß man den eigentlich recht komplexen Ergebnisraum Ω aller Würfelstellungen gleich in der verkürzten Form $\Omega = \{1, 2, 3, 4, 5, 6\}$ schreibt, wo nur noch die oben liegende Augenzahl notiert ist. Dann braucht die Zufallsvariable X nur noch die identische Abbildung zu sein, d.h. $X(\omega) = \omega$. Die Realisation, d.h. der Funktionswert einer Zufallsvariable wird meist mit dem entsprechenden Kleinbuchstaben bezeichnet: $x = X(\omega)$.

Bei zweimaligem Würfeln besteht Ω (in der verkürzten Form) aus den 36 Zahlenpaaren, die die Augenzahlen der beiden Würfel angeben: $\Omega = \{(1,1), (1,2), \ldots, (6, 6)\}$. Dann kann man z.B. mit der Zufallsvariable X_1 die Augenzahl des ersten Würfels, mit X_2 die des zweiten Würfels und mit $Y = X_1 + X_2$ die Summe der beiden Augenzahlen angeben. Hat man z.B. das Ergebnis $\omega = (3, 5)$ gewürfelt, so haben sich diese drei Zufallsvariablen X_1, X_2 und Y wie folgt realisiert: $x_1 = X_1(\omega) = 3$, $x_2 = X_2(\omega) = 5$ und $y = Y(\omega) = X_1(\omega) + X_2(\omega) = x_1 + x_2 = 3 + 5 = 8$.

Man kann mit Hilfe von Zufallsvariablen auch Ereignisse definieren. Die Ereignisse $\{X_1 = 4\}$, im ersten Wurf eine Vier zu werfen, und $\{Y \leq 3\}$, eine Augensumme von höchstens drei zu werfen, sind gegeben durch:

$$\{X_1 = 4\} = \{\omega \in \Omega \mid X_1(\omega) = 4\} = \{(4,1), (4,2), (4,3), (4,4), (4,5), (4,6)\}$$

$$\{Y \leq 3\} = \{\omega \in \Omega \mid Y(\omega) \leq 3\} = \{(1,1), (1,2), (2,1)\}$$

Mit Weglassen der Mengenklammern schreibt man solche Ereignisse in der Form $X_1 = 4$ bzw. $Y \leq 3$ oft noch kürzer, was man insbesondere bei der Berechnung der entsprechenden Wahrscheinlichkeiten macht:

$$\begin{aligned} P(X_1 = 4) &= P(\{\omega \in \Omega \mid X_1(\omega) = 4\}) = \\ &= P(\{(4,1), (4,2), (4,3), (4,4), (4,5), (4,6)\}) = \\ &= \frac{6}{36} = \frac{1}{6} \\ P(Y \leq 3) &= P(\{\omega \in \Omega \mid Y(\omega) \leq 3\}) = \\ &= P(\{(1,1), (1,2), (2,1)\}) = \\ &= \frac{3}{36} = \frac{1}{12} \end{aligned}$$

[2]Der Name Zufallsvariable ist unglücklich gewählt, da eine Zufallsvariable X nichts Zufälliges und auch keine Variable ist, sondern eine fest vorgegebene Funktion X von Ω nach $\mathbb{R}$. Sie ist nur ein Werkzeug, die zufällig entstandenen Ergebnisse ω mit Hilfe reeller Zahlen einfacher zu beschreiben. Die Funktion X muß noch die Bedingung der sog. "Meßbarkeit" erfüllen, welche auf den Ereignisraum Bezug nimmt. Da jedoch von jeder Funktion X, die man in der Praxis als Zufallsvariable benötigt, die Bedingung der Meßbarkeit erfüllt werden kann, wird hier nicht weiter darauf eingegangen.

Eine Zufallsvariable, die nur endlich viele oder abzählbar[3] unendlich viele Realisationen annehmen kann, heißt diskret. Eine Zufallsvariable X heißt stetig, wenn sie jeden ihrer Werte nur mit Wahrscheinlichkeit 0 annehmen kann, so daß für alle $x \in I\!R$ gilt: $P(X = x) = 0$. Der Wertebereich einer stetigen Zufallsvariable ist in der Regel ganz $I\!R$, $I\!R^+$ oder ein anderes Intervall von a bis b mit $a, b \in I\!R \cup \{\pm\infty\}$.

Beispiele:

1. *Eine diskrete Zufallsvariable ist z.B. die Augenzahl eines Würfels (genauer die Abbildung, die jedem Würfelergebnis die Augenzahl zuordnet) oder die Zahl der Verkehrsunfälle innerhalb einer Region in einem bestimmten Zeitraum. Im ersten Fall hat die Zufallsvariable endlich viele Realisationen, nämlich* $1, 2, 3, 4, 5, 6$. *Im zweiten Fall hat sie theoretisch abzählbar unendlich viele Realisationen, da der Zahl der Verkehrsunfälle keine Grenze nach oben gesetzt ist.*
2. *Eine stetige Zufallsvariable gibt z.B. das Gewicht eines zufällig herausgegriffenen Weizenkorns an. Ein Weizenkorn kann nämlich neben Werten wie* 49 mg, 50 mg *auch kontinuierlich, d.h. stetig, jeden beliebigen Wert dazwischen annehmen, z.B.* 49.348235... mg.

[3]Eine Menge heiß "abzählbar", wenn man alle ihre Elemente mit den natürlichen Zahlen $1, 2, 3, \ldots$ durchnumerieren kann. Eine Menge heißt "nicht abzählbar" oder "überabzählbar", wenn die natürlichen Zahlen $1, 2, 3, \ldots$ nicht ausreichen, um sie durchzunumerieren. So ist z.B. die Menge der Punkte zwischen 0 und 1 auf der Zahlengeraden, also das Intervall $[0, 1]$ eine solche nicht abzählbare Menge.

2.5 Verteilungsfunktion

Eine Zufallsvariable X kann man genügend genau beschreiben, wenn man ihre Verteilungsfunktion kennt. Damit kann man alle wahrscheinlichkeitstheoretisch interessanten Eigenschaften angeben.

Es sei X eine eindimensionale Zufallsvariable. Die durch

$$F(x) = P(X \leq x) \tag{2.36}$$

für alle reellen x-Werte definierte Funktion F heißt die **Verteilungsfunktion** von X.

$F(x)$ gibt also für ein festes x die Wahrscheinlichkeit dafür an, daß der bei Durchführung des betrachteten zufälligen Versuches von der Zufallsvariablen X angenommene Wert nicht größer als x ausfällt. Das Ereignis $X \leq x$ bedeutet, daß die Zufallsvariable X eine Realisation annimmt, die in dem nach links offenen Intervall $(-\infty \ldots x]$ liegt (vgl. Bild 2.9).

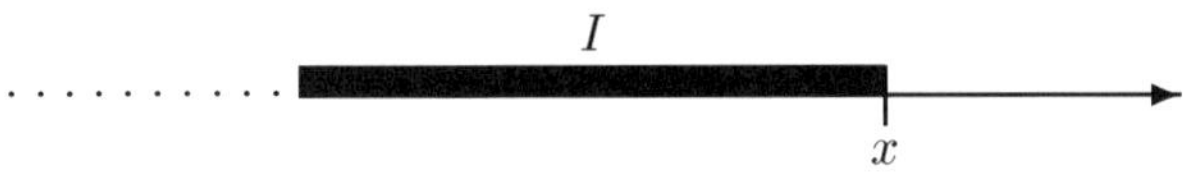

Bild 2.9: Intervall $(-\infty \ldots x]$

Für jedes beliebige, aber feste x kann die Wahrscheinlichkeit $P(X \leq x)$ ausgerechnet werden, denn nach der vorgestellten Definition einer Zufallsvariablen muß die Wahrscheinlichkeit angebbar sein, daß X Werte in einem z.B. nach links offenen Intervall annimmt.

Häufig will man die Wahrscheinlichkeit angeben, daß X Werte in einem endlichen Intervall annimmt, also $P(a < X \leq b)$. Es wird angenommen, daß b größer ist als a. Dann schließen sich die Ereignisse $X \leq a$ und $a < X \leq b$ gegenseitig aus, d.h. die beiden Ereignisse sind unvereinbar (vgl. Bild 2.10).

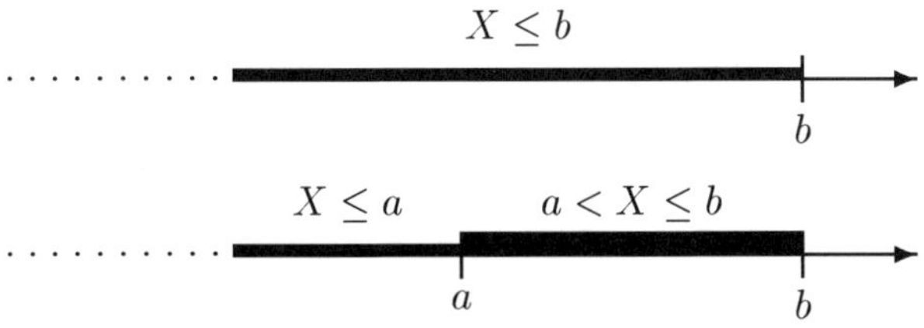

Bild 2.10: Veranschaulichung der Ereignisse $X \leq b$, bzw. $X \leq a \wedge a < X \leq b$

Aufgrund des Additionssatzes (2.14) für Wahrscheinlichkeiten gilt dann:

$$P(X \leq b) = P(X \leq a) + P(a < X \leq b) \tag{2.37}$$

Für $P(X \leq b)$ bzw. $P(X \leq a)$ kann man $F(b)$ bzw. $F(a)$ schreiben. Aus Gleichung (2.37) folgt damit:

$$P(a < X \leq b) = F(b) - F(a) \tag{2.38}$$

Die Wahrscheinlichkeit für irgendein Ereignis $a < X \leq b$ läßt sich also mit Hilfe der Verteilungsfunktion F bestimmen. Die Wahrscheinlichkeit eines beliebigen Ereignisses ist nach Definition der Wahrscheinlichkeit eine nichtnegative Größe. Daraus folgt, daß für $a < b$ stets $F(a) \leq F(b)$ gilt. Die Verteilungsfunktion F ist also mit zunehmendem Argument x eine monoton nicht abnehmende Funktion, d.h. wenn die Variable x Werte von $-\infty$ bis $+\infty$ annimmt, wächst $F(x)$ monoton von 0 bis 1 (Bild 2.11).

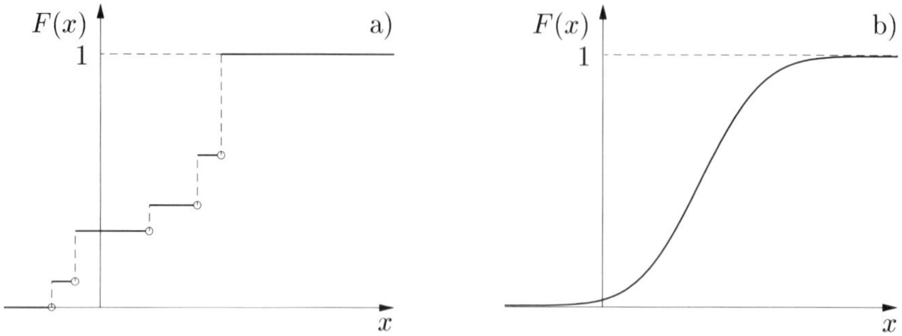

Bild 2.11: Verteilungsfunktionen

Es ist leicht einzusehen, daß

$$F(-\infty) = 0 \qquad \text{und} \qquad F(\infty) = 1. \tag{2.39}$$

Eine Verteilungsfunktion kann stellenweise konstant bleiben oder um eine gewisse Höhe, die natürlich kleiner als 1 sein muß, springen (Bild 2.11 a).

Beispiel:

Als einfache Zufallsgröße wird das Werfen einer Münze betrachtet. Der Ausgang dieses zufälligen Experiments wird mit der Zufallsgröße X beschrieben, indem folgende Zuordnung (willkürlich!) getroffen wird: X nimmt den Wert 0 an, wenn Kopf *oben liegt, X nimmt den Wert 1 an, wenn* Zahl *oben liegt. Vorausgesetzt wird eine symmetrische Münze. Dann gilt:*

$P(\text{Kopf}) = P(\text{Zahl}) = 0.5$ *oder* $P(X = 0) = P(X = 1) = 0.5$

Wie sieht die Verteilungsfunktion $F(x)$ von X aus? Dazu wird die x-Achse in drei Bereiche unterteilt:

$x < 0$: X kann per Definition keine negativen Werte x annehmen. Für alle negativen x-Werte ist also $P(X \leq x) = 0$.

$0 \leq x < 1$: Von allen Werten des Intervalls $0 \leq x < 1$ nimmt die Zufallsvariable X nur den Wert des linken Eckpunkts $x = 0$ an. Es ist einmal $P(X = 0) = 0.5$ (siehe oben). Aber auch für alle anderen x-Werte, die kleiner als 1 sind, gilt $P(X \leq x) = 0.5$, weil eben nach 0 keine Realisationen von X in diesem Bereich mehr vorkommen. Also folgt: $F(x) = 0.5$ für $0 \leq x < 1$.

$x \geq 1$: Es ist $P(X = 1) = 0.5$ und damit $P(X \leq 1) = 1$, denn X kann die Werte 0 oder 1 annehmen, beide jeweils mit der Wahrscheinlichkeit 0.5. Nachdem beide Möglichkeiten

unvereinbare Ereignisse darstellen gilt $P(X \leq 1) = 1$. *Für jedes andere* x, *das größer als 1 ist, gilt dieselbe Wahrscheinlichkeitsaussage. Das Ereignis* $X \leq x$ *für alle* x*-Werte mit* $x \geq 1$ *ist das sichere Ereignis. Also ist* $F(x) = 1$ *für* $x \geq 1$ *(vgl. Bild 2.12).*

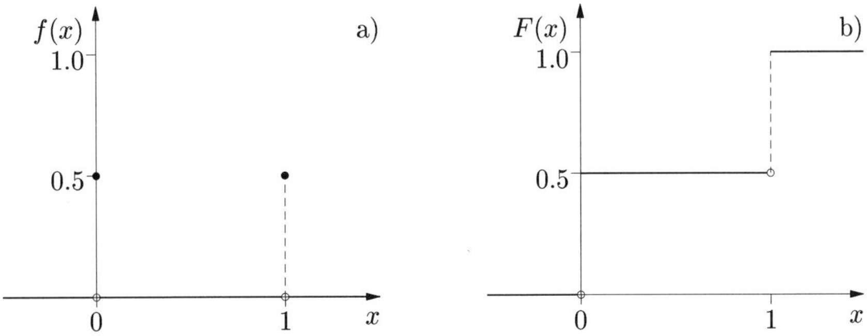

Bild 2.12: Verteilung der Zufallsvariablen Münzwurf

Man lasse sich nicht dadurch irritieren, daß die Verteilungsfunktion F *für die ganze* x*-Achse von* $-\infty$ *bis* $+\infty$ *bestimmt wurde, obwohl die Zufallsvariable hier überhaupt nur zwei Werte, nämlich 0 und 1 annehmen kann. Es ist* $F(0) = 0.5$ *und* $F(1) = 1$. *Darum wurden im Bild 2.12 die betreffenden Funktionswerte an den Stellen* $x = 0$ *und* $x = 1$ *besonders gekennzeichnet.*

2.6 Zufallsvariablen und ihre Verteilungen

2.6.1 Diskrete Zufallsvariablen

Eine Zufallsvariable X und ihre Wahrscheinlichkeitsverteilung heißen **diskret**, wenn die Variable X nur endlich viele oder abzählbar unendlich viele reelle Werte mit positiver Wahrscheinlichkeit annehmen kann.

Die Werte, welche die Zufallsvariable annimmt, werden mit $x_1,\ x_2,\ldots,\ x_n$ bezeichnet. Die dazugehörigen Wahrscheinlichkeiten seien $p_1,\ p_2,\ldots,\ p_n$. Es gilt also: $P(X = x_1) = p_1,\ P(X = x_2) = p_2,\ldots,\ P(X = x_n) = p_n$. Die Zufallsvariable X kann keine anderen Werte als die oben angeführten $x_1,\ x_2,\ldots,\ x_n$ annehmen, d.h. die Wahrscheinlichkeit für alle übrigen Werte ist jeweils 0.

Die **Wahrscheinlichkeitsfunktion** f der Zufallsvariablen X gibt die Wahrscheinlichkeiten für die möglichen Realisationen von X an:

$$f(x) = \begin{cases} p_i & \text{für } x = x_i \ (i = 1, 2, \ldots, n) \\ 0 & \text{sonst} \end{cases} \tag{2.40}$$

Da X bei Realisierung des Zufallsexperiments irgendeinen Wert annimmt, gilt:

$$p_1 + p_2 + \ldots + p_n = \sum_{i=1}^{n} p_i = 1 \tag{2.41}$$

f bestimmt die **Wahrscheinlichkeitsverteilung** oder kurz die **Verteilung** (vgl. Bild 2.13 a).

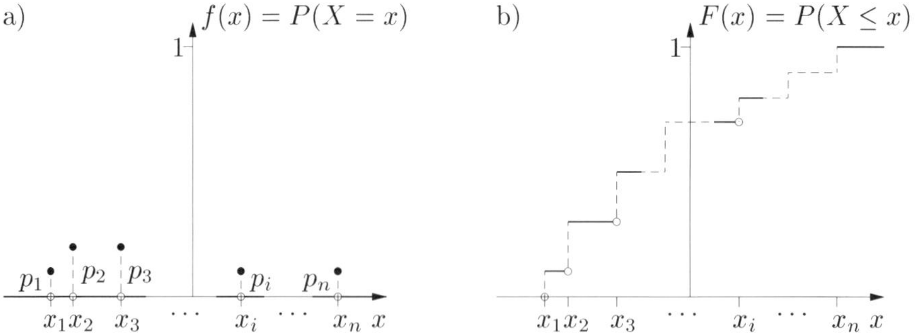

Bild 2.13: Wahrscheinlichkeits- und Verteilungsfunktion einer diskreten Zufallsvariablen

Nach Definition (2.36) der Verteilungsfunktion ist $F(x) = P(X \le x)$.

Um die Wahrscheinlichkeit $P(X \le x)$ zu bestimmen, muß man die Wahrscheinlichkeiten $f(x_i)$ für alle Realisationen x_i aufsummieren, die kleiner als x sind oder den Wert x noch annehmen, also:

$$F(x) = P(X \le x) = \sum_{x_i \le x} f(x_i) \tag{2.42}$$

Die Verteilungsfunktion F einer diskreten Zufallsvariablen ist eine **Treppenfunktion**. Sie springt jeweils an den Stellen x_i, die die Zufallsvariable X annimmt, um das Stück p_i bzw. $f(x_i)$ nach oben. Zwischen zwei möglichen Werten verläuft die Verteilungsfunktion jeweils konstant. Fallen kann sie nicht, weil sie eine monoton nichtabnehmende Funktion ist (vgl. Bild 2.13 b).

Will man die Wahrscheinlichkeit $P(a < X \leq b)$ angeben, so gilt:

$$P(a < X \leq b) = F(b) - F(a) = \sum_{a<x_i\leq b} f(x_i) \tag{2.43}$$

Die Verteilungsfunktion F bestimmt ebenfalls wie die Wahrscheinlichkeitsfunktion f die Wahrscheinlichkeitsverteilung der Zufallsvariablen X. Die beiden Funktionen F und f enthalten also die gleiche Information, nur in verschiedenen Formen. Wenn eine der beiden bekannt ist, kennt man die Zufallsvariable X genügend genau. In vielen Fällen wird jedoch die Verteilungsfunktion bevorzugt.

Beispiele:

1. *Es sei X die Zufallsvariable* Münzwurf *mit den Realisationen $x_1 = 0$, wenn beim Wurf* Kopf *kommt, $x_1 = 1$, wenn* Zahl *kommt. Dann ist $P(X = 0) = p_1 = 0.5$ und $P(X = 1) = p_2 = 0.5$ mit $p_1 + p_2 = 1$. Die Wahrscheinlichkeitsfunktion f und die Verteilungsfunktion F sind in Bild 2.12 gezeichnet.*

2. *Die Zufallsvariable X sei die Augenzahl beim Wurf eines symmetrischen Würfels. Es gibt sechs mögliche Realisationen $x_1 = 1$, $x_2 = 2$, $x_3 = 3$, $x_4 = 4$, $x_5 = 5$, $x_6 = 6$ (vgl. Bild 2.14). Alle sechs Realisationen haben die gleiche Wahrscheinlichkeit $p_1 = p_2 = p_3 = p_4 = p_5 = p_6 = 1/6$. Es ist also:*

$$f(x) = \begin{cases} \dfrac{1}{6} & \text{für } x = 1, \ldots, 6 \\ 0 & \text{sonst} \end{cases} \qquad F(x) = \begin{cases} 0 & \text{für } x < 1 \\ \dfrac{i}{6} & \text{für } i \leq x < i+1 \quad (i = 1, \ldots, 5) \\ 1 & \text{für } x \geq 6 \end{cases}$$

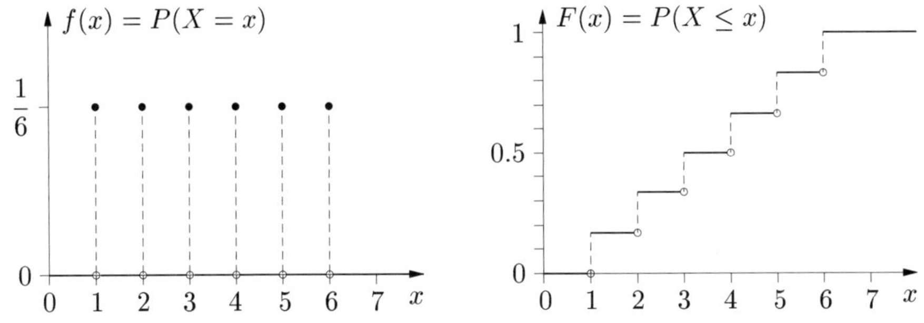

Bild 2.14: Wahrscheinlichkeits- und Verteilungsfunktion der Zufallsvariablen Augenzahl eines Würfels

2.6.2 Stetige Zufallsvariablen

Eine Zufallsvariable X und ihre Wahrscheinlichkeitsverteilung heißen **stetig**, wenn ihre Verteilungsfunktionswerte $F(x) = P(X \leq x)$ in Integralform dargestellt werden können:

$$F(x) = \int_{-\infty}^{x} f(t)\, dt \tag{2.44}$$

Dabei ist der Integrand $f(t)$ eine nichtnegative stetige Funktion.

Aus Definition (2.44) läßt sich folgende Eigenschaft stetiger Zufallsvariablen ableiten:

Eine stetige Zufallsvariable X hat die Eigenschaft, daß sie jeden beliebigen Wert innerhalb eines Intervalls der Zahlengeraden mit der Wahrscheinlichkeit Null annehmen kann.

Der Integrand f in (2.44) heißt **Wahrscheinlichkeitsdichte** oder auch nur **Dichte** der betreffenden Verteilung. $f(x)$ ist jedoch nicht die Wahrscheinlichkeit dafür, daß X den Wert x annimmt (wie bei einer diskreten Zufallsvariablen). Aber $f(x) \cdot \Delta x$ ist näherungsweise die Wahrscheinlichkeit dafür, daß X einen Wert zwischen x und $x + \Delta x$ annimmt[4].

Es gilt noch folgende wichtige Beziehung zwischen F und f: Für jedes x, in dem f stetig ist, ist die Dichte f gleich der Ableitung F' der Verteilungsfunktion F:

$$F'(x) = f(x) \tag{2.45}$$

Die Dichtefunktion f ist so normiert, daß die Fläche zwischen der Kurve f und der x-Achse zwischen $-\infty$ und $+\infty$ den Wert 1 hat. Das sieht man folgendermaßen:

Irgendeinen Wert zwischen $-\infty$ und $+\infty$ muß die Zufallsvariable X annehmen. Also ist $-\infty < X \leq +\infty$ das sichere Ereignis: $P(-\infty < X \leq +\infty) = 1$. Also ist:

$$F(\infty) = P(X \leq +\infty) = \int_{-\infty}^{+\infty} f(x)\, dx = 1 \tag{2.46}$$

Für endliche Intervalle $a < X \leq b$ gilt:

$$P(a < X \leq b) = F(b) - F(a) = \int_{a}^{b} f(x)\, dx \tag{2.47}$$

[4]Daß $f(x) \cdot \Delta x$ angenähert gleich $P(x \leq X \leq x + \Delta x)$ ist, ergibt sich nach dem Mittelwertsatz der Integralrechnung: $P(x \leq X \leq x + \Delta x) = \int_{x}^{x+\Delta x} f(t)\, dt \approx \Delta x \cdot f(x)$

Interpretiert man das Integral $\int_a^b f(x)\,dx$ geometrisch, so heißt das:

Die Wahrscheinlichkeit $P(a < X \leq b)$ ist gleich dem Flächenstück zwischen der Dichtefunktion f, der x-Achse und den beiden senkrechten Geraden $x = a$ und $x = b$ (vgl. Bild 2.15).

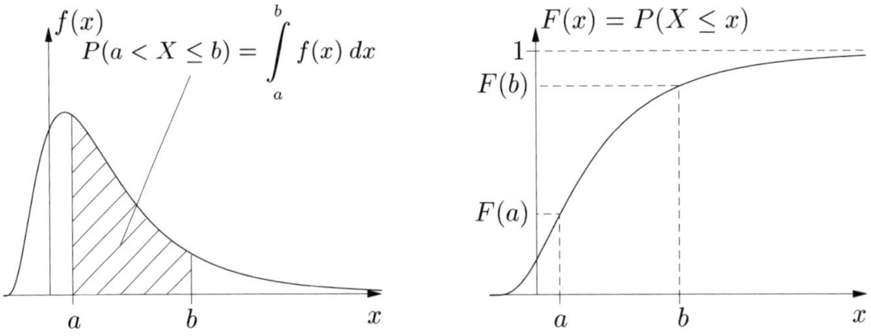

Bild 2.15: Dichte- und Verteilungsfunktion einer stetigen Zufallsvariablen

Bei stetigen Zufallsvariablen gilt, wie schon erwähnt, für jede reelle Zahl a:

$$P(X = a) = 0 \tag{2.48}$$

Die ganze Wahrscheinlichkeit von 1 ist hier über die ganze x-Achse sozusagen "verschmiert", so daß für einen einzelnen x-Wert keine positive Wahrscheinlichkeit mehr übrig bleibt.

Bei einer diskreten Verteilung ist die ganze Wahrscheinlichkeit von 1 dagegen in endlich vielen x-Werten konzentriert. Bei einer stetigen Zufallsvariablen ist die Frage nach der Wahrscheinlichkeit, daß ein bestimmter Wert a angenommen wird, mehr oder weniger sinnlos. Man muß hier nach der Wahrscheinlichkeit fragen, daß X Werte in einem Intervall $a \ldots b$ annimmt, um eine von Null verschiedene Wahrscheinlichkeit zu erhalten.

Wenn auch für jedes a gilt: $P(X = a) = 0$, so heißt das nicht, daß $X = a$ ein unmögliches Ereignis ist. Irgendeine reelle Zahl wird als Realisation angenommen. Nur muß man diese Realisation bzw. diese Wahrscheinlichkeit innerhalb eines Intervalls suchen bzw. bestimmen, um eine von Null verschiedene Wahrscheinlichkeit zu behalten.

Bei einer stetigen Zufallsvariablen ist es gleich, ob man bei Ungleichungen in Ereignissen das Gleichheitszeichen mit angibt oder nicht:

$$P(a < X \leq b) = P(a < X < b) = P(a \leq X < b) = P(a \leq X \leq b) \tag{2.49}$$

Beispiele:

1. **Rechteck-** *oder* **Gleichverteilung** *(vgl. Bild 2.16)*

   Die Verteilungsdichte f einer Rechteck- oder Gleichverteilung ist innerhalb eines Intervalls von a bis b konstant, und zwar hat sie dort den Wert $\frac{1}{b-a}$ und außerhalb des Intervalls den Wert Null:

$$f(x) = \begin{cases} \frac{1}{b-a} & \text{für } a \le x \le b \\ 0 & \text{sonst} \end{cases} \qquad F(x) = \begin{cases} 0 & \text{für } x < a \\ \frac{x-a}{b-a} & \text{für } a \le x \le b \\ 1 & \text{für } x > b \end{cases}$$

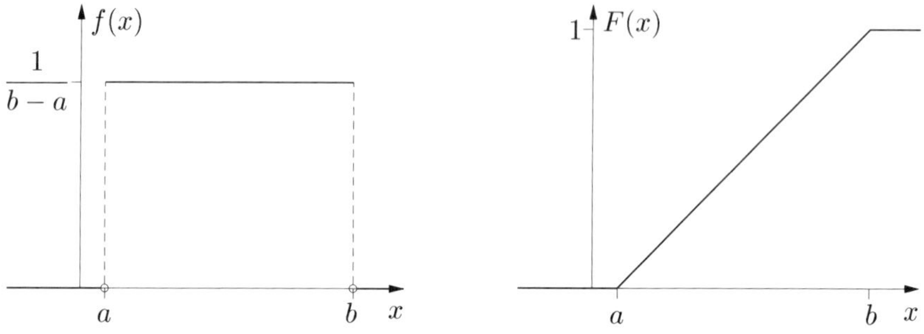

Bild 2.16: Dichte- und Verteilungsfunktion einer Gleichverteilung

2. *Gesucht ist die Verteilungsfunktion der Zufallsvariablen X mit folgender Dichte f:*

$$f(x) = \begin{cases} x & \text{für } 0 \le x \le 1 \\ 2-x & \text{für } 1 < x \le 2 \\ 0 & \text{sonst} \end{cases}$$

   Die Dichtefunktion zeigt Bild 2.17 links.

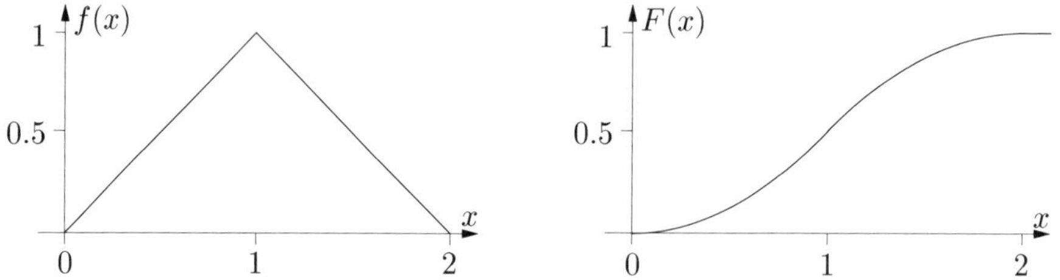

Bild 2.17: Dichte- und Verteilungsfunktion einer Dreieckverteilung

f ist tatsächlich Dichtefunktion, denn die Fläche A unter der Kurve ist die Fläche eines Dreiecks mit $A_\triangle = 0.5 \cdot 2 \cdot 1 = 1$. Dies kann man auch formal nach Gleichung (2.46) zeigen:

$$\begin{aligned} A &= \int_{-\infty}^{\infty} f(x)\,dx = \int_{-\infty}^{0} 0\,dt + \int_{0}^{1} t\,dt + \int_{1}^{2} (2-t)\,dt + \int_{2}^{\infty} 0\,dt = \\ &= 0 + \Big[0.5t^2\Big]_0^1 + \Big[2t - 0.5t^2\Big]_1^2 + 0 = 0.5 + (4-2) - (2-0.5) = 1 \end{aligned}$$

Die Verteilungsfunktion F hat an der Stelle x als Funktionswert den Flächeninhalt zwischen der x-Achse, der Kurve f und der senkrechten Geraden durch x. Bis zu $x = 0$ ist die Fläche 0. Zwischen $0 \leq x \leq 1$ ist:

$$F(x) = \int_0^x t\,dt = \Big[0.5t^2\Big]_0^x = 0.5x^2$$

Im Intervall $1 < x \leq 2$ hat F den Wert des Integrals der Dichtefunktion in diesem Intervall zuzüglich zu der Fläche, die bei $x = 1$ bereits vorhanden ist. Die Fläche bei $x = 1$ ist $F(1) = 0.5 \cdot 1^2 = 0.5$. Es gilt also für $1 < x \leq 2$:

$$\begin{aligned} F(x) &= 0.5 + \int_1^x (2-t)\,dt = 0.5 + \Big[2t - 0.5t^2\Big]_1^x = \\ &= 0.5 + (2x - 0.5x^2) - (2 - 0.5) = -0.5x^2 + 2x - 1 \end{aligned}$$

Der Wert von F an der Stelle $x = 2$ ist $F(2) = 1$. $F(x)$ darf auch nicht größer werden. Für $x > 2$ kommt keine weitere Fläche hinzu, da die Dichtefunktion in diesem Bereich den Wert 0 hat.

Damit lautet die Verteilungsfunktion F:

$$F(x) = \begin{cases} 0 & \text{für } x < 0 \\ 0.5x^2 & \text{für } 0 \leq x \leq 1 \\ -0.5x^2 + 2x - 1 & \text{für } 1 < x \leq 2 \\ 1 & \text{für } x > 2 \end{cases}$$

Die Verteilungsfunktion kann auch rein formal nach Gleichung (2.44) bestimmt werden, wenn man den Definitionsbereich in Teilintervalle zerlegt:

$$x < 0: \qquad F(x) = \int_{-\infty}^x f(t)\,dt = \int_{-\infty}^x 0\,dt = 0$$

$$\begin{aligned} 0 < x \leq 1: \quad F(x) &= \int_{-\infty}^x f(t)\,dt = \int_{-\infty}^0 f(t)\,dt + \int_0^x f(t)\,dt = \\ &= F(0) + \int_0^x t\,dt = 0 + \Big[0.5t^2\Big]_0^x = 0.5x^2 \end{aligned}$$

$$\begin{aligned} 1 < x \leq 2: \quad F(x) &= \int_{-\infty}^x f(t)\,dt = \int_{-\infty}^1 f(t)\,dt + \int_1^x f(t)\,dt = \\ &= F(1) + \int_1^x (2-t)\,dt = 0.5 + \Big[2t - 0.5t^2\Big]_1^x = \\ &= 0.5 + (2x - 0.5x^2) - (2 - 0.5) = -0.5x^2 + 2x - 1 \end{aligned}$$

$$x > 2: \qquad F(x) = \int_{-\infty}^{x} f(t)\,dt = \int_{-\infty}^{2} f(t)\,dt + \int_{2}^{x} f(t)\,dt =$$

$$= F(2) + \int_{2}^{x} 0\,dt = 1 + 0 = 1$$

2.6.3 Fraktilen und Grenzen einer Verteilung

In vielen Fällen (v.a. in der statistischen Testtheorie) verlangt man nicht die Kenntnis der gesamten Verteilungsfunktion einer Zufallsvariablen. Es reicht meistens aus, gewisse charakteristische Größen zu kennen.

Betrachtet man die Fläche zwischen x-Achse und der Kurve der Wahrscheinlichkeitsdichte, dann heißt derjenige x-Wert, bei dem $K\%$ der Gesamtfläche links von diesem Wert liegt, die ***K*%-Fraktile**, ***K*%-Quantile** oder das ***K*-te Perzentil** (vgl. Bild 2.18). Dieser Wert wird als $x_{K\%}$ geschrieben. Es ist in der Praxis üblich, die Fraktilen mit den entsprechenden Prozentzahlen anzugeben, also z.B. 90%-Fraktile oder 95%-Quantile. Häufig sind aber auch die Bezeichnungen Fraktile bzw. Quantile zum Wert 0.9 oder 0.95 zu finden.

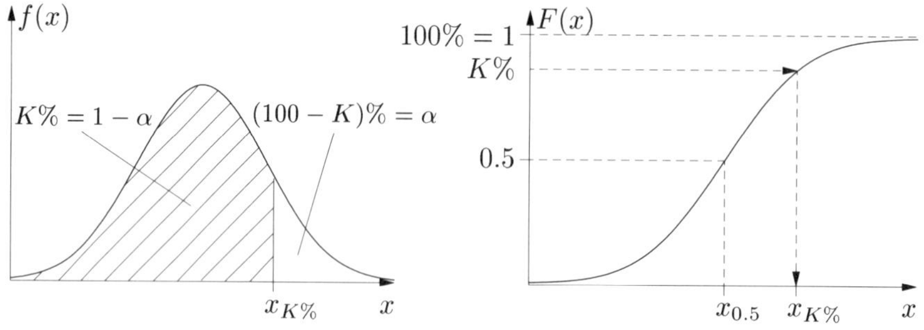

Bild 2.18: $K\%$-Fraktile einer stetigen Verteilung

Etwas mathematischer kann die Fraktile mit Hilfe der Verteilungsfunktion definiert werden. Die $K\%$-Fraktile ist im stetigen Fall die Lösung folgender Gleichung:

$$F(x_{K\%}) = \int_{-\infty}^{x_{K\%}} f(x)\,dx = K\% = \frac{K}{100} \tag{2.50}$$

Man sucht also auf der y-Achse den $K\%$-Wert und geht über die Verteilungsfunktion auf die x-Achse. Der abgelesene Wert ist die $K\%$-Fraktile $x_{K\%}$. Sie wird häufig auch als $(1-\alpha)$-Fraktile bezeichnet, wenn $(100-K)\% = \alpha$ ist.

Die Wahrscheinlichkeit, daß die Zufallsvariable X einen Wert unterhalb von $x_{K\%}$ annimmt, beträgt $K\%$ (vgl. Bild 2.18). Eine 50%-Fraktile oder ein 0.5-Quantil heißt auch **Mediane**.

Bei diskreten Verteilungen ist die Definition der Fraktilen etwas komplizierter, da keine Fläche unter der Wahrscheinlichkeitsfunktion existiert. Die zugehörige Verteilungsfunktion springt von einem Wert auf den nächsten. Für bestimmte $K\%$-Werte kann also kein $x_{K\%}$-Wert gefunden werden, so daß eine der Gleichung (2.50) analoge Beziehung

$$F(x_{K\%}) = \sum_{x \leq x_{K\%}} f(x) = K\% = \frac{K}{100} \qquad (2.51)$$

erfüllt ist. Andererseits existieren für $K\%$-Werte, bei denen dies möglich ist, unendlich viele $K\%$-Fraktilen (vgl. Bild 2.19). Man nimmt häufig den kleinsten Wert des $K\%$-Fraktilenintervalls als die $K\%$-Fraktile. Diese ist das Minimum aller x, bei denen $F(x)$ größer oder gleich $K\%$ ist:

$$x_{K\%} = \min\{x | F(x) \geq K\%\} \qquad (2.52)$$

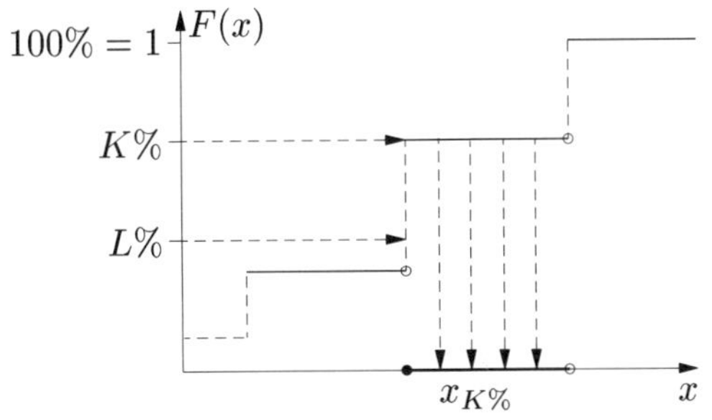

Bild 2.19: Existierende $K\%$- und nichtexistierende $L\%$-Fraktilen einer diskreten Verteilung

Beispiele:

1. *Die Dichte- und Verteilungsfunktion einer stetigen Gleichverteilung zwischen den Grenzen 1 und 3 (vgl. Beispiel auf Seite 106) lauten:*

$$f(x) = \begin{cases} 0.5 & \text{für } 1 \leq x \leq 3 \\ 0 & \text{sonst} \end{cases} \qquad F(x) = \begin{cases} 0 & \text{für } x < 1 \\ 0.5x - 0.5 & \text{für } 1 \leq x \leq 3 \\ 1 & \text{für } x > 3 \end{cases}$$

Die Mediane ist die 50%-Fraktile, also derjenige x-Wert, bei dem die Fläche unter der Dichtefunktion halb so groß wie die Gesamtfläche ist. Da eine Rechteckverteilung vorliegt, ist die Mediane die Mitte zwischen den Grenzen 1 und 3, also $x_{0.5} = 2$. Dies folgt auch unmittelbar aus der Berechnung nach Gleichung (2.50):

$$F(x_{0.5}) = 0.5x_{0.5} - 0.5 = 0.5 \quad \Leftrightarrow \quad x_{0.5} = \frac{1}{0.5} = 2$$

2. *Bild 2.20 zeigt die Verteilungsfunktion der Augenzahlen beim Würfeln. Die 50%-Fraktile oder Mediane ist das gesamte Intervall $[3, 4)$. Man nimmt meistens den kleinsten Intervallwert als Fraktile, also $x_{0.5} = 3$. Die 90%-Fraktile existiert bei der vorliegenden Verteilung eigentlich nicht. Häufig wird jedoch derjenige Wert als Fraktile herangezogen, bei dem der $K\%$-Wert zum ersten mal überschritten wird, also $x_{0.9} = 6$.*

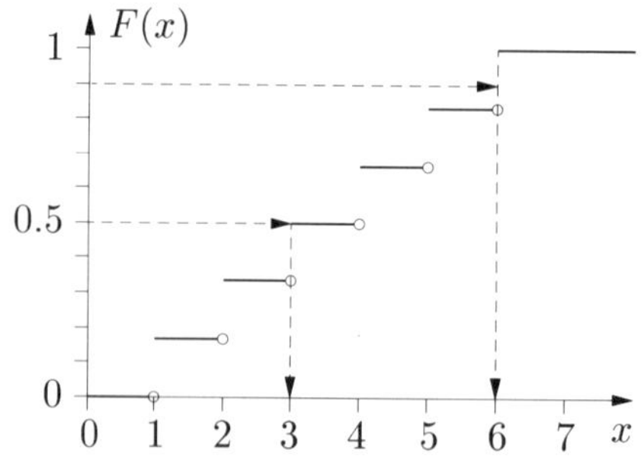

Bild 2.20: Fraktilen der Augenzahl beim Würfeln

Bei **symmetrischen Verteilungen** mit der Symmetrieachse $x = 0$ ist es häufig sinnvoll, mit ***K*%-Grenzen** zu operieren. Dies ist ein symmetrischer Bereich um den Symmetriepunkt 0 der Verteilung, in dem gerade $K\%$ der möglichen Realisationen liegen. Wenn $c_{K\%}$ die $K\%$-Grenze einer Verteilung und f die Wahrscheinlichkeitsdichte bezeichnet, so gilt nach Bild 2.21:

$$F(c_{K\%}) - F(-c_{K\%}) = \int\limits_{-c_{K\%}}^{c_{K\%}} f(x)\,dx = K\% \tag{2.53}$$

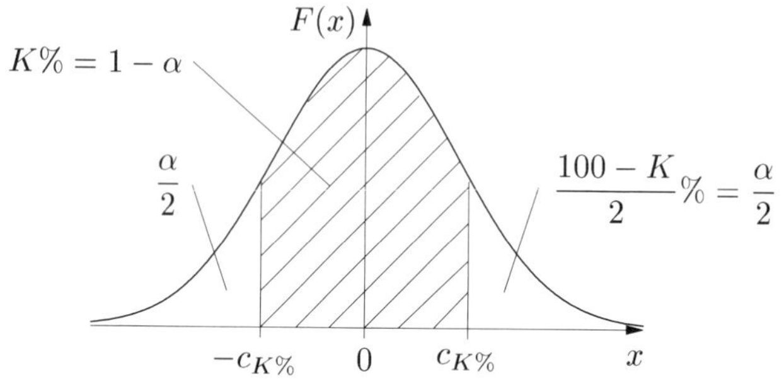

Bild 2.21: $K\%$-Grenzen einer um 0 symmetrischen Verteilung

2.7 Zweidimensionale Zufallsvariablen

Grundgesamtheiten können zwei oder auch mehrere Merkmale umfassen. Wird z.B. der Brustumfang (X) und die Kreuzhöhe (Y) einer Anzahl von Rindern aus einer Kuhpopulation gemessen, so hat man eine Stichprobe aus einer zweidimensionalen Grundgesamtheit gezogen und es interessieren die Wahrscheinlichkeiten daß sowohl X Werte in einem Intervall I und Y Werte in einem Intervall J annehmen. Die Größe (X, Y) heißt eine **zweidimensionale Zufallsgröße** oder **Zufallsvariable**, wenn für alle möglichen Intervalle I und J durch $X \in I$ und $Y \in J$ ein Zufallsereignis gegeben ist, dem man in Übereinstimmung mit den Axiomen von Kolmogoroff eine Wahrscheinlichkeit zuordnen kann. X und Y heißen die **Komponenten** der zweidimensionalen Zufallsgröße.

Die folgende Definition der Verteilungsfunktion einer zweidimensionalen Zufallsvariablen ist eine Verallgemeinerung der entsprechenden Definition bei eindimensionalen Zufallsgrößen. Die Funktion F mit

$$F(x,y) = P(X \leq x,\ Y \leq y) \tag{2.54}$$

heißt **Verteilungsfunktion der zweidimensionalen Zufallsgröße** (X, Y). Das Ereignis $(X \leq x,\ Y \leq y)$ bedeutet, daß sowohl X Werte kleiner als x als auch Y Werte kleiner als y annehmen soll.

Für diese Funktion F gelten folgende Eigenschaften:

1. Gehen die Variablen x und y gegen ∞, so geht $F(x, y)$ gegen 1.
2. Geht eine Variable gegen $-\infty$, während die andere konstant bleibt, so geht $F(x, y)$ gegen 0.
3. Wenn man eine Variable festhält, so ist die Funktion F in der anderen Variablen eine monoton nicht abnehmende Funktion.

Im eindimensionalen Fall interessiert häufig die Wahrscheinlichkeit dafür, daß X Werte in einem Intervall $a < x \leq b$ annimmt. Wenn F die Verteilungsfunktion der eindimensionalen Zufallsvariablen X ist, so gilt nach Gleichung (2.38) $P(a < X \leq b) = F(b) - F(a)$.

Im zweidimensionalen Fall interessiert analog dazu die Wahrscheinlichkeit, daß die eine Komponente X Werte im Intervall $a < x \leq b$ annimmt, und die zweite Komponente Y gleichzeitig einen Wert im Intervall $c < y \leq d$. Die entsprechende Wahrscheinlichkeit ist:

$$P(a < X \leq b,\ c < Y \leq d) = F(b,d) - F(a,d) - F(b,c) + F(a,c) \tag{2.55}$$

Dies sieht man leicht ein, wenn man sich für die auf der rechten Seite vorkommenden Verteilungsfunktionen die Wahrscheinlichkeiten der entsprechenden Ereignisse vergegenwärtigt.

2.7.1 Diskrete zweidimensionale Zufallsvariablen

Eine Zufallsgröße (X, Y) und ihre Wahrscheinlichkeitsverteilung heißen **diskret**, wenn sie abzählbar viele verschiedene Wertepaare (x_i, y_j) mit den von Null verschiedenen Wahrscheinlichkeiten p_{ij} annehmen kann und wenn die Summe aller Wahrscheinlichkeiten $P(X = x_i,\ Y = y_j) = p_{ij}$ Eins ergibt, also:

$$\sum_i \sum_j p_{ij} = 1 \qquad \text{mit } p_{ij} = P(X = x_i,\ Y = y_j) \tag{2.56}$$

Die zweidimensionale Wahrscheinlichkeitsfunktion f gibt die Wahrscheinlichkeit an, mit der die möglichen Realisationen (x_i, y_i) angenommen werden.

$$f(x, y) = \begin{cases} p_{ij} & \text{für } x = x_i \text{ und } y = y_j,\ (i = 1, 2, \ldots; j = 1, 2, \ldots) \\ 0 & \text{sonst} \end{cases} \tag{2.57}$$

Die Indizes i und j durchlaufen die Werte, mit denen alle Realisationen numeriert wurden.

Die Verteilungsfunktion F summiert wie bei eindimensionalen diskreten Zufallsvariablen alle Wahrscheinlichkeiten bis zu einem gewissen x_i bzw. y_i auf:

$$F(x, y) = \sum_{x_i \le x} \sum_{y_j \le y} f(x_i, y_j) \tag{2.58}$$

Beispiel:

Es werden zwei unterscheidbare Münzen geworfen. Da jede Münze Kopf *oder* Zahl *zeigen kann, ergeben sich insgesamt die vier Elementarereignisse (KK), (KZ), (ZK) und (ZZ). Es wird nun eine zweidimensionale Zufallsgröße (X, Y) definiert:*

$$X = \begin{cases} 0 & \text{1. Münze Kopf} \\ 1 & \text{1. Münze Zahl} \end{cases} \qquad Y = \begin{cases} 0 & \text{2. Münze Kopf} \\ 1 & \text{2. Münze Zahl} \end{cases}$$

Anders ausgedrückt: Die Größen X und Y zählen bei jeder Münze die Anzahl, wie oft Zahl geworfen wird. Damit ergibt sich die folgende Wahrscheinlichkeitstabelle.

	$y_1 = 0$	$y_2 = 1$
$x_1 = 0$	0.25	0.25
$x_2 = 1$	0.25	0.25

Die Verteilungsfunktion F zeigt Bild 2.22.

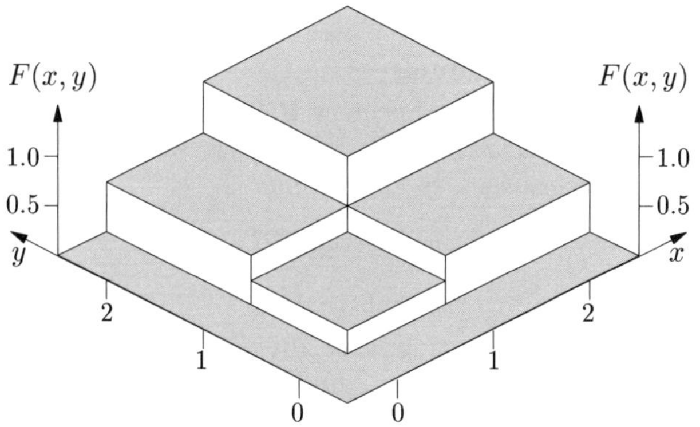

Bild 2.22: Verteilungsfunktion F einer diskreten zweidimensionalen Zufallsvariablen

2.7.2 Stetige zweidimensionale Zufallsvariablen

Eine zweidimensionale Zufallsgröße (X, Y) und ihre dazugehörige Verteilung heißen **stetig**, wenn man die zugehörige Verteilungsfunktion F durch ein Doppelintegral von folgender Form darstellen kann:

$$F(x, y) = \int_{-\infty}^{x} \int_{-\infty}^{y} f(u, v)\, du\, dv \tag{2.59}$$

Die Funktion f soll dabei in der ganzen Ebene definiert sein, keine negativen Werte annehmen, beschränkt sein und bis auf endlich viele glatte Kurven überall stetig sein. f heißt die **zweidimensionale Wahrscheinlichkeitsdichte** der Verteilung. Es ist dann

$$\int_{-\infty}^{+\infty} \int_{-\infty}^{+\infty} f(u, v)\, du\, dv = 1 \tag{2.60}$$

und

$$P(a < X \leq b,\ c < Y \leq d) = \int_{a}^{b} \int_{c}^{d} f(u, v)\, du\, dv. \tag{2.61}$$

Besteht das zufällige Ereignis darin, daß (X, Y) einem beliebigen Bereich B (nicht unbedingt einem Rechteck wie oben) angehört, so muß man die Integration über diesen Bereich B vollziehen:

$$P((X, Y) \in B) = \iint_{B} f(u, v)\, du\, dv \tag{2.62}$$

Beispiel:

Zweidimensionale Gleichverteilung

Die Zufallsgröße (X, Y) sei in einem Rechteck R: $a < x \leq b$, $c < y \leq d$ gleichverteilt, d.h. die Wahrscheinlichkeitsdichte f ist in einem Rechteck R konstant. Die Konstante k ist dabei gleich dem Reziproken des Flächeninhalts.

$$f(x,y) = \begin{cases} \dfrac{1}{(b-a)(d-c)} & \text{für } (x,y) \text{ innerhalb } R \\ 0 & \text{für } (x,y) \text{ außerhalb } R \end{cases}$$

Bild 2.23 zeigt links die Dichtefunktion einer zweidimensionalen Gleichverteilung, die durch ein Rechteck mit den Seitenlängen 2 und 1 definiert ist.

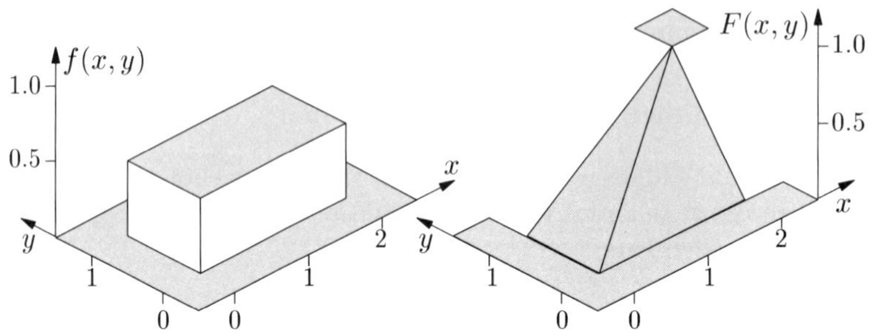

Bild 2.23: Dichte- und Verteilungsfunktion einer gleichverteilten zweidimensionalen Zufallsgröße

Die formelmäßige Darstellung lautet:

$$f(x,y) = \begin{cases} 0.5 & \text{für } 0 \leq x \leq 2,\ 0 \leq y \leq 1 \\ 0 & \text{sonst} \end{cases}$$

Mit Gleichung (2.59) kann man nun die Verteilungsfunktion berechnen.

Für $-\infty < x < 0$ oder $-\infty < y < 0$ ist $F(x, y) = 0$, da $f(x, y) = 0$ ist.

In den Grenzen $0 \leq x \leq 2$ und $0 \leq y \leq 1$ gilt:

$$F(x,y) = \int_0^x \int_0^y 0.5\, du\, dv = \int_0^x \Big[0.5u\Big]_0^y dv = \int_0^x 0.5y\, dv = \Big[0.5yv\Big]_0^x = 0.5xy$$

Für $x = 2$ und $y = 1$ ist $F(2, 1) = 1$. Also gilt für alle $x > 2$ und $y > 2$ $F(x) = 1$.

Die Verteilungsfunktion F lautet demnach:

$$F(x,y) = \begin{cases} 0 & \text{für } x < 0,\ y < 0 \\ 0.5xy & \text{für } 0 \leq x \leq 2,\ 0 \leq y \leq 1 \\ 1 & \text{für } x > 2,\ y > 1 \end{cases}$$

Bild 2.23 rechts zeigt diese Verteilungsfunktion. Bei negativem x und y bleibt die Funktion konstant auf dem Nullniveau. Im Bereich $0 \leq x \leq 2$ und $0 \leq y \leq 1$ entstehen zwei Flanken mit konstanter Steigung. Die Steigung in y-Richtung ist doppelt so groß wie die in y-Richtung, da die Dichte in y-Richtung auf den halben Bereich im Vergleich zur x-Richtung konzentriert ist. Für $x > 2$ und $y > 1$ bleibt die Funktion auf konstantem Niveau 1.

2.7.3 Randverteilungen

Bei einer zweidimensionalen Zufallsvariablen interessieren häufig nur Aussagen über eine Komponente allein. Es könnte z.B. sein, daß man sich nur für die Verteilung der Kreuzhöhe bei einer Rinderpopulation interessiert, ohne die Verteilung des Brustumfangs näher zu betrachten. Dazu ist festzuhalten, daß man jeder zweidimensionalen Verteilung zwei sog. **Randverteilungen** zuordnen kann.

Die durch die Funktionen F_1 und F_2 mit

$$F_1(x) = F(x,\infty) \quad \text{und} \quad F_2(y) = F(\infty, y) \tag{2.63}$$

gegebenen Verteilungen heißen **Randverteilungen** der zweidimensionalen Zufallsgröße (X, Y) und der Verteilungsfunktion F. Dabei ist definitionsgemäß:

$$\begin{aligned} F(x,\infty) &= P(X \leq x, Y \leq \infty) = P(X \leq x) \\ F(\infty,y) &= P(X \leq \infty, Y \leq y) = P(Y \leq y) \end{aligned} \tag{2.64}$$

Die Funktionen F_1 und F_2 sind tatsächlich eindimensionale Verteilungsfunktionen, da sie die entsprechenden Eigenschaften für Verteilungsfunktionen erfüllen.

Es sei noch für den diskreten und stetigen Fall die Randverteilung angegeben:

Zunächst wird bei einer diskret verteilten Zufallsgröße (X, Y) nach der Wahrscheinlichkeit gefragt, daß X einen bestimmten Wert x_i annimmt, ganz egal welchen Wert Y annimmt.

$$P(X = x_i,\ Y \text{ beliebig}) = \sum_j p_{ij} = p_{i\cdot} \tag{2.65}$$

Dabei ist über alle Indizes j zu summieren.

Die Wahrscheinlichkeit, daß Y einen bestimmten Wert y_j annimmt, ganz gleich welchen Wert X annimmt, ist dann:

$$P(X \text{ beliebig},\ Y = y_j) = \sum_i p_{ij} = p_{\cdot j} \tag{2.66}$$

Durch die $p_{i\cdot}$ bzw. $p_{\cdot j}$ sind die Randverteilungen gegeben.

Bei einer stetig verteilten Zufallsgröße (X, Y) sei f die Wahrscheinlichkeitsdichte von (X, Y). Die Randverteilungsfunktionen erhält man, wenn man in Gleichung (2.59) bzgl. einer Variablen von $-\infty$ bis $+\infty$ integriert.

$$\begin{aligned} F_1(x) &= F(x,\infty) &= \int_{-\infty}^{x}\int_{-\infty}^{+\infty} f(u,v)\,dv\,du \\ F_2(y) &= F(\infty,y) &= \int_{-\infty}^{y}\int_{-\infty}^{+\infty} f(u,v)\,du\,dv \end{aligned} \tag{2.67}$$

Die entsprechenden Dichten f_1 und f_2 dieser Randverteilungen lauten:

$$\begin{aligned} f_1(x) &= \frac{dF_1(x)}{dx} = \int_{-\infty}^{+\infty} f(x,y)\,dy \\ f_2(y) &= \frac{dF_2(y)}{dy} = \int_{-\infty}^{+\infty} f(x,y)\,dx \end{aligned} \tag{2.68}$$

2.7.4 Unabhängige Zufallsvariablen

Zwei Zufallsgrößen X und Y heißen **voneinander unabhängig**, wenn für je zwei beliebige reelle Zahlen x und y die zufälligen Ereignisse $(X \leq x)$ und $(Y \leq y)$ unabhängig sind.

Angenommen X und Y seien unabhängige Zufallsgrößen. F_1 sei die Verteilungsfunktion von X und F_2 die Verteilungsfunktion von Y. X und Y werden jetzt gemeinsam als zweidimensionale Zufallsgröße (X, Y) betrachtet und ihre Verteilungsfunktion $F(x, y)$ bestimmt. Es ist definitionsgemäß $F(x, y) = P(X \leq x,\ Y \leq y)$. Die beiden Ereignisse $(X \leq x)$ und $(Y \leq y)$ sind unabhängig, also gilt $P(X \leq x,\ Y \leq y) = P(X \leq x) \cdot P(Y \leq y)$ oder:

$$F(x,y) = F_1(x) \cdot F_2(y) \tag{2.69}$$

Damit ist man in der Lage festzustellen, ob zwei Zufallsgrößen X und Y, deren gemeinsame Verteilungsfunktion F gegeben ist, unabhängig sind. Man muß also nachprüfen, ob die Beziehung (2.69) gilt, d.h. ob die zweidimensionale Verteilungsfunktion gleich dem Produkt der beiden Randverteilungsfunktionen ist. Diese Definition der Unabhängigkeit stimmt mit dem landläufigen Begriff der Unabhängigkeit überein. Wenn man z.B. mit zwei Würfeln würfelt, dann nimmt man selbstverständlich Unabhängigkeit für die beiden Zufallsvariablen (Augenzahlen der beiden Würfel) an. Die Augenzahl des einen Würfels beeinflußt die Augenzahl des anderen Würfels nicht. Später werden noch Methoden angegeben, wie man die Frage der Unabhängigkeit zweier Zufallsvariablen aufgrund vorliegender Realisationen entscheiden kann.

2.8 n-dimensionale Zufallsvariablen

Im allgemeinsten Fall hat eine Zufallsvariable n Komponenten $X_1, X_2, \ldots, X_n$ und heißt dann **n-dimensionale Zufallsgröße** oder **Zufallsvariable**. Wird das Zufallsexperiment ausgeführt, dann resultiert eine n-dimensionale Realisation $(x_1, x_2, \ldots, x_n)$. Diese Realisation kann durch einen Punkt im n-dimensionalen Raum mit den Koordinaten $x_1, x_2, \ldots, x_n$ dargestellt werden.

Beispiele:

1. *Tab. A.10 im Anhang zeigt Stichprobenwerte aus einer achtdimensionalen Grundgesamtheit mit den Merkmalen Rasse, Milchleistung, Fettgehalt in %, Fettgehalt in kg, Eiweißgehalt, Gewicht, Kreuzhöhe und Brustumfang.*
2. *Tab. 1.20 zeigt eine Stichprobe aus einer vierdimensionalen Grundgesamtheit mit den Merkmalen Ertrag, Tausendkorngewicht, Kornzahl pro Ähre und Pflanzen pro Quadratmeter.*

Analog dem zweidimensionalen Fall wird folgende Definition gegeben:

Die **Verteilungsfunktion** F einer **n-dimensionalen Zufallsgröße** $(X_1, X_2, \ldots, X_n)$ ist definiert durch

$$F(x_1, x_2, \ldots, x_n) = P(X_1 \leq x_1,\ X_2 \leq x_2, \ldots,\ X_n \leq x_n) \tag{2.70}$$

für alle beliebigen reellen Werte $x_1, x_2, \ldots, x_n$.

Die **Komponenten** (die n eindimensionalen Zufallsgrößen $X_1,\ X_2,\ \ldots,\ X_n$) einer n-dimensionalen Zufallsgröße $(X_1, X_2, \ldots, X_n)$ heißen dann **unabhängig**, wenn die zufälligen Ereignisse $(X_1 \leq x_1)$, $(X_2 \leq x_2)$, ..., $(X_n \leq x_n)$ für alle beliebigen $x_1, x_2, \ldots, x_n$ unabhängig sind. Daraus folgt wieder: Für **unabhängige Komponenten**, d.h. also für eindimensionale Zufallsgrößen $X_1, X_2, \ldots, X_n$, gilt:

$$F(x_1, x_2, \ldots, x_n) = F_1(x_1) \cdot F_2(x_2) \cdot \ldots \cdot F_n(x_n) \tag{2.71}$$

Hier ist F die Verteilungsfunktion der Zufallsvariablen $(X_1, X_2, \ldots, X_n)$ und die Funktionen $F_1, F_2, \ldots, F_n$ sind die Randverteilungen der Zufallsvariablen $X_1, X_2, \ldots, X_n$.

2.9 Maßzahlen einer Verteilung

Die Verteilungsfunktion oder die Wahrscheinlichkeitsfunktion im diskreten Fall bzw. die Dichtefunktion im stetigen Fall charakterisieren eine Zufallsvariable X vollständig. Häufig genügt ein grober Überblick einer Verteilung, den man sich mit einigen charakteristischen **Maßzahlen** für eine Verteilung verschafft. Man unterscheidet im wesentlichen **Mittelwerte** bzw. **Erwartungswerte** und **Streuungsmaße**. Zusätzlich werden manchmal noch **Schiefheits-** und **Wölbungsmaße** berücksichtigt.

2.9.1 Mittelwert oder Erwartungswert einer Verteilung

Man bezeichnet den **Erwartungswert** oder **Mittelwert** einer Zufallsgröße X oder ihrer Verteilung mit $\mathrm{E}(X)$ und schreibt manchmal auch kurz μ.

Bei einer diskreten Zufallsgröße X mit endlich vielen Realisationen ist der Erwartungswert definiert als:

$$\mathrm{E}(X) = \sum_{i=1}^{n} x_i \cdot f(x_i) \tag{2.72}$$

Bei unendlich vielen Realisationen muß man für die Existenz eines Erwartungswerts voraussetzen, daß die unendliche Summe konvergiert.

Bei einer stetigen Zufallsgröße X ist der Mittelwert definiert als:

$$\mathrm{E}(X) = \int_{-\infty}^{+\infty} x \cdot f(x)\, dx \tag{2.73}$$

Voraussetzung ist die Existenz des Integrals $\int_{-\infty}^{+\infty} |x| \cdot f(x)\, dx$.

Beispiele:

1. *Die Zufallsvariable X sei die Augenzahl beim Würfeln.*

   $$f(x) = \begin{cases} \frac{1}{6} & \text{für } x = 1,2,3,4,5,6 \\ 0 & \text{sonst} \end{cases}$$

   $$\mathrm{E}(X) = \mu = 1 \cdot \frac{1}{6} + 2 \cdot \frac{1}{6} + 3 \cdot \frac{1}{6} + 4 \cdot \frac{1}{6} + 5 \cdot \frac{1}{6} + 6 \cdot \frac{1}{6} = \frac{21}{6} = 3.5$$

   $\mu = 3.5$ ist keine mögliche Realisation der betrachteten Zufallsvariablen, sondern als Mittelwert der Augenzahl über eine unendlich lange Reihe von Würfelversuchen zu verstehen. (Man sagt auch: Der auf lange Sicht durchschnittlich zu erwartende Wert). Mit zunehmender Anzahl n von Würfelversuchen wird die Summe S aller erzielten Augenzahlen immer besser mit $n \cdot 3.5$ übereinstimmen. Dies kann man in der Praxis bestätigen.

Ein Simulationsversuch mit verschiedenen Anzahlen n von Würfen zeigt z.B. folgendes Ergebnis:

n	S	$3.5 \cdot n$	Abweichung in %
10	41	35	17.14
100	337	350	3.71
1000	3417	3500	2.37
10000	34901	35000	0.28
100000	349667	350000	0.10

2. *X sei eine gleichverteilte Zufallsvariable (vgl. Beispiel auf Seite 106).*

$$f(x) = \begin{cases} \dfrac{1}{b-a} & \text{für } a \le x \le b \\ 0 & \text{sonst} \end{cases}$$

$$\begin{aligned} \mathrm{E}(X) = \mu &= \int_{-\infty}^{+\infty} x \cdot f(x)\,dx = \int_a^b \frac{x}{b-a}\,dx = \frac{1}{b-a}\int_a^b x\,dx = \\ &= \frac{1}{b-a}\cdot\frac{b^2-a^2}{2} = \frac{(b+a)(b-a)}{2(b-a)} = \frac{a+b}{2} \end{aligned}$$

In der Praxis kommen häufig sog. **symmetrische Verteilungen** vor. Dies sind Verteilungen, deren Wahrscheinlichkeitsfunktionen bzw. Dichten f symmetrisch bezüglich eines reellen Wertes a sind (Bild 2.24).

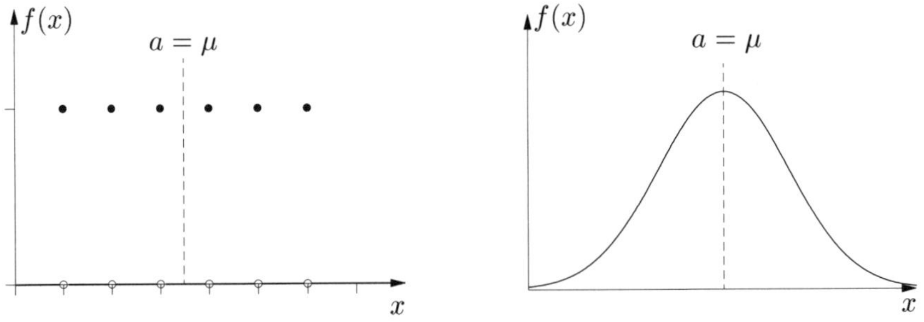

Bild 2.24: Diskrete und stetige symmetrische Verteilung

Hat man nun eine symmetrische Verteilung, die symmetrisch bezüglich $x = a$ ist, so ist ihr Mittelwert μ gleich diesem Wert a (vgl. Bild 2.24).

Es kann vorkommen, daß die Summe in Gleichung (2.72) mit unendlich vielen Realisationen nicht konvergiert oder das Integral in Gleichung (2.73) nicht existiert. Dann besitzt die entsprechende Zufallsvariable auch keinen Mittelwert. Solche Verteilungen sind für praktische Anwendungen jedoch sehr selten.

Rechenregeln für Erwartungswerte

Der Erwartungswert einer Konstanten k ist trivialerweise wieder gleich dieser Konstanten:

$$E(k) = k \tag{2.74}$$

Einen konstanten Faktor k kann man vor den Erwartungswert setzen:

$$E(k \cdot X) = k \cdot E(X) \tag{2.75}$$

Der Erwartungswert der Summe aus mehreren Zufallsvariablen $X_1, X_2, \ldots, X_n$ ist die Summe der Erwartungswerte der einzelnen Zufallsvariablen:

$$E(X_1 + X_2 + \ldots + X_n) = E(X_1) + E(X_2) + \ldots + E(X_n) \tag{2.76}$$

Der Erwartungswert des Produkts zweier unabhängiger Zufallsvariablen X_1 und X_2 ist das Produkt der Erwartungswerte von X_1 und X_2:

$$E(X_1 \cdot X_2) = E(X_1) \cdot E(X_2) \tag{2.77}$$

2.9.2 Varianz einer Verteilung

Die **Varianz** $\mathrm{Var}(X)$ bzw. σ^2 einer Verteilung ist ein Maß für die Streuung einer Zufallsgröße.

Sie ist für diskrete Zufallsvariablen definiert als:

$$\mathrm{Var}(X) = \sum_{i=1}^{n} (x_i - \mu)^2 \cdot f(x_i) \tag{2.78}$$

Bei stetigen Zufallsvariablen wird die Summe wie bei der Berechnung des Erwartungswerts durch das Integral ersetzt:

$$\mathrm{Var}(X) = \int_{-\infty}^{+\infty} (x - \mu)^2 \cdot f(x)\, dx \tag{2.79}$$

Die Größe $\sigma = \sqrt{\mathrm{Var}(X)}$ heißt **Standardabweichung** der Verteilung.

Beispiele:

1. *Sei X die Augenzahl beim Würfeln mit $\mu = 3.5$.*

$$\begin{aligned}\sigma^2 = \operatorname{Var}(X) &= \frac{(1-3.5)^2}{6} + \frac{(2-3.5)^2}{6} + \frac{(3-3.5)^2}{6} + \frac{(4-3.5)^2}{6} + \\ &\quad + \frac{(5-3.5)^2}{6} + \frac{(6-3.5)^2}{6} = \\ &= \frac{(6.25+2.25+0.25+0.25+2.25+6.25)}{6} = \\ &= \frac{17.50}{6} = 2.9167\end{aligned}$$

$\sigma = \sqrt{\sigma^2} = 1.71$

2. *Sei X eine zwischen a und b gleichverteilte Zufallsgröße mit $\mu = \frac{a+b}{2}$.*

$$\begin{aligned}\sigma^2 = \operatorname{Var}(X) &= \int_a^b \left(x - \frac{a+b}{2}\right)^2 \cdot \frac{1}{b-a}\, dx = \\ &= \int_a^b \left(x^2 - (a+b)x + \frac{(a+b)^2}{4}\right) \cdot \frac{1}{b-a}\, dx = \\ &= \left[\frac{x^3}{3(b-a)} - \frac{(a+b)x^2}{2(b-a)} + \frac{(a+b)^2 x}{4(b-a)}\right]_a^b = \frac{(b-a)^2}{12}\end{aligned}$$

2.9.3 Momente einer Verteilung

Erwartungswert und Varianz einer Zufallsvariablen sind Sonderfälle der sog. **Momente** einer Verteilung oder einer Zufallsvariablen.

Allgemein wird das ***k*-te Moment** $\operatorname{E}\left(X^k\right)$ $(k = 1, 2, \ldots)$ einer diskreten Verteilung definiert als:

$$\operatorname{E}\left(X^k\right) = \sum_{i=1}^{n} x_i^k \cdot f(x_i) \tag{2.80}$$

Das k-te Moment $\operatorname{E}\left(X^k\right)$ $(k = 1, 2, \ldots)$ einer stetigen Verteilung ist:

$$\operatorname{E}\left(X^k\right) = \int_{-\infty}^{+\infty} x^k \cdot f(x)\, dx \tag{2.81}$$

Für $k = 1$ ergibt sich der Mittelwert oder Erwartungswert $\operatorname{E}(X)$ als 1. Moment der Verteilung.

Man definiert das ***k*-te zentrierte Moment** $\operatorname{E}(X-\mu)^k$ im diskreten Fall:

$$\operatorname{E}\left((X-\mu)^k\right) = \sum_{i=1}^{n} (x_i - \mu)^k \cdot f(x_i) \tag{2.82}$$

Im stetigen Fall gilt:

$$\mathrm{E}\left((X-\mu)^k\right) = \int_{-\infty}^{+\infty} (x-\mu)^k \cdot f(x)\, dx \tag{2.83}$$

Für $k = 2$ erhält man das zweite zentrierte Moment oder die Varianz der Verteilung:

$$\mathrm{E}\left((X-\mu)^2\right) = \sigma^2 = \mathrm{Var}(X) \tag{2.84}$$

Die zentrierten Momente lassen sich durch die Momente selbst ausdrücken:

$$\begin{aligned} \mathrm{E}\left((X-\mu)^2\right) &= \mathrm{E}\left(X^2 - 2X\mu + \mu^2\right) = \mathrm{E}\left(X^2\right) - 2\mu\mathrm{E}(X) + \mu^2 = \\ &= \mathrm{E}\left(X^2\right) - 2\mu^2 + \mu^2 = \mathrm{E}\left(X^2\right) - \mu^2 = \mathrm{E}\left(X^2\right) - \mathrm{E}(X)^2 \end{aligned} \tag{2.85}$$

Also folgt für die Varianz:

$$\sigma^2 = \mathrm{Var}(X) = \mathrm{E}\left((X-\mu)^2\right) = \mathrm{E}\left(X^2\right) - \mathrm{E}(X)^2 \tag{2.86}$$

Diese sog. **Verschiebungsregel** entspricht der Berechnungsformel für die empirische Varianz einer Stichprobe nach Gleichung (1.9).

Beispiel:

Man kann also die Varianz σ^2 der Zufallsvariablen X: Augenzahl beim Würfeln *einfacher, d.h. ohne Differenzbildung und anschließendem Quadrieren ausrechnen:*

$$\mu = \mathrm{E}(X) = 3.5 = \frac{7}{2} \qquad \mathrm{E}(X^2) = \frac{1^2+2^2+3^2+4^2+5^2+6^2}{6} = \frac{91}{6}$$

$$\sigma^2 = \mathrm{E}\left(X^2\right) - \mathrm{E}(X)^2 = \frac{91}{6} - \frac{49}{4} = \frac{182-147}{12} = \frac{35}{12} = 2.9167$$

2.9.4 Schiefe und Kurtosis

Die **Schiefe** einer Verteilung bzw. einer Zufallsvariablen X ist das dritte zentrierte Moment bezogen auf σ^3:

$$\mathrm{Schiefe}(X) = \frac{\mathrm{E}\left((X-\mu)^3\right)}{\sigma^3} \tag{2.87}$$

Der **Exzeß** oder die **Kurtosis** einer Verteilung bzw. einer Zufallsvariablen X ist das vierte zentrierte Moment bezogen auf σ^4 minus 3:

$$\mathrm{Exzeß}(X) = \frac{\mathrm{E}\left((X-\mu)^4\right)}{\sigma^4} - 3 \tag{2.88}$$

Zusätzlich zu Mittelwert und Varianz kann man mit den Maßzahlen für Schiefe und Kurtosis die Gestalt einer Dichtefunktion f etwas genauer angeben.

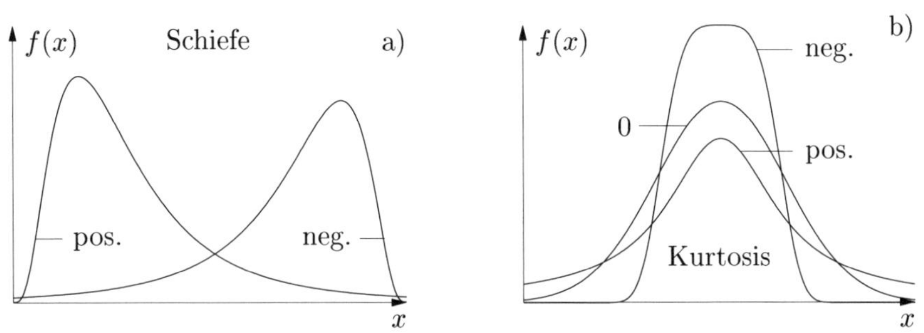

Bild 2.25: Schiefe und Kurtosis

Man kann zeigen, daß symmetrische Verteilungen die Schiefe 0 haben. Verteilungen wie in Bild 2.25 a) links haben eine positive Schiefe, Verteilungen wie in Bild 2.25 a) rechts eine negative Schiefe.

Nun können sich aber symmetrische Verteilungen noch durch die Art der Wölbung ihrer Dichtefunktion voneinander unterscheiden. Diese Wölbung kann man in etwa mit der Maßzahl der Kurtosis oder des Exzesses erfassen. Eine positive Kurtosis haben spitze Kurven, bauchige Kurven besitzen eine negative Kurtosis (Bild 2.25 b). Die kleinste Kurtosis von -2 besitzt eine Zweipunktverteilung mit gleicher Wahrscheinlichkeit $1/2$ auf beiden Punkten.

2.9.5 Maßzahlen bei zweidimensionalen Verteilungen

Die **Kovarianz** $\mathrm{Cov}(X_1, X_2)$ einer zweidimensionalen Zufallsgröße (X_1, X_2) ist ähnlich definiert wie die Varianz einer eindimensionalen Zufallsgröße. Anstelle des Erwartungswerts über das Quadrat der Abweichung von X_1 vom Mittelwert $\mathrm{E}(X_1)$ wird jetzt der Erwartungswert über das Produkt der Abweichungen der beiden Zufallsgrößen von ihren Mittelwerten $\mu_1 = \mathrm{E}(X_1)$ und $\mu_2 = \mathrm{E}(X_2)$ gebildet:

$$\mathrm{Cov}(X_1, X_2) = \mathrm{E}\Big(\big(X_1 - \mathrm{E}(X_1)\big) \cdot \big(X_2 - \mathrm{E}(X_2)\big)\Big) \tag{2.89}$$

Im stetigen Fall existiert eine zweidimensionale Dichte f und es ist

$$\mathrm{Cov}(X_1, X_2) = \int_{-\infty}^{+\infty}\int_{-\infty}^{+\infty} (x_1 - \mu_1) \cdot (x_2 - \mu_2) \cdot f(x_1, x_2)\, dx_1\, dx_2 \tag{2.90}$$

mit $\mu_1 = \mathrm{E}(X_1)$ und $\mu_2 = \mathrm{E}(X_2)$.

Im diskreten Fall ist

$$\mathrm{Cov}(X_1, X_2) = \sum_i \sum_j (x_{1i} - \mu_1) \cdot (x_{2j} - \mu_2) \cdot p_{ij}, \tag{2.91}$$

wobei $p_{ij} = P(X_1 = x_{1i},\ X_2 = x_{2j})$.

Ähnlich wie bei der Varianz kann man folgende Verschiebungsregeln für Kovarianzen herleiten:

$$\mathrm{Cov}(X_1, X_2) = \mathrm{E}(X_1 \cdot X_2) - \mathrm{E}(X_1) \cdot \mathrm{E}(X_2) \tag{2.92}$$

Der **Korrelationskoeffizient** ρ von X_1 und X_2 (oder der Korrelationskoeffizient der zweidimensionalen Grundgesamtheit) ergibt sich durch Normierung der Kovarianz $\mathrm{Cov}(X_1, X_2)$:

$$\rho(X_1, X_2) = \frac{\mathrm{Cov}(X_1, X_2)}{\sigma_1 \cdot \sigma_2} = \mathrm{E}\left(\frac{X_1 - \mu_1}{\sigma_1} \cdot \frac{X_2 - \mu_2}{\sigma_2}\right) \tag{2.93}$$

Vergleich der beiden Begriffe **unabhängig** und **unkorreliert**:

Zwei Zufallsgrößen X_1, X_2, deren Kovarianz $\mathrm{Cov}(X_1, X_2)$ verschwindet, oder was das Gleiche ist, deren Korrelationskoeffizient $\rho(X_1, X_2)$ gleich Null ist, heißen **unkorreliert**.

Zwei Zufallsgrößen X_1 und X_2 heißen voneinander **unabhängig**, wenn die zweidimensionale Verteilungsfunktion $F(x_1, x_2)$ sich als Produkt zweier Randverteilungen darstellen läßt:

$$F(x_1, x_2) = F_1(x_1) \cdot F_2(x_2) \tag{2.94}$$

Der Korrelationskoeffizient $\rho(X_1, X_2)$ zweier Zufallsgrößen X_1 und X_2 mit $\sigma_1^2 > 0$ und $\sigma_2^2 > 0$ liegt stets im Intervall zwischen -1 und $+1$. Sind X_1 und X_2 unabhängig, so ist der Korrelationskoeffizient $\rho(X_1, X_2) = 0$, also X_1 und X_2 sind dann auch unkorreliert. Die Umkehrung gilt allerdings nicht immer (siehe Beispiel unten).

Besteht mit der Wahrscheinlichkeit 1 zwischen X_1 und X_2 eine lineare Beziehung $X_2 = aX_1 + b$ ($a, b = \text{const.}$), so ist $\rho(X_1, X_2) = +1$, wenn $a > 0$ und $\rho(X_1, X_2) = -1$, wenn $a < 0$. Auch die Umkehrung gilt: Aus $\rho = 1$ folgt, daß zwischen X_1 und X_2 eine lineare Beziehung $X_2 = aX_1 + b$ mit der Wahrscheinlichkeit 1 besteht, wobei $a = \rho(X_1, X_2) \cdot \sigma_2/\sigma_1$.

Beispiel:

Es wird folgende einfache zweidimensionale diskrete Verteilung betrachtet.

		X_2			
		-1	0	1	R.V.
	-1	0.20	0.05	0.20	0.45
X_1	0	0.05	0	0.05	0.10
	1	0.20	0.05	0.20	0.45
R.V.		0.45	0.10	0.45	1.00

Untersucht wird zunächst auf Unkorreliertheit:

$\mu_1 = \mathrm{E}(X_1) = (-1) \cdot 0.45 + 0 \cdot 0.10 + 1 \cdot 0.45 = 0$

$\mu_2 = \mathrm{E}(X_2) = (-1) \cdot 0.45 + 0 \cdot 0.10 + 1 \cdot 0.45 = 0$

$$\begin{aligned}\mathrm{Cov}(X_1, X_2) &= \mathrm{E}\big((X_1 - \mu_1)(X_2 - \mu_2)\big) = \mathrm{E}(X_1 \cdot X_2) = \\ &= \sum_{i=1}^{3}\sum_{j=1}^{3} x_1^{(i)} \cdot x_2^{(j)} \cdot p_{ij} = 0\end{aligned}$$

Die beiden Zufallsvariablen X_1 und X_2 sind also unkorreliert.

Sind sie auch unabhängig? Dazu müßte für jede mögliche Realisation $(x_1^{(i)}, x_2^{(j)})$ gelten: $P(X_1 = x_1^{(i)}, X_2 = x_2^{(j)}) = P(X_1 = x_1^{(i)}) \cdot P(X_2 = x_2^{(j)})$.

Es ist jedoch z.B. $P(X_1 = 0, X_2 = 0) = 0$ und $P(X_1 = 0) \cdot P(X_2 = 0) = 0.10 \cdot 0.10 = 0.01 \neq 0$. Also gilt zumindest für eine Realisation die geforderte Relation nicht. X_1 und X_2 sind nicht unabhängig voneinander.

Es gilt: Sind zwei Zufallsgrößen voneinander unabhängig, so sind sie auch unkorreliert. Die Umkehrung gilt jedoch nicht allgemein. Hat man speziell eine zweidimensionale Normalverteilung, dann gilt auch die Umkehrung, denn im Fall der Normalverteilung bedeutet Unkorreliertheit auch Unabhängigkeit.

2.9.6 Additionsregeln für Varianzen

Gegeben seien zwei Zufallsvariablen X_1 und X_2. Gesucht ist die Varianz der Zufallsvariablen $k_1 \cdot X_1 + k_2 \cdot X_2$, also einer Linearkombination aus X_1 und X_2. Es gilt:

$$\mathrm{Var}(k_1 X_1 + k_2 X_2) = k_1^2 \mathrm{Var}(X_1) + k_2^2 \mathrm{Var}(X_2) + 2k_1 k_2 \mathrm{Cov}(X_1, X_2) \tag{2.95}$$

Diese Formel läßt sich auf n Zufallsvariablen $X_1, X_2, \ldots, X_n$ verallgemeinern:

$$\mathrm{Var}\left(\sum_{i=1}^{n} k_i X_i\right) = \sum_{i=1}^{n} k_i^2 \mathrm{Var}(X_i) + 2\sum_{i=1}^{n-1}\sum_{j=i+1}^{n} k_i k_j \mathrm{Cov}(X_i, X_j) \tag{2.96}$$

Sind die beiden Zufallsvariablen X_1 und X_2, deren Varianzen mit $\sigma_1^2 = \mathrm{Var}(X_1)$ und $\sigma_2^2 = \mathrm{Var}(X_2)$ bezeichnet werden, unkorreliert, so gilt folgende einfache Additionsregel:

$$\mathrm{Var}(k_1 X_1 + k_2 X_2) = k_1^2 \mathrm{Var}(X_1) + k_2^2 \mathrm{Var}(X_2) = k_1^2 \sigma_1^2 + k_2^2 \sigma_2^2 \tag{2.97}$$

Sind die Zufallsvariablen $X_1, X_2, \ldots, X_n$ paarweise unkorreliert, d.h. ist die Kovarianz $\mathrm{Cov}(X_i, X_j) = 0$ für alle $i \neq j$, so gilt:

$$\sigma^2 = \mathrm{Var}\left(\sum_{i=1}^{n} k_i X_i\right) = \sum_{i=1}^{n} k_i^2 \mathrm{Var}(X_i) = \sum_{i=1}^{n} k_i^2 \sigma_i^2 \tag{2.98}$$

Somit ist die Standardabweichung $\sigma = \sqrt{\sum_{i=1}^{n} k_i^2 \sigma_i^2}$.

Die obigen Additionsregeln für Varianzen gelten erst recht, wenn X_1 und X_2 unabhängig, bzw. X_i $(i = 1, 2, \ldots, n)$ paarweise unabhängig sind.

Spezialfälle

1. Bei Addition einer Konstanten $k \in I\!R$ ändert sich die Varianz nicht, da sich die Verteilung nur verschiebt:

$$\sigma_{X+k}^2 = \mathrm{Var}(X + k) = \mathrm{Var}(X) = \sigma^2 \tag{2.99}$$

   Damit bleibt auch die Standardabweichung σ gleich: $\sigma_{X+k} = \sigma$.

2. Bei Multiplikation mit einer Konstanten $k \in I\!R$ erhöht sich die Varianz um den Faktor k^2:

$$\sigma_{kX}^2 = \mathrm{Var}(kX) = k^2 \mathrm{Var}(X) = k^2 \sigma^2 \tag{2.100}$$

   Also erhöht sich die Standardabweichung um den Faktor k auf $\sigma_{kX} = k\sigma$, da auch der Bereich, in dem ein gewisser Anteil aller Werte liegt, k mal so lang wird.

3. Sind X_1 und X_2 unabhängig, dann gilt:

$$\begin{aligned} \sigma_{X_1 - X_2}^2 &= \mathrm{Var}(X_1 - X_2) = \mathrm{Var}(1 \cdot X_1 + (-1) \cdot X_2) = \\ &= 1^2 \cdot \mathrm{Var}(X_1) + (-1)^2 \cdot \mathrm{Var}(X_2) = \mathrm{Var}(X_1) + \mathrm{Var}(X_2) = \\ &= \sigma_1^2 + \sigma_2^2 \end{aligned} \tag{2.101}$$

   Die Standardabweichung der Differenz der beiden Zufallsvariablen X_1 und X_2 ist also $\sigma_{X_1 - X_2} = \sqrt{\sigma_1^2 + \sigma_2^2}$.

4. Sind die Zufallsvariablen X_i unabhängig und identisch verteilt mit den Varianzen $\sigma_i^2 = \sigma^2$, dann gilt:

$$\begin{aligned} \sigma_{\Sigma X_i}^2 &= \mathrm{Var}(X_1 + X_2 + \ldots + X_n) = \\ &= \mathrm{Var}(X_1) + \mathrm{Var}(X_2) + \ldots + \mathrm{Var}(X_n) = \\ &= \sigma^2 + \sigma^2 + \ldots + \sigma^2 = n\sigma^2 \end{aligned} \tag{2.102}$$

   Die Standardabweichung $\sigma_{\Sigma X_i} = \sqrt{n}\sigma$ ist also nicht n mal, sondern nur um $\sqrt{n}$ mal so groß, denn beim Summieren vieler unabhängiger Werte kommen sowohl kleine als auch große vor, sodaß wegen dieses Ausgleichs sich die Standardabweichung gegenüber von $\sigma_{nX} = n\sigma$ verkleinert.

5. Sind die Zufallsvariablen X_i unabhängig und identisch verteilt mit den Varianzen $\sigma_i^2 = \sigma^2$, dann gilt:

$$\sigma_{\overline{X}}^2 = \mathrm{Var}(\overline{X}) = \mathrm{Var}\left(\frac{1}{n}\sum X_i\right) = \frac{1}{n^2}\mathrm{Var}\left(\sum X_i\right) = \frac{1}{n^2} n\sigma^2 = \frac{\sigma^2}{n} \tag{2.103}$$

   Die Standardabweichung des Mittelwerts ist also $\sigma_{\overline{X}} = \dfrac{\sigma}{\sqrt{n}}$.

3 Wichtige Verteilungen

3.1 Normalverteilung

Die **Normalverteilung** ist die wichtigste stetige Verteilung, weil viele in der Praxis auftretende Zufallsvariablen annähernd normalverteilt sind. Selbst manche nichtnormalverteilten Zufallsvariablen lassen sich durch geeignete Transformationen in normalverteilte Zufallsvariablen überführen.

Normalverteilte Zufallsvariablen erkennt man an der glockenförmigen Gestalt der Dichtefunktion oder des entsprechenden Histogramms. Hat man ein stetiges Merkmal sehr oft beobachtet, so kann man sich eine Häufigkeitsverteilung oder ein Histogramm aufzeichnen. Verbindet man die einzelnen Klassenmitten des Histogramms, so erhält man einen Streckenzug oder ein Polygon. Wenn man die Klasseneinteilung immer feiner wählt, dann wird sich dieses Polygon immer besser durch eine stetige Kurve, die **Verteilungskurve**, approximieren lassen. In vielen Fällen in der Praxis zeigt sich, daß man solche empirische Häufigkeitsverteilungen durch eine mehr oder weniger symmetrische Glockenkurve als Verteilungsdichte annähern kann (vgl. Bild 3.1).

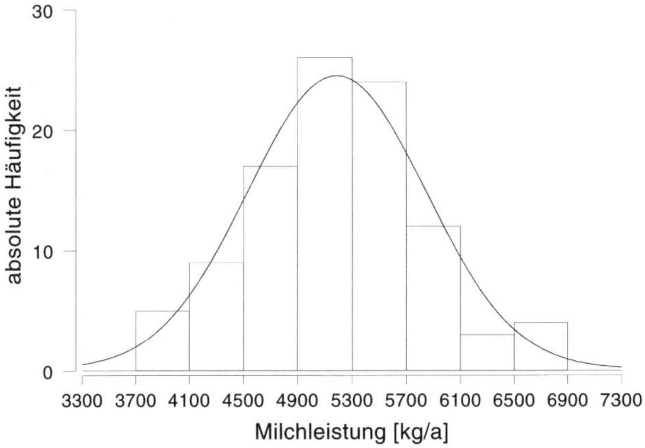

Bild 3.1: Annähernd normalverteilte empirische Verteilung

Die mathematische Gleichung einer symmetrischen Glockenkurve lautet:

$$f(x) = a \cdot \mathrm{e}^{-b \cdot x^2} \qquad \text{mit } a, b > 0 \tag{3.1}$$

Die Konstante a reguliert die Größe der Kurve in y-Richtung, die Konstante b reguliert, ob die Glockenkurve flacher oder steiler verläuft: Ein kleineres b bewirkt eine Abflachung der Glockenkurve. Die Funktionswerte sind stets größer als 0 und die Kurve schmiegt sich für $x \to \pm\infty$ asymptotisch an die x-Achse an. In Bild 3.2 ist die Glockenkurve $f(x) = \mathrm{e}^{-x^2}$ dargestellt.

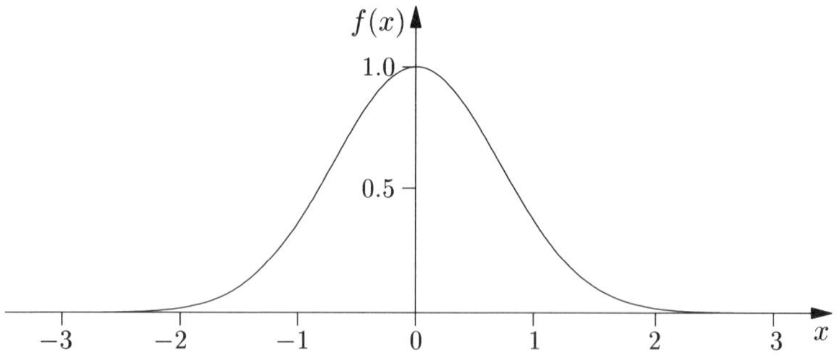

Bild 3.2: Die Kurve $f(x) = \mathrm{e}^{-x^2}$

Besonders typisch ist die symmetrische Glockenkurve für die Häufigkeitsverteilung von zufälligen Meßfehlern bei oft wiederholten Messungen eines Merkmals. Das Maximum der Glockenkurve kennzeichnet den typischsten Wert des Merkmals oder den wahrscheinlichsten Meßwert. Die Abweichungen nach beiden Seiten von diesem typischsten Mittelwert sind umso seltener oder umso unwahrscheinlicher, je größer sie dem Betrag nach sind. Diese Verteilung der Meßfehler wird auch als **Fehlergesetz** bezeichnet. Generell muß man die Normalverteilung als ein wichtiges wahrscheinlichkeitstheoretisches Modell ansehen, das man vielen praktischen Sachverhalten anpassen kann.

Viele Zufallsvariablen, die in der Praxis auftreten, kann man als additive Überlagerung vieler einzelner, mehr oder weniger voneinander unabhängiger Einflüsse oder anders ausgedrückt, als Summe vieler voneinander unabhängiger Zufallsgrößen auffassen. Nach dem **zentralen Grenzwertsatz** ist aber eine Summe von vielen voneinander unabhängigen, beliebig verteilten Zufallsgrößen angenähert normalverteilt, und zwar umso besser, je größer die Zahl dieser Zufallsgrößen ist.

Die biologische Variabilität bei vielen Merkmalen und das Auftreten der unkontrollierbaren zufälligen Meßfehler bei wiederholter Messung eines Merkmals lassen sich also durch das additive Zusammenwirken einer großen Zahl von Elementarfaktoren oder Elementarfehlern erklären. Diese Einzeleinflüsse überlagern sich mit verschiedenen Vorzeichen zu den einzelnen Realisationen oder Messungen. Wenn weiter angenommen wird, daß Einzelfaktoren weitgehend voneinander unabhängig sind und in etwa gleich groß und gleich verteilt sind, erklärt sich das Auftreten angenähert normalverteilter Größen in der Natur.

Eine experimentelle Demonstration vieler kleiner zufälliger Elementarfaktoren zu einer normalverteilten Zufallsgröße erhält man durch das bekannte Galton-Brett (vgl. Bild 3.3). Läßt man durch den Trichter Kugeln abrollen, so werden diese durch die Nägel zufällig nach rechts oder links abgelenkt und sammeln sich unten in den Kästen. Jeder Nagel repräsentiert nun einen bestimmten (biologischen) Elementarfaktor oder Elementareinfluß. Die einzelnen Kästchen füllen sich selbstverständlich bei einer endlichen Kugelzahl unterschiedlich. Die Häufigkeitsverteilung oder das Histogramm approximiert in etwa die Glockenkurve.

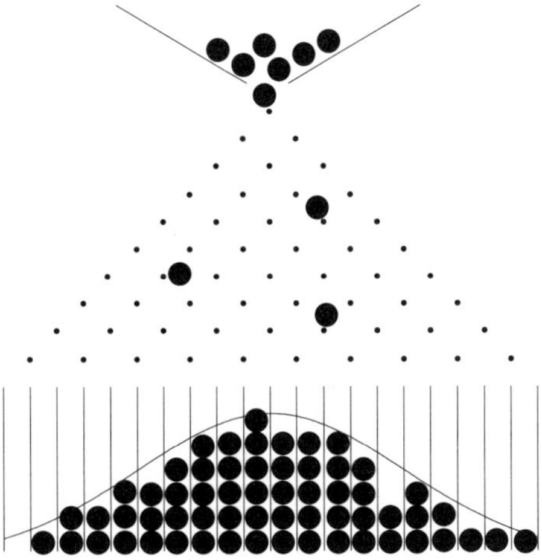

Bild 3.3: Das Galton-Brett

Wenn man theoretisch die Zahl der Kugeln gegen unendlich gehen läßt und gleichzeitig die Zahl der Kästen stark vermehrt und ihre Breite sowie die Kugelgröße entsprechend verringert, so geht das Histogramm, das den Füllungszustand der Auffangkästchen anzeigt, in die stetige Glockenkurve über.

3.1.1 Definition der Normalverteilung

Die stetige Verteilung mit der Wahrscheinlichkeitsdichte

$$f(x) = \frac{1}{\sigma\sqrt{2\pi}} \cdot \mathrm{e}^{-\frac{(x-\mu)^2}{2\sigma^2}} \quad \text{für } -\infty < x < \infty \text{ und } \sigma > 0 \tag{3.2}$$

heißt **Gaußsche Normalverteilung**. Der Erwartungswert dieser Verteilung ist μ, die Varianz ist σ^2.

Man sagt auch: Eine Zufallsgröße X, die die obige Verteilungsdichte besitzt, ist **(μ, σ^2)-normalverteilt**. Bild 3.4 zeigt Normalverteilungen mit verschiedenen μ und σ.

Der Parameter μ bewirkt eine Horizontalverschiebung der Kurve nach rechts oder links, wobei deren Maximum immer bei $x = \mu$ liegt. Der Parameter σ bewirkt eine Streckung bzw. Stauchung in x-Richtung. Je größer σ und damit auch die Varianz σ^2 ist, desto breiter wird die Kurve, für kleinere σ wird sie schmaler. Da die Fläche unter der Dichtefunktion immer 1 sein muß, nimmt mit größerem σ das Maximum kleinere Werte an und umgekehrt.

Es gibt also unendlich viele Normalverteilungen, denn μ und σ können beliebige Werte annehmen. Man rechnet jedoch häufig mit der **standardisierten Normalverteilung** oder **Standardnormalverteilung** mit Mittelwert $\mu = 0$ und Standardabweichung $\sigma = 1$, weil man jede beliebige Normalverteilung auf die Standardnormalverteilung zurückführen kann. Bild 3.5 zeigt Dichte- und Verteilungsfunktion der Standardnormalverteilung.

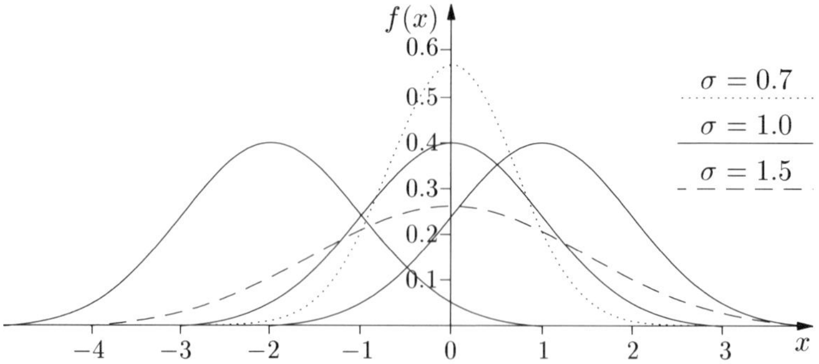

Bild 3.4: Normalverteilungen mit verschiedenen μ und σ

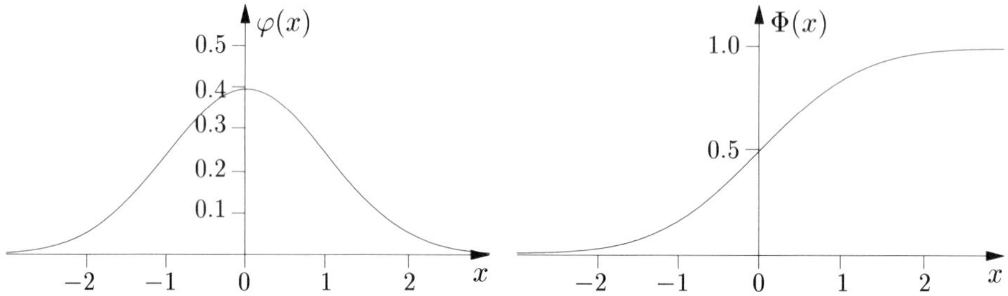

Bild 3.5: Dichte φ und Verteilungsfunktion Φ der Standardnormalverteilung

Die Verteilungsfunktion F einer (μ, σ^2)-Normalverteilung ist das Integral von Gleichung (3.2):

$$F(x) = \frac{1}{\sigma\sqrt{2\pi}} \cdot \int\limits_{-\infty}^{x} \mathrm{e}^{-\frac{(t-\mu)^2}{2\sigma^2}} \, dt \tag{3.3}$$

Dieses Integral laßt sich nicht analytisch lösen. Um die Wahrscheinlichkeiten $F(X \leq x)$ zu bestimmen, führt man deshalb $F(x)$ auf die Standardnormalverteilung mit $\mu = 0$ und $\sigma = 1$ zurück, deren Werte numerisch berechnet werden können. Diese Werte sind tabelliert (vgl. Tab. A.1 im Anhang).

Die Standardnormalverteilung hat die Wahrscheinlichkeitsdichte:

$$\varphi(x) = \frac{1}{\sqrt{2\pi}} \cdot \mathrm{e}^{-\frac{x^2}{2}} \tag{3.4}$$

Ihre Verteilungsfunktion Φ ist gegeben durch:

$$\Phi(x) = \frac{1}{\sqrt{2\pi}} \cdot \int\limits_{-\infty}^{x} \mathrm{e}^{-\frac{t^2}{2}} \, dt \tag{3.5}$$

Eine Tabelle dieser Funktion Φ findet sich im Anhang (Tab. A.1).

Das Integral in Gleichung (3.3) kann durch das Integral $\Phi(x)$ der Standardnormalverteilung ausgedrückt werden. Dazu erfolgt die Transformation der ursprünglichen Variablen t auf die **Standardnormalvariable** u (vgl. Bild 3.6):

$$u = \frac{(t-\mu)}{\sigma} \tag{3.6}$$

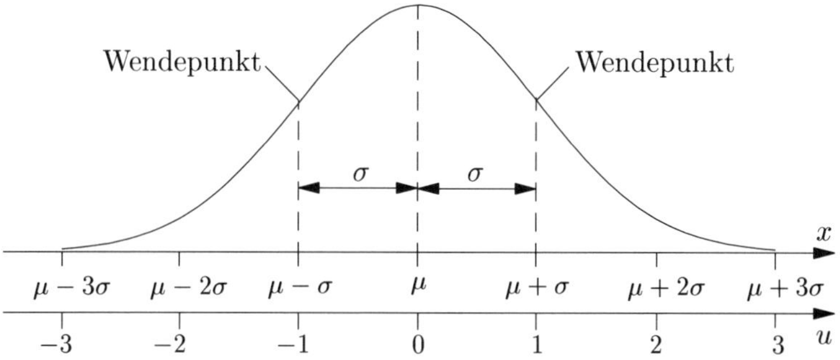

Bild 3.6: Transformation von x auf die Standardnormalvariable u

Aus Gleichung (3.6) folgt durch Differentiation von u nach t: $du/dt = 1/\sigma$ bzw. $dt = \sigma\, du$. Der ursprüngliche Integrationsbereich von $-\infty \ldots x$ transformiert sich dabei auf den neuen Bereich von $-\infty \ldots \frac{(x-\mu)}{\sigma}$. Es ist:

$$\begin{aligned} F(x) &= \frac{1}{\sigma\sqrt{2\pi}} \cdot \int_{-\infty}^{x} \mathrm{e}^{-\frac{(t-\mu)^2}{2\sigma^2}}\, dt = \frac{1}{\sigma\sqrt{2\pi}} \cdot \int_{-\infty}^{\frac{(x-\mu)}{\sigma}} \mathrm{e}^{-\frac{u^2}{2}} \cdot \sigma\, du = \\ &= \frac{1}{\sqrt{2\pi}} \cdot \int_{-\infty}^{\frac{(x-\mu)}{\sigma}} \mathrm{e}^{-\frac{u^2}{2}}\, du \end{aligned} \tag{3.7}$$

Das letzte Integral ist der Wert der Standardnormalverteilungsfunktion Φ an der Stelle $(x-\mu)/\sigma$. Damit hat man den wichtigen Zusammenhang zwischen Standardnormalverteilungsfunktion Φ und einer beliebigen (μ, σ^2)-Normalverteilungsfunktion F:

$$F(x) = \Phi\left(\frac{x-\mu}{\sigma}\right) \tag{3.8}$$

Mit Gleichung (3.8) kann nun die Wahrscheinlichkeit, daß eine (μ, σ^2)-normalverteilte Zufallsvariable irgendeinen Wert im Intervall $a < x \leq b$ annimmt, berechnet werden:

$$P(a < X \leq b) = F(b) - F(a) = \Phi\left(\frac{b-\mu}{\sigma}\right) - \Phi\left(\frac{a-\mu}{\sigma}\right) \tag{3.9}$$

Da es sich hier um eine stetige Zufallsvariable X handelt, gilt wiederum:

$$P(a < X \le b) = P(a < X < b) = P(a \le X < b) = P(a \le X \le b) \tag{3.10}$$

Wendet man Gleichung (3.9) für spezielle Grenzen $a = \mu - \lambda\sigma$ und $b = \mu + \lambda\sigma$ an, so erhält man folgende Bereiche mit den entsprechenden Wahrscheinlichkeiten aus Tab. A.1 im Anhang:

1σ-Bereich: $P(\mu - \sigma < X \le \mu + \sigma) = \Phi(1) - \Phi(-1) = 0.6826 \approx 68\%$
2σ-Bereich: $P(\mu - 2\sigma < X \le \mu + 2\sigma) = \Phi(2) - \Phi(-2) = 0.9545 \approx 95\%$
3σ-Bereich: $P(\mu - 3\sigma < X \le \mu + 3\sigma) = \Phi(3) - \Phi(-3) = 0.9974 > 99\%$
4σ-Bereich: $P(\mu - 4\sigma < X \le \mu + 4\sigma) = \Phi(4) - \Phi(-4) = 0.9999 \approx 100\%$

In Worten ausgedrückt heißt das: Die Realisationen einer normalverteilten Zufallsvariablen X verteilen sich bei einer großen Anzahl von Versuchen ($n \to \infty$) so, daß etwa 68% aller Werte im 1σ-Bereich, etwa 95% aller Werte im 2σ-Bereich und über 99% aller Werte im 3σ-Bereich liegen. Praktisch alle Werte liegen im 4σ-Bereich. Häufig betrachtet man bereits den 3σ-Bereich als den Bereich, in dem alle Werte liegen. Aus diesem Grund werden Tabellen der Standardnormalverteilung oft nur bis zum 3σ-Bereich tabelliert (vgl. Tab. A.1 im Anhang). Jede größere Realisation als 3 erhält dann den Funktionswert 1.

Man kann nun andersherum vorgehen und den σ-Bereich suchen, in dem ein vorgegebener Anteil an Realisationen liegen soll. Häufig verwendet man den zu μ symmetrischen Bereich, in dem man genau 95%, 99% bzw. 99.9% der Werte einer normalverteilten Zufallsvariablen X auf lange Sicht erwarten kann. Dies kann man mit den λ-Grenzen in Anhangstabelle A.2 bestimmen:

$P(\mu - 1.960\sigma < X \le \mu + 1.960\sigma) = 0.95 = 95\ \%$
$P(\mu - 2.576\sigma < X \le \mu + 2.576\sigma) = 0.99 = 99\ \%$
$P(\mu - 3.290\sigma < X \le \mu + 3.290\sigma) = 0.999 = 99.9\%$

Bild 3.7 zeigt $P(\mu - \lambda\sigma \le X \le \mu + \lambda\sigma) = P(|X - \mu| \le \lambda\sigma)$ graphisch als Fläche unter der Wahrscheinlichkeitsdichte. Die Wahrscheinlichkeiten $P(|X - \mu| > \lambda\sigma)$, daß Realisationen nicht im betrachteten Bereich liegen, ist die außerhalb des schraffierten Flächenanteils liegende Fläche mit $P(|X - \mu| > \lambda\sigma) = 1 - P(|X - \mu| \le \lambda\sigma)$.

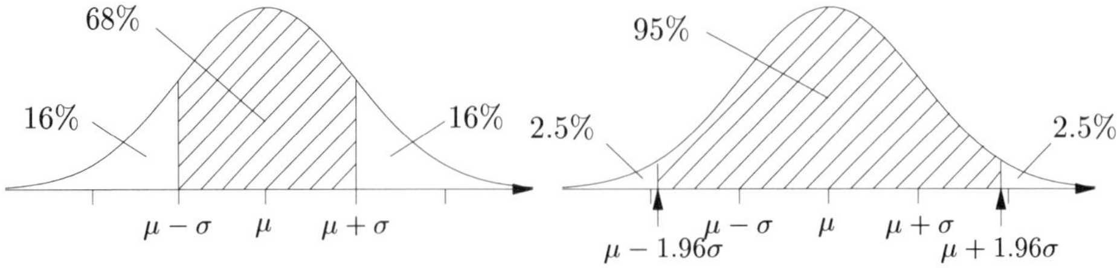

Bild 3.7: 1σ- und 1.96σ-Bereich der Normalverteilung

Beispiele:

1. *Zu bestimmen sind die Wahrscheinlichkeiten*

   $P(X \leq 2.9)$, $P(X < -1.26)$, $P(X \geq 1.3)$, *und* $P(1 \leq X < 10)$

   für eine standardnormalverteilte Zufallsvariable X. *Zu diesem Zweck wird Tab. A.1 des Anhangs verwendet.*

   $P(X \leq 2.9) = \Phi(2.9) = 0.9981,$

   $P(X < -1.26) = \Phi(-1.26) = 0.1038$

   $P(X \geq 1.3) = 1 - P(X < 1.3) = 1 - \Phi(1.3) = 0.0968$

   $P(1 \leq X < 10) = \Phi(10) - \Phi(1) = 1 - 0.8413 = 0.1587$

   Zur Berechnung der gleichen Wahrscheinlichkeiten für eine $(0.5, 2^2)$*-n.v. Zufallsvariable* X *muß auf die Standardnormalvariable* u *transformiert werden.*

   $$P(X \leq 2.9) = F(2.9) = \Phi\left(\frac{2.9 - 0.5}{2}\right) = \Phi(1.2) = 0.8849$$

   $$P(X < -1.26) = F(-1.26) = \Phi\left(\frac{-1.26 - 0.5}{2}\right) = \Phi(-0.88) = 0.1894$$

   $$P(X \geq 1.3) = 1 - F(1.3) = 1 - \Phi\left(\frac{1.3 - 0.5}{2}\right) = 1 - \Phi(0.4) = 0.3446$$

   $P(1 \leq X < 10) = \Phi(4.75) - \Phi(0.25) = 1 - 0.5987 = 0.4013$

2. *Gesucht sind die Fraktilen* c *einer standardnormalverteilten Zufallsgröße* X, *so daß folgende Wahrscheinlichkeitsaussagen gelten:* $P(X \leq c) = 0.16$, $P(X \geq c) = 10\%$, $P(0 < X < c) = 0.05$, $P(-c \leq X \leq c) = 90\%$. *Diese Fraktilen erhält man aus Tab. A.2.*

   $P(X \leq c) = \Phi(c) = 0.16 \Leftrightarrow c = -0.994$

   $P(X \geq c) = 1 - P(X < c) = 0.1 \Leftrightarrow P(X < c) = \Phi(c) = 0.9 \Leftrightarrow c = 1.282$

   $P(0 < X < c) = \Phi(c) - \Phi(0) = \Phi(c) - 0.5 = 0.05 \Leftrightarrow \Phi(c) = 0.55 \Leftrightarrow c = 0.126$

   $P(-c \leq X \leq c) = 0.9 \Leftrightarrow c = 1.645$

   Dieser Wert c *ist die sog. 90%-Grenze, d.h. zwischen* $-c$ *und* $+c$ *liegen 90% aller Werte. Diese Grenzen, allgemein auch* $\lambda_{K\%}$*-Grenzen genannt, kann man direkt aus Tab. A.2 im Anhang in der Spalte* λ *ablesen.*

   Für eine $(1, 0.5^2)$*-n.v. Zufallsvariable* X *muß wieder auf die Standardnormalvariable* u *transformiert werden.*

   $$P(X \leq c) = F(c) = \Phi\left(\frac{c-1}{0.5}\right) = 0.16 \Leftrightarrow \frac{c-1}{0.5} = -0.994 \Leftrightarrow c = 0.503$$

   $$P(X \geq c) = 0.1 \Leftrightarrow P(X < c) = 0.9 \Leftrightarrow \frac{c-1}{0.5} = 1.282 \Leftrightarrow c = 1.641$$

   $$P(0 < X < c) = \Phi\left(\frac{c-1}{0.5}\right) - \Phi(-2) = \Phi\left(\frac{c-1}{0.5}\right) - 0.0228 = 0.05 \Leftrightarrow \Phi\left(\frac{c-1}{0.5}\right) = 0.0728 \Leftrightarrow \frac{c-1}{0.5} = -1.45 \Leftrightarrow c = 0.275$$

$P(-c \leq X \leq c) = K\%$ macht in diesem Fall keinen Sinn, da die Dichtefunktion nicht symmetrisch um 0 ist. Man kann jedoch die $K\%$-Grenzen $\mu - \lambda_{K\%} \cdot \sigma$ und $\mu + \lambda_{K\%} \cdot \sigma$ mit Hilfe der Standardnormalverteilung bestimmen. Mit $\lambda_{90\%} = 1.645$ sind die Grenzen $1 - 1.645 \cdot 0.5 = 0.1775$ und $1 + 1.645 \cdot 0.5 = 1.8225$ und damit folgt für das um den Mittelwert $\mu = 1$ symmetrische 90%-Intervall:

$$P(0.1775 \leq X \leq 1.8225) = 90\%$$

3. *Die Jahresmilchleistung (in kg) von Kühen einer Population sei $(5000, 600^2)$-n.v. Um einen züchterischen Fortschritt zu erreichen, sollen die Tiere mit niedrigen Leistungen ausselektiert werden, so daß nur 60% der Population zur Vermehrung kommen. Gesucht ist die untere Grenze der Milchleistung, die ein Tier zur Weiterzucht auszeichnet.*

$$P(X < x) = 0.4 = \Phi\left(\frac{x - 5000}{600}\right) \Leftrightarrow \frac{x - 5000}{600} = -0.253 \text{ (Tab. A.2)}$$

$$x = 5000 - 0.253 \cdot 600 = 4848.2$$

3.1.2 Vergleich empirische Verteilung und Normalverteilung

Es soll nun untersucht werden, ob gewisse empirische Verteilungen Ähnlichkeit mit der Normalverteilung haben oder anders ausgedrückt, ob man einer empirischen Verteilung eine Normalverteilung anpassen kann.

Als Beispiel wird die empirische Verteilung der Milchleistung von 100 Milchkühen aus Tab. 1.8 herangezogen. Betrachtet man die Histogramme in Bild 1.4, so stellt man auf den ersten Blick große Ähnlichkeit mit der Kurve der Normalverteilungsdichte fest. Nun wird die Ähnlichkeit geprüft, indem eine theoretische Normalverteilung mit den Parametern $\mu = \overline{x}$ und $\sigma = s$ unterstellt wird und die theoretischen Häufigkeiten für die einzelnen Klassenbreiten berechnet werden. Es ist $\overline{x} = 5188.7$ kg und $s = 655.4$ kg. Tab. 3.1 zeigt einen Vergleich der beobachteten und aufgrund einer Normalverteilung erwarteten relativen Häufigkeiten.

Milchleistung [kg]	beobachtet	erwartet
< 3600	0.00	0.0078
3600...4000	0.05	0.0273
4000...4400	0.08	0.0800
4400...4800	0.14	0.1625
4800...5200	0.22	0.2304
5200...5600	0.20	0.2277
5600...6000	0.24	0.1568
6000...6400	0.03	0.0753
6400...6800	0.04	0.0253
> 6800	0.00	0.0069
$\sum$	1.00	1.0000

Tabelle 3.1: Vergleich der empirischen Verteilung der Milchleistungen aus Tab. 1.8 mit einer $(5188.7, 655.4^2)$-Normalverteilung

Die theoretisch erwarteten Häufigkeiten für die einzelnen Intervalle I_k bekommt man z.B. für das Intervall 4000 ... 4400:

$$\begin{aligned} P(4000 < X \leq 4400) &= F(4400) - F(4000) = \\ &= \Phi\left(\frac{4400 - 5188.7}{655.4}\right) - \Phi\left(\frac{4000 - 5188.7}{655.4}\right) = \\ &= \Phi(-1.2034) - \Phi(-1.8137) = 0.1151 - 0.0351 = \\ &= 0.0800 \end{aligned}$$

Es ergeben sich zwangsläufig kleine Abweichungen zwischen der empirischen Verteilung und der theoretischen Normalverteilung. Die Variationsbreite der Stichprobe geht von 3600 kg bis 6800 kg. Die Normalverteilungskurve ist im Bereich $-\infty \ldots +\infty$ definiert, in der Praxis reicht es gewöhnlich aus, den 3σ-Bereich zu betrachten, in dem etwa 99.7% aller Werte liegen. Im Beispiel ist dies etwa der Bereich zwischen 3200 kg und 7200 kg.

Eine weitere Möglichkeit der Prüfung auf Normalverteilung ist mit einem sog. **Wahrscheinlichkeitspapier** oder einem **Wahrscheinlichkeitsnetz**[1] möglich (Bild 3.8).

Das Wahrscheinlichkeitspapier ist ein spezielles Koordinatenpapier, in dem die Verteilungsfunktion einer Normalverteilung die Gestalt einer Geraden annimmt. In einem normalen Koordinatensystem, in dem beide Achsen äquidistant unterteilt sind, stellt sich die Verteilungsfunktion F der Normalverteilung bekanntlich als typische S-förmige Kurve dar. Man kommt anschaulich zu einem Wahrscheinlichkeitsnetz, wenn man diese Verteilungsfunktionskurve an den beiden Enden zu einer Geraden aufbiegt und dabei die Unterteilung auf der y-Achse entsprechend mitverschiebt (Bild 3.8). Die Skalierung auf der x-Achse bleibt unverändert.

Die Gerade in Bild 3.8 soll jetzt mathematisch hergeleitet werden. F sei die Verteilungsfunktion einer (μ, σ^2)-Normalverteilung, $x_{K\%}$ sei die $K\%$-Fraktile dieser Normalverteilung. $u_{K\%}$ sei die $K\%$-Fraktile der Standardnormalverteilung. Nach Gleichung (3.8) gilt:

$$F(x_{K\%}) = \Phi\left(\frac{x_{K\%} - \mu}{\sigma}\right) = \Phi(u_{K\%}) = K\% \;\Rightarrow\; u_{K\%} = \frac{x_{K\%} - \mu}{\sigma} \tag{3.11}$$

In einem (x, u)-Koordinatensystem mit gleichmäßig unterteilten x- und u-Achsen ist $u(x)$ die Gleichung einer Geraden durch den Medianpunkt ($x = \mu$, $u = 0$) mit der Steigung $1/\sigma$. Wenn man neben die äquidistanten $u_{K\%}$-Werte die entsprechenden $K\%$-Werte auf eine Skala schreibt, dann erhält man die im Wahrscheinlichkeitspapier verwendete Funktionsskala $K\% = \Phi(u_{K\%})$ bzw. $u = \Phi^{-1}(K\%)$ (vgl. Bild 3.8). Aus Tab. A.2 im Anhang kann man zusammengehörige Werte ablesen und sich diese Funktionsskala konstruieren (vgl. Tab. 3.2).

[1] Wahrscheinlichkeitspapier ist im Schreibwarenhandel erhältlich.

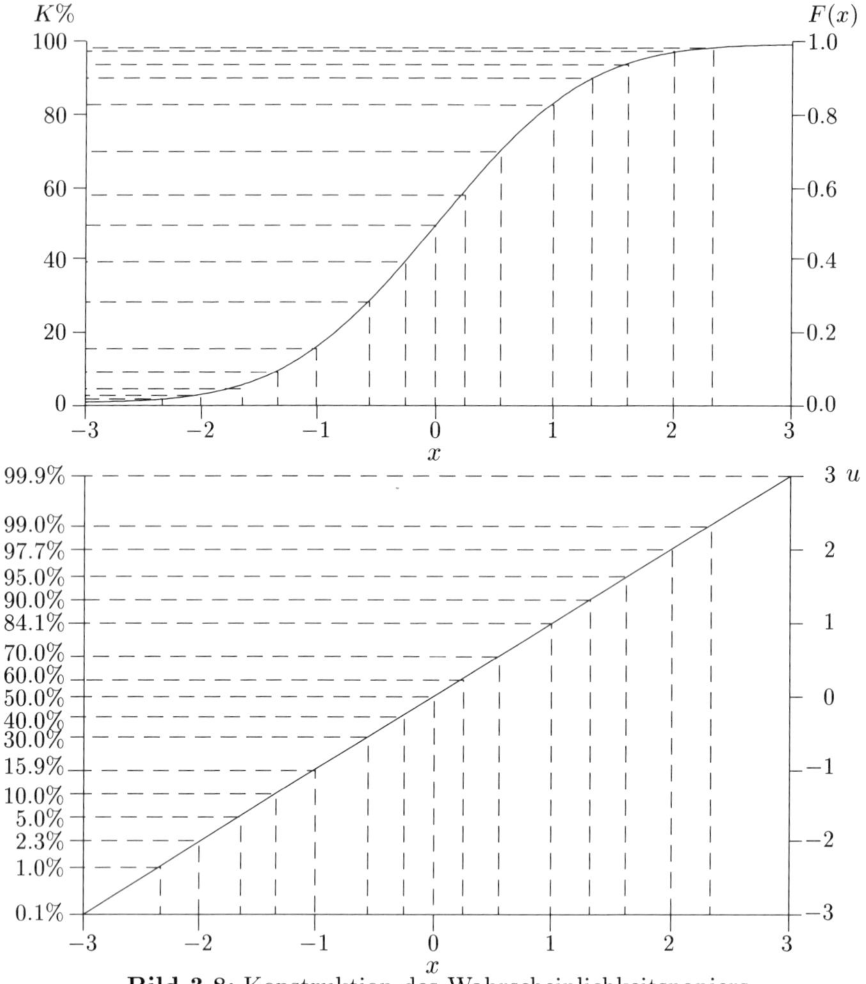

Bild 3.8: Konstruktion des Wahrscheinlichkeitspapiers

$K\%$	$u_{K\%}$	$K\%$	$u_{K\%}$	$K\%$	$u_{K\%}$
0	$-\infty$	10	−1.28	95	1.65
0.05	−3.29	20	−0.84	96	1.75
0.1	−3.09	30	−0.52	97	1.88
0.5	−2.58	40	−0.25	98	2.05
1	−2.33	50	0.00	99	2.33
2	−2.05	60	0.25	99.5	2.58
3	−1.88	70	0.52	99.9	3.09
4	−1.75	80	0.84	99.95	3.29
5	−1.65	90	1.28	100	$+\infty$

Tabelle 3.2: Funktionsskala des Wahrscheinlichkeitspapiers

Im Wahrscheinlichkeitspapier ist also das Bild der Verteilungsfunktion jeder beliebigen Normalverteilung eine Gerade. Der Mittelwert μ ergibt sich als Abszissenwert des Schnittpunkts dieser Geraden mit der 50%-Fraktilen. Die Standardabweichung ist gleich der reziproken Steigung dieser Geraden. Wenn man die zu den Werten 84.1% und 15.9% gehörigen Abszissen $\mu + \sigma$ bzw. $\mu - \sigma$ abliest, so hat man in der Differenz dieser Abszissenwerte die Strecke 2σ.

Beispiel:

Mit Hilfe eines Wahrscheinlichkeitspapiers soll untersucht werden, ob die Stichprobe der Milchleistungen aus Tab. 1.8 normalverteilt ist. Dazu trägt man die relativen Summenhäufigkeiten aus Tab. 1.11 über dem rechten Eckpunkt des jeweiligen Klassenintervalls auf (Bild 3.9).

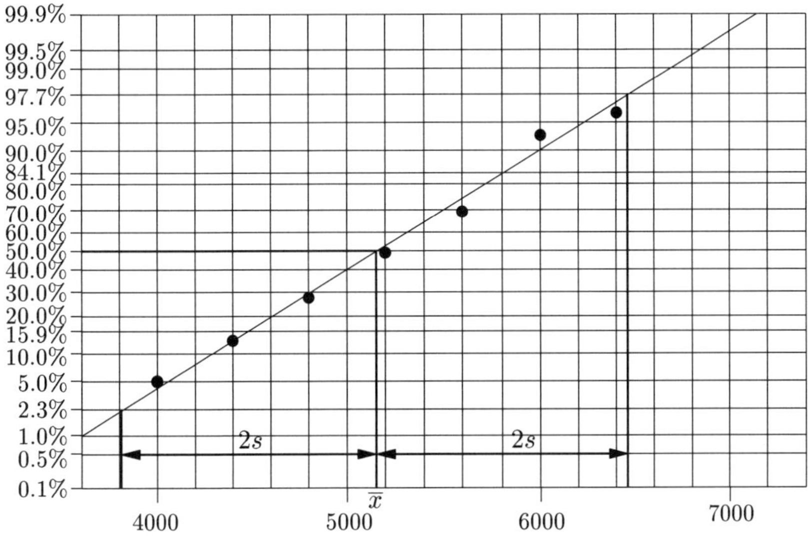

Bild 3.9: Milchleistungen im Wahrscheinlichkeitspapier

Die Werte für 0% und 100% können natürlich nicht gezeichnet werden, da diese im Unendlichen liegen. Durch die Punkte kann man nach Augenmaß eine Gerade legen, wenn auch der Punkt bei 6000 kg etwas abweicht. Als Schätzung für den Mittelwert wählt man den Abszissenwert des Schnittpunkts der Geraden mit der 50%-Fraktilen. Dieser Wert ist ca. 5180 kg und trifft das berechnete arithmetische Mittel von $\overline{x} = 5188.7$ kg recht gut. Zur Bestimmung der Standardabweichung kann man die zu 84.1% und 15.9% gehörigen Abszissenwerten ablesen. Die Differenz beider Werte ist ein Schätzwert für die doppelte Standardabweichung. Noch besser ist es, einen 4s-Bereich abzulesen, da man den Ablesefehler auf ein größeres Intervall verteilt. Dazu muß man die Abszissenwerte bei 97.7% und 2.3% ablesen. Diese sind etwa 6440 kg und 3810 kg. Somit ist $4s = 2670$ kg, also $s = 657.5$ kg, was auch recht gut mit der berechneten empirischen Standardabweichung von 655.4 kg übereinstimmt.

Eine objektive Prüfung, ob eine empirische Verteilung als Normalverteilung angesehen werden kann, erlaubt ein statistischer Test. Die Theorie und Anwendung dieses sog. **χ^2-Tests** werden in Abschnitt 6.6.1 vorgestellt und diese Prüfung nachgeholt.

3.1.3 Additionstheorem der Normalverteilung

Die Aussage des Additionstheorems lautet im einfachsten Falle: Eine Summe von zwei normalverteilten Zufallsvariablen stellt wieder eine normalverteilte Zufallsvariable dar.

Nimmt man die Additionsregeln für Varianzen in Abschnitt 2.9.6 hinzu und geht von unabhängigen Zufallsvariablen aus, dann gilt Folgendes: Es seien n unabhängige Zufallsvariablen X_i $(i = 1, 2, \ldots, n)$ jeweils (μ_i, σ_i^2)-normalverteilt. Bildet man die Linearkombination $X = \sum_{i=1}^{n} k_i \cdot X_i$ mit beliebigen reellen Konstanten k_i, so ist die Zufallsvariable X wieder normalverteilt mit dem Erwartungswert

$$\mu = \sum_{i=1}^{n} k_i \cdot \mu_i \tag{3.12}$$

und der Varianz

$$\sigma^2 = \sum_{i=1}^{n} k_i^2 \cdot \sigma_i^2. \tag{3.13}$$

Beispiele:

1. *Eine Maschine füllt zwei verschiedene Mineraldünger mit je einem bestimmten Nettosollgewicht in einen Papiersack. Das Füllgewicht X_1 des ersten Düngers sei normalverteilt mit dem Erwartungswert $\mu_1 = 20$ kg und der Standardabweichung $\sigma_1 = 0.4$ kg. Das Füllgewicht X_2 des zweiten Düngers sei normalverteilt mit dem Erwartungswert $\mu_2 = 30$ kg und der Standardabweichung $\sigma_2 = 0.6$ kg. Beide Zufallsvariablen X_1 und X_2 werden als unabhängig vorausgesetzt. In welchen Grenzen liegt mit einer Wahrscheinlichkeit von 95% das Nettofüllgewicht Y eines Sacks mit den beiden gemischten Düngern?*

   Das Gewicht $Y = X_1 + X_2$ ist nach dem Additionstheorem und aufgrund der Unabhängigkeit von X_1 und X_2 normalverteilt. Der Erwartungswert ist:

   $\mu_y = \mu_1 + \mu_2 = 20 \text{ kg} + 30 \text{ kg} = 50 \text{ kg}$

   Wegen der Unabhängigkeit von X_1 und X_2 errechnet sich die Varianz zu:

   $\sigma_y^2 = 1^2 \cdot \sigma_1^2 + 1^2 \cdot \sigma_2^2 = (0.4 \text{ kg})^2 + (0.6 \text{ kg})^2 = 0.52 \text{ kg}^2$

   Damit ist $\sigma_y = 0.72$ kg.

   Dem 95%-Anteil entspricht etwa ein 2σ-Intervall. Das Nettogewicht des Düngers liegt also mit etwa 95% Wahrscheinlichkeit im Intervall:

   $\{50 - 2 \cdot 0.72 \leq Y \leq 50 + 2 \cdot 0.72\}_{95\%} = \{48.56 \leq Y \leq 51.44\}_{95\%}$

2. *Betrachtet wird das arithmetische Mittel* $\overline{X}$ *von* n *unabhängigen* (μ_i, σ_i^2)*-normalverteilten Zufallsgrößen* X_i: $\overline{X} = \dfrac{X_1 + X_2 + \ldots + X_n}{n}$. *Die Konstanten* k_i *der Linearkombination sind alle gleich* $1/n$. *Also ist* $\overline{X}$ *normalverteilt mit dem Mittelwert* $\dfrac{\mu_1 + \mu_2 + \ldots + \mu_n}{n}$ *und der Varianz* $\dfrac{\sigma_1^2 + \sigma_1^2 + \ldots + \sigma_n^2}{n^2}$. *Später wird der wichtige Spezialfall angewandt, daß die* X_i *alle dieselbe Verteilung haben, d.h.* $\mu_1 = \mu_2 = \ldots = \mu_n = \mu$ *und* $\sigma_1 = \sigma_2 = \ldots = \sigma_n = \sigma$. *In diesem Fall ist dann das arithmetische Mittel* $\overline{X}$ *normalverteilt mit dem Mittelwert* μ *und der Varianz* σ^2/n.

3.1.4 Zusatzbemerkung zum Modell der Normalverteilung

Eine (μ, σ^2)-normalverteilte Zufallsgröße X kann man sich aus zwei Komponenten zusammengesetzt denken: $X = \mu + Z$. Für die entsprechenden Realisationen gilt dann: $x_i = \mu + z_i$.

Der Mittelwert μ ist als feste oder systematische Komponente des Zufallsvorgangs aufzufassen, der durch X beschrieben wird. μ ist z.B. das Mittel eines Merkmals X bzgl. einer bestimmten Rasse oder Spezies. Die Zufallsvariable Z beschreibt dann die biologische Variabilität, welche dem fixen Mittelwert μ überlagert wird. Es wird vorausgesetzt, daß Z eine $(0, \sigma^2)$-normalverteilte Zufallsgröße ist.

In dem mechanischen Modell des Galton-Apparats (Bild 3.3) wird der Mittelwert μ durch die horizontale Lage des Trichters mit den Kugeln gegenüber dem Nagelfeld festgelegt. Die einzelnen Nägel, die die Kugeln zufällig ablenken, repräsentieren den Einfluß der Zufallsvariablen Z. Ihre Lage zueinander bestimmt letztlich das Ausmaß der Streuung σ^2.

3.1.5 Die Normalverteilung in MINITAB

Mit MINITAB kann man normalverteilte Zufallszahlen durch das Kommando `random` (*random* = engl. Zufall) und dem Subkommando `normal` erzeugen. Die allgemeine Syntax auf Kommandoebene lautet:

`RANDOM` je `K` Werte in die Spalten `C`,...,`C`;
    `NORMAL` [μ = `K` [σ = `K`]].

`K` steht dabei für Zahlenwerte oder gespeicherte Konstanten. Wird kein Subkommando angegeben, so wird eine Standardnormalverteilung mit $\mu = 0$ und $\sigma = 1$ gewählt. Wird nur ein Zahlenwert (für μ) angegeben, so wird $\sigma = 1$ angenommen.

Mit den folgenden Kommandos werden 60 Zufallszahlen aus einer $(5, 2^2)$-n.v. Grundgesamtheit erzeugt und am Bildschirm ausgegeben.

```
MTB > random 60 c1;
SUBC> normal 5 2.
MTB > print c1

C1
  4.94698   1.56037   5.84522   6.90967   3.79847   4.83077
  3.42676   1.08490   5.92816   5.46963   3.72117   6.84915
  5.25919   4.96060   4.00040   4.86295   4.40801   4.49762
  5.49261   8.33642   8.23764   6.77809   5.88258   6.95919
  5.81300   7.50804   6.28206   7.77364   0.39672   6.18878
  9.15613   5.28802   3.06110   4.36429   6.96467   2.94839
  2.99541   5.66223   6.39146   7.51201   6.18728   6.94497
  4.47353   6.11697   5.09297   4.32364   5.36282   8.08642
  7.10898   5.60910   4.21309   6.79616   0.89985   6.78529
  4.62816   5.49385   5.98575   3.84116   5.07639   2.03820
```

Bild 3.10 zeigt das Histogramm, das mit folgendem Kommando erstellt wird.

```
MTB > histogram c1
```

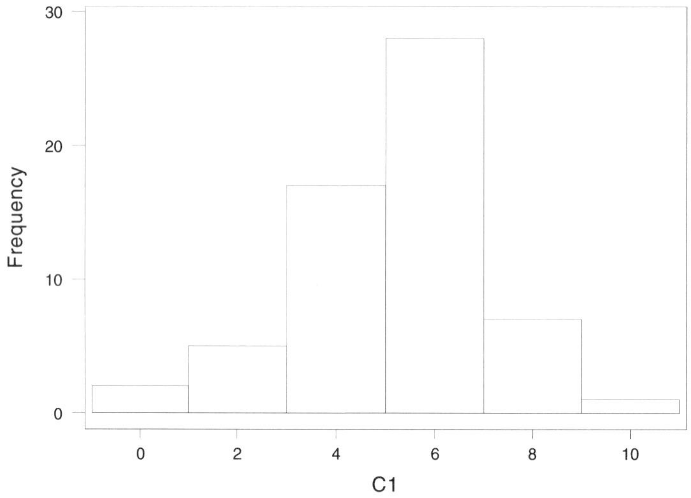

Bild 3.10: Histogramm von Zufallszahlen aus einer $(5, 2^2)$-Normalverteilung

Die Wahrscheinlichkeitsdichte von Normalverteilungen berechnet der Befehl `pdf` (von engl. *probability density function*) mit der Option `normal`. Die allgemeine Syntax lautet:

`PDF` für Werte in `E` [nach `E`];
  `NORMAL` [$\mu =$ `K` [$\sigma =$ `K`]].

`E` kann dabei entweder eine Konstante oder eine ganze Spalte sein. `K` steht wiederum für einen Zahlenwert oder eine gespeicherte Konstante. Wird kein Subkommando angegeben, so wird eine Standardnormalverteilung mit $\mu = 0$ und $\sigma = 1$ gewählt.

```
MTB > pdf 4;
SUBC> normal 5 2.
    4.0000     0.1760
```

Die Dichte bei $x = 4$ beträgt also bei einer $(5, 2^2)$-n.v. Zufallsvariablen $f(x) = 0.176$.

Man kann sich auch eine Tabelle für verschiedene x-Werte ausgeben lassen, wenn man mit dem Befehl `set` die x-Werte in eine Spalte schreibt und die Dichte für die gesamte Spalte berechnet. Die folgenden Kommandos geben eine Wertetabelle der Standardnormalverteilungsdichte aus.

```
MTB > set c1
DATA> -3 -2 -1 0 1 2 3
DATA> end
MTB > pdf c1
   -3.0000     0.0044
   -2.0000     0.0540
   -1.0000     0.2420
    0.0000     0.3989
    1.0000     0.2420
    2.0000     0.0540
    3.0000     0.0044
```

Die Werte der Standardnormalverteilungsfunktion können mit Kommando `cdf` (von engl. *cumulative distribution function*) und dem Subkommando `normal` berechnet werden. Die allgemeine Syntax lautet:

`CDF` für Werte in `E` [nach `E`];
  `NORMAL` [μ = `K` [σ = `K`]].

`E` kann auch hier entweder eine Konstante oder eine ganze Spalte sein. Wird kein Subkommando angegeben, so wird wiederum eine Standardnormalverteilung mit $\mu = 0$ und $\sigma = 1$ gewählt.

```
MTB > cdf 9;
SUBC> normal 5 2.
    9.0000     0.9772
```

Die Wahrscheinlichkeit, daß eine $(5, 2^2)$-n.v. Zufallsvariable Werte kleiner als 9 annimmt, ist also $P(X < 9) = F(9) = 97.72\%$.

Die Werte der Standardnormalverteilung in Tab. A.1 im Anhang wurden mit den folgenden Befehlen berechnet:

```
MTB > set c1
DATA> 0:3/0.01
DATA> end
MTB > let c2=-c1
MTB > cdf c2 c2
MTB > cdf c1 c3
MTB > let c4=c3-c2
```

Zunächst wird Spalte 1 mit den x-Werten von 0 bis 3 im Abstand von 0.01 belegt und anschließend die negativen x-Werte in Spalte 2 geschrieben. Spalte 2 wird mit den Werten der Standardnormalverteilung für negative x überschrieben. In Spalte 3 kommen die Werte $\Phi(x)$. Die Differenz $D(x) = \Phi(x) - \Phi(-x)$ schreibt man einfach als Differenz der Spalten 3 und 2 in Spalte 4.

Mit dem Befehl

```
MTB > print c1-c4
```

kann man sich die Tabelle ansehen. Die ersten vier Zeilen haben folgende Form:

```
ROW    C1          C2          C3          C4

  1  0.00    0.500000    0.500000    0.000000
  2  0.01    0.496011    0.503989    0.007979
  3  0.02    0.492022    0.507978    0.015957
  4  0.03    0.488033    0.511967    0.023933
```

Das Kommando `invcdf` (von engl. *inverse cumulative distribution function*) mit dem Subkommando `normal` berechnet die Inverse einer Normalverteilungsfunktion, also deren Fraktilen zu einem gegebenen Flächenanteil unter der Dichtefunktion. Die allgemeine Syntax lautet:

`INVCDF` für Werte in `E` [nach `E`];
  `NORMAL` [μ = `K` [σ = `K`]].

`E` ist wieder eine Konstante oder Spalte. Wird kein Subkommando angegeben, so wird eine Standardnormalverteilung mit $\mu = 0$ und $\sigma = 1$ gewählt.

Die folgende Sequenz gibt die Fraktilen u der Standardnormalverteilung für fünf ausgewählte Wahrscheinlichkeiten $\Phi(u)$ aus.

```
MTB > set c1
DATA> 0.9 0.95 0.99 0.999 0.9999
DATA> end
MTB > invcdf c1 c2
MTB > name c1 'Phi(u)' c2 'u'
MTB > print c1 c2

 ROW   Phi(u)         u

   1   0.9000   1.28155
   2   0.9500   1.64485
   3   0.9900   2.32635
   4   0.9990   3.09024
   5   0.9999   3.71897
```

Mit dem MINITAB-Befehl `nscores` kann man Daten im Wahrscheinlichkeitspapier oder einem Wahrscheinlichkeitsplot darstellen. `nscores` berechnet für eine Spalte, in der die zu analysierenden Daten stehen, entsprechende Quantilswerte u der Standardnormalverteilung und legt diese in einer anderen Spalte ab. `nscores c1 c2` ordnet der Spalte `c2` bei vorliegender Spalte `c1` folgende Werte zu:

c1		c2
1.1		0.00
0.1		-1.18
2.3	$\longrightarrow$	1.18
1.8		0.50
0.9		-0.50

Trägt man die beiden Spalten in einem Plot gegeneinander auf, so entspricht dies der Darstellung in einem Wahrscheinlichkeitsplot. Streuen die Werte in etwa um eine Gerade, dann kann man von normalverteilten Werten ausgehen. Dies ist im Prinzip das Verfahren zur Erstellung eines sog. **Quantil-Quantil-Plots**, der zur Überprüfung dient, ob die Verteilung einer vorliegenden Stichprobe mit einer angenommenen Verteilung übereinstimmt. Wenn die Annahme richtig ist, sollten die entsprechenden Punkte, deren Koordinate die Quantile darstellen, angenähert auf einer Geraden liegen. In Spalte `c1` stehen 5 beobachtete Stichprobenwerte. Die entsprechenden **normal scores** in Spalte `c2` sind die im Durchschnitt zu erwartenden Werte aus einer Standardnormalverteilung, wenn man eine Stichprobe vom Umfang $n = 5$ zieht. -1.18 ist also der kleinste Wert, den man erwartet, wenn man 5 Stichprobenwerte aus einer Standardnormalverteilung zieht, -0.5 ist der zweitkleinste Wert, 0 ist der drittkleinste bzw. der mittelste Wert von 5 Beobachtungen aus einer Standardnormalverteilung usw. Die normal scores oder **Normalwerte** sind also die Erwartungswerte des kleinsten, zweitkleinsten usw. Stichprobenwerts aus einer Standardnormalverteilung, man sagt auch die **Erwartungswerte der Ordnungsstatistiken**.

Beispiel:

Es soll geprüft werden, ob die Milchleistungen von Tab. 1.8 aus einer normalverteilten Grundgesamtheit stammen. Die Werte werden aus einer Datei `MILCH.DAT` *in* MINITAB *eingelesen, die Quantilen berechnet und der Wahrscheinlichkeitsplot erstellt.*

```
MTB > read 'milch.dat' c1
Entering data from file: milch.dat
    100 rows read.
MTB > name c1 'Milch' c2 'Quantil'
MTB > nscores c1 c2
MTB > plot 'Quantil'*'Milch'
```

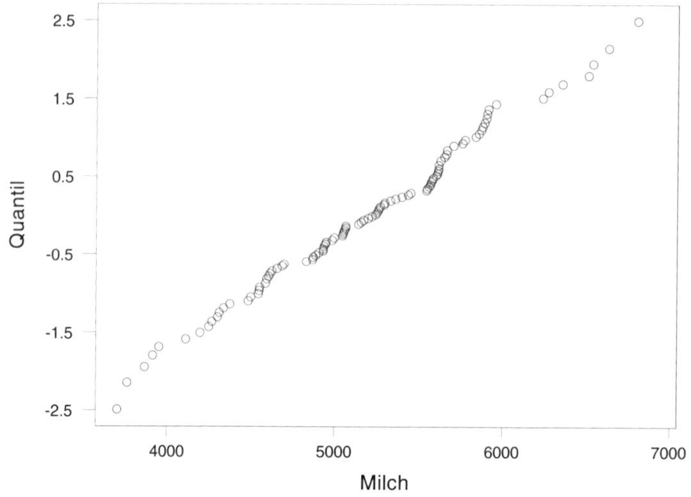

Bild 3.11: Quantil-Quantil-Plot der Milchleistungen aus Tab. 1.8

Die Werte in Bild 3.11 streuen in geringem Abstand um eine Ausgleichsgerade. Die Approximation der Verteilung durch eine Normalverteilung scheint deshalb gerechtfertigt.

3.2 Logarithmische Normalverteilung

Es gibt Zufallsgrößen, die keine negativen Realisationen annehmen können. Beispiele dafür sind Gewichtsmaße, Längenmaße, Zählmaße, Zeitmaße usw. Solche Zufallsvariablen können also von vorneherein nicht exakt als normalverteilt gelten, da eine normalverteilte Zufallsvariable, ganz gleich welchen Mittelwert und welche Streuung sie hat, theoretisch auch negative Realisationen annehmen kann. Unter Umständen kann man zwar eine solche Zufallsgröße approximativ durch eine Normalverteilung beschreiben, denn wenn der Mittelwert μ mindestens dreimal so groß ist wie die Standardabweichung σ, ist die Wahrscheinlichkeit für das Auftreten negativer Werte vernachlässigbar klein (≈ 0.0014). Es gibt jedoch Fälle, in denen die Verteilungsdichte nicht mehr symmetrisch wie bei der Normalverteilung ist, sondern ausgeprägt schief ist. Besonders einige Zufallsgrößen X, die ein biologisches Wachstum beschreiben, haben eine einseitige unsymmetrische Verteilung von der Art, daß die transformierte Zufallsgröße $Y = \log X$ eine Normalverteilung zeigt. Das heißt, nicht die beobachteten Realisationen x, sondern die transformierten Werte $y = \log x$ entstammen einer normalverteilten Grundgesamtheit.

Eine Zufallsvariable X heißt **logarithmisch normalverteilt**, wenn die Zufallsvariable $Y = \log X$ normalverteilt ist.

Die Verteilungsfunktion F einer logarithmisch normalverteilten Zufallsvariablen X ergibt sich, wenn man $Y = \log X$ als (μ_l, σ_l^2)-normalverteilt annimmt, zu:

$$F(x) = \begin{cases} \dfrac{1}{\sigma_l\sqrt{2\pi}} \displaystyle\int_{-\infty}^{\log x} \mathrm{e}^{-\frac{(t-\mu_l)^2}{2\sigma_l^2}}\, dt & \text{für } x > 0 \\ 0 & \text{für } x \leq 0 \end{cases} \tag{3.14}$$

Die entsprechende Wahrscheinlichkeitsdichte $f(x)$ ergibt sich zu:

$$f(x) = \begin{cases} \dfrac{\log \mathrm{e}}{\sigma x\sqrt{2\pi}} \cdot \mathrm{e}^{-\frac{(\log x - \log \xi)^2}{2\sigma^2}} & \text{für } x > 0 \\ 0 & \text{für } x \leq 0 \end{cases} \tag{3.15}$$

σ_l ist hier nicht die Standardabweichung von X, sondern von $Y = \log X$. Ebenso ist μ_l der Erwartungswert von $Y = \log X$. Für den natürlichen Logarithmus ist e^{μ_l} bzw. für den dekadischen Logarithmus ist 10^{μ_l} die Mediane, also die 50%-Fraktile der Verteilung von X, da bei der asymmetrischen logarithmischen Normalverteilung (Bild 3.12) Mittelwert und Mediane nicht übereinstimmen, jedoch bei der symmetrischen Normalverteilung.

In praktischen Anwendungen arbeitet man ungern mit den Gleichungen (3.14) und (3.15), sondern transformiert die x-Werte und rechnet dann mit den y-Werten, die wieder normalverteilt sind. So kann man z.B. auch hier ein Wahrscheinlichkeitspapier benutzen, wenn die Merkmalsachse einen logarithmischen Maßstab aufweist. In einem solchen Wahrscheinlichkeitspapier ist die Verteilungsfunktion einer logarithmischen Normalverteilung wieder eine Gerade.

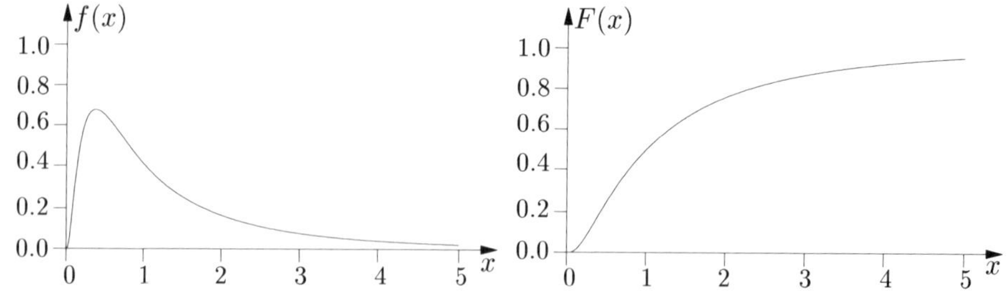

Bild 3.12: Dichte- und Verteilungsfunktionen einer logarithmischen Normalverteilung mit $\mu_l = 0$ und $\sigma_l = 1$

Anhand einer empirischen Häufigkeitsverteilung wird das Auftreten logarithmisch normalverteilter Größen in der Praxis gezeigt. Tab. 3.3 zeigt die Häufigkeitsverteilung des Gehalts an Hydroxymethylfurfurol von 80 Honigproben, deren Urliste in Tab. A.11 im Anhang angeführt ist.

HMF [mg/100 g]	Häufigkeit h_i
0 ... 1	14
1 ... 2	28
2 ... 3	20
3 ... 4	9
4 ... 5	3
5 ... 6	3
6 ... 7	1
7 ... 8	1
8 ... 9	0
9 ... 10	1

ln HMF	Häufigkeit h_i
−1.5 ... − 1.0	1
−1.0 ... − 0.5	2
−0.5 ... 0.0	11
0.0 ... 0.5	18
0.5 ... 1.0	22
1.0 ... 1.5	18
1.5 ... 2.0	6
2.0 ... 2.5	2

Tabelle 3.3: Häufigkeitsverteilung des HMF-Gehalts von 80 Honigproben

Bild 3.13 zeigt links die schiefe Häufigkeitsverteilung der HMF-Gehalte von Tab. 3.3.

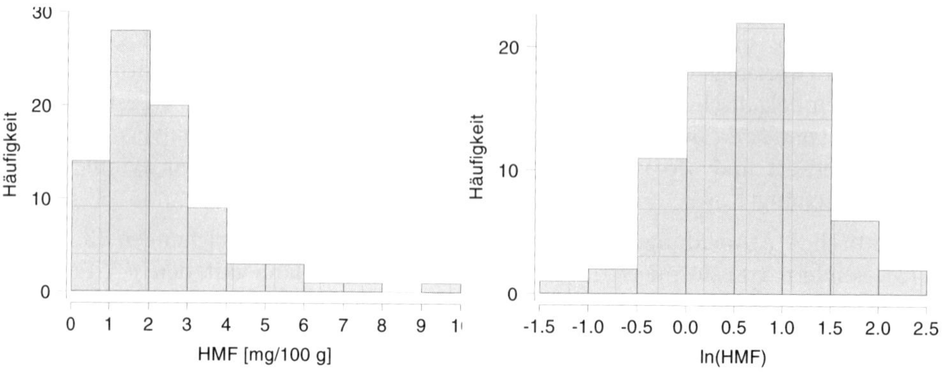

Bild 3.13: Histogramme des HMF-Gehalts bei linearem und logarithmischem Maßstab

Das arithmetische Mittel, das man aus den Urdaten in Tab. A.11 zu etwa $\overline{x} = 2.343$ berechnet, ist größer als der Modus. Trägt man die Häufigkeiten in einem logarithmischen Maßstab entsprechend der Klassifizierung in Tab. 3.3 rechts auf, so erhält man das Histogramm in Bild 3.13 rechts, dem man annähernd eine Normalverteilung anpassen kann. Der Mittelwert dieser Normalverteilung ist 0.637, also $\mu_l = 0.637$. Es ist also $e^{\mu_l} = 1.89$ Dies ist zugleich das geometrische Mittel der Ausgangsverteilung (vgl. Kap. 1.2.6 und ist etwa gleich dem Median von 1.875. Es ist als charakterisierendes Mittelwertsmaß besser geeignet als das arithmetische Mittel $\overline{x}$.

Mit Hilfe des `random` Kommandos kann man in MINITAB auch logarithmisch normalverteilte Zufallszahlen erzeugen. Die allgemeine Syntax lautet:

`RANDOM` je `K` Werte in die Spalten `C`,...,`C`;
  `LOGNORMAL` [μ = `K` [σ = `K`]].

Ohne Angabe von Mittelwert und Standardabweichung wird $\mu = 0$ und $\sigma = 1$ gewählt. Es ist zu beachten, daß $\mu = \mu_l$ und $\sigma = \sigma_l$ die Parameter der logarithmierten Zufallsvariablen $\log X$ darstellen.

Es werden nun 100 logarithmisch zur Basis e normalverteilte Zufallszahlen in Spalte 1 gezogen. Das Kommando `loge c1 c2` berechnet den natürlichen Logarithmus der Werte in Spalte 1 und schreibt sie in Spalte 2. Anschließend werden die Histogramme der Spalten 1 und 2 erzeugt.

```
MTB > random 100 c1;
SUBC> lognormal.
MTB > loge c1 c2.
MTB > histogram c1 c2
```

Bild 3.14 zeigt links das Histogramm der logarithmisch normalverteilten Zufallszahlen und rechts das Histogramm der Logarithmen. Diese sollten nun annähernd normalverteilt sein. Dies ist auch der Fall.

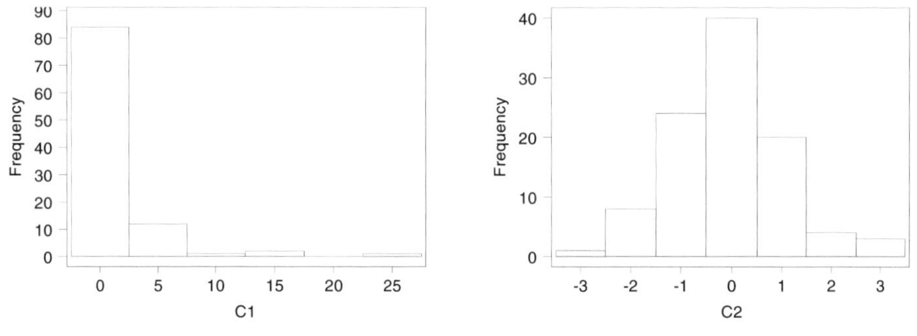

Bild 3.14: Histogramme von logarithmisch normalverteilten Zufallszahlen und deren Logarithmen

Die statistischen Maßzahlen liefert das Kommando `describe`.

```
MTB > describe c1 c2

                 N      MEAN    MEDIAN    TRMEAN     STDEV    SEMEAN
C1             100     1.523     1.014     1.296     1.695     0.169
C2             100   -0.0330    0.0136   -0.0223    0.9819    0.0982
```

Die Zufallszahlen in `c1` wurden logarithmisch normalverteilt mit $\mu_l = 0$ und $\sigma_l = 1$ erzeugt. Der Mittelwert `MEAN` $= -0.0330$ und die Standardabweichung `STDEV` $= 0.9819$ von Spalte 2 weichen nur geringfügig davon ab. Die Abweichungen resultieren natürlich aus der begrenzten Anzahl von 100 Werten, d.h. sie sind die empirischen Maßzahlen. Wenn man den Mittelwert von Spalte 2 delogarithmiert, so sollte ungefähr der Median von Spalte 1 herauskommen. Das Kommando `mean c2 k1` berechnet noch einmal diesen Mittelwert und schreibt ihn in die Konstante `k1`. Danach wird durch `exponentiate k1 k2` der Wert e^{MEAN} berechnet und in die Konstante `k2` abgelegt. e^{MEAN} und `MEDIAN` haben beide ungefähr den Wert 1.

```
MTB > mean c2 k1
   MEAN    =   -0.032952
MTB > exponentiate k1 k2
    ANSWER =          0.9676
```

Die Funktionswerte von Dichte- und Verteilungsfunktion sowie die Fraktilen werden wie bei der Normalverteilung mit den Kommandos `pdf`, `cdf` und `invcdf` erzeugt, allerdings mit dem Subkommando `lognormal`.

3.3 Binomialverteilung

Die **Binomial-** oder **Bernoulli-Verteilung** ist eine wichtige diskrete Verteilung. Man erhält sie als Verteilung der Anzahl von "Erfolgen" bei einem sog. **Bernoullischen Zufallsexperiment**. Beliebig oft wiederholbare unabhängige Zufallsexperimente heißen Bernoulli-Zufallsexperimente, wenn bei jeder Ausführung des Experiments genau zwei Ergebnisse möglich sind und die Wahrscheinlichkeiten für diese Ergebnisse bei jedem Versuch die gleichen sind. Die möglichen Ergebnisse sollen als die beiden komplementären Ereignisse A (Erfolg) und $\overline{A}$ (Nichterfolg) aufgefaßt werden mit den entsprechenden Wahrscheinlichkeiten p und q, wobei $p + q = 1$ ist, also:

$$P(A) = p \quad \text{und} \quad P(\overline{A}) = q = 1 - p \quad \text{mit } p + q = 1 \tag{3.16}$$

Führt man ein solches Bernoullisches Versuchsschema n-mal durch, so erhält man als Ergebnis eine Folge von n Ereignissen A oder $\overline{A}$, z.B. eine mögliche Folge

$$\underbrace{AAA\overline{A}A\overline{A}\ldots\overline{A}AAA}_{n\text{-mal}}.$$

Die n Versuche sind nach Voraussetzung voneinander unabhängig. Also multiplizieren sich die Wahrscheinlichkeiten der Ergebnisse der Einzelversuche. Die Wahrscheinlichkeiten für das Eintreten einer bestimmten Folge von "Erfolgen" und "Nichterfolgen" erhält man, indem man folgendes Produkt bildet: In der Folge $AAA\overline{A}\ldots$ ersetzt man A durch p und $\overline{A}$ durch q, z.B. gilt für obige Zufallsfolge: $P(AAA\overline{A}A\overline{A}\ldots\overline{A}AAA) = p \cdot p \cdot p \cdot q \cdot p \cdot q \cdot \ldots \cdot q \cdot q \cdot p \cdot p$.

Beispiel:

Das wiederholte Werfen einer Münze ist ein reales Beispiel für Bernoullische Versuche. Kopf *sei das Ereignis A,* Zahl *das Ereignis $\overline{A}$. Wenn man annimmt, daß die Münze symmetrisch ist, so erhält man $p = q = 0.5$.*

Ein Modell für eine unsymmetrische Münze mit vorgegebenen p- und q-Werten erhält man mittels einer Urne durch Ziehen mit Zurücklegen. Die Urne enthält also bei jeder Ziehung a weiße und b schwarze Kugeln. Es ist $p = \dfrac{a}{a+b}$ und $q = \dfrac{b}{a+b}$.

Das Schema der Bernoullischen Zufallsexperimente ist ein theoretisches Modell für viele in der Praxis vorkommenden Zufallsmechanismen. Nicht immer werden die gemachten Voraussetzungen (Unabhängigkeit der einzelnen Versuche und Konstanz der Wahrscheinlichkeiten p und q) erfüllt sein. Oft genug wird jedoch die Approximation eines realen Zufallsexperiments durch das Bernoulli-Modell ausreichen.

Meistens interessiert bei der n-maligen Durchführung von Bernoullischen Versuchen die Anzahl von "Erfolgen". Man fragt also, wie oft ist bei n Versuchen das Ereignis A (Erfolg) eingetreten ohne Rücksicht auf die Reihenfolge innerhalb der Serie. Diese Zahl (die Häufigkeit des Eintretens von A bei n unabhängigen Versuchen) ist als eine diskrete Zufallsvariable X anzusehen, die die Werte $0, 1, 2, \ldots, n$ annehmen kann. Man sagt, X ist **binomialverteilt**. Die Wahrscheinlichkeitsfunktion dieser Zufallsvariablen soll bestimmt werden. Dazu wird die Wahrscheinlichkeit $P(n, k, p)$ berechnet, daß die

Zufallsvariable X den Wert k ($k = 0, 1, \ldots, n$) annimmt, also daß k-mal das Ereignis A und $(n-k)$-mal das Ereignis $\overline{A}$ herauskommt. Eine günstige Folge von Resultaten erhält man, wenn bei den ersten k Versuchen A eintritt und bei den restlichen $(n-k)$ Versuchen das Ereignis $\overline{A}$, insgesamt also folgendes Ereignis:

$$\underbrace{AA\ldots A}_{k\text{-mal}}\ \underbrace{\overline{A}\overline{A}\ldots\overline{A}}_{(n-k)\text{-mal}}$$

Dieses Ereignis hat die Wahrscheinlichkeit $p^k \cdot q^{(n-k)}$. Die Reihenfolge des Eintretens von A und $\overline{A}$ ist aber gleichgültig. Infolgedessen wird gefragt, wie oft man n Resultate anordnen kann, so daß k-mal das Ereignis A und $(n-k)$-mal das Ereignis $\overline{A}$ vorkommt. Aus der Kombinatorik folgt mit Gleichung (2.6), daß es $\binom{n}{k} = \frac{n!}{k! \cdot (n-k)!}$ verschiedene Anordnungen gibt. Alle diese Anordnungen stellen unvereinbare Ereignisse mit jeweils gleicher Wahrscheinlichkeit $p^k \cdot q^{n-k}$ dar. Man kann also das Additionstheorem für unvereinbare Ereignisse anwenden und diese Wahrscheinlichkeiten aufaddieren. Die Wahrscheinlichkeit $P(n, k, p)$ dafür, daß bei n Durchführungen des Bernoulli-Schemas genau k-mal das Ereignis A auftritt, ist demnach:

$$P(n,k,p) = \binom{n}{k} \cdot p^k \cdot q^{n-k} \qquad (k = 0, 1, 2, \ldots, n) \tag{3.17}$$

Für 0! ist 1 zu setzen. Außerdem gilt $p + q = 1$, also $q = 1 - p$.

Die Wahrscheinlichkeitsfunktion f der Zufallsvariablen X, die man aufgrund einer n-maligen Durchführung eines Bernoulli-Versuchs mit bestimmter Erfolgswahrscheinlichkeit p erhält, lautet also:

$$f(x) = \begin{cases} P(n,x,p) = \binom{n}{x} p^x (1-p)^{n-x} & \text{für } x = 0, 1, 2, \ldots, n \\ 0 & \text{sonst} \end{cases} \tag{3.18}$$

Die zugehörige Verteilungsfunktion F lautet:

$$F(x) = \begin{cases} \sum\limits_{t \leq x} f(t) & \text{für } x \geq 0 \\ 0 & \text{für } x < 0 \end{cases} \tag{3.19}$$

Bild 3.15 zeigt Wahrscheinlichkeitsfunktionen für $n = 10$ bei verschiedenen Erfolgswahrscheinlichkeiten p.

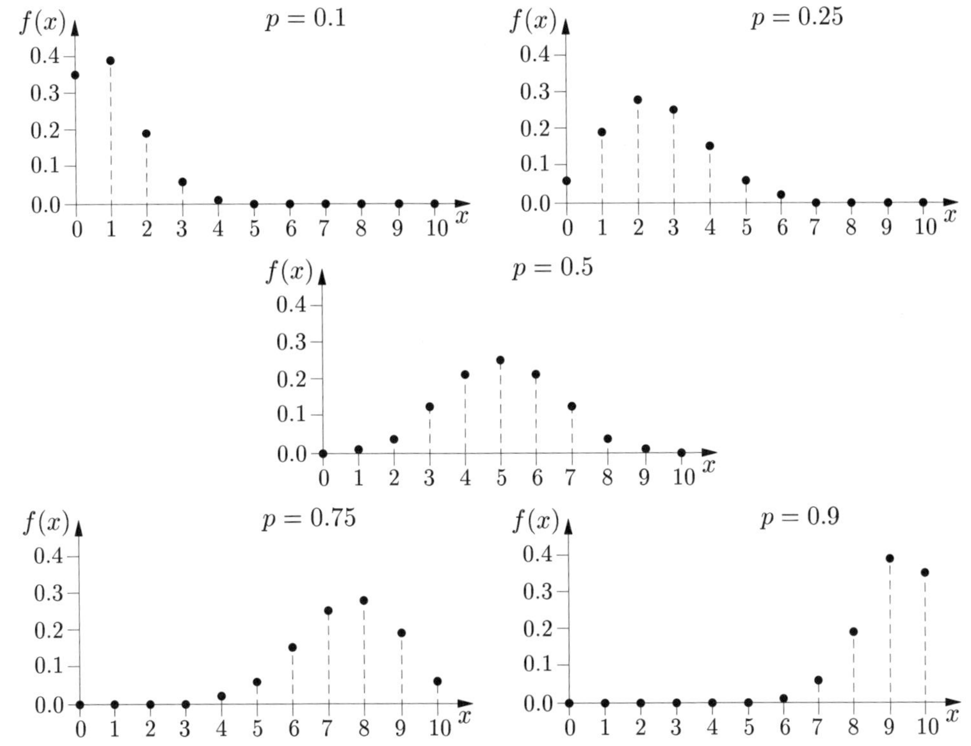

Bild 3.15: Wahrscheinlichkeitsverteilung der Binomialverteilung für $n = 10$ und verschiedene p-Werte

Beispiele:

1. *In Kälbermastbetrieben ist mit einer Verlustwahrscheinlichkeit von 10% zu rechnen ($p = 0.1$). Wie groß ist die Wahrscheinlichkeit dafür, daß in einem Betrieb mit $n = 10$ Tieren k Tiere verenden?*

   Das Ereignis A besteht im Verlust eines Tieres, während $\overline{A}$ das Ereignis für das Überleben eines Kalbes ist. Die Anzahl der Verluste ist also binomialverteilt. Die gesuchten Wahrscheinlichkeiten ergeben sich aus Gleichung (3.17), z.B. ist die Wahrscheinlichkeit, daß genau drei Kälber verenden:

$$P(10, 3, 0.1) = \binom{10}{3} \cdot 0.1^3 \cdot 0.9^7 = 0.0574 = 5.74\%$$

   Die folgende Tabelle zeigt in der Spalte $f(k)$ die Wahrscheinlichkeit, daß genau k Tiere sterben. Die Tabellenwerte sind in Bild 3.15 oben links als Wahrscheinlichkeitsfunktion dargestellt Die Spalte $F(k)$ gibt den Wert der Verteilungsfunktion bei k als Summe $\sum_{t \leq k} f(k)$ an. Dies ist aber die Wahrscheinlichkeit, daß höchstens k Tiere verenden.

k	$f(k) = P(10, k, 0.1)$	$F(k) = P(X \leq k)$
0	0.3487	0.3487
1	0.3874	0.7361
2	0.1937	0.9298
3	0.0574	0.9872
4	0.0112	0.9984
5	0.0015	0.9999
6	0.0001	1.0000

Die Wahrscheinlichkeit, daß höchstens zwei Kälber verenden ist also bereits etwa 93%. Dies ist gleichzeitig die Wahrscheinlichkeit, daß mindestens acht Tiere überleben.

Die Wahrscheinlichkeit, daß 7 oder mehr Tiere bei insgesamt 10 Tieren verenden, ist im Rahmen der hier verwendeten Rechengenauigkeit auf vier Stellen nach dem Komma jeweils gleich Null.

2. *Man nehme an, daß die Infektionsrate bei Vieh bzgl. einer bestimmten Krankheit gleich 25% betrage. Ein neues Serum soll an gesunden Tieren getestet werden. Wie ist dabei vorzugehen?*

   Wenn das Serum völlig wirkungslos ist, berechnet sich die Wahrscheinlichkeit, daß k Tiere gesund bleiben nach der Formel für $P(n, k, 0.75)$. Für $n = 10$ und $k = 10$ erhält man $P(10, 10, 0.75) = 0.0563$. Die Wahrscheinlichkeit, daß alle Tiere gesund bleiben ist also ziemlich klein (5.6%). Wenn bei Anwendung des neuen Serums wirklich kein Krankheitsfall aufgetreten ist, so kann man das als Indiz dafür werten, daß die Impfung wirkungsvoll war, weil eben der sonst sehr unwahrscheinliche Fall eingetreten ist, daß alle Tiere gesund blieben.

3. *Der Ausschußprozentsatz in einer bestimmten Produktionsserie betrage 6% Wie groß ist die Wahrscheinlichkeit, bei einer Lieferung von 50 Stück aus dieser Produktion höchstens 3 Ausschußstücke zu finden?*

   Die gesuchte Wahrscheinlichkeit ergibt sich als der Wert der Verteilungsfunktion F an der Stelle $x = 3$, denn nach Definition von F ist $F(x) = P(X \leq x)$, also $F(3) = P(X \leq 3)$, wenn X die Zufallsvariable ist, die das Auftreten von Ausschuß zählt und wenn man in diesem Fall 50 mal das Bernoulli-Schema anwendet.

$$\begin{aligned} P(X \leq 3) &= F(3) = \sum_{k=0}^{3} \binom{50}{k} \cdot 0.06^k \cdot 0.94^{50-k} = \\ &= \binom{50}{0} \cdot 0.06^0 \cdot 0.94^{50} + \binom{50}{1} \cdot 0.06^1 \cdot 0.94^{49} + \\ &\quad + \binom{50}{2} \cdot 0.06^2 \cdot 0.94^{48} + \binom{50}{3} \cdot 0.06^3 \cdot 0.94^{47} = \\ &= 0.045 + 0.145 + 0.226 + 0.231 = 0.647 = 64.7\% \end{aligned}$$

Erwartungswert und Varianz

Ein Bernoulli-Versuch wird n-mal durchgeführt. Die Zufallsvariable X zählt, wie oft ein Ereignis A eintritt. Zunächst wird jede Versuchsdurchführung für sich betrachtet. Einer einzigen Versuchsdurchführung, z.B. der i-ten, kann man die Zufallsvariable X_i zuordnen, die nur die Werte 0 oder 1 annehmen kann, denn bei einer Durchführung kann das Ereignis A höchstens einmal eintreten. $P(X_i = 1) = p$ und $P(X_i = 0) = 1 - p = q$ mit $i = 1, 2, \ldots, n$. Alle Zufallsvariablen X_i sind nach Definition des Bernoulli-Schemas unabhängig und identisch verteilt. Es gilt: $X = X_1 + X_2 + \ldots + X_n$. Damit kann man bequem Erwartungswert und Streuung der binomialverteilten Zufallsvariablen X bestimmen. Es ist (vgl. Gleichung (2.76)):

$$\mathrm{E}(X) = \mathrm{E}(X_1 + X_2 + \ldots + X_n) = \mathrm{E}(X_1) + \mathrm{E}(X_2) + \ldots + \mathrm{E}(X_n) \tag{3.20}$$

Für ein einzelnes X_i gilt aber: $\mathrm{E}(X_i) = 1 \cdot p + 0 \cdot q = p$, also

$$\mathrm{E}(X) = n \cdot p, \tag{3.21}$$

denn die X_i sind alle identisch verteilt.

Die X_i sind außerdem unabhängig, also kann man sich auf die Additionsregel für Streuungen beziehen (vgl. Gleichung (2.98)):

$$\begin{aligned} \mathrm{Var}(X) &= \mathrm{Var}(X_1 + X_2 + \ldots + X_n) = \\ &= \mathrm{Var}(X_1) + \mathrm{Var}(X_2) + \ldots + \mathrm{Var}(X_n) \end{aligned} \tag{3.22}$$

Für ein einzelnes X_i gilt aber: $\mathrm{Var}(X_i) = \mathrm{E}(X_i^2) - \big(\mathrm{E}(X_i)\big)^2 = 1^2 \cdot p + 0^2 \cdot q - p^2 = p \cdot (1 - p) = p \cdot q$, also:

$$\mathrm{Var}(X) = n \cdot p \cdot q \tag{3.23}$$

Eine binomialverteilte Zufallsvariable X kann als Summe von identisch verteilten Zufallsvariablen X_i mit $\mathrm{E}(X_i) = p$ und $\mathrm{Var}(X_i) = p \cdot q$ erklärt werden. Aufgrund des zentralen Grenzwertsatzes (vgl. Kap. 5.5) kann die Verteilung einer binomialverteilten Zufallsvariablen X bei hinreichend großem n durch eine (np, npq)-Normalverteilung approximiert werden. Für die Praxis ist die Approximation durch die Normalverteilung oft schon genau genug, wenn $n \cdot p > 4$ und $n \cdot q > 4$ ist.

Binomialverteilte Zufallszahlen erzeugt der MINITAB-Befehl `random` mit der Option `binomial`. Die allgemeine Syntax lautet:

`RANDOM` je `K` Werte in die Spalten `C`,...,`C`;
  `BINOMIAL` $n =$ `K` $p =$ `K`.

Es sollen nun 100 binomialverteilte Zufallszahlen für $n = 120$ und $p = 0.05$ berechnet und ein Punkteplot gezeichnet werden.

```
MTB > random 100 c1;
SUBC> binomial 120 0.05.
MTB > dotplot c1

                     :
                     :
                     :
                 .   :
                 :   :
                 :   :   .
         .   :   :   :   :
         :   :   :   :   :
         :   :   :   :   :   :
     :   :   :   :   :   :   :   .
     :   :   :   :   :   :   :   :   .
     :   :   :   :   :   :   :   :   :   .
-----+-------+-------+-------+-------+--------+-C1
    2.0     4.0     6.0     8.0    10.0     12.0
```

Der Punkteplot besitzt starke Ähnlichkeit mit einer empirischen Normalverteilung. Es ist nämlich $n \cdot p = 125 \cdot 0.05 = 6.25 > 4$ und $n \cdot q = 125 \cdot 0.05 = 118.75 > 4$. Es kann also eine Normalverteilung mit Erwartungswert $n \cdot p = 6.25$ und Standardabweichung $\sqrt{n \cdot p \cdot q} = \sqrt{125 \cdot 0.05 \cdot 0.95} = 2.44$ approximiert werden.

Mit dem Befehl `pdf` kann man bequem die Wahrscheinlichkeit berechnen, daß bei n Durchführungen eines Bernoulli-Experiments genau k mal das Ereignis A auftritt, also $P(n, k, p)$. Die allgemeine Syntax ist:

`PDF` für Werte in `E` [nach `E`];
  `BINOMIAL` $n =$ `K` $p =$ `K`.

`E` kann eine Spalte oder eine Konstante sein.

Will man beispielsweise wissen, wie groß jeweils die Wahrscheinlichkeit ist, daß aus einer Lieferung von 120 Artikeln genau 0, 1 oder 2 defekt sind, wenn die Ausschußrate 5% ist, so kann man folgende Befehle eingeben:

```
MTB > set c1
DATA> 0 1 2
DATA> end
MTB > pdf c1;
SUBC> binomial 120 0.05.
        K            P( X = K)
      0.00              0.0021
      1.00              0.0134
      2.00              0.0420
```

Die Wahrscheinlichkeit, daß höchstens zwei Artikel defekt sind, ist die Summe aus diesen drei Werte $P(X = k)$, also $P(X \leq 2) = 0.575$. Einfacher erfolgt die Berechnung jedoch direkt mit der Verteilungsfunktion. Diese liefert die Wahrscheinlichkeit, daß bei n Ausführungen eines Bernoulli-Experiments das Ereignis A höchstens k-mal auftritt. Der MINITAB-Befehl ist `cdf` mit der allgemeinen Syntax:

`CDF` für Werte in `E` [nach `E`];
  `BINOMIAL` $n =$ `K` $p =$ `K`.

```
MTB > cdf 2;
SUBC> binomial 120 0.05.
         K  P( X LESS OR = K)
      2.00             0.0575
```

Der Befehl `invcdf` mit dem Subkommando `binomial` berechnet die K%-Fraktilen der Binomialverteilung. Diese sind die maximale Anzahl k der Ereignisse A, die bei n Ausführungen eines Bernoulli-Experiments mit einer vorgegebenen Wahrscheinlichkeit auftreten. Die allgemeine Syntax ist:

`INVCDF` für Werte in `E` [nach `E`];
  `BINOMIAL` $n =$ `K` $p =$ `K`.

Man möchte z.B. wissen, wieviele Artikel der Lieferung mit einer Wahrscheinlichkeit von 90% höchstens defekt sind.

```
MTB > invcdf 0.9;
SUBC> binomial 120 0.05.
         K  P(X LESS OR = K)         K  P(X LESS OR = K)
         8            0.8526         9            0.9214
```

Da eine diskrete Verteilung vorliegt, liefert MINITAB in diesem Fall zwei Werte (vgl. Kap. 2.6.3) und zwar $P(X \leq 8) = 0.8526$ und $P(X \leq 9) = 0.9214$. Die vorgegebene Wahrscheinlichkeit von 0.9 liegt also zwischen diesen Werten und es existiert dort keine eindeutige Fraktile. Mit 90%-iger Wahrscheinlichkeit sind jedoch höchstens 9 Artikel defekt.

3.4 Poisson-Verteilung

Bei vielen Anwendungen des Bernoulli-Schemas hat man es mit Zufallsexperimenten zu tun, bei denen die Zahl n der Ausführungen insgesamt sehr groß ist, die Erfolgswahrscheinlichkeit p aber sehr klein ist. Das Auftreten des Erfolgs ist dann ein sog. **seltenes Ereignis**. Man kann in diesen Fällen folgende Approximation verwenden, die auf Poisson zurückgeht:

$$P(n,k,p) \approx \frac{\lambda^k}{k!} \cdot \mathrm{e}^{-\lambda} = P(k,\lambda) \tag{3.24}$$

Diese Approximationsformel ist mit guter Genauigkeit für die Binomialverteilung zu verwenden, wenn in etwa $n \cdot p \leq 10$ und $n > 1500 \cdot p$ ist (vgl. MINITAB-Output auf Seite 160).

Die durch

$$P(k,\lambda) = \frac{\lambda^k}{k!} \cdot \mathrm{e}^{-\lambda} \tag{3.25}$$

gegebene Poisson-Approximation stellt nun selbst eine Wahrscheinlichkeitsverteilung dar, denn es ist $\frac{\lambda^k}{k!} \cdot \mathrm{e}^{-\lambda} \geq 0$ und

$$\sum_{k=0}^{\infty} \frac{\lambda^k}{k!} \cdot \mathrm{e}^{-\lambda} = \underbrace{\left(1 + \frac{\lambda}{1!} + \frac{\lambda^2}{2!} + + \frac{\lambda^3}{3!} + \ldots\right)}_{= \mathrm{e}^{\lambda}} \cdot \mathrm{e}^{-\lambda} = \mathrm{e}^{\lambda} \cdot \mathrm{e}^{-\lambda} = \mathrm{e}^{\lambda-\lambda} = \mathrm{e}^0 = 1.$$

Die durch die Wahrscheinlichkeitsfunktion f mit

$$f(x) = \begin{cases} P(x,\lambda) = \dfrac{\lambda^x}{x!} \cdot \mathrm{e}^{-\lambda} & \text{für } x = 0,1,2,\ldots \\ 0 & \text{sonst} \end{cases} \tag{3.26}$$

gegebene diskrete Verteilung heißt **Poisson-Verteilung**. Ihre Verteilungsfunktion F ist:

$$F(x) = \begin{cases} \mathrm{e}^{-\lambda} \cdot \displaystyle\sum_{t \leq x} \frac{\lambda^t}{t!} & \text{für } x \geq 0 \\ 0 & \text{für } x < 0 \end{cases} \tag{3.27}$$

Die Verteilung hat den Mittelwert oder Erwartungswert:

$$\mathrm{E}(X) = \lambda \tag{3.28}$$

Die Poisson-Verteilung ist vollständig bestimmt, wenn der Erwartungswert λ bekannt ist.

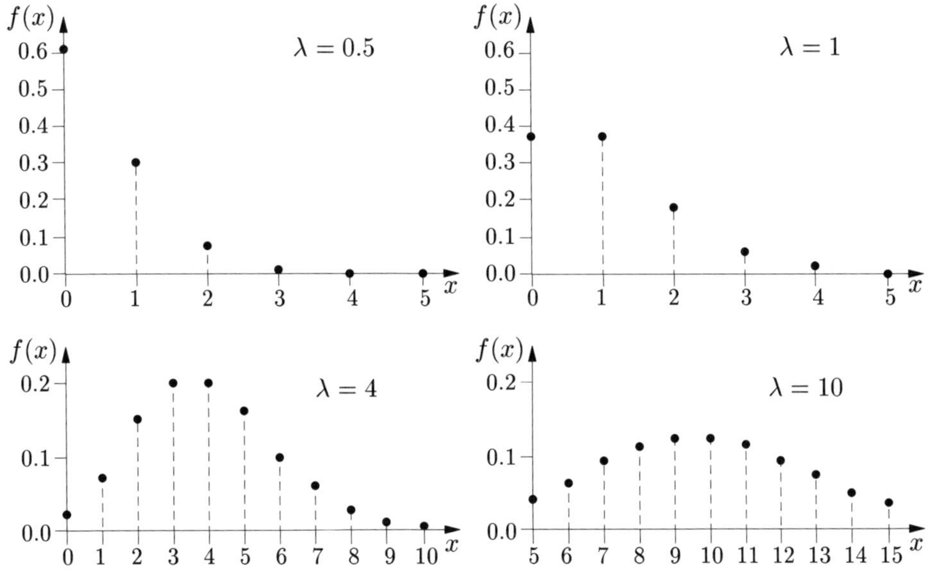

Bild 3.16: Wahrscheinlichkeitsverteilung der Poisson-Verteilung für verschiedene Parameter λ

Ihre Varianz ist ebenfalls gleich λ:

$$\mathrm{Var}(X) = \lambda \tag{3.29}$$

Bild 3.16 zeigt Wahrscheinlichkeitsfunktionen für vier verschiedene λ.

Bei vielen praktischen Problemen stellt die Poisson-Verteilung ein brauchbares Modell dar, um sog. seltene Ereignisse wahrscheinlichkeitstheoretisch zu beschreiben.

Beispiele sind der radioaktive Zerfall (Zählung von α-Teilchen), die Verteilung von Druckfehlern pro Seite in Büchern, die Anzahl von Fahrzeugen, die durchschnittlich pro Zeiteinheit eine bestimmte Stelle passieren, die Anzahl der Telefonanrufe in einer bestimmten Zeiteinheit, die Verteilung von Unkräutern auf einem Feld, der Chromosomenaustausch in Zellen, usw.

Nimmt man nun an, daß eine Stichprobe (diese Stichprobe stellt Ergebnisse aus einem wiederholt durchgeführten Zufallsexperiment dar) aus einer Poisson-verteilten Grundgesamtheit stammt, d.h. möchte man aufgrund der Stichprobe dem Zufallsexperiment ein Poisson-Modell anpassen, dann braucht man einen Schätzwert für den unbekannten Parameter λ bzw. für den Erwartungswert der Poisson-Verteilung. Das arithmetische Mittel der Stichprobenwerte gibt einen solchen Schätzwert für λ bzw. für den Erwartungswert.

Eine statistische Überprüfung, ob die Annahme eines Poisson-Modells mit dem Parameter $\lambda \approx \overline{x}$ gerechtfertigt ist, kann man erst mit Hilfe des sog. χ^2-Tests zur Prüfung von Verteilungen vornehmen. Zunächst soll der Vergleich der empirischen und der theoretischen Häufigkeiten genügen.

Beispiele:

1. *Ein bekanntes Beispiel für ein Zufallsexperiment, dem ein Poisson-Modell zugrunde liegt, ist der radioaktive Zerfall. In diesem Experiment wurde eine radioaktive Substanz während 2608 Zeitintervallen von je 7.5 Sekunden Dauer beobachtet und die α-Teilchen, die in jedem Zeitintervall das Zählrohr erreichten, ausgezählt*[2]. *Die folgende Tabelle gibt die Anzahl n_k von Zeitintervallen mit genau k Teilchen wieder. Die Gesamtzahl N der Teilchen betrug $N = \sum_k k \cdot n_k = 10094$. Im Durchschnitt wurden also pro Zeitintervall $10094/2608 = 3.870$ Teilchen beobachtet. Die theoretischen, nach der Poisson-Verteilung $P(k, \lambda)$ mit $\lambda = 3.87$ berechneten Werte nähern auf den ersten Blick die beobachteten Werte recht gut an.*

	Anzahl der Zeitintervalle	
k	beobachtet	erwartet
0	57	54
1	203	211
2	383	407
3	525	525
4	532	508
5	408	394
6	273	254
7	139	140
8	45	68
9	27	29
≥ 10	16	17
$\sum$	2608	2608

2. *In einen Teig werden 120 Rosinen gegeben und daraus 100 Brötchen gebacken. Durch das Kneten des Teigs besteht für jede Rosine die gleiche Wahrscheinlichkeit $p = 0.01$, in ein bestimmtes Brötchen zu gelangen. Man kann nun die Wahrscheinlichkeiten, daß in einem Brötchen genau k Rosinen sind nach der Bernoulli-Verteilung (Gleichung (3.17)) als $P(120, k, 0.01)$ oder nach der Poisson-Verteilung (Gleichung (3.25)) mit $\lambda = 120 \cdot 0.01 = 1.2$ als $P(k, 1.2)$ berechnen. Die folgende Tabelle zeigt diese Wahrscheinlichkeiten:*

k (Rosinen)	$P(120, k, 0.01)$ (Bernoulli)	$P(k, 1.2)$ (Poisson)
0	0.2994	0.3012
1	0.3629	0.3614
2	0.2181	0.2169
3	0.0867	0.0867
4	0.0256	0.0260
5	0.0060	0.0062

Die Approximation der Bernoulli- durch die Poisson-Verteilung ist also recht gut. Der Vorteil der Poisson-Verteilung ist, daß deren Wahrscheinlichkeiten wesentlich einfacher zu berechnen sind.

[2] Rutherford, Chadwick, Ellis:
Radiations from radioactive substances, Cambridge 1920, p. 172, Table 3.

3. *Zur Bestimmung der Schadschwelle, bei der eine Unkrautbekämpfung in Getreide rentabel ist, wurde mit einem Zählrahmen ein Getreidefeld auf die Anzahl von Problemunkräutern untersucht. Die folgende Tabelle zeigt die Häufigkeitsverteilung von Problemunkräutern innerhalb des Rahmens an 50 zufällig ausgewählten Stellen eines Getreidebestands.*

Problemunkräuter	Häufigkeit
0	6
1	15
2	12
3	13
4	2
5	1
6	1

Im Mittel wurden $\overline{x} = 1.94$ Problemunkräuter pro Rahmen gezählt. Die Standardabweichung ist $s = 1.3$. Damit liegt die Varianz $s^2 = 1.3^2 = 1.69$ ungefähr in der Größenordnung des arithmetischen Mittels und der Verteilung wird ein Poisson-Modell mit $\lambda = 1.94$ angepaßt. Die Schadschwelle, bei der eine Unkrautbekämpfung vorgenommen werden soll, beträgt 4 Unkräuter pro Rahmen. Die Wahrscheinlichkeit, daß höchstens 4 Unkräuter pro Rahmen vorhanden sind, ist:

$$\begin{aligned} P(X \leq 4) &= P(X = 0) + P(X = 1) + \ldots + P(X = 4) = \\ &= e^{-1.94} \cdot \left(\frac{1.94^0}{0!} + \frac{1.94^1}{1!} + \frac{1.94^2}{2!} + \frac{1.94^3}{3!} + \frac{1.94^4}{4!} \right) = \\ &= 0.1437 \cdot (1 + 1.94 + 1.8818 + 1.2169 + 0.5902) = \\ &= 0.9526 = 95.26\% \end{aligned}$$

Die Wahrscheinlichkeit, daß mehr als 4 Unkräuter gezählt werden, beträgt also weniger als 5%, denn:

$$P(X > 4) = 1 - P(X \leq 4) = 1 - 0.9526 = 0.0474 = 4.74\%$$

Man kann die Poisson-Verteilung einerseits zur Approximation der Bernoulli-Verteilung heranziehen, andererseits aber kann sie selbst durch die bequemere Normalverteilung approximiert werden, wenn nur der Parameter λ genügend groß ist. Hinreichende Genauigkeit erhält man für $\lambda \geq 9$. Der Mittelwert μ ist gleich λ, die Standardabweichung σ ist gleich $\sqrt{\lambda}$ zu wählen.

Poisson-verteilte Zufallszahlen erzeugt der MINITAB-Befehl `random` mit der Option `poisson`. Die allgemeine Syntax lautet:

`RANDOM` je `K` Werte in die Spalten `C`,...,`C`;
  `POISSON` $\lambda =$ `K`.

Es sollen nun 50 Poisson-verteilte Zufallszahlen für $\lambda = 1.94$ gezogen werden. Dies entspricht einer Simulation des Experiments im letzten Beispiel. Zum Vergleich der Häufigkeiten wird der `table`-Befehl verwendet.

```
MTB > random 50 c1;
SUBC> poisson 1.94.
MTB > table c1

        COUNT

   0        6
   1       16
   2       14
   3        8
   4        3
   5        2
   6        1
 ALL       50
```

Die Verteilung ist ähnlich wie die Verteilung der Unkräuter im letzten Beispiel. Deshalb sind auch Mittelwert und Standardabweichung in der gleichen Größenordnung.

```
 MTB > describe c1

                    N     MEAN   MEDIAN   TRMEAN    STDEV   SEMEAN
 C1                50    1.920    2.000    1.818    1.383    0.196
```

Die allgemeine Syntax des Befehls `pdf` für die Poisson-Verteilung lautet:

PDF für Werte in E nach E;
  POISSON $\lambda = K$.

Zum Vergleich der Binomial-, Poisson- und Normalverteilung wird nun eine Tabelle der Wahrscheinlichkeitsfunktionen der Binomialverteilung mit $n = 100$ und $p = 0.1$, der Poisson-Verteilung mit $\lambda = n \cdot p = 100 \cdot 0.1 = 10$ sowie die Dichten einer Normalverteilung mit $\mu = n \cdot p = 10 = \lambda$ und Standardabweichung $\sigma = \sqrt{n \cdot p \cdot q} = 3 \approx \sqrt{\lambda}$ erzeugt. Die Approximationskriterien sind also erfüllt und die Werte sollten mehr oder weniger übereinstimmen, wie man sich durch folgende MINITAB-Session leicht überzeugen kann.

```
MTB > name c1 'x' c2 'Binomial' c3 'Poisson' c4 'Normal'
MTB > set 'x'
DATA> 5:15/1
DATA> end
MTB > pdf 'x' 'Binomial';
SUBC> binomial 100 0.1.
MTB > pdf 'x' 'Poisson';
SUBC> poisson 10.
MTB > pdf 'x' 'Normal';
SUBC> normal 10 3.
MTB > print c1-c4
```

ROW	x	Binomial	Poisson	Normal
1	5	0.033866	0.037833	0.033159
2	6	0.059579	0.063055	0.054670
3	7	0.088895	0.090079	0.080657
4	8	0.114823	0.112599	0.106483
5	9	0.130416	0.125110	0.125794
6	10	0.131865	0.125110	0.132981
7	11	0.119878	0.113736	0.125794
8	12	0.098788	0.094780	0.106483
9	13	0.074302	0.072908	0.080657
10	14	0.051304	0.052077	0.054670
11	15	0.032682	0.034718	0.033159

Ein Vergleich der Verteilungsfunktionen wird durch den Befehl `cdf` erreicht, dessen Syntax für die Poisson-Verteilung lautet:

CDF für Werte in E nach E;
  POISSON λ = K.

```
MTB > cdf 'x' 'Binomial';
SUBC> binomial 100 0.1.
MTB > cdf 'x' 'Poisson';
SUBC> poisson 10.
MTB > cdf 'x' 'Normal';
SUBC> normal 10 3.
MTB > print c1-c4
```

ROW	x	Binomial	Poisson	Normal
1	5	0.057577	0.067086	0.047790
2	6	0.117156	0.130141	0.091211
3	7	0.206051	0.220221	0.158655
4	8	0.320874	0.332820	0.252492
5	9	0.451290	0.457930	0.369441
6	10	0.583156	0.583040	0.500000
7	11	0.703033	0.696776	0.630559
8	12	0.801821	0.791556	0.747508
9	13	0.876123	0.864464	0.841345
10	14	0.927427	0.916542	0.908789
11	15	0.960109	0.951260	0.952210

Auch hier zeigt sich die gute Übereinstimmung von Binomial- Poisson- und Normalverteilung.

Auch ein Vergleich der Fraktilen ist mit dem `invcdf`-Kommando möglich. Die allgemeine Syntax des Befehls `invcdf` zur Bestimmung der Fraktilen der Poisson-Verteilung lautet:

INVCDF für Werte in E nach E;
POISSON $\lambda =$ K.

```
MTB > name c1 'P(X<=x)'
MTB > set c1
DATA> 0.0001 0.001 0.01 0.05 0.1 0.5
DATA> 0.9 0.95 0.99 0.999 0.999
DATA> end
MTB > invcdf c1 'Binomial';
SUBC> binomial 100 0.1.
MTB > invcdf c1 'Poisson';
SUBC> poisson 10.
MTB > invcdf c1 'Normal';
SUBC> normal 10 3.
MTB > print c1-c4
```

ROW	P(X<=x)	Binomial	Poisson	Normal
1	0.0001	1	1	-1.1570
2	0.0010	2	2	0.7293
3	0.0100	4	3	3.0210
4	0.0500	5	5	5.0654
5	0.1000	6	6	6.1553
6	0.5000	10	10	10.0000
7	0.9000	14	14	13.8447
8	0.9500	15	15	14.9346
9	0.9900	18	18	16.9790
10	0.9990	20	21	19.2707
11	0.9990	20	21	19.2707

In dieser Darstellung wird bei der diskreten Binomial- und Poisson-Verteilung die Fraktile ausgegeben, bei der die Wahrscheinlichkeit $P(X \leq x)$ überschritten worden ist.

3.5 Hypergeometrische Verteilung

Es wird folgendes Zufallsexperiment betrachtet: Eine Urne enthalte N Kugeln. Davon seien N_1 weiße und $N_2 = N - N_1$ schwarze Kugeln. Zufällig werden aus der Urne n Kugeln ($n = 1, 2, \ldots, N$) gezogen. Gefragt ist die Wahrscheinlichkeit, daß sich unter den gezogenen Kugeln genau k weiße Kugeln befinden. k kann eine ganze Zahl zwischen 0 und N_1 oder n sein, je nachdem welche dieser Zahlen kleiner ist ($k = 0, 1, \ldots, \min(N_1, n)$). Zieht man die Kugeln mit Zurücklegen, so kann man die Wahrscheinlichkeit nach der Binomialverteilung ausrechnen. Es soll jetzt angenommen werden, daß ohne Zurücklegen gezogen wird. Die gesuchten Wahrscheinlichkeiten sollen abgeleitet werden. Insgesamt gibt es $\binom{N}{n}$ mögliche Ziehungen: $\binom{N}{n}$ ist nach Gleichung (2.6) die Anzahl der Kombinationen ohne Wiederholung und ohne Berücksichtigung der Reihenfolge. Wieviele günstige Ziehungen gibt es? Eine günstige Ziehung muß k weiße Kugeln enthalten. Man kann aber auf $\binom{N_1}{k}$ verschiedene Arten k weiße Kugeln ziehen. Die restlichen Kugeln, nämlich $n - k$, müssen dann schwarze Kugeln sein. Nun gibt es $\binom{N - N_1}{n - k}$ verschiedene Möglichkeiten $n - k$ schwarze Kugeln aus $N_2 = N - N_1$ schwarzen Kugeln zu ziehen. Jede Wahl der weißen Kugeln kann beliebig mit jeder Wahlmöglichkeit der schwarzen Kugeln kombiniert werden. Also gibt es insgesamt $\binom{N_1}{k} \cdot \binom{N - N_1}{n - k}$ günstige Ziehungsmöglichkeiten. Die gesuchte Wahrscheinlichkeit $P\left(\begin{array}{c|c} N & n \\ N_1 & k \end{array} \right)$, bei einer Stichprobenentnahme von n Kugeln genau k weiße Kugeln zu ziehen, ist also

$$P\left(\begin{array}{c|c} N & n \\ N_1 & k \end{array} \right) = \frac{\binom{N_1}{k} \cdot \binom{N - N_1}{n - k}}{\binom{N}{n}} \qquad k = 0, 1, 2, \ldots, \min(N_1, n) \tag{3.30}$$

Die Ereignisse $k = 0, 1, \ldots, \min(N_1, n)$ sind unvereinbar und bilden deshalb eine vollständige Ereignismenge. Summiert man die Wahrscheinlichkeiten über alle k auf, so ergibt sich 1. Die Wahrscheinlichkeiten $P\left(\begin{array}{c|c} N & n \\ N_1 & k \end{array} \right)$ bilden also eine Verteilung, die sog. **hypergeometrische Verteilung**. Nach Definition der Binomialkoeffizienten ist $\binom{a}{b} = 0$ für $b > a$. Gleichung (3.30) ergibt also $P\left(\begin{array}{c|c} N & n \\ N_1 & k \end{array} \right) = 0$, falls $k > N_1$ oder $k > n$ ist. Man kann infolgedessen die Gleichung für alle $k \geq 0$ heranziehen.

Damit kann die Wahrscheinlichkeitsfunktion f der hypergeometrischen Verteilung aufgestellt werden:

$$f(x) = \begin{cases} P\left(\begin{array}{c|c} N & n \\ N_1 & x \end{array} \right) = \dfrac{\binom{N_1}{x} \cdot \binom{N - N_1}{n - x}}{\binom{N}{n}} & \text{für } x = 0, 1, 2, \ldots \\ 0 & \text{sonst} \end{cases} \tag{3.31}$$

Die Verteilungsfunktion F ist gegeben durch:

$$F(x) = \begin{cases} \sum\limits_{t \leq x} f(t) & \text{für } x \geq 0 \\ 0 & \text{für } x < 0 \end{cases} \tag{3.32}$$

Bild 3.17 zeigt zwei Beispiele von Wahrscheinlichkeitsfunktionen.

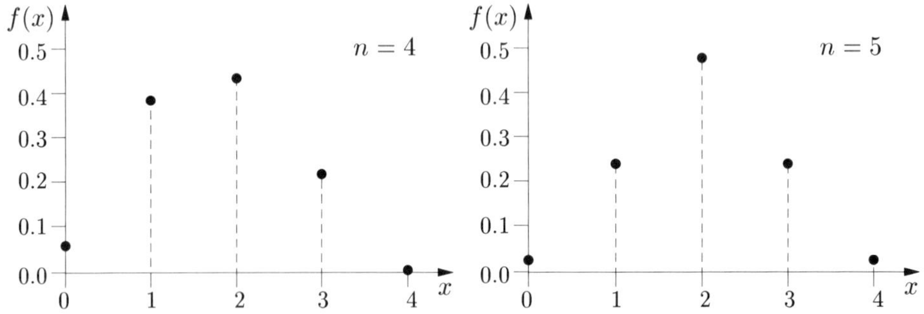

Bild 3.17: Wahrscheinlichkeitsverteilung der Hypergeometrischen Verteilung mit $N = 10$ und $N_1 = 4$ für verschiedene n

Für den Erwartungswert einer Zufallsgröße X, die eine hypergeometrische Verteilung besitzt, ergibt sich das plausible Ergebnis:

$$\mathrm{E}(X) = n \cdot \frac{N_1}{N} \tag{3.33}$$

Für die Varianz erhält man:

$$\mathrm{Var}(X) = n \cdot \frac{N_1}{N} \cdot \left(1 - \frac{N_1}{N}\right) \cdot \frac{N-n}{N-1} \tag{3.34}$$

Die hypergeometrische Verteilung beschreibt eine Ziehung ohne Zurücklegen. Läßt man N und N_1 über alle Grenzen wachsen, so daß der Quotient $\frac{N_1}{N}$ gegen einen festen Wert p strebt, dann nähert man sich dem Modell der Binomialverteilung, also der Verteilung, die das Ziehen mit Zurücklegen beschreibt. Das ist insofern einzusehen, weil dann die Elemente in der Urne in unbeschränkter Menge vorhanden sind und der Prozentsatz $\frac{N_1}{N} = p$ der "weißen" Elemente bei der Entnahme von endlich vielen Elementen nicht geändert wird. Für große n kann die Hypergeometrische Verteilung wiederum durch eine Normalverteilung approximiert werden.

Beispiel:

Von 20 Studenten studieren 15 Agrarwissenschaften, die restlichen 5 Ökotrophologie. Nun werden 10 Studenten zufällig ausgewählt. Wie groß ist die Wahrscheinlichkeit, daß sich unter den 10 Studenten

a) ausschließlich Agrarwissenschaftler befinden,

b) 8 Agrarwissenschaftler und 2 Ökotrophologen und

c) 5 Agrarwissenschaftler und 5 Ökotrophologen befinden?

a) $P(10 \text{ Agrarwissenschaftler}) = \frac{\binom{15}{10} \cdot \binom{5}{0}}{\binom{20}{10}} = 0.016$

b) $P(8 \text{ Agrarwissenschaftler und 2 Ökotrophologen}) = \frac{\binom{15}{8} \cdot \binom{5}{2}}{\binom{20}{10}} = 0.348$

c) $P(5 \text{ Agrarwissenschaftler und 5 Ökotrophologen}) = \frac{\binom{15}{5} \cdot \binom{5}{5}}{\binom{20}{10}} = 0.016$

Eine Behandlung der hypergeometrischen Verteilung ist im Programmpaket MINITAB nicht vorgesehen.

3.6 Exponentialverteilung

Wie bereits im Beispiel des radioaktiven Zerfalls auf Seite 158 zur Poisson-Verteilung erwähnt, ist die Zahl N der Zerfälle einer radioaktiven Substanz in einem bestimmten Zeitintervall Poisson-verteilt mit Parameter $\lambda = \mathrm{E}(N)$. Hier dagegen interessiert die Verteilung der Zeit bis zum ersten oder bis zum nächsten Zerfall. Diese Zeit T ist **exponentialverteilt**. Ihre Dichte kann von der Poisson-Verteilung abgeleitet werden. Sei λ der Erwartungswert der Zerfälle pro Zeiteinheit, dann erwartet man im Zeitintervall $[0, t]$ insgesamt $\lambda \cdot t$ Zerfälle. Die Wahrscheinlichkeit, daß in diesem Zeitintervall überhaupt kein Atom zerfällt, errechnet man dann nach der Poisson-Wahrscheinlichkeitsfunktion in Gleichung (3.26) mit Parameter $\lambda \cdot t$ zu $P(N = 0) = \frac{(\lambda \cdot t)^0}{0!} \cdot \mathrm{e}^{-\lambda \cdot t} = \mathrm{e}^{-\lambda \cdot t}$. Das Ereignis, daß im Intervall $[0, t]$ kein Atom zerfällt, ist aber identisch mit dem Ereignis, daß die Zeit T bis zum Zerfall eines Atoms mindestens t ist. Die Wahrscheinlichkeit dafür ist somit $P(T \geq t) = P(N = 0) = \mathrm{e}^{-\lambda \cdot t}$. Daraus kann man die Verteilungsfunktion F der exponentialverteilten Zufallsvariable T bestimmen:

$$F(t) = P(T \leq t) = \begin{cases} 1 - \mathrm{e}^{-\lambda \cdot t} & \text{für } t \geq 0,\ \lambda > 0 \\ 0 & \text{für } t < 0 \end{cases} \tag{3.35}$$

Die erste Ableitung von F nach der Zeit t liefert die Dichtefunktion f:

$$f(t) = \begin{cases} \lambda \cdot \mathrm{e}^{-\lambda \cdot t} & \text{für } t \geq 0,\ \lambda > 0 \\ 0 & \text{für } t < 0 \end{cases} \tag{3.36}$$

Bild 3.18 zeigt die Dichte- und Verteilungsfunktion für $\lambda = 1$.

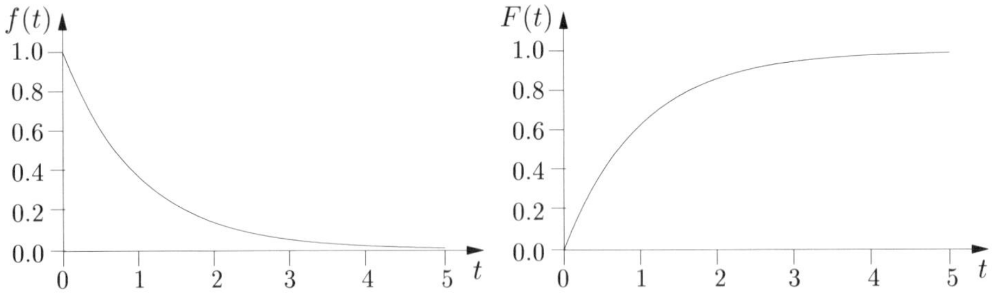

Bild 3.18: Dichte- und Verteilungsfunktion der Exponentialverteilung für $\lambda = 1$

Wenn z.B. in einer Sekunde im Mittel 5 Atome zerfallen, d.h. $\lambda = 5\ \mathrm{s}^{-1}$, dann erwartet man alle $\frac{1}{\lambda} = 0.2$ s einen Zerfall. Es ist also plausibel, daß sich der Erwartungswert der Zeit bis zum nächsten Zerfall, also der Erwartungswert der Exponentialverteilung zu

$$\mathrm{E}(T) = \frac{1}{\lambda} \tag{3.37}$$

errechnet. Die Berechnung erfolgt mittels partieller Integration, die auch zur Berechnung der Varianz der Exponentialverteilung dient:

$$\mathrm{Var}(T) = \frac{1}{\lambda^2} \tag{3.38}$$

Die Eigenschaft der Poisson-Verteilung bezogen auf den radioaktiven Zerfall ist, daß die Intensität λ, mit der die Atome zerfallen, zu jedem Zeitpunkt dieselbe ist. Diese Eigenschaft zieht die "Vergessenseigenschaft" der Exponentialverteilung nach sich: Die Wahrscheinlichkeit, daß ein Atom innerhalb der nächsten Sekunde zerfällt, ist unmittelbar nach dem Zerfall eines Atoms nicht größer als wenn schon 10 Sekunden lang kein Atom mehr zerfallen ist, sondern beide Wahrscheinlichkeiten sind gleich groß. Bezogen auf ein einzelnes Atom heißt das: Für ein Atom, das schon 90 Jahre lang existiert, ist die Wahrscheinlichkeit, daß es in den nächsten 10 Jahren zerfällt, genauso groß wie für ein Atom, das soeben entstanden ist. Man sagt in diesem Zusammenhang auch: "Atome altern nicht", wobei hier "altern" eine Erhöhung der Zerfallsintensität anschaulich ausdrückt. Daß diese Vergessenseigenschaft der Exponentialverteilung nicht auf das Lebensalter eines Menschen zutrifft, wird im folgenden Beispiel veranschaulicht. Mathematisch kann man die Vergessenseigenschaft der Exponentialverteilung mit bedingten Wahrscheinlichkeiten formulieren:

$$P(T \geq t_0 + t_1 \mid T \geq t_0) = P(T \geq t_1) \qquad \text{für alle } \ t_0,\ t_1 > 0 \tag{3.39}$$

Die Exponentialverteilung dient also zur Beschreibung von Lebensdauern von Individuen, deren Sterbewahrscheinlichkeiten nicht von der bereits gelebten Zeit abhängen.

Beispiele:

1. *Die Lebenserwartung eines Menschen sei 80 Jahre (*$\mathrm{E}(T) = 80$ a*). Unter der (wahrheitswidrigen) Annahme, die Lebenszeit T eines Menschen sei exponentialverteilt, folgt mit der Formel für den Erwartungswert in Gleichung (3.37) der Parameter λ der Exponentialverteilung:*

   $$\lambda = \frac{1}{\mathrm{E}(T)} = \frac{1}{80 \text{ a}} = 0.0125 \text{ a}^{-1}$$

   Weiter sieht man mit Hilfe der Vergessenseigenschaft sofort, daß die Wahrscheinlichkeit, daß ein 90-jähriger[3] noch weitere 10 Jahre lebt, also 100 Jahre alt wird (d.h. mindestens 100), genauso groß ist wie die Wahrscheinlichkeit, daß ein neugeborenes Kind mindestens 10 Jahre alt wird:

   $$P(T \geq 100 \text{ a} \mid T \geq 90 \text{ a}) = P(T \geq 10 \text{ a})$$

   Diese Vergessenseigenschaft in Gleichung (3.39) soll aber für dieses Beispiel ($t_0 = 90$ a, $t_1 = 10$ a) mit den Rechenregeln für bedingte Wahrscheinlichkten erst bewiesen werden, bevor die gefragte Wahrscheinlichkeit ausgerechnet wird:

[3]Für einen 90-jährigen gilt: $T \geq 90$ a und nicht $T = 90$ a, denn sonst müßte er mit 90 Jahren sterben.

$$\begin{aligned}P(T \geq 100\text{ a} \mid T \geq 90\text{ a}) &= \frac{P((T \geq 100\text{ a}) \cdot (T \geq 90\text{ a}))}{P(T \geq 90\text{ a})} = \frac{P(T \geq 100\text{ a})}{P(T \geq 90\text{ a})} = \\ &= \frac{\mathrm{e}^{-\lambda \cdot 100\text{ a}}}{\mathrm{e}^{-\lambda \cdot 90\text{ a}}} = \mathrm{e}^{-\lambda \cdot 100\text{ a} + \lambda \cdot 90\text{ a}} = \mathrm{e}^{-\lambda \cdot 10\text{ a}} = \\ &= P(T \geq 10\text{ a}) = \mathrm{e}^{-0.0125\text{ a}^{-1} \cdot 10\text{ a}} = \mathrm{e}^{-0.125} = \\ &= 0.8825 = 88.25\%\end{aligned}$$

Man sieht hier klar, daß die Lebensdauer eines Menschen nicht exponentialverteilt sein kann, denn die Wahrscheinlichkeit, daß ein neugeborenes Kind das 10. Lebensjahr vollendet, ist in der heutigen Zeit wesentlich größer als 88.25%, während die Wahrscheinlichkeit, daß ein 90-jähriger noch weitere 10 Jahre lebt, wesentlich geringer ist. Der Körper vergißt eben die 90 Jahre nicht. Er ist gealtert.

2. *Das radioaktive Cäsiumisotop* ${}^{137}_{55}\mathrm{Cs}$ *zerfällt in das Bariumisotop* ${}^{137}_{56}\mathrm{Ba}$ *unter Emission von Betastrahlung mit einer Halbertrszeit von* $t_{\mathrm{H}} = 30$ a:

   $${}^{137}_{55}\mathrm{Cs} \rightarrow {}^{137}_{56}\mathrm{Ba} + {}^{0}_{-1}\mathrm{e} \qquad t_{\mathrm{H}} = 30\text{ a}$$

   Die "Lebensdauer" (Zeit bis zum Zerfall) eines einzelnen Atoms ist exponentialverteilt, da die Zerfallsintensität nicht von der bereits gelebten Zeit abhängt.

   Die Halbwertszeit t_{H} *entspricht jedoch nicht etwa dem Erwartungswert der Lebensdauer, sondern dem Median, denn der Median* $t_{\mathrm{H}} = t_{0.5} = 30$ a *besagt, daß die Wahrscheinlichkeit, daß ein Atom weniger als 30 Jahre "lebt", 50% ist, wie auch die Wahrscheinlichkeit, daß es mehr als 30 Jahre lebt. Bei einer großen Menge von Atomen ist deswegen nach 30 Jahren etwa die Hälfte zerfallen, weswegen man diesen Median auch Halbwertszeit nennt.*

   Die Zerfallskonstante λ *im Modell der Exponentialverteilung läßt sich durch Auswerten der Verteilungsfunktion* F *der Exponentialverteilung an der Stelle des Medians bestimmen, wo sie den Wert* $50\% = 0.5$ *haben muß:*

   $$F(t_{\mathrm{H}}) = 1 - \mathrm{e}^{-\lambda \cdot t_{\mathrm{H}}} = 0.5 \Rightarrow -\lambda t_{\mathrm{H}} = \ln 0.5 = -\ln 2 \Rightarrow \lambda = \frac{\ln 2}{t_{\mathrm{H}}} = \frac{\ln 2}{30\text{ a}} = 0.023\text{ a}^{-1}$$

   Daraus errechnet sich der Erwartungswert der Lebensdauer:

   $$\mathrm{E}(T) = \frac{1}{\lambda} = \frac{30\text{ a}}{\ln 2} = 43\text{ a}$$

   Der Erwartungswert der in Deutschland noch zu verbleibenden Lebenszeit eines aus dem Reaktorunfall von Tschernobyl angekommenen Cäsium-Atoms betrug zur Zeit der Ankunft ebenfalls 43 Jahre, ganz egal, wieviele Jahre es schon existierte. Ebenso hat man für ein Cäsium-Atom, das heute noch im Boden ist, noch weitere 43 Jahre zu erwarten, bevor es zerfällt. Es "altert" nicht. Die bis heute bereits gelebte Zeit wird ja "vergessen".

   Analog ist die Wahrscheinlichkeit, daß ein Cäsium-Atom, das heute noch nicht zerfallen ist, noch weitere 30 Jahre lebt, 50%, da 30 Jahre die Halbwertszeit ist und die bereits gelebte Zeit "vergessen" wird.

   Die Wahrscheinlichkeit, daß ein Cäsium-Atom, das heute noch im Boden ist und somit schon eine gewisse Zeit t_U *alt ist (d.h.* $T \geq t_U$*), noch weitere 100 Jahre besteht, beträgt:*

   $$P(T \geq t_U + 100\text{ a} \mid T \geq t_U) = P(T \geq 100\text{ a}) = \mathrm{e}^{-0.023\text{ a}^{-1} \cdot 100\text{ a}} = 0.1 = 10\%$$

Das MINITAB-Kommando `random` mit der Option `exponential` erzeugt exponentialverteilte Zufallszahlen. Im Gegensatz zu Gleichung (3.36) unterstellt MINITAB folgende Dichtefunktion:

$$f(x) = \begin{cases} \frac{1}{b} e^{-x/b} & \text{für } x \geq 0,\ b > 0 \\ 0 & \text{für } x < 0 \end{cases} \tag{3.40}$$

Gleichung (3.36) und (3.40) sind also äquivalent, wenn $b = \frac{1}{\lambda}$ bzw. $\lambda = \frac{1}{b}$ ist. b ist genau der Erwartungswert der Exponentialverteilung.

Die allgemeine Syntax bei der Exponentialverteilung lautet also:

`RANDOM` je `K` Werte in die Spalten `C`,...,`C`;
  `EXPONENTIAL` [$b =$ `K`].

Man kann nun eine Stichprobe für Überlebenszeiten mit einer Halbwertszeit von z.B. 10 Tagen simulieren, wenn man zunächst den Mittelwert $b = 1/\lambda = -t_{\mathrm{H}}/\ln 0.5$ aus der Halbwertszeit berechnet und in einer Konstanten `k1` speichert.

```
MTB > let k1=-10/loge(0.5)
MTB > print k1
K1        14.4270
MTB > name c1 'T'
MTB > random 80 'T';
SUBC> exponential k1.
MTB > describe 'T'

                  N     MEAN   MEDIAN   TRMEAN    STDEV   SEMEAN
T                80    14.60     9.52    12.98    15.84     1.77

                MIN      MAX       Q1       Q3
T              0.01    64.37     2.35    22.40

MTB > histogram 'T'
```

Die vorliegende Stichprobe trifft mit Mittelwert 14.6 und Median 9.52 also die vorgegebenen Werte 14.427 und 10 recht gut. Das Histogramm in Bild 3.19 hat die Form einer Exponentialverteilung.

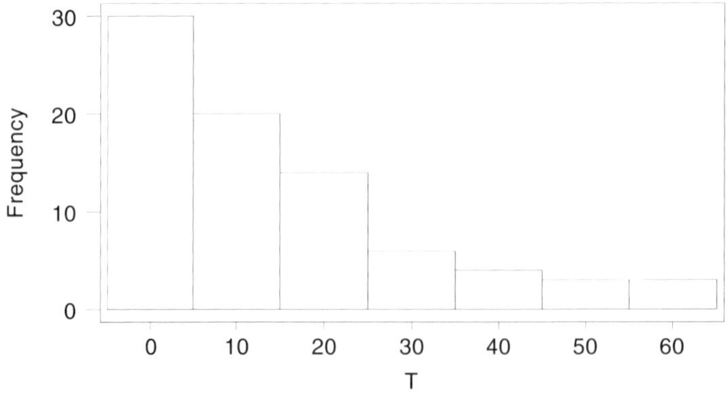

Bild 3.19: Histogramm der Überlebenszeiten

Die Berechnung der Dichte- bzw. Verteilungsfunktion der Exponentialverteilung erfolgt in MINITAB mit den Befehlen `pdf` und `cdf` inklusive dem Subkommando `exponential`. Die allgemeine Syntax lautet:

`PDF` für Werte in `E` [nach `E`];
  `EXPONENTIAL` [$b =$ `K`].

bzw.

`CDF` für Werte in `E` [nach `E`];
  `EXPONENTIAL` [$b =$ `K`].

`E` kann eine Spalte oder eine Konstante sein. Wenn b nicht angegeben wird, gilt $b = 1$.

Man kann nun Dichte und Verteilung für einige Überlebenszeiten, insbesondere für den Median 10 und den Erwartungswert b, der in `k1` gespeichert ist, berechnen.

```
MTB > set c1
DATA> 0 1 10 k1 20 50 100
DATA> end
MTB > pdf c1 c2;
SUBC> exponential k1.
MTB > cdf c1 c3;
SUBC> exponential k1.
MTB > name c1 'T' c2 'pdf(T)' c3 'cdf(T)'
MTB > print c1-c3

 ROW          T      pdf(T)       cdf(T)

   1      0.000   0.0693147    0.000000
   2      1.000   0.0646729    0.066967
   3     10.000   0.0346574    0.500000
   4     14.427   0.0254995    0.632121
   5     20.000   0.0173287    0.750000
   6     50.000   0.0021661    0.968750
   7    100.000   0.0000677    0.999023
```

Die Sterbe- oder Zerfallsdichte (Spalte `pdf(T)`) bei $t = 0$ beträgt 6.9%, die Wahrscheinlichkeit, höchstens 0 Tage zu überleben ist trivialerweise gleich Null (Spalte `cdf(T)`). Die Verteilungsfunktion am Median 10 ist natürlich 50%. Die Wahrscheinlichkeit, vor der mittleren Lebensdauer von 14.5 Tagen zu sterben bzw. zu zerfallen, beträgt 63%. Mit fast 100%-iger Wahrscheinlichkeit stirbt oder zerfällt ein Objekt innerhalb der ersten 100 Tage, d.h. die Überlebenswahrscheinlichkeit für 100 Tage ist praktisch Null.

Abschließend erfolgt die Berechnung einiger markanter Fraktilen mit dem Kommando `invcdf`, dessen allgemeine Syntax für die Exponentialverteilung lautet:

`INVCDF` für Werte in `E` [nach `E`];
  `EXPONENTIAL` [b = `K`].

```
MTB > set c1
DATA> 50 90 95 99 99.9 99.99
DATA> end
MTB > let c2=c1/100
MTB > invcdf c2 c3;
SUBC> exponential k1.
MTB > name c1 'K%' c3 'T(K%)'
MTB > print 'K%' 'T(K%)'

 ROW      K%     T(K%)

   1   50.00    10.000
   2   90.00    33.219
   3   95.00    43.219
   4   99.00    66.439
   5   99.90    99.658
   6   99.99   132.875
```

`T(K%)` gibt also die Zeit an, die ein Objekt mit `K%` Wahrscheinlichkeit höchstens überlebt. Mit 95%-iger Wahrscheinlichkeit beträgt die maximale Überlebenszeit also 43 Tage.

3.7 Tschebyscheffsche Ungleichung

Die **Tschebyscheffsche Ungleichung** erlaubt unabhängig von einer speziellen Verteilung eine Wahrscheinlichkeitsaussage über stetige und diskrete Verteilungen. Sie ist allgemein gültig unter der Voraussetzung, daß die Varianz σ^2 existiert ($\sigma \neq 0$). Sei $\mathrm{E}(X) = \mu$, $\mathrm{Var}(X) = \sigma^2 \neq 0$ und $k \neq 0$. Dann gilt folgende Wahrscheinlichkeitsaussage:

$$P(|X - \mu| < k\sigma) \geq 1 - \frac{1}{k^2} \quad \text{oder} \quad P(|X - \mu| \geq k\sigma) \leq \frac{1}{k^2} \tag{3.41}$$

Für $k^2 \leq 1$ werden die Aussagen (3.41) trivial.

Man kann unabhängig von einer bestimmten Verteilung sagen, daß außerhalb des 2σ-Intervalls höchstens 25% aller möglichen Realisationen der Zufallsvariablen X liegen, außerhalb des 3σ-Intervalls maximal 11.1%. Selbstverständlich kann man im Einzelfall schärfere Aussagen formulieren, wenn eine bestimmte Verteilung unterstellt wird. Für die Normalverteilung gilt:

$P(|X - \mu| \geq 2\sigma) = 0.0455$

$P(|X - \mu| \geq 3\sigma) = 0.0027$

$P(|X - \mu| \geq 4\sigma) \approx 0.0001$

Nach der Tschebyscheff-Ungleichung folgt:

$P(|X - \mu| \geq 2\sigma) \leq 0.2500$

$P(|X - \mu| \geq 3\sigma) \leq 0.1111$

$P(|X - \mu| \geq 4\sigma) \leq 0.0625$

4 Beurteilende Statistik oder Inferenz

4.1 Aufgaben der beurteilenden Statistik

Wenn die Verteilungsfunktion einer Zufallsvariablen mit allen ihren Parametern, wie Mittelwert, Streuung, weitere Momente usw. bekannt ist, lassen sich alle Fragen über die Wahrscheinlichkeiten von zufälligen Ereignissen, die die zu untersuchende Zufallsvariable betreffen, beantworten. In der Praxis ist das leider selten der Fall. Meist ist die Verteilungsfunktion der betreffenden Zufallsvariablen nicht vollständig bekannt. Wenn bisher in den Modellrechnungen bei normalverteilten Zufallsvariablen stets Mittelwert und Varianz als bekannt vorausgesetzt wurden, so ist der Informationsstand in der Praxis nicht immer so umfassend.

Mittelwert und Varianz sind in der Regel unbekannt. Selbst die Art der Verteilungsfunktion ist meist nur eine grobe Modellannahme, mit der man zunächst operiert und die man korrekterweise erst wieder überprüfen müßte. Der Statistiker gewinnt nun seine Information über die unbekannte Verteilungsfunktion aus den Beobachtungen der Zufallsvariablen. Er könnte sich rein theoretisch über die Verteilungsfunktion Klarheit verschaffen, indem er sich unendlich viele Realisationen der Zufallsvariablen anschaut, oder anders ausgedrückt, indem er die Grundgesamtheit betrachtet. Das ist jedoch aus vielen Gründen nicht möglich. In der Praxis wird man sich immer mit einigen wenigen Realisationen der Zufallsvariablen, eben mit einer Stichprobe aus der Grundgesamtheit aller hypothetisch möglichen Realisationen zufrieden geben müssen und versuchen, aus dieser Stichprobe Rückschlüsse auf die Grundgesamtheit oder die Verteilungsfunktion der Zufallsvariablen zu ziehen. Dazu muß man aber wissen, wie sich die interessierenden Eigenschaften (z.B. der Mittelwert) aller überhaupt möglichen Stichproben vom Umfang n verteilen. Die Wahrscheinlichkeitstheorie liefert das Rüstzeug, um Methoden und Verfahren zur statistischen Analyse von Beobachtungswerten und Zufallsvariablen anzugeben. Damit kommt man zum eigentlichen Kernpunkt der Statistik, zur **beurteilenden Statistik** oder **Inferenz**. Der große Statistiker R.A. Fisher (1890–1962) hat in den 50er Jahren herauskristallisiert, was man unter beurteilender Statistik oder Inferenz versteht. Er meint, die Aufgabe des Statistikers ist, aufgrund von empirischen Beobachtungen einen objektiven Induktionsschluß durchzuführen. Die empirischen Beobachtungen sind als Stichprobenwerte aufzufassen. Mit Hilfe dieses Induktionsschlusses soll eine Aussage über die Grundgesamtheit oder über die entsprechende Verteilung gewonnen werden, um aus der Situation der Ungewißheit oder der unvollständigen Information bzgl. der Grundgesamtheit soweit als möglich herauszukommen. Wenn man das zusammenfaßt, kommt man in etwa wieder zu der Definition der Statistik, die bereits in der Einleitung gegeben wurde: Beurteilende Statistik oder Inferenz ist die Überwindung der Ungewißheit durch induktive Schlüsse aufgrund von empirischen Beobachtungen. In diesem Zusammenhang sei noch ein Wort zur groben Unterscheidung zwischen Statistik und Wahrscheinlichkeitstheorie erwähnt. Bereits früher wurde grob unterschieden: Die Wahrscheinlichkeitsrechnung lehrt, wie man mit Wahrscheinlichkeiten rechnet, die Statistik zeigt, wie man Wahrscheinlichkeiten numerisch bestimmt. Die Wahrscheinlichkeitstheorie liefert das mathematische Rüstzeug für die Statistik. Insofern gehört die Wahrscheinlichkeitstheorie zur Mathematik, denn sie ist eine axiomatische Wissenschaft, die aufbauend aus postulierten, unbewiesenen oder nicht beweisbaren, weil evidenten Axiomen Lehrsätze folgert, die also alle richtig sind, solange die Axiome aufrechterhalten werden. Die Statistik hat dagegen ein ganz bestimmtes praktisches Ziel im Auge, nämlich mehr Information über eine unbekannte Grundgesamtheit aufgrund einer Stichprobe zu erfahren oder die Ungewißheit zu überwinden.

Methodisch besteht zwischen der Statistik und der Wahrscheinlichkeitstheorie folgender Unterschied: (vgl. Bild 4.1): In der Wahrscheinlichkeitstheorie wird deduziert, und zwar von bekannten bzw. als bekannt vorausgesetzten Verteilungen oder Modellen auf Realisationen. Wenn man z.B. eine bestimmte Verlustwahrscheinlichkeit in der Kälbermast kennt oder unterstellt, dann kann man das bekannte Bernoulli-Modell heranziehen und die Wahrscheinlichkeit berechnen, daß von beispielsweise 50 Tieren genau $0, 1, 2, \ldots$ usw. Tiere sterben. In der Statistik geht man in der Regel umgekehrt vor. Man schließt von gegebenen Beobachtungen oder Realisationen auf unbekannte Verteilungen und ihre Parameter. In dem eben zitierten Beispiel würde der Statistiker einen Kälbermastversuch durchführen und aus der beobachteten Verlustquote auf die unbekannte Verlustwahrscheinlichkeit schließen. Die beurteilende Statistik hat dabei im wesentlichen zwei Aufgaben:

- Die Schätzung unbekannter Parameter der Grundgesamtheit
- Die Prüfung von Hypothesen über diese Parameter

Es ist jedoch nicht so, daß in der Statistik überhaupt keine Deduktionen vorkommen. Die Betonung liegt im folgenden allerdings auf der induktiven Methode, d.h. auf Schlußweisen von Beobachtungen auf Grundgesamtheiten.

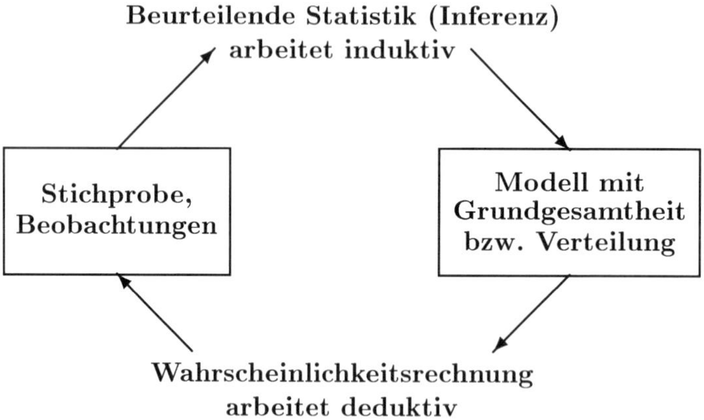

Bild 4.1: Abgrenzung Wahrscheinlichkeitstheorie und Statistik

4.2 Der Begriff der Stichprobe

Der Begriff der Stichprobe soll noch einmal aufgegriffen werden. Bisher wurde darunter eine endliche Teilmenge von Dingen oder ihre entsprechenden Merkmalswerte aus einer gegebenen Menge oder Grundgesamtheit verstanden. In diesem Zusammenhang muß als Grundgesamtheit auch eine unendlich große Menge zugelassen werden, z.B. die in Gedanken unendlich oft durchführbare Realisation eines Zufallsexperiments. Damit werden also auch hypothetische Grundgesamtheiten zugelassen.

Wenn nun eine Stichprobe eine gewisse Information über die Grundgesamtheit liefern soll, dann muß die Stichprobe erstens eine Zufallsauswahl darstellen, d.h. jedes Element der Grundgesamtheit muß die gleiche Chance oder Wahrscheinlichkeit haben, in die Stichprobe zu kommen. Man kann z.B. nicht nur die besten Ergebnisse eines mehrmals durchgeführten Versuchs zur Auswertung heranziehen. Man nehme an, alle landwirtschaftlichen Betriebe in Bayern bilden eine Grundgesamtheit. Eine repräsentative Stichprobe kann dann nicht ausschließlich aus Betrieben des Gäubodens bestehen. In einem solchen Fall würde man von einer willkürlichen Auswahl sprechen. Vor der Beantwortung der Frage, wie man eine Zufallsauswahl bewerkstelligt, soll kurz die Frage behandelt werden, warum man überhaupt mit Stichproben arbeiten muß. Die wichtigsten Gründe für die Anwendung von Stichprobenverfahren sind ökonomischer Natur. Um Kosten zu sparen und Zeit zu gewinnen, macht man nur einige wenige Versuche, greift nur einige Tiere aus einer Population heraus. Interessiert eine im Meer lebende Fischart, kann man nicht alle Exemplare dieser Gattung fangen. Bei Unterstellung einer unendlichen Grundgesamtheit (unbegrenzte Durchführung eines Zufallsexperiments) kann man aus theoretischen Gründen nicht alle Elemente der Grundgesamtheit zur Untersuchung heranziehen. Aber auch bei einer endlichen Grundgesamtheit wird man prinzipielle Einwände gegen eine Untersuchung der ganzen Grundgesamtheit geltend machen, wenn z.B. Lebensdaueruntersuchungen durchgeführt werden.

Zweitens wird vorausgesetzt, daß die n Ausführungen des Experiments, die n Ziehungen, welche die Stichprobenergebnisse liefern, voneinander unabhängig sind. Diese Voraussetzung ist notwendig, weil jeder Ziehung eine Stichprobenvariable als zufällige Variable zugeordnet wird und bei der Ableitung von Verteilungsgesetzen stets n unabhängige Zufallsvariablen vorausgesetzt werden. Bei einer unendlichen Grundgesamtheit, insbesondere bei einer hypothetischen Grundgesamtheit ist die Unabhängigkeit der einzelnen Ziehungen unmittelbar einsichtig. Eine unendliche Grundgesamtheit wird in ihrer Zusammensetzung nicht verändert, wenn man endlich viele Elemente herausgreift. Etwas kritischer ist diese Frage zu beantworten, wenn eine endliche Grundgesamtheit vorliegt. Prinzipiell sind die Stichprobenvariablen nicht mehr unabhängig, wenn die Grundgesamtheit endlich ist und die Stichprobenelemente nicht mehr zurückgelegt werden. Diese Situation findet man in der Praxis vor, wenn man aus irgendwelchen Karteien, Listen oder Produktionen n Elemente auswählt, um einen Schluß auf die Gesamtheit zu ziehen. Für solche Fälle gibt es nun eine ganze Reihe von Stichprobenauswahlverfahren (vgl. Heinhold/Gaede), z.B. reine oder geschichtete Zufallsauswahl, Klumpenauswahlverfahren usw. Hier soll nicht näher auf diese Verfahren eingegangen werden, sondern die Unabhängigkeit einer Stichprobe aus einer endlichen Grundgesamtheit angenommen werden, wenn die Grundgesamtheit gegenüber der Stichprobe sehr groß ist oder anders formuliert, wenn es aus der Sachlage heraus klar ist, daß durch die Entnahme von n Elementen die Zusammensetzung der Grundgesamtheit (z.B. bzgl. der Eigenschaft "gut", "schlecht") nicht wesentlich verändert wird.

Die beiden Stichprobeneigenschaften Zufälligkeit und Unabhängigkeit sollen von nun an stets als gegeben vorausgesetzt werden. Üblicherweise spricht man dann von **Zufallsstichproben**. Führt man ein Experiment, z.B. einen Mastversuch oder einen Sortenversuch, n-mal unabhängig voneinander unter gleichen Bedingungen durch, wobei jeweils eine Ergebnisgröße X notiert wird, dann sind die Ergebnisse $x_1, x_2, \ldots, x_n$ als Zufallsstichprobe anzusehen. Die Unabhängigkeit ist durch die Versuchsbedingungen festgelegt. Die Zufälligkeit ist prinzipiell dadurch gewährleistet, daß der Ausgang jedes Versuchs vom Zufall beeinflußt wird, und daß man n aufeinanderfolgende Resultate nimmt und nicht willkürlich Resultate auswählt. Die dazugehörige Grundgesamtheit ist hypothetisch und unendlich groß.

Wie bewerkstelligt man nun eine Zufallsauswahl vom Umfang n aus einer vorliegenden endlichen Grundgesamtheit z.B. N Personen, Tiere oder Betriebe? Hier kann man alle Elemente der Grundgesamtheit numerieren und dann versuchen n Zahlen zufällig auszuwählen. Das kann durch Lose geschehen, die man in eine Urne steckt, um dann eben n Lose zu ziehen. Man könnte aber auch einen zehnseitigen Würfel verwenden und die gewürfelten Zahlen als Stichprobe aus der numerierten Grundgesamtheit heranziehen. Auf diese Weise kann man sich sog. **Zufallszahlen** erzeugen. Es existieren Tabellen von solchen Zufallszahlen, die einem das Würfeln mit einem zehnseitigen Würfel ersparen (vgl. Tab. A.8 im Anhang).

Hat man die Aufgabe, aus einer Grundgesamtheit von N Elementen eine zufällige Stichprobe vom Umfang n auszuwählen, so kann man folgendermaßen vorgehen: Man ordnet den N Elementen die Zahlen 1 bis N zu. Dann wählt man eine beliebige Ziffer der Tabelle als Anfangspunkt und liest ab dort fortlaufend jeweils Gruppen von s Ziffern ab, wenn N eine s-stellige Zahl ist. Ist die in der Tabelle der Zufallszahlen abgelesene Zahl kleiner oder gleich N, dann wird das entsprechende Element der Grundgesamtheit in die Zufallsstichprobe aufgenommen, andernfalls nicht. Man fährt solange mit dieser Methode fort, bis man n Elemente ausgewählt hat.

Beispiel:

Aus einer Grundgesamtheit von $N = 7520$ (numerierten) Elementen ist eine Stichprobe vom Umfang $n = 25$ auszuwählen. Als Startziffer sei die Ziffer 5 in der 19. Zeile in der 4. Dreiergruppe der Tab. A.8 im Anhang ausgewählt. Die erste Vierergruppe ist die Zahl 5413. Man liest zeilenweise weiter und notiert alle Vierergruppen, die kleiner oder gleich 7520 sind:

5413	4922	2976	2774	4666	3370	32	4083	3680	648
284	3543	6292	7299	1616	1105	2451	5441	2508	2106
3044	3707	4644	3181	4355					

Zufallszahlen können in MINITAB durch das Kommando `random` mit der Option `integer` erzeugt werden. Die allgemeine Syntax lautet:

`RANDOM` je `K` Werte in die Spalten `C,...,C;`
  `INTEGER` $a =$ `K` $b =$ `K`.

In die Spalten C,...,C werden gleichverteilte diskrete Zufallszahlen geschrieben. Die Wahrscheinlichkeit ist für die ganzen Zahlen $a, a+1, \ldots b$ gleich groß und für alle anderen Zahlen gleich 0.

Damit kann die Stichprobe des vorangehenden Beispiels auf einfache Weise mit MINITAB gezogen werden, wenn man sich gleichverteilte Zufallszahlen zwischen 1 und dem Umfang der Grundgesamtheit $N = 7520$ erzeugt.

```
MTB > random 25 c1;
SUBC> integer 1 7520.
MTB > print c1

C1
   4477   3127   7313   4135   5397   5270   4421   3650   5002
   1056   4158    814   3930   2340   6727   6096   2441   4274
    257   1928    290   6060   5455   5021   3379
```

4.3 Der Hauptsatz der Statistik und der Begriff der Stichprobenvariablen

In vielen Fällen wird man sich eine hypothetische, unendlich große Menge von möglichen Merkmalswerten als Grundgesamtheit vorstellen, aus der man eine Stichprobe vom Umfang n gezogen hat. Die Realisationen der Stichprobe seien die Werte $x_1, x_2, \ldots, x_n$. Man kann nun folgende Erfahrungstatsache beobachten. Die relative Summenhäufigkeitsfunktion $\widetilde{F}$, die man aus diesen n Werten $x_1, x_2, \ldots, x_n$ ermitteln kann, die also gegeben ist durch $\widetilde{F}_n(x) = \dfrac{m_n(x)}{n}$, wenn $m_n(x)$ die Anzahl der x_i ist mit $x_i \leq x$, nähert sich mit wachsendem n einer Verteilungsfunktion F an: $\widetilde{F}_n \approx F$. Diese Verteilungsfunktion F sieht man als kennzeichnendes Charakteristikum der Grundgesamtheit an, aus der die Stichprobe entnommen wurde. Man sagt auch: Die Grundgesamtheit ist nach F verteilt. In der Regel ist F unbekannt und man wird mit Hilfe der Stichprobe versuchen, die Ungewißheit über F in irgendeiner Weise zu überwinden. Das ist der Inhalt des sog. **Hauptsatzes der Statistik**.

Man interpretiert dazu die beobachteten Werte x_i $(i = 1, 2, \ldots, n)$ als Realisationen von n stochastisch unabhängigen Zufallsgrößen X_i, die alle dieselbe Verteilungsfunktion F besitzen. Man sagt auch, daß die Zufallsgrößen $X_1, X_2, \ldots, X_n$ identisch verteilt sind mit der Verteilungsfunktion F. Dabei ordnet die Zufallsvariable X_i dem Experiment das Ergebnis der i-ten Ziehung oder i-ten Wiederholung zu.

4.4 Testverteilungen

Im folgenden Abschnitt werden einige Verteilungen eingeführt, die im Zusammenhang von statistischen Rückschlüssen auf die Grundgesamtheit aufgrund von Stichproben eine wichtige Rolle spielen. Es sind Verteilungen von Zufallsgrößen, deren Realisationen nicht unmittelbar als Ergebnisse von Zufallsexperimenten beobachtet werden, sondern es handelt sich um die Verteilung abgeleiteter Größen, z.B. der Verteilung der Quadratsumme von n unabhängigen normalverteilten Zufallsgrößen. Solche und ähnliche Verteilungen heißen auch **Testverteilungen** oder **Prüfverteilungen**, weil man sie zur Überprüfung von Hypothesen verwendet. In diesem Zusammenhang sollen einige Tatsachen und Sätze zitiert werden, auf die entsprechenden Beweise wird aber verzichtet. Der an Beweisen interessierte Leser möge diese z.B. bei Heinhold/Gaede nachvollziehen.

4.4.1 χ^2-Verteilung

Es seien n unabhängige normalverteilte Zufallsvariablen $X_1, X_2, \ldots, X_n$ gegeben mit dem Erwartungswert $\mu = 0$ und der Varianz $\sigma^2 = 1$. Die Summe der Quadrate dieser Zufallsvariablen wird mit χ^2 (sprich: Chi-Quadrat) bezeichnet:

$$\chi^2 = X_1^2 + X_2^2 + \ldots + X_n^2 \tag{4.1}$$

Die Größe χ^2 stellt selbst wieder eine Zufallsvariable dar, die eine bestimmte Dichte- (Bild 4.2) und Verteilungsfunktion besitzt.

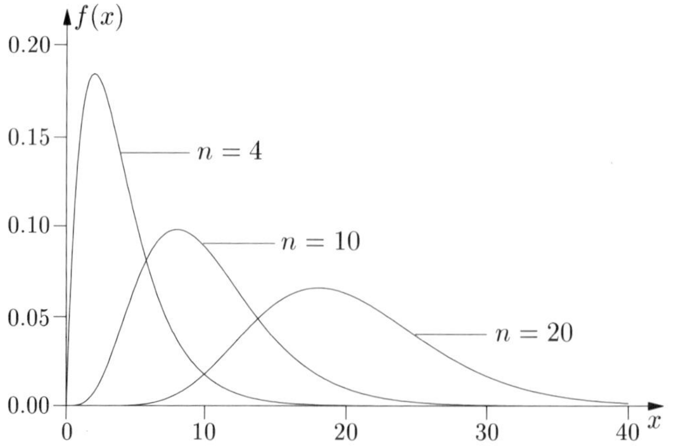

Bild 4.2: Dichtefunktionen der χ^2-Verteilung für verschiedene Freiheitsgrade n

Es wird hier darauf verzichtet, diese Funktionen durch Formeln genauer zu beschreiben. Allgemein heißt die Verteilung einer Zufallsvariablen, die als Summe von n quadrierten unabhängigen normalverteilten Zufallsvariablen gebildet wird, **Chi-Quadrat-Verteilung**. Hierbei ist n eine positive ganze Zahl und gibt an, wieviele unabhängige $(0, 1^2)$-normalverteilte Zufallsvariablen $X_1, X_2, \ldots, X_n$ in die Größe χ^2 eingehen. n heißt auch die **Anzahl der Freiheitsgrade** der Verteilung. In Bild 4.2 ist jeweils die Dichtefunktion für einige Freiheitsgrade n skizziert. Es ist klar, daß für negative x

die Dichtefunktion jeweils den Wert Null hat, da die Größe χ^2 nur Werte größer oder gleich Null annehmen kann. Wichtige Fraktilenwerte sind für verschiedene Freiheitsgrade in Tab. A.3 des Anhangs festgehalten. Die χ^2-Verteilung der Zufallsgröße χ^2 hat den Erwartungswert $\mu = n$ und die Varianz $\sigma^2 = 2n$. Eine wichtige Eigenschaft der χ^2-Verteilung ist, daß man sie für großes n durch die Normalverteilung approximieren kann. Man kann zeigen (vgl. Heinhold/Gaede):

- Die Zufallsvariable χ^2 ist für $n \to \infty$ normalverteilt mit dem Erwartungswert $\mu = n$ und der Varianz $\sigma^2 = 2n$. Wenn man also mit F die Verteilungsfunktion der Zufallsvariablen χ^2 bezeichnet, so gilt für großes n:

$$F(x) \approx \Phi\left(\frac{x-n}{\sqrt{2n}}\right) \tag{4.2}$$

- Die Zufallsvariable $\sqrt{2\chi^2} - \sqrt{2n-1}$ ist für große n approximativ normalverteilt mit dem Erwartungswert $\mu = 0$ und der Varianz $\sigma^2 = 1$. Je größer n, umso genauer ist die Approximation. Wenn man nun mit G die Verteilungsfunktion der Zufallsvariablen $\sqrt{2\chi^2}$ bezeichnet, so gilt für großes n:

$$G(x) = P(\sqrt{2\chi^2} \le x) \approx \Phi\left(x - \sqrt{2n-1}\right) \tag{4.3}$$

Eine weitere wichtige Eigenschaft der χ^2-Verteilung ist ihre Additivität. Sie besagt, wenn zwei unabhängige Zufallsgrößen X und Y jeweils χ^2-verteilt sind mit n bzw. m Freiheitsgraden, so ist die Summe $X+Y$ ebenfalls χ^2-verteilt mit $n+m$ Freiheitsgraden.

Die Hauptanwendungsgebiete der χ^2-Verteilung sind erstens die Verteilung der Stichprobenvarianz S^2 (siehe unten) und zweitens die Analyse von Vier- und Mehrfeldertafeln in der sog. **Kontingenztafelanalyse**.

Die χ^2-Verteilung hängt sehr eng mit der Verteilung der empirischen Varianz $S^2 = \frac{1}{n-1} \cdot \sum_{i=1}^{n}(X_i - \overline{X})^2$ einer Grundgesamtheit zusammen. Zunächst kann folgendes festgehalten werden: Zieht man aus einer beliebig (nicht unbedingt normal-) verteilten Grundgesamtheit mit der Varianz σ^2 eine Stichprobe $X_1, X_2, \ldots, X_n$ vom Umfang n, so ist S^2 ein erwartungstreuer (vgl. 4.5.2) Schätzer für σ^2, bzw. $s^2 = \frac{1}{n-1} \cdot \sum_{i=1}^{n}(x_i - \overline{x})^2$ ist ein unverzerrter Schätzwert für das unbekannte σ^2. Dies gilt wohlgemerkt ohne besondere Voraussetzung über die Form der Verteilung in der Grundgesamtheit. Es sei noch festgehalten, daß man den unverzerrten Schätzwert s^2 für σ^2 einer Stichprobe berechnen kann, ohne irgendwelche Kenntnis über den Erwartungswert der Grundgesamtheit. Mit Hilfe der soeben eingeführten χ^2-Verteilung kann man die Verteilung von S^2 bestimmen. Man kann nämlich zeigen, daß die Zufallsgröße $\frac{(n-1) \cdot S^2}{\sigma^2}$ eine χ^2-verteilte Zufallsgröße mit $n-1$ Freiheitsgraden (kurz: $\boldsymbol{\chi}^2{}_{n-1}$-verteilt) ist, unter der Voraussetzung, daß die X_i (μ, σ^2)-normalverteilt sind. Also:

$$\frac{(n-1) \cdot S^2}{\sigma^2} \sim \boldsymbol{\chi}^2{}_{n-1} \quad \Leftrightarrow \quad S^2 \sim \frac{\sigma^2}{n-1} \cdot \boldsymbol{\chi}^2{}_{n-1} \tag{4.4}$$

Außerdem kann man zeigen, daß S^2 und $\overline{X}$ unabhängige Zufallsgrößen sind. Diese besondere Eigenschaft wird sich noch im Zusammenhang mit der t-Verteilung als wichtig erweisen.

Die Tatsache, daß $\frac{(n-1) \cdot S^2}{\sigma^2}$ nach $\boldsymbol{\chi^2}_{n-1}$ verteilt ist, liefert folgende Wahrscheinlichkeitsaussage, wenn man mit $\chi^2_{n-1;\alpha/2}$ und $\chi^2_{n-1;1-\alpha/2}$ die entsprechenden Fraktilen der χ^2-Verteilung bezeichnet:

$$P\left(\chi^2_{n-1;\alpha/2} \le \frac{(n-1) \cdot S^2}{\sigma^2} \le \chi^2_{n-1;1-\alpha/2}\right) = 1 - \alpha \tag{4.5}$$

Daraus folgt nach Kehrwertbildung und Multiplikation mit $(n-1)S^2$:

$$P\left(\frac{(n-1) \cdot S^2}{\chi^2_{n-1;1-\alpha/2}} \le \sigma^2 \le \frac{(n-1) \cdot S^2}{\chi^2_{n-1;\alpha/2}}\right) = 1 - \alpha \tag{4.6}$$

Mit Hilfe dieser Wahrscheinlichkeitsaussage kann später ein sog. Vertrauensintervall für die unbekannte Varianz σ^2 der Grundgesamtheit angegeben werden.

Fraktilen der χ^2-Verteilung sind in Tab. A.3 im Anhang für verschiedene Freiheitsgrade n tabelliert.

In MINITAB können die Fraktilen der χ^2-Verteilung mit dem Kommando `invcdf` und der Option `chisquare` berechnet werden. Die allgemeine Syntax ist:

`INVCDF` für Werte in `E` [nach `E`];
  `CHISQUARE` n = `K`.

`E` kann eine Konstante oder eine Spalte sein. n ist die Anzahl der Freiheitsgrade.

```
MTB > invcdf 0.95;
SUBC> chisquare 23.
    0.9500    35.1724
```

Die 95%-Fraktile der χ^2-Verteilung mit 23 Freiheitsgraden ist also $\chi^2_{23;0.95} \approx 35.17$.

Eine Tabelle der χ^2-Fraktilen für verschiedene Wahrscheinlichkeiten $F(x)$ und Freiheitsgrade FG erzeugt folgende Befehlsfolge:

```
MTB > set c1
DATA> 0.05 0.1 0.5 0.9 0.95
DATA> end
MTB > invcdf c1 c2;
SUBC> chisquare 1.
MTB > invcdf c1 c3;
SUBC> chisquare 5.
MTB > invcdf c1 c4;
SUBC> chisquare 10.
```

```
MTB > name c1 'F(x)' c2 '1 FG' c3 '5 FG' c4 '10 FG'
MTB > print c1-c4

 ROW   F(x)      1 FG      5 FG     10 FG

   1   0.05   0.00393    1.1455    3.9403
   2   0.10   0.01579    1.6103    4.8652
   3   0.50   0.45494    4.3515    9.3418
   4   0.90   2.70554    9.2364   15.9872
   5   0.95   3.84146   11.0705   18.3070
```

4.4.2 *t*-Verteilung oder Student-Verteilung

Eine weitere Testverteilung, die bei einer Reihe wichtiger Tests gebraucht wird, ist von W.S. Gosset unter dem Pseudonym Student veröffentlicht worden. Sie ist folgendermaßen definiert. Es sei X eine $(0, 1^2)$-normalverteilte Zufallsvariable, Q sei eine von X unabhängige χ^2-verteilte Zufallsvariable vom Freiheitsgrad n. Dann nennt man die Verteilung der Zufallsgröße

$$\boldsymbol{T}_n = \frac{X}{\sqrt{Q/n}} \tag{4.7}$$

Student-Verteilung oder kurz ***t*-Verteilung** mit n Freiheitsgraden. Die Studentverteilung ist im Gegensatz zur χ^2-Verteilung eine symmetrische Verteilung, weil X eine zu $x = 0$ symmetrische Verteilung ist.

Eine studentverteilte Zufallsgröße hat für $n = 2, 3, \ldots$ aus Symmetriegründen den Mittelwert 0. Für $n = 1$ existiert der Erwartungswert nicht. Für $n = 1$ und $n = 2$ existiert die Varianz nicht bzw. ist ∞. Für $n = 3, 4, \ldots$ ist die Varianz jeweils $\sigma^2 = \dfrac{n}{n-2}$. Es gilt außerdem, daß für $n \to \infty$ die Studentverteilung in eine $(0, 1^2)$-Normalverteilung übergeht. In Bild 4.3 sind die Dichtefunktionen für einige Freiheitsgrade skizziert.

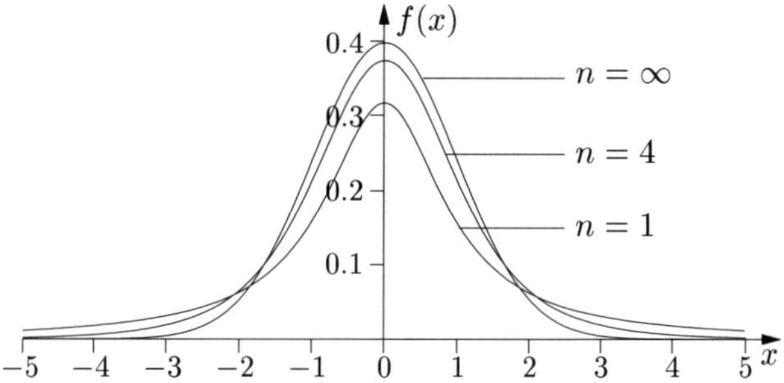

Bild 4.3: Dichtefunktionen der *t*-Verteilung für verschiedene *n*

In Tab. A.4 des Anhangs sind wichtige Fraktilenwerte für verschiedene Freiheitsgrade tabelliert.

Mit MINITAB können die Fraktilen der t-Verteilung mit dem Kommando `invcdf` und der Option `t` berechnet werden. Die allgemeine Syntax ist:

`INVCDF` für Werte in `E` [nach `E`];
  `T` n = `K`.

`E` kann eine Konstante oder eine Spalte sein. n ist die Anzahl der Freiheitsgrade.

```
MTB > invcdf 0.99;
SUBC> t 7.
    0.9900     2.9980
```

Die 99%-Fraktile der t-Verteilung mit 7 Freiheitsgraden ist also $t_{7;0.99} \approx 3$.

Eine Tabelle der t-Fraktilen für verschiedene Wahrscheinlichkeiten $F(x)$ und Freiheitsgrade FG erzeugt folgende Befehlsfolge:

```
MTB > set c1
DATA> 0.9 0.95 0.975 0.99 0.995 0.999
DATA> end
MTB > name c1 'F(x)'
MTB > invcdf 'F(x)' c2;
SUBC> t 1.
MTB > invcdf 'F(x)' c3;
SUBC> t 10.
MTB > invcdf 'F(x)' c4;
SUBC> t 100.
MTB > name c2 '1 FG' c3 '10 FG' c4 '100 FG'
MTB > print c1-c4

 ROW    F(x)       1 FG      10 FG     100 FG

   1   0.900      3.078    1.37220    1.29007
   2   0.950      6.314    1.81246    1.66024
   3   0.975     12.706    2.22814    1.98398
   4   0.990     31.821    2.76378    2.36423
   5   0.995     63.657    3.16928    2.62592
   6   0.999    318.317    4.14371    3.17379
```

4.4.3 *F*-Verteilung

X^2 sei eine χ^2-verteilte Zufallsgröße mit m Freiheitsgraden und Y^2 eine von X^2 unabhängige, ebenfalls χ^2-verteilte Zufallsgröße mit n Freiheitsgraden. Dann heißt die Verteilung der Zufallsgröße

$$\boldsymbol{F}_{m,n} = \frac{X^2/m}{Y^2/n} \tag{4.8}$$

***F*-Verteilung** mit m Freiheitsgraden im Zähler und n Freiheitsgraden im Nenner, kurz $F_{m,n}$-Verteilung. In Bild 4.4 sind Dichtefunktionen F-verteilter Zufallsvariablen für einige Freiheitsgrade gezeichnet.

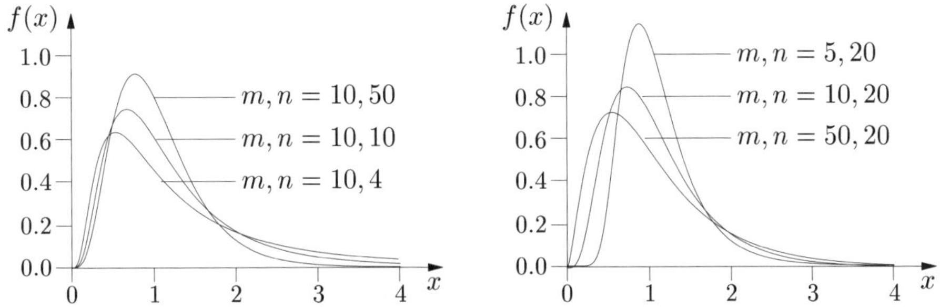

Bild 4.4: Dichtefunktionen der F-Verteilung für verschiedene Freiheitsgrade

In den Tabellen A.5 – A.7 des Anhangs sind die wichtigsten Fraktilen der F-Verteilung angegeben. Die Fraktilen zum Niveau $1 - \alpha$ einer F-Verteilung mit m Zähler- und n Nennerfreiheitsgraden, kurz einer $F_{m,n}$-Verteilung, sollen mit $F_{m,n;1-\alpha}$ bezeichnet werden. Es gilt:

$$P(\boldsymbol{F}_{m,n} \leq F_{m,n;1-\alpha}) = 1 - \alpha \quad \text{und} \quad P(\boldsymbol{F}_{n,m} \geq F_{n,m;\alpha}) = 1 - \alpha \tag{4.9}$$

Es gilt zwischen $\boldsymbol{F}_{m,n}$ und $\boldsymbol{F}_{n,m}$ folgende Beziehung:

$$\frac{1}{\boldsymbol{F}_{m,n}} = \boldsymbol{F}_{n,m}. \tag{4.10}$$

Damit ergibt sich:

$$P\left(\frac{1}{\boldsymbol{F}_{m,n}} \geq F_{n,m;\alpha}\right) = 1 - \alpha \tag{4.11}$$

oder

$$P\left(\boldsymbol{F}_{m,n} \leq \frac{1}{F_{n,m;\alpha}}\right) = 1 - \alpha \tag{4.12}$$

Vergleicht man (4.12) mit der ersten Gleichung von (4.9), so erhält man:

$$F_{m,n;1-\alpha} = \frac{1}{F_{n,m;\alpha}} \tag{4.13}$$

Mit dieser Gleichung kann man aus den $(1-\alpha)$-Fraktilen die dazu komplementären α-Fraktilen ausrechnen. Man beachte allerdings, daß sich Zähler- und Nennerfreiheitsgrade vertauschen.

Die F-Verteilung wird in der statistischen Praxis in den meisten Fällen als Verteilung des Verhältnisses zweier Varianzen verwendet. Seien $X_1, X_2, \ldots, X_m$ und $Y_1, Y_2, \ldots, Y_n$ zwei voneinander unabhängige Stichproben einer (μ_1, σ_1^2)- bzw. (μ_2, σ_2^2)-normalverteilten Grundgesamtheit. Dann sind folgende Summen $\sum_{i=1}^{m} \left(\frac{X_i - \overline{X}}{\sigma_1}\right)^2 = \frac{(m-1)S_1^2}{\sigma_1^2}$ und $\sum_{j=1}^{n} \left(\frac{Y_j - \overline{Y}}{\sigma_2}\right)^2 = \frac{(n-1)S_2^2}{\sigma_2^2}$ jeweils χ^2-verteilt mit $m-1$ Zähler- und $n-1$ Nennerfreiheitsgraden. Nach der Definition für die F-Verteilung ist daher die Größe $\boldsymbol{F}_{m-1,n-1} = \frac{S_1^2/\sigma_1^2}{S_2^2/\sigma_2^2}$ F-verteilt mit $m-1$ bzw. $n-1$ Freiheitsgraden. Diese Tatsache wird später benutzt, um zwei unbekannte Streuungen σ_1^2 und σ_2^2 zweier normalverteilter Grundgesamtheiten miteinander zu vergleichen, insbesondere um die Frage zu entscheiden, ob die Streuungen gleich sind, oder anders ausgedrückt, um zu entscheiden, ob die beiden Grundgesamtheiten bzgl. ihrer Streuung als homogen anzusehen sind. In diesem Sinne spricht man manchmal auch von einem **Homogenitätstest**.

Fraktilen der F-Verteilung können in MINITAB mit dem Kommando `invcdf` und der Option `f` erzeugt werden. Die allgemeine Syntax lautet:

`INVCDF` für Werte in `E` [nach `E`];
  `F` $m =$ `K` $n =$ `K`.

`E` kann eine Konstante oder eine Spalte sein.

```
MTB > invcdf 0.975;
SUBC> f 7 13.
    0.9750    3.4827
```

Die 97.5%-Fraktile der F-Verteilung mit 7 Zähler- und 13 Nennerfreiheitsgraden ist also $F_{7,13;0.975} \approx 3.5$.

Eine Tabelle der F-Fraktilen für verschiedene Wahrscheinlichkeiten $F(x)$ sowie Zählerfreiheitsgrade m und Nennerfreiheitsgrade n erzeugt folgende Befehlsfolge:

```
MTB > set c1
DATA> 0.95 0.975 0.99
DATA> end
MTB > invcdf c1 c2;
SUBC> f 5 10.
MTB > invcdf c1 c3;
SUBC> f 20 8.
MTB > name c1 'F(x) c2 'm=5,n=10' c3 'm=20,n=8'
MTB > print c1-c3

 ROW     F(x)  m=5,n=10  m=20,n=8

   1    0.950   3.32584   3.15036
   2    0.975   4.23609   3.99946
   3    0.990   5.63633   5.35910
```

Die F-Verteilung mit einem Zählerfreiheitsgrad ($m = 1$) ist übrigens identisch mit dem Quadrat der t-Verteilung: $\boldsymbol{F}_{1,n} = (\boldsymbol{T}_n)^2$

Für die Fraktilen gilt:

$$F_{1,n;1-\alpha} = \left(t_{n;1-\alpha/2}\right)^2 \tag{4.14}$$

4.5 Schätzung von Parametern: Punktschätzungen

Unter einer **Punktschätzung** versteht man die Angabe eines Näherungswerts für einen unbekannten Parameter einer Grundgesamtheit. Angenommen eine Grundgesamtheit oder Population sei normalverteilt. Die beiden Parameter Erwartungswert (Mittelwert) μ und Varianz σ^2 seien unbekannt. Eine Schätzung gibt nun aufgrund einer Stichprobe $x_1, x_2, \ldots, x_n$ **Schätzwerte** für diese unbekannten Parameter an. Das Verfahren heißt Punktschätzung, weil ein bestimmter Punkt im Parameterraum ausgewählt wird. Eine Punktschätzung stellt also eine einzelne Zahl dar, die aus den Stichprobenwerten ermittelt wird.

4.5.1 Die Momentenmethode

Es ist einleuchtend, daß man den Mittelwert $\overline{x}$ einer Stichprobe $x_1, x_2, \ldots, x_n$ als Punktschätzung für den unbekannten Erwartungswert μ der Grundgesamtheit heranzieht: $\mu \approx \overline{x}$.

Genauso kann man die empirische Varianz s^2 als Punktschätzung für die unbekannte Varianz σ^2 der Verteilung oder der Grundgesamtheit nehmen: $\sigma^2 \approx s^2$.

Wenn eine Stichprobe eine relative Häufigkeit h für das Auftreten einer bestimmten Eigenschaft A hat, so kann man diesen Wert als Schätzwert für die unbekannte Wahrscheinlichkeit p einer binomialverteilten Grundgesamtheit verwenden: $p \approx h$.

Damit wurden einige Beispiele der sog. **Momentenmethode** gebracht. Es wurde also sowohl in der beschreibenden Statistik der Begriff des Moments einer Stichprobe eingeführt, wie auch in der Wahrscheinlichkeitstheorie der Begriff des Moments einer Zufallsvariablen.

Es sei daran erinnert, daß bei Stichprobenwerten das Moment erster Ordnung in Bezug auf den Nullpunkt ($a = 0$) nichts anderes als das arithmetische Mittel $\overline{x}$ darstellt. Das zentrierte Moment zweiter Ordnung ($a = \overline{x}$) ist die empirische Varianz. Analog dazu ist das erste Moment einer Zufallsvariablen X gleich dem Erwartungswert μ, das zweite zentrierte Moment von X ist gleich der Varianz σ^2. Die Momentenmethode als Punktschätzung benutzt nun ein bestimmtes Moment, das aus einer Stichprobe berechnet wird, als Schätzwert für das analoge Moment der Verteilung oder der Zufallsvariablen.

4.5.2 Kriterien für die Güte von Schätzungen

Das Stichprobenmoment wird im allgemeinen nicht mit dem unbekannten Moment oder Parameter der Verteilung zusammenfallen, da das Ergebnis der Stichprobe zufallsbedingt ist. Es ist jedoch verständlich, daß man verlangt, daß der Schätzwert ein "guter" Schätzwert für den unbekannten Parameter ist. Dazu muß der Begriff "gut" etwas näher erläutert werden. Die statistische Theorie verlangt für einen "guten" Schätzwert, daß er bestimmte Kriterien erfüllt, z.B. die **Erwartungstreue**, die **Konsistenz** und eine hohe **Effizienz**.

Ein Schätzer bzw. ein Schätzwert $\widehat{\theta}$ heißt **erwartungstreu** oder **unverzerrt** bzgl. eines Parameters θ, wenn der Erwartungswert des Schätzers gleich dem unbekannten Parameter θ ist, also $\mathrm{E}(\widehat{\theta}) = \theta$ (Bild 4.5 links). Ein Schätzer $\widehat{\theta}$, der z.B. die Dichtefunktion in

Bild 4.5 rechts besitzt, ist ein **verzerrter Schätzer**. Er würde bei mehrmaliger Wiederholung von Experiment und Schätzung den Parameter θ zu hoch oder zu niedrig, d.h. verzerrt schätzen. Die Verzerrung nennt man englisch auch **Bias**.

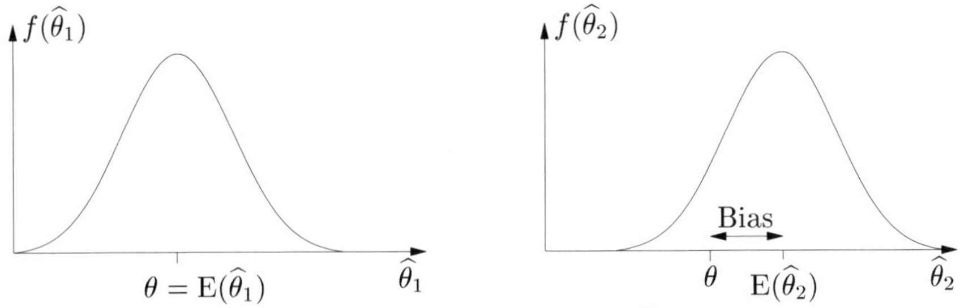

Bild 4.5: Dichtefunktion eines unverzerrten Schätzers $\widehat{\theta}_1$ und eines nach oben verzerrten Schätzers $\widehat{\theta}_2$

Beispiele:

1. *Das arithmetische Mittel $\overline{X}$ ist ein erwartungstreuer Schätzer für den Erwartungswert μ einer Grundgesamtheit. Es ist nämlich:*

$$\begin{aligned}
\mathrm{E}(\overline{X}) &= \mathrm{E}\left(\frac{1}{n}\cdot(X_1+X_2+\ldots+X_n)\right) = \\
&= \frac{1}{n}\cdot \mathrm{E}(X_1+X_2+\ldots+X_n) = \\
&= \frac{1}{n}\cdot(\mathrm{E}(X_1)+\mathrm{E}(X_2)+\ldots+\mathrm{E}(X_n))
\end{aligned}$$

Da die X_i alle die gleiche Verteilung haben, gilt:

$\mathrm{E}(X_i) = \mu$ *für* $i = 1, 2, \ldots, n$, *also:* $\mathrm{E}(\overline{X}) = \frac{1}{n}\cdot n\cdot\mu = \mu$

2. *Die empirische Varianz S^2 ist ein erwartungstreuer Schätzer für die Varianz σ^2 einer Grundgesamtheit, denn es ist:*

$$\mathrm{E}(S^2) = \mathrm{E}\left(\frac{1}{n-1}\cdot\sum_{i=1}^{n}(X_i-\overline{X})^2\right)$$

Zunächst wird $\sum_{i=1}^{n}(X_i-\overline{X})^2$ *umgeformt:*

$$\begin{aligned}
\sum(X_i-\overline{X})^2 &= \sum\left((X_i-\mu)+(\mu-\overline{X})\right)^2 = \\
&= \sum(X_i-\mu)^2 + 2(\mu-\overline{X})\cdot\sum(X_i-\mu) + n(\mu-\overline{X})^2 = \\
&= \sum(X_i-\mu)^2 + 2(\mu-\overline{X})\cdot n(\overline{X}-\mu) + n(\overline{X}-\mu)^2 = \\
&= \sum(X_i-\mu)^2 - 2n(\overline{X}-\mu)^2 + n(\overline{X}-\mu)^2 = \\
&= \sum(X_i-\mu)^2 - n(\overline{X}-\mu)^2
\end{aligned}$$

Daraus folgt:

$$\mathrm{E}(S^2) = \frac{\sum \mathrm{E}(X_i-\mu)^2 - n\cdot \mathrm{E}(\overline{X}-\mu)^2}{n-1} = \frac{n\sigma^2 - n\sigma^2/n}{n-1} = \sigma^2$$

Damit wird auch ersichtlich, warum bei der Berechnung der empirischen Varianz nach Gleichung (1.7) die Abweichungsquadratsumme $\sum_{i=1}^{n}(x_i - \overline{x})^2$ *durch* $n-1$ *und nicht durch* n *dividiert wurde. Eine Division durch* n *würde die Erwartungstreue zerstören. Die mittlere quadratische Abweichung* $\frac{1}{n} \cdot \sum_{i=1}^{n}(x_i - \overline{x})^2$ *stellt also einen verzerrten Schätzwert für das unbekannte* σ^2 *dar, denn bei mehrmaliger Wiederholung der Stichprobenziehung und Schätzung auf diese Weise würde die Streuung* σ^2 *etwas unterschätzt.*

Ein Schätzer (bzw. der entsprechende Schätzwert) $\widehat{\theta}$ heißt **konsistent**, wenn die Wahrscheinlichkeit dafür, daß sich der Schätzwert $\widehat{\theta}$ um weniger als ε von dem wahren, zu schätzenden Parameter θ unterscheidet, für jede noch so kleine, aber feste Zahl ε mit wachsendem Stichprobenumfang gegen 1 strebt:

$$P\left(\left|\widehat{\theta} - \theta\right| < \varepsilon\right) \to 1 \qquad \text{für } n \to \infty \tag{4.15}$$

Die Wahrscheinlichkeit, daß der Schätzfehler beliebig klein wird, geht also gegen 1 bzw. 100%.

Beispiel:

Das arithmetische Mittel $\overline{X}$ *ist ein konsistenter Schätzer für den Erwartungswert* μ*. Ebenso ist* S^2 *konsistent für* σ^2*.*

Um mehrere unverzerrte Schätzer miteinander vergleichen zu können, wird zunächst der Begriff der **relativen Effizienz** eingeführt. Die relative Effizienz von $\widehat{\theta}_1$ verglichen mit $\widehat{\theta}_2$ ist das Verhältnis der entsprechenden Varianzen der Schätzer, also $\frac{\text{Var}(\widehat{\theta}_2)}{\text{Var}(\widehat{\theta}_1)}$. Derjenige Schätzer ist also effizienter, der die kleinere Varianz hat (vgl. Bild 4.6). Ein Schätzer heißt schlechthin **effizient**, wenn es keine anderen Schätzer mit einer kleineren Varianz gibt.

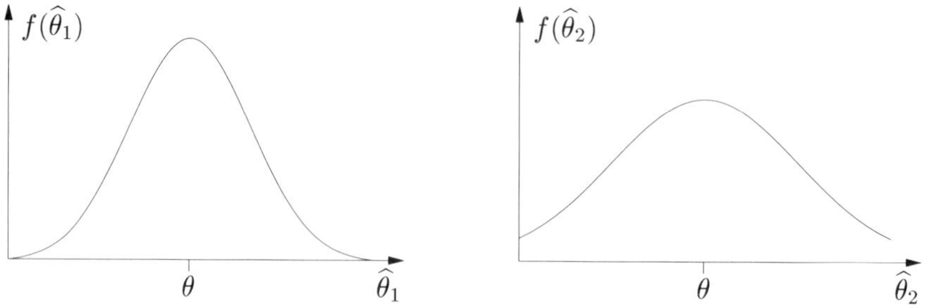

Bild 4.6: Relative Effizienz zweier Schätzer $\widehat{\theta}_1$ und $\widehat{\theta}_2$

Beispiel:

Das arithmetische Mittel $\overline{X}$ und der Median $\widetilde{X}$ sind Schätzer des unbekannten Erwartungswerts μ einer normalverteilten Grundgesamtheit. Die Varianz $\mathrm{Var}(\overline{X})$ von $\overline{X}$ ist $\frac{\sigma^2}{n}$ (vgl. 3.1.3). Auch der Median $\widetilde{X}$ einer Stichprobe stellt einen unverzerrten Schätzer für μ dar. Seine Varianz $\mathrm{Var}(\widetilde{X})$ beträgt aber $\frac{\sigma^2}{n} \cdot \frac{\pi}{2}$, ist also rund 57% größer als die Varianz von $\overline{X}$. Anders ausgedrückt kann man sagen: Die relative Effizienz des arithmetischen Mittels $\overline{X}$ verglichen mit dem Median $\widetilde{X}$ ist $\frac{\pi}{2} \approx 1.57$ bzw. 157%. Vergrößert man den Umfang n der Stichprobe, so kann man jeweils die Varianzen der beiden Schätzer, arithmetisches Mittel und Median, verkleinern. Man könnte also die schlechtere Effizienz des Medians dadurch ausgleichen, daß man eine um 57% größere Stichprobe zum Schätzen für den Parameter μ heranzöge, was natürlich einen beträchtlichen Mehraufwand hinsichtlich der Gewinnung von Stichprobenwerten bedeuten würde.

Es wurde deutlich gemacht, daß bei einem Vergleich zwischen unverzerrten Schätzern derjenige mit der kleineren Varianz den Vorzug hat. Vergleicht man aber beliebige Schätzer (also verzerrte und unverzerrte), so ist es verständlich, daß die Varianz der Schätzer nicht mehr allein entscheidend sein kann.

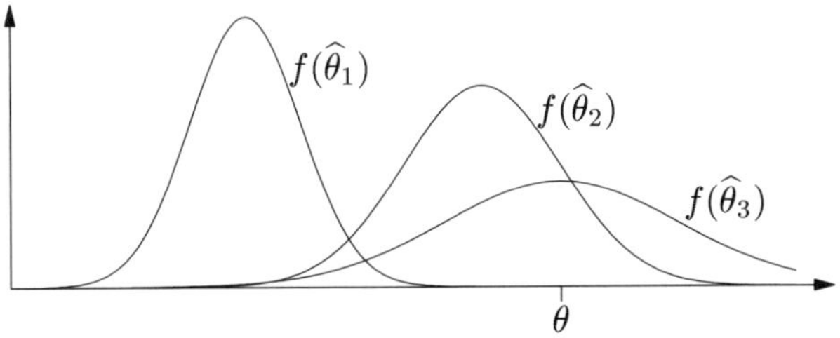

Bild 4.7: Vergleich von beliebigen Schätzern

Aus Bild 4.7 wird unmittelbar ersichtlich, daß der Schätzer $\widehat{\theta}_2$ den besten Kompromiß hinsichtlich der Kleinheit von Verzerrung und Varianz bietet. Der Schätzer $\widehat{\theta}_1$ hat zwar die kleinste Varianz, aber er hat sicherlich eine nicht akzeptable Verzerrung. Beim Schätzer $\widehat{\theta}_3$ ist es gerade umgekehrt. Um einen Vergleich anstellen zu können, soll daher ein Kriterium vorgeschlagen werden, welches sowohl die Verzerrung als auch die Varianz berücksichtigt. Man kann sich leicht überzeugen, daß der mittlere quadratische Fehler MSE (von engl. *mean square error*) ein solches geeignetes Kriterium darstellt:

$$\mathrm{MSE} = \mathrm{E}\big(\widehat{\theta} - \theta\big)^2 \tag{4.16}$$

Der Unterschied des MSE zur Varianz $\mathrm{Var}(\widehat{\theta})$ des Schätzers liegt darin, daß die Varianz bekanntlich als $\mathrm{E}\big(\widehat{\theta} - \mathrm{E}(\widehat{\theta})\big)^2$ definiert ist. Man kann leicht zeigen, daß folgende Beziehung gilt:

$$\mathrm{MSE} = \mathrm{Var}(\widehat{\theta}) + \big(\mathrm{E}(\widehat{\theta}) - \theta\big)^2 = \text{Varianz} + \text{Verzerrung}^2 \tag{4.17}$$

Das MSE-Kriterium stellt also im allgemeinen Fall ein geeignetes Vergleichskriterium für Schätzwerte dar.

Die Eigenschaft der Effizienz für den arithmetischen Mittelwert setzt jeweils Stichproben aus normalverteilten Grundgesamtheiten voraus. Wenngleich diese Annahme der Normalverteilung sehr häufig gemacht wird, vor allem, weil dann gängige statistische Verfahren zur Verfügung stehen, so weiß man im Einzelfall nicht immer, ob diese Annahme zurecht besteht. Es kann manchmal durchaus vernünftig sein, andere Verteilungen für die Grundgesamtheit anzunehmen, z.B. eine Laplace-Verteilung oder eine Cauchy-Verteilung (Bild 4.8). Diese Verteilungen unterscheiden sich von der Normalverteilung dadurch, daß die Enden ihrer Dichtefunktionen nicht so schnell gegen Null gehen (also "dickschwänziger" sind), und damit die Wahrscheinlichkeit für extreme Werte größer ist als bei der Normalverteilung. In diesen Fällen zeigt sich, daß der Median ein effizienterer Schätzwert für den unbekannten Erwartungswert ist als das arithmetische Mittel.

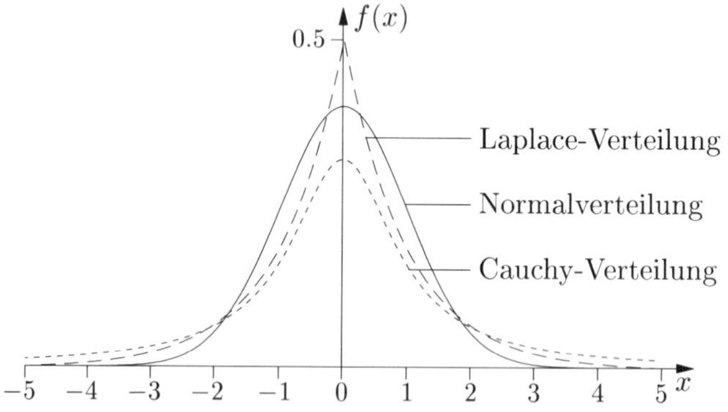

Bild 4.8: Wahrscheinlichkeitsdichten der Laplace-, Normal- und Cauchy-Verteilung

Daraus kann man ersehen, daß die Eigenschaft der Effizienz von der Verteilung der zugrundeliegenden Population abhängt. Wenn aber z.B. nichts oder wenig über diese Verteilung bekannt ist, weiß man auch nicht, welcher der beste bzw. effizienteste Schätzwert ist. Darum hat man in den letzten Jahren versucht, sog. **robuste Schätzer** zu finden, welche sich auch dann noch möglichst effizient verhalten, wenn Abweichungen von den unterstellten Voraussetzungen hinsichtlich der Verteilung der Grundgesamtheit eintreten. So zeigte man z.B. daß das arithmetische Mittel nicht robust gegenüber Veränderungen der Verteilungen in der Grundgesamtheit ist. Man hat robustere Schätzer vorgeschlagen, auf die an dieser Stelle jedoch nicht im einzelnen eingegangen werden kann.

5 Vertrauensintervalle und Intervallschätzungen

Wenn man das arithmetische Mittel $\overline{X}$ einer Stichprobe als Schätzer für den unbekannten Parameter μ einer Zufallsvariablen X heranzieht, so führt man eine Punktschätzung durch. Man nimmt also einen einzigen Punkt $\overline{x}$ als Schätzwert für den Parameter μ. Es ist einleuchtend, daß der Schätzwert $\overline{x}$ nicht exakt mit dem unbekannten Mittelwert μ in der Grundgesamtheit übereinstimmen wird. Daher liegt die Frage nahe, wie gut solche Schätzwerte eigentlich sind.

Eine Möglichkeit der Fehlerabschätzung besteht darin, zusätzlich zum Schätzwert die aus der Stichprobe geschätzte Standardabweichung des Schätzers mit anzugeben. Die Standardabweichung des Schätzwerts ergibt sich aus der Stichprobenverteilung des betreffenden Schätzers.

Eine zweite, etwas weitergehende Möglichkeit der Fehlerabschätzung besteht darin, ein Intervall anzugeben, welches relativ plausible Werte für den unbekannten Parameter enthält. Die Formel zur Berechnung des Intervalls muß so gewählt werden, daß vor dem Ziehen der Stichprobe gilt: Das Intervall überdeckt den wahren Parameter mit fest vorgegebener Wahrscheinlichkeit $K\%$. Solche Intervalle werden **Vertrauensintervalle** oder **Konfidenzintervalle** genannt. Man nennt die ganze Vorgehensweise daher auch **Intervallschätzung**. Es wird sich zeigen, daß ein solches Vertrauensintervall von dem Schätzwert und der Standardabweichung des Schätzers abhängt.

Wenn man z.B. ein Vertrauensintervall für den Erwartungswert μ betrachtet, möchte man vor dem Ziehen der Stichprobe wissen, daß:

$$P(T_{\mathrm{u}} \leq \mu \leq T_{\mathrm{o}}) = K\% \tag{5.1}$$

Die Grenzen T_{u} und T_{o} sind als Funktionen der Stichprobenvariablen $X_1, X_2, \ldots, X_n$ selbst Zufallsvariablen. Ihre Realisationen t_{u} und t_{o} sind die Grenzen des Vertrauensintervalls. Sie heißen auch **Vertrauensgrenzen**. $K\%$ ist die **Sicherheitswahrscheinlichkeit**, **Vertrauenswahrscheinlichkeit** oder auch das **Konfidenzniveau** und wird bereits vor der Berechnung des Intervalls vom Statistiker festgelegt. Sie stellt somit eine objektive Wahrscheinlichkeit dar, die damit die Grundlage zum Vergleichen verschiedener Stichproben oder Tests liefert. K ist, wie bereits gesagt, beliebig wählbar. Die Forderung $K\% = 100\%$ ist zwar verständlich (man will eben ganz genau Bescheid wissen), aber nicht sinnvoll, weil dann das Vertrauensintervall unendlich groß werden würde. In der Praxis übliche Werte für $K\%$ sind 90%, 95%, 99% oder 99.9%.

Man schreibt anstelle von $K\%$ häufig auch $1 - \alpha$. α gibt den geringen Prozentsatz Wahrscheinlichkeit an, mit der die Aussage (5.1) nicht gilt. Analog zu den üblichen Werten für $K\%$ nimmt dann α die Werte 0.10, 0.05, 0.01 oder 0.001 an.

5.1 Verteilung des Stichprobenmittels

Der Erwartungswert μ der Grundgesamtheit wird durch das arithmetische Mittel $\overline{x}$ der Stichprobe vom Umfang n geschätzt. Der zugehörige Schätzer ist:

$$\overline{X} = \frac{1}{n} \cdot (X_1 + X_2 + \ldots + X_n) \tag{5.2}$$

Es wird nach der Verteilung der Zufallsvariablen $\overline{X}$ gefragt. Dazu ist festzuhalten, daß die n Stichprobenvariablen X_i $(i = 1, 2, \ldots, n)$ alle die gleiche (μ, σ^2)-Normalverteilung besitzen. Wenn man das Additionstheorem der Normalverteilung für unabhängige Zufallsvariablen anwendet, weiß man, daß $\overline{X}$ normalverteilt ist mit dem Mittelwert μ und der Varianz $\frac{\sigma^2}{n}$ bzw. der Standardabweichung $\frac{\sigma}{\sqrt{n}}$. Die Zufallsvariable $\overline{X}$ ist also $\left(\mu, \frac{\sigma^2}{n}\right)$-normalverteilt.

Die Standardabweichung des Mittelwerts $\sigma_{\overline{X}} = \frac{\sigma}{\sqrt{n}}$ ist um den Faktor $\frac{1}{\sqrt{n}}$ kleiner als die Standardabweichung der Grundgesamtheit. Das ist unmittelbar einleuchtend, da die Mittelwerte einer Stichprobe sicherlich weniger variieren als die Einzelbeobachtungen selbst. Außerdem verringert sich die Varianz der Stichprobenmittelwerte mit wachsendem Stichprobenumfang.

Die Aussage, daß die Standardabweichung der Zufallsgröße $\overline{X}$ gleich $\frac{\sigma}{\sqrt{n}}$ ist, gilt nur, wenn die Stichprobenvariablen unabhängig sind. Entnimmt man die Stichprobe einer unendlich großen Grundgesamtheit oder einer endlichen Grundgesamtheit, wobei die einzelnen Stichprobenelemente jeweils wieder zurückgelegt werden, so ist die Bedingung der Unabhängigkeit selbstverständlich erfüllt. Zieht man dagegen die Stichprobe (Umfang $= n$) aus einer endlichen Grundgesamtheit (Umfang $= N$) ohne Zurücklegen, dann gilt für die Standardabweichung von $\overline{X}$ folgende Beziehung:

$$\sigma_{\overline{X}} = \frac{\sigma}{\sqrt{n}} \cdot \sqrt{\frac{N-n}{N-1}} \tag{5.3}$$

5.2 Vertrauensintervall für den Erwartungswert einer Normalverteilung bei bekannter Varianz

Das arithmetische Mittel $\overline{X}$ ist normalverteilt mit Erwartungswert μ und Standardabweichung $\frac{\sigma}{\sqrt{n}}$. Die standardisierte Zufallsvariable $\frac{\overline{X}-\mu}{\sigma/\sqrt{n}}$ ist normalverteilt mit Erwartungswert 0 und Standardabweichung 1, also $(0, 1^2)$-normalverteilt. Damit kann die folgende Wahrscheinlichkeitsaussage aufgestellt werden, wenn $\lambda_{K\%}$ die $K\%$-Grenze der $(0,1)$-Normalverteilung ist:

$$P\left(-\lambda_{K\%} \le \frac{\overline{X}-\mu}{\sigma/\sqrt{n}} \le \lambda_{K\%}\right) = K\% = 1-\alpha \quad \text{bzw.}$$

$$P\Bigg(\underbrace{\overline{X} - \frac{\sigma \cdot \lambda_{K\%}}{\sqrt{n}}}_{T_\text{u}} \le \mu \le \underbrace{\overline{X} + \frac{\sigma \cdot \lambda_{K\%}}{\sqrt{n}}}_{T_\text{o}}\Bigg) = K\% = 1-\alpha \tag{5.4}$$

Damit sind die unteren und oberen Grenzen T_u und T_o in Abhängigkeit der Stichprobenvariablen $X_1, X_2, \ldots, X_n$ ermittelt.

Liegt nun eine bestimmte Stichprobe $x_1, x_2, \ldots, x_n$ vor, dann setzt man die Realisierung $\overline{x} = (x_1 + x_2 + \ldots + x_n)/n$ in Gleichung (5.4) ein und erhält das Vertrauensintervall:

$$\text{V.I.}\left\{\overline{x} - \frac{\sigma \cdot \lambda_{K\%}}{\sqrt{n}} \le \mu \le \overline{x} + \frac{\sigma \cdot \lambda_{K\%}}{\sqrt{n}}\right\}_{K\%} \tag{5.5}$$

Wenn man für $\overline{X}$ die Realisation $\overline{x}$, also eine Zahl einsetzt, kann man natürlich die Wahrscheinlichkeitsaussage (5.4) nicht mehr hinschreiben. Das zahlenmäßig jetzt bestimmte Intervall kann zwar μ enthalten, μ kann aber auch außerhalb liegen. Man weiß nicht, welcher Fall vorliegt, weil μ unbekannt ist. Man kann aber von folgender Häufigkeitsinterpretation ausgehen: Entnimmt man einer (μ, σ^2)-normalverteilten Grundgesamtheit unabhängig voneinander eine große Anzahl von Stichproben des Umfangs n und berechnet aus den Werten jeder dieser Stichproben das zugehörige Vertrauensintervall, dann kann man praktisch sicher sein, daß $K\%$ dieser Intervalle den unbekannten Erwartungswert μ überdecken und $(100 - K)\% = \alpha$ dieser Intervalle nicht. Oder noch anders ausgedrückt: Gibt man zahlenmäßig ein Vertrauensintervall und die dazugehörende Vertrauenszahl $K\%$ an, so bedeutet das, daß dieses Intervall das Ergebnis eines Prozesses ist, der bei unbegrenzt vielen Wiederholungen korrekte Intervalle für $K\%$ aller Stichproben ergeben wird.

In der Praxis interessieren neben dem zweiseitigen auch einseitige Vertrauensintervalle. Bei den einseitigen Vertrauensintervallen muß man unterscheiden zwischen Vertrauensintervallen, die nach oben offen sind, also nur eine untere Grenze t_u haben, und Vertrauensintervallen, die nach unten offen sind, also nur eine obere Grenze t_o haben. Diese Grenzen gewinnt man aus folgenden beiden Wahrscheinlichkeitsaussagen:

$$\begin{aligned} &P\left(\frac{\overline{X}-\mu}{\sigma/\sqrt{n}} \le u_{K\%}\right) = K\% = 1-\alpha \quad \text{und} \\ &P\left(-u_{K\%} \le \frac{\overline{X}-\mu}{\sigma/\sqrt{n}}\right) = K\% = 1-\alpha \end{aligned} \tag{5.6}$$

$u_{K\%} = u_{1-\alpha}$ ist die $K\%$- bzw. $1-\alpha$-Fraktile der Standardnormalverteilung.

Aus dem ersten Teil von Gleichung (5.6) folgt:

$$\begin{aligned} &P\left(\overline{X} - \mu \leq u_{1-\alpha} \cdot \frac{\sigma}{\sqrt{n}}\right) = 1 - \alpha \quad \Rightarrow \\ &P\left(\overline{X} - u_{1-\alpha} \cdot \frac{\sigma}{\sqrt{n}} \leq \mu\right) = 1 - \alpha \end{aligned} \tag{5.7}$$

Aus dem zweiten Teil von Gleichung (5.6) folgt:

$$\begin{aligned} &P\left(-u_{1-\alpha} \cdot \frac{\sigma}{\sqrt{n}} \leq \overline{X} - \mu\right) = 1 - \alpha \quad \Rightarrow \\ &P\left(\mu \leq \overline{X} + u_{1-\alpha} \cdot \frac{\sigma}{\sqrt{n}}\right) = 1 - \alpha \end{aligned} \tag{5.8}$$

Setzt man jetzt anstatt der Zufallsvariablen $\overline{X}$ das arithmetische Mittel $\overline{x}$ der Stichprobe ein, so erhält man letztlich die folgenden einseitigen $K\%$- bzw. $(1-\alpha)$-Vertrauensintervalle:

$$\begin{aligned} &\text{V.I.}\left\{\overline{x} - u_{1-\alpha} \cdot \frac{\sigma}{\sqrt{n}} \leq \mu\right\}_{1-\alpha} \qquad \text{und} \\ &\text{V.I.}\left\{\mu \leq \overline{x} + u_{1-\alpha} \cdot \frac{\sigma}{\sqrt{n}}\right\}_{1-\alpha} \end{aligned} \tag{5.9}$$

Ob man das zweiseitige oder ein einseitiges Vertrauensintervall verwendet, muß man nach der jeweils vorliegenden Fragestellung entscheiden. In der Regel werden die zufälligen Abweichungen vom Mittelwert nach oben und nach unten interessieren. Man wird also ein zweiseitiges Vertrauensintervall aufstellen. Interessieren dagegen nur die Abweichungen nach einer Seite, und kommt es darauf an, eine Aussage über die Abweichungen nach dieser einen "kritischen" Seite hin zu treffen, so wird man ein entsprechendes einseitiges Vertrauensintervall aufstellen. Beschreibt eine Zufallsgröße X z.B. die Festigkeit eines Materials, so wird man ein einseitiges Vertrauensintervall bevorzugen, das eine untere Grenze angibt (nach Gleichung (5.9)), denn die Abweichungen nach oben sind ja nicht "schädlich". Beschreibt dagegen eine Zufallsgröße X z.B. einen Gehalt, der nicht über ein Maximum ansteigen soll, so wird man an einem Vertrauensintervall interessiert sein, das eine obere Grenze (nach Gleichung (5.9)) angibt.

Beispiele:

1. *Das Eigewicht X einer Hühnerrasse sei als normalverteilte Zufallsvariable anzusehen. Die Standardabweichung σ sei aus langjähriger Erfahrung als bekannt vorauszusetzen: $\sigma = 5$ g. Es liegt eine Stichprobe vom Umfang $n = 9$, um den unbekannten Mittelwert der Grundgesamtheit vor, die man sich aus allen möglichen Gewichtsausprägungen zusammengesetzt denken muß, zu berechnen.*

Ei i	1	2	3	4	5	6	7	8	9
Gewicht x_i [g]	50	45	52	55	56	52	46	53	49

Das arithmetische Mittel des Eigewichts ist $\overline{x} = 458/9 = 50.9$ [g].

Vertrauenswahrscheinlichkeit $1 - \alpha = 0.95$: $\lambda_{0.95} = 1.96$ *(Tab. A.2)*

$$\lambda_{0.95} \cdot \frac{\sigma}{\sqrt{n}} = 1.96 \cdot \frac{5}{3} = 3.3$$

$$\text{V.I.}\{50.9 - 3.3 \leq \mu \leq 50.9 + 3.3\}_{95\%} = \text{V.I.}\{47.6 \leq \mu \leq 54.2\}_{95\%}$$

Vertrauenswahrscheinlichkeit $1 - \alpha = 0.99$: $\lambda_{0.99} = 2.576$ *(Tab. A.2)*

$$\lambda_{0.99} \cdot \frac{\sigma}{\sqrt{n}} = 2.576 \cdot \frac{5}{3} = 4.3$$

$$\text{V.I.}\{50.9 - 4.3 \leq \mu \leq 50.9 + 4.3\}_{99\%} = \text{V.I.}\{46.6 \leq \mu \leq 55.2\}_{99\%}$$

2. *Der Milcheiweißgehalt (in %) werde als normalverteilte Zufallsvariable X aufgefaßt. Das Gemelk von 6 Kühen einer Herde lieferte folgende Werte:*

Gemelk i	1	2	3	4	5	6
Eiweißgehalt x_i [%]	3.52	3.65	3.63	3.71	3.88	3.79

Es ist $\overline{x} = 22.18/6 = 3.70$. *Man fasse die Werte dieser Meßreihe als Stichprobenwerte einer Stichprobe vom Umfang $n = 6$ auf. Die Standardabweichung werde erfahrungsgemäß zu $\sigma = 0.09$ angenommen. Gefragt wird nach einer unteren Schranke für den Erwartungswert μ des Milchfettgehalts. Dazu wird das einseitige, nach unten abgegrenzte Vertrauensintervall nach Gleichung (5.9) verwendet.*

$1 - \alpha = 0.95 : u_{0.95} = 1.645$ *(Tab. A.2)*

$$\text{V.I.}\{3.70 - 1.645 \cdot \frac{0.09}{\sqrt{6}} \leq \mu < \infty\}_{95\%} = \text{V.I.}\{3.63 \leq \mu < \infty\}_{95\%}$$

$1 - \alpha = 0.99 : u_{0.99} = 2.326$ *(Tab. A.2)*

$$\text{V.I.}\{3.70 - 2.326 \cdot \frac{0.09}{\sqrt{6}} \leq \mu < \infty\}_{99\%} = \text{V.I.}\{3.61 \leq \mu < \infty\}_{99\%}$$

Das MINITAB-Kommando `zinterval` dient zur Berechnung von zweiseitigen Vertrauensintervallen bei bekannter Varianz. Die allgemeine Syntax ist:

`ZINTERVAL` [`K` Prozent Konfidenzniveau] σ = `K` für `C...C`

Wird kein Konfidenzniveau oder keine Vertrauenswahrscheinlichkeit angegeben, dann wird mit 95% gerechnet. Ist der Wert des Konfidenzniveaus bei der Eingabe kleiner als 1, dann wird intern mit 100 multipliziert.

Für die Daten der Eigewichte X aus Beispiel 1 sollen zweiseitige Vertrauensintervalle mit $K\% = 95\%$, $K\% = 99\%$ und $K\% = 99.9\%$ berechnet werden.

```
MTB > set c1
DATA> 50 45 52 55 56 52 46 53 49
DATA> end
MTB > name c1 'Gewicht'
MTB > zinterval 5 c1

THE ASSUMED SIGMA =5.00

             N      MEAN    STDEV  SE MEAN    95.0 PERCENT C.I.
Gewicht      9     50.89     3.76     1.67  (   47.62,    54.16)

MTB > zinterval 0.99 5 c1

THE ASSUMED SIGMA =5.00

             N      MEAN    STDEV  SE MEAN    99.0 PERCENT C.I.
Gewicht      9     50.89     3.76     1.67  (   46.59,    55.19)

MTB > zinterval 99.9 5 c1

THE ASSUMED SIGMA =5.00

             N      MEAN    STDEV  SE MEAN    99.9 PERCENT C.I.
Gewicht      9     50.89     3.76     1.67  (   45.39,    56.39)
```

Die Meldung `ASSUMED SIGMA =5.0` bestätigt noch einmal, daß $\sigma = 5$ angenommen wurde. MINITAB gibt jeweils den Stichprobenumfang `N`, das arithmetische Mittel `MEAN`, die empirische Standardabweichung `STDEV` und den Standardfehler des arithmetischen Mittels `SE MEAN` aus. Die Vertrauensintervalle `C.I.` (von engl. *confidence interval*) werden natürlich mit zunehmendem K weiter.

Die Interpretation von Vertrauensintervallen kann man sich sehr anschaulich verdeutlichen, wenn man sich normalverteilte Zufallszahlen mit vorgegebenem Mittelwert erzeugt und daraus Vertrauensintervalle für den Mittelwert berechnet. Bei 95%-iger Vertrauenswahrscheinlichkeit sollte der Mittelwert nur in 5% aller Fälle nicht im Vertrauensintervall liegen. Wenn man also 20 normalverteilte Serien von Zufallszahlen erzeugt, so sollte der Mittelwert im Durchschnitt einmal außerhalb des Vertrauensintervalls liegen.

```
MTB > random 50 c1-c20;
SUBC> normal 60 15.
MTB > zinterval 15 c1-c20

THE ASSUMED SIGMA =15.0

              N      MEAN     STDEV   SE MEAN    95.0 PERCENT C.I.
C1           50     63.49     17.08      2.12  (   59.32,    67.65)
C2           50     61.35     16.39      2.12  (   57.19,    65.52)
C3           50     56.84     16.82      2.12  (   52.68,    61.00)
C4           50     61.31     13.94      2.12  (   57.15,    65.47)
C5           50     60.93     16.45      2.12  (   56.77,    65.09)
C6           50     59.40     15.58      2.12  (   55.24,    63.57)
C7           50     57.69     14.90      2.12  (   53.52,    61.85)
C8           50     62.25     15.67      2.12  (   58.09,    66.41)
C9           50     59.00     15.12      2.12  (   54.84,    63.16)
C10          50     60.95     16.54      2.12  (   56.79,    65.11)
C11          50     59.98     19.49      2.12  (   55.81,    64.14)
C12          50     56.24     14.76      2.12  (   52.08,    60.41)
C13          50     57.90     13.19      2.12  (   53.74,    62.07)
C14          50     59.05     16.00      2.12  (   54.88,    63.21)
C15          50     59.56     18.16      2.12  (   55.40,    63.72)
C16          50     60.36     16.35      2.12  (   56.20,    64.53)
C17          50     61.19     13.37      2.12  (   57.03,    65.36)
C18          50     62.47     15.42      2.12  (   58.31,    66.64)
C19          50     64.47     13.74      2.12  (   60.30,    68.63)
C20          50     59.67     12.85      2.12  (   55.51,    63.83)
```

Tatsächlich liegt der Mittelwert $\mu = 60$ nur einmal, d.h. in 5% der Fälle nicht im 95%-Vertrauensintervall, und zwar in der Spalte `C19`. Gewöhnlich muß man jedoch wesentlich mehr Vertrauensintervalle erzeugen, damit die Zahl der Fälle, in denen $\mu = 60$ nicht im Vertrauensintervall liegt, in der Nähe von 5% liegt.

5.3 Ableitung einer Regel für den notwendigen Stichprobenumfang

Die Wahrscheinlichkeitsaussage (5.4) wird so umgeformt, daß die absolute Abweichung des Stichprobenmittels vom Mittel der Grundgesamtheit $\left|\overline{X}-\mu\right|$ ins Spiel kommt. Aus $P\left(-\lambda_{K\%} \le \frac{\overline{X}-\mu}{\sigma/\sqrt{n}} \le \lambda_{K\%}\right) = K\%$ folgt:

$$P\left(\left|\overline{X}-\mu\right| \le \lambda_{K\%} \cdot \frac{\sigma}{\sqrt{n}}\right) = K\% \tag{5.10}$$

In Worten ausgedrückt heißt dies: Die Wahrscheinlichkeit, daß der absolute Fehler $\left|\overline{X}-\mu\right|$ höchstens gleich $\lambda_{K\%} \cdot \frac{\sigma}{\sqrt{n}}$ ist, beträgt $K\%$. Soll dieser Fehler höchstens gleich einem vorgegebenem Wert δ sein, so erhält man folgende Regel:

Der absolute Fehler $\left|\overline{X}-\mu\right|$ ist mit einer Wahrscheinlichkeit von $K\%$ höchstens gleich einem vorgegebenen Wert δ, wenn gilt: $\frac{\lambda_{K\%} \cdot \sigma}{\sqrt{n}} \le \delta$. Daraus folgt für den notwendigen Stichprobenumfang n bei zweiseitigen Vertrauensintervallen:

$$n \ge \frac{\lambda_{K\%}^2 \cdot \sigma^2}{\delta^2} \tag{5.11}$$

Dieser notwendige Stichprobenumfang ist bei praktischen Anwendungen sehr wichtig. Man möchte ja für Aussagen eine gewisse, durch δ vorgegebene Genauigkeit und eine bestimmte, durch $K\%$ vorgegebene Sicherheit, um nicht mehr Stichproben aus der Grundgesamtheit ziehen zu müssen als notwendig ist, da mit wachsendem Umfang der Stichprobenentnahme evtl. auch höhere Kosten entstehen.

Bei einseitigen Vertrauensintervallen erhält man folgende Beziehung für den notwendigen Umfang n:

$$n \ge \frac{u_{K\%}^2 \cdot \sigma^2}{\delta^2} \tag{5.12}$$

Beispiele:

1. *Im Beispiel der normalverteilten Eigewichte X auf Seite 195 soll mit 95% Wahrscheinlichkeit der Erwartungswert bis auf $\delta = 2$ g genau bestimmt werden. Welcher Stichprobenumfang ist notwendig?*

   $$n \ge \frac{\lambda_{0.95}^2 \cdot \sigma^2}{\delta^2} = \frac{1.96^2 \cdot 5^2}{2^2} = 24.01 \approx 24$$

   Man braucht jeweils wenigstens 24 Stichprobenelemente, damit der unbekannte Erwartungswert μ vom Vertrauensintervall mit 95% Wahrscheinlichkeit überdeckt wird.

2. *Gefragt wird nach dem notwendigen Stichprobenumfang im Beispiel des Milcheiweißgehalts auf Seite 195. Die untere Grenze des 99%-Vertrauensintervalls soll dabei um höchstens $\delta = 0.02\%$ vom Mittelwert μ nach unten abweichen.*
$$n \geq \frac{u_{0.99}^2 \cdot \sigma^2}{\delta^2} = \frac{2.326^2 \cdot 0.09^2}{0.02^2} = 109.55 \approx 110$$
Man muß also mindestens 110 Gemelke untersuchen, um die geforderte Genauigkeit einhalten zu können.

Die Länge des Vertrauensintervalls ist umgekehrt proportional zur Wurzel aus dem Stichprobenumfang, d.h. um ein Vertrauensintervall auf ein Zehntel seiner Länge zu verkleinern, braucht man einen 100-mal so großen Stichprobenumfang.

Mit welcher Wahrscheinlichkeit die von μ verschiedenen Werte von einem $K\%$-Vertrauensintervall überdeckt werden, ist bei der obigen Überlegung nicht berücksichtigt. So kann man z.B. von einem $K\%$-Vertrauensintervall zusätzlich verlangen, daß es mit einer Wahrscheinlichkeit von mindestens $L\%$ diejenigen Werte nicht überdeckt, deren Abstand von μ größer als die vorgegebene Konstante δ ist. Es sollen also die Werte $\widetilde{\mu}$ mit $\widetilde{\mu} < \mu - \delta$ und $x > \mu + \delta$ nicht mehr überdeckt werden, d.h. $\mu - \delta \leq \overline{X} - \lambda_{K\%} \cdot \frac{\sigma}{\sqrt{n}}$ und $\overline{X} + \lambda_{K\%} \cdot \frac{\sigma}{\sqrt{n}} \leq \mu + \delta$.

Umgeformt: $\lambda_{K\%} - \delta \cdot \frac{\sqrt{n}}{\sigma} \leq \frac{\overline{X} - \mu}{\sigma/\sqrt{n}} \leq \delta \cdot \frac{\sqrt{n}}{\sigma} - \lambda_{K\%}$ oder $\left|\frac{\overline{X} - \mu}{\sigma/\sqrt{n}}\right| \leq \delta \cdot \frac{\sqrt{n}}{\sigma} - \lambda_{K\%}$.

Wenn die Wahrscheinlichkeit für dieses Ereignis $L\% = 1 - \beta$ sein soll, muß gelten: $\delta \cdot \frac{\sqrt{n}}{\sigma} - \lambda_{K\%} \geq \lambda_{L\%}$, also gilt für ein zweiseitiges Vertrauensintervall:

$$n \geq \frac{(\lambda_{K\%} + \lambda_{L\%})^2 \cdot \sigma^2}{\delta^2} \quad \text{bzw.} \quad n \geq \frac{(\lambda_{1-\alpha} + \lambda_{1-\beta})^2 \cdot \sigma^2}{\delta^2} \tag{5.13}$$

Analog gilt für ein einseitiges $K\%$-Vertrauensintervall:

$$n \geq \frac{(u_{K\%} + u_{L\%})^2 \cdot \sigma^2}{\delta^2} \quad \text{bzw.} \quad n \geq \frac{(u_{1-\alpha} + u_{1-\beta})^2 \cdot \sigma^2}{\delta^2} \tag{5.14}$$

Wählt man den Stichprobenumfang so, daß (5.13) bzw. (5.14) gerade noch erfüllt wird, dann weiß man vor dem Ziehen der Stichprobe, daß das $K\%$-Vertrauensintervall nach wie vor den wahren Parameter μ mit $K\%$ Wahrscheinlichkeit enthält, jedoch Werte $\widetilde{\mu}$, die von μ mehr als δ entfernt sind, nur mit Wahrscheinlichkeit $(100 - L)\%$.

Hat man die Stichprobe gezogen und das Vertrauensintervall berechnet, dann gilt nur noch die Häufigkeitsinterpretation. Sie besagt, daß im Durchschnitt $K\%$ aller Vertrauensintervalle den wahren Parameter μ überdecken, jedoch nur $(100 - L)\%$ der Vertrauensintervalle solche Werte $\widetilde{\mu}$ überdecken, die von μ mehr als δ entfernt sind.

5.4 Vertrauensintervall für die Bernoulli-Wahrscheinlichkeit

In Kapitel 3.3 wurde bei einem Bernoulli-Experiment die Kenntnis der Erfolgswahrscheinlichkeit p für das Eintreten des Ereignisses A als bekannt vorausgesetzt. In dem Modellbeispiel auf Seite 151 wurde z.B. angenommen, daß die Sterbewahrscheinlichkeit p bei der Kälberaufzucht gleich 0.1 beträgt. In der Praxis ist der wahre Wert p der Erfolgswahrscheinlichkeit meist unbekannt. Der Statistiker hat dann die umgekehrte Aufgabe zu lösen, aus einer Reihe von durchgeführten Bernoulli-Experimenten und der damit gefundenen relativen Häufigkeit h für das Eintreten des interessierenden Ereignisses, Rückschlüsse auf die der Grundgesamtheit zugrundeliegende Wahrscheinlichkeit p zu ziehen.

Die Ausgangsposition sieht wie folgt aus: Man stelle sich eine Grundgesamtheit vor, in der jedes Element entweder die Eigenschaft A oder die dazu komplementäre Eigenschaft $\overline{A}$ besitzt. p sei der unbekannte Anteil der Elemente der Grundgesamtheit mit der Eigenschaft A. Der Grundgesamtheit werde nun eine Stichprobe vom Umfang n entnommen und anschließend ausgezählt, wie oft das Ereignis A unter den Stichprobenelementen vorkommt. Diese Anzahl ist selbstverständlich eine Zufallsgröße, die mit M bezeichnet werden soll. Ebenso ist die relative Häufigkeit $H = \dfrac{M}{n}$ dann eine Zufallsgröße, die in etwa $\left(p, \dfrac{p \cdot q}{n}\right)$-normalverteilt ist, wenn nur der Stichprobenumfang n groß genug ist. Man kann also folgende Wahrscheinlichkeitsaussage treffen:

$$\begin{aligned} &P\left(\left|\frac{H-p}{\sqrt{p \cdot q/n}}\right| \leq \lambda_{K\%}\right) = K\% = 1-\alpha \quad \text{oder} \\ &P\left(H - \lambda_{K\%} \cdot \sqrt{\frac{p \cdot q}{n}} \leq p \leq H + \lambda_{K\%} \cdot \sqrt{\frac{p \cdot q}{n}}\right) = K\% = 1-\alpha \end{aligned} \tag{5.15}$$

Leider kommt in dieser Wahrscheinlichkeitsaussage unter der Wurzel auch die unbekannte Wahrscheinlichkeit p bzw. $q = 1 - p$ in den Intervallgrenzen vor. Man kommt nun dadurch zu einer Näherung, indem man für p und q die entsprechenden Schätzwerte h und $1 - h$ einsetzt. h ist die beobachtete Häufigkeit für das Auftreten von A bei n Versuchen, also $h = \dfrac{m}{n}$ und $1 - h = \dfrac{n-m}{n}$. Das Ereignis A sei m-mal aufgetreten. Man erhält dann folgendes angenähertes Vertrauensintervall, das angewandt werden kann, wenn einerseits der Stichprobenumfang n groß ist (Faustregel: $n > 30$) und andererseits weder sehr kleine noch sehr große Häufigkeiten auftreten (Faustregel: $m > 5$ und $n - m > 5$).

$$\text{V.I.}\left\{h - \lambda_{1-\alpha} \cdot \sqrt{\frac{h \cdot (1-h)}{n}} \leq p \leq h + \lambda_{1-\alpha} \cdot \sqrt{\frac{h \cdot (1-h)}{n}}\right\}_{1-\alpha} \tag{5.16}$$

$\lambda_{1-\alpha}$ ist die $1 - \alpha$- bzw. $K\%$-Grenze der Standardnormalverteilung.

Beispiel:

An $n = 80$ *Ratten wurde eine Substanz verabreicht und dabei* $m = 30$ *Todesfälle beobachtet. Gesucht ist ein 95%-Vertrauensintervall für die unbekannte Mortalitätsrate* p. *Es ist* $h = \frac{m}{n} = \frac{30}{80} = 0.375$ *und* $1 - h = 0.625$.

$$\lambda_{0.95} \cdot \sqrt{\frac{h \cdot (1-h)}{n}} = 1.96 \cdot \sqrt{\frac{0.375 \cdot 0.625}{80}} = 0.106$$

Damit ergibt sich folgendes 95%-Vertrauensintervall für die Mortalitätsrate:

$$\text{V.I.}\,\{0.375 - 0.106 \le p \le 0.375 + 0.106)_{95\%} = \text{V.I.}\,\{0.269 \le p \le 0.481\}_{95\%}$$

Das Vertrauensintervall (5.16) wurde für die unbekannte Erfolgswahrscheinlichkeit p unter der Voraussetzung abgeleitet, daß die Zufallsvariable H, d.h. die Häufigkeit der Elemente mit der Eigenschaft A, normalverteilt ist. Für große Werte von n ist die Approximation gerechtfertigt. Ist die Faustregel, daß die beobachteten Anzahlen n und $n - m$ der Elemente mit den Eigenschaften A bzw. $\overline{A}$ jeweils größer 5 sind, nicht erfüllt, so verwendet man besser ein Vertrauensintervall, das genau auf der Binomialverteilung beruht (vgl. Heinhold/Gaede).

Ein direkter Befehl zur Berechnung von exakten Vertrauensintervallen für Bernoulli-Wahrscheinlichkeiten steht in MINITAB nicht zur Verfügung. Man kann jedoch über einen Umweg zu solchen Intervallen kommen, wenn man die Inverse der unvollständigen Beta-Verteilung berechnen kann. Dies ist in MINITAB mit dem Befehl `invcdf` und der Option `beta` möglich[1].

Die allgemeine Syntax lautet:

`INVCDF` für Werte in `E` [nach `E`];
  `BETA` $a =$ `K` $b =$ `K`

Betrachtet werden n unabhängige Bernoulli-Versuche mit konstanter Wahrscheinlichkeit p, daß das Ereignis A auftritt. m sei die beobachtete Anzahl der Ereignisse A in den n Versuchen.

Eine untere Schranke für p erhält man, wenn man im `invcdf`-Kommando die Wahrscheinlichkeit $(100 - K)\% = \alpha$ und im Subkommando $a = m$ und $b = n - m + 1$ setzt. Eine obere Schranke erhält man für die Eingabe von $K\% = 1 - \alpha$ in `invcdf` sowie $a = m + 1$ und $b = n - m$ im Subkommando.

[1]MUG Newsletter No. 13 p. 6

Die exakten einseitigen Grenzen kann man also mit folgender Befehlssequenz ermitteln:

```
MTB > invcdf 0.05;
SUBC> beta 30 51.
    0.0500     0.2844
MTB > invcdf 0.95;
SUBC> beta 31 50.
    0.9500     0.4727
```

Man erhält also zwei einseitige Vertrauensintervalle für p:

V.I.$\{0.2844 < p < 1\}_{95\%}$ und V.I.$\{0 < p < 0.4727\}_{95\%}$

Ein zweiseitiges Vertrauensintervall kann man berechnen, wenn man die Fraktilen zum Niveau $\frac{\alpha}{2}$ und $1 - \frac{\alpha}{2}$ benutzt.

```
MTB > invcdf 0.025;
SUBC> beta 30 51.
    0.0250     0.2692
MTB > invcdf 0.975;
SUBC> beta 31 50.
    0.9750     0.4904
```

Das exakte zweiseitige Vertrauensintervall ist also:

V.I.$\{0.2692 < p < 0.4904\}_{95\%}$

Ein Vergleich mit dem approximativen Vertrauensintervall des letzten Beispiels zeigt eine gute Übereinstimmung.

5.5 Vertrauensintervalle bei beliebigen Verteilungen – Zentraler Grenzwertsatz

Das zentrale Grenzwert-Theorem ist gewissermaßen eine Erweiterung und Verallgemeinerung des Additionstheorems der Normalverteilung. Es geht von etwa folgender Situation aus: Es seien X_i $(i = 1, 2, \ldots, n)$ unabhängige Zufallsvariablen mit den Erwartungswerten μ_i und den Varianzen σ_i^2. Die endliche Summe $X_1 + X_2 + \ldots + X_n$ hat dann den Erwartungswert $\mu_1 + \mu_2 + \ldots + \mu_n$ und die Varianz $\sigma_1^2 + \sigma_2^2 + \ldots + \sigma_n^2$ (Unabhängigkeit!). Wenn man normiert, hat folgende Zufallsvariable U_n den Erwartungswert 0 und die Varianz 1.

$$U_n = \frac{(X_1 + X_2 + \ldots + X_n) - (\mu_1 + \mu_2 + \ldots + \mu_n)}{\sqrt{\sigma_1^2 + \sigma_2^2 + \ldots + \sigma_n^2}} \tag{5.17}$$

Bisher wurde noch nichts über die Verteilung der einzelnen Variablen X_i ausgesagt. Wären diese jeweils normalverteilt, dann könnte man sich auf das Additionstheorem der Normalverteilung berufen und es ist klar, daß U_n $(0, 1^2)$-normalverteilt wäre. Aber selbst ohne die Voraussetzung, daß die X_i normalverteilt sind, gilt folgende Aussage, die als **zentraler Grenzwertsatz** bezeichnet wird:

Die X_i $(i = 1, 2, \ldots, n)$ seien unabhängige Zufallsvariablen mit den Erwartungswerten μ_i und den Varianzen σ_i^2 (ansonsten können die Verteilungen der X_i beliebig sein!). Dann konvergiert die Verteilung der normierten Summe U_n

$$U_n = \frac{\sum\limits_{i=1}^{n}(X_i - \mu_i)}{\sqrt{\sum\limits_{i=1}^{n}\sigma_i^2}} \tag{5.18}$$

für $n \to \infty$ unter ganz geringen, praktisch immer erfüllten Voraussetzungen gegen die $(0, 1^2)$-Normalverteilung.

Mit diesem Satz, dessen Beweis hier übergangen werden soll[2], kann man das häufige Vorkommen von normalverteilten Zufallsvariablen in der Praxis erklären. Viele kleine zufällige Einflüsse überlagern sich additiv einer systematischen oder festen Größe und bilden angenähert eine normalverteilte Zufallsvariable. Bei einem Meßvorgang z.B. summieren sich viele kleine zufällige Größen und beeinflussen eine einzige Meßgröße. Damit hat man eine Erklärung dafür, warum Meßfehler oft sehr gut als normalverteilt angesehen werden können. Dieses zentrale Grenzwert-Theorem gilt exakt nur, wenn die Zahl der Zufallsvariablen X_i unbegrenzt $(n \to \infty)$ wächst. Man kann jedoch feststellen, daß in vielen Fällen bereits eine endliche Summe von unabhängigen Zufallsgrößen mit ausreichender Genauigkeit normalverteilt ist. Darin liegt die große Bedeutung des zentralen Grenzwertsatzes für die Statistik. Die einzelnen Zufallsvariablen sollen als unabhängige Stichprobenziehungen oder Stichprobenvariablen interpretiert werden, die aus einer Grundgesamtheit mit Mittelwert μ und Standardabweichung σ gezogen werden, deren Verteilung nicht bekannt ist. Für hinreichend großes n

[2]vgl. Heinhold/Gaede

gilt angenähert der zentrale Grenzwertsatz. Es ist also die Summe $\sum_{i=1}^{n} X_i$ angenähert $(n\mu, n\sigma^2)$-normalverteilt. Oder das arithmetische Mittel $\overline{X} = \frac{1}{n} \cdot \sum_{i=1}^{n} X_i$ der Stichprobenvariablen ist angenähert $\left(\mu, \frac{\sigma^2}{n}\right)$-normalverteilt.

Dies hat folgende Konsequenz: Die Konstruktion von Vertrauensintervallen und die Durchführung von statistischen Tests, für welche die Theorie stets eine normalverteilte Grundgesamtheit voraussetzt, ist praktisch auch dann möglich, wenn die Verteilung der Grundgesamtheit unbekannt ist. Man muß nur voraussetzen können, daß die Varianz σ^2 existiert und daß der Stichprobenumfang n groß genug ist. Als Faustregel gilt: $n > 30$.

Etwas weniger mathematisch formuliert sei noch einmal festgehalten: Der zentrale Grenzwertsatz manifestiert, daß die Verteilung der statistischen Maßzahl des arithmetischen Mittels $\overline{X}$ zu einer Normalverteilung tendiert, ganz gleich welche Verteilung die Grundgesamtheit hat, aus der die Stichprobe gezogen wird.

Ergänzend sei noch hinzugefügt, daß diese Tendenz mit wachsenden n gegen eine Normalverteilung auch für andere häufig gebrauchte Maßzahlen, z.B. die Varianz σ^2, gilt. Allerdings sollte der Stichprobenumfang in diesem Fall größer als 100 sein, um eine genügend genaue Approximation durch die Normalverteilung zu gewährleisten. Andererseits gibt es statistische Maßzahlen, auf die der zentrale Grenzwertsatz nicht anwendbar ist, z.B. die Spannweite R.

Beispiel:

Als Zufallsvariable X wird die Augensumme beim Wurf mit n Würfeln betrachtet. Diese setzt sich aus den unabhängigen Zufallsvariablen $X_1, X_2, \ldots X_n$ zusammen, die jeweils diskret gleichverteilt sind mit der Wahrscheinlichkeitsfunktion:

$$f(x) = \begin{cases} 1/6 & \text{für } x = 1,2,3,4,5,6 \\ 0 & \text{sonst} \end{cases}$$

Die Verteilung der Augensumme bei je 1000 *Würfen mit* 1, 2, 3 *oder* 4 *Würfeln kann mit* MINITAB *simuliert werden, wenn man sich vier diskret gleichverteilte Spalten von* 1000 *Zufallszahlen erzeugt. Zunächst werden in die ersten vier Spalten jeweils* 1000 *Zahlen von* 1 *bis* 6 *geschrieben, die alle mit der gleichen Wahrscheinlichkeit* 1/6 *auftreten sollen.*

```
MTB > random 1000 c1-c4;
SUBC> integer 1 6.
MTB > histogram c1 c2
```

Die Histogramme der Zufallszahlen für die Spalten `c2` *und* `c3` *in Bild 5.1 zeigen beide in etwa eine Gleichverteilung.*

Anschließend bildet man die Summe der Zahlen in den vorhergehenden Spalten und überschreibt die jeweilige Spalte. Die Augensumme bei 1 *bis* 4 *Würfeln steht also in den Spalten* `c1` *bis* `c4`*. Die Verteilungen liefert wiederum der* `histogram`*-Befehl.*

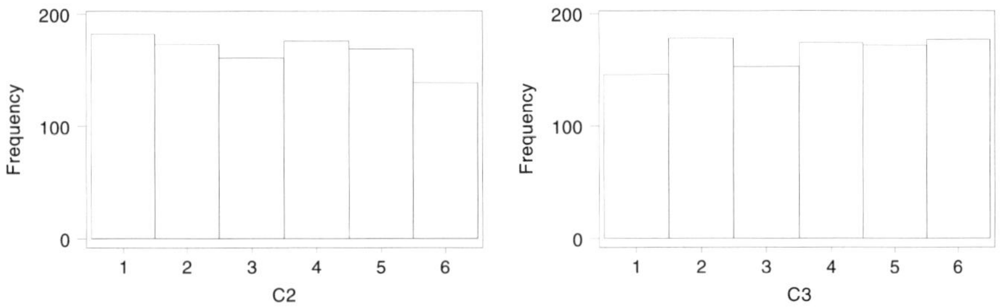

Bild 5.1: Histogramme der Augenzahl von zwei unabhängigen Würfelversuchen

```
MTB > let c2=c1+c2
MTB > let c3=c2+c3
MTB > let c4=c3+c4
MTB > histogram c1-c4
```

Das Histogramm in Bild 5.2 a) zeigt die Verteilung mit einem Würfel natürlich noch als Gleichverteilung, Bild 5.2 b) zeigt die Verteilung der Augensumme bei zwei Würfeln und gleicht einer Dreiecksverteilung. Bild 5.2 c) zeigt die Verteilung der Augensumme mit drei Würfeln. Mit zunehmender Würfelzahl kann die Verteilung sehr gut durch eine Normalverteilung approximiert werden. Bereits ab vier Würfeln (Bild 5.2 d) ist die Übereinstimmung sehr deutlich erkennbar.

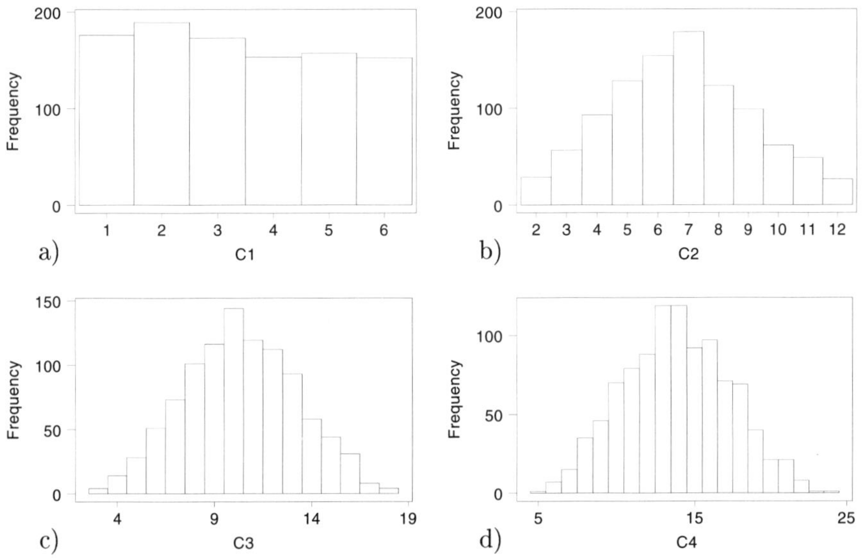

Bild 5.2: Histogramme der Augensumme von ein bis vier Würfeln

Der Erwartungswert der Gleichverteilung beträgt $\mu = 3.5$ *und die Standardabweichung* $\sigma = 1.7$. *Bei vier Würfeln kann man den Erwartungswert und die Standardabweichung schon mit guter Genauigkeit abschätzen zu* $\mu_4 \approx 4 \cdot 3.5 = 14$ *und* $\sigma_4 \approx 1.7 \cdot \sqrt{4} = 3.4$.

Die Übereinstimmung beim vorliegenden Versuch ist bereits recht gut, wie der folgende MINITAB-*Output zeigt.*

```
MTB > describe c4

                N      MEAN    MEDIAN    TRMEAN     STDEV    SEMEAN
C4           1000    13.909    14.000    13.886     3.418     0.108

              MIN       MAX        Q1        Q3
C4          5.000    24.000    11.000    16.000
```

5.6 Vertrauensintervall für den Erwartungswert einer Normalverteilung bei unbekannter Varianz

In Kapitel 5.2 wurde die Kenntnis der Varianz σ^2 der normalverteilten Zufallsvariablen X vorausgesetzt. In den meisten in der Praxis auftretenden Fällen kennt man σ^2 jedoch nicht und man muß die unbekannte Varianz mit dem Schätzwert s^2 der Stichprobe approximieren.

Das Konstruktionsprinzip der Vertrauensintervalle wurde bereits vorgestellt. Das bedeutet für dieses Problem, eine Zufallsvariable zu finden, in der σ nicht mehr vorkommt. In 5.2 war die Zufallsvariable $\dfrac{\overline{X}-\mu}{\sigma/\sqrt{n}}$ standardnormalverteilt. Man bräuchte jetzt eine ähnliche Zufallsvariable, in der der Parameter σ durch die Zufallsvariable S ersetzt ist, also folgende Größe: $\dfrac{\overline{X}-\mu}{S/\sqrt{n}}$. Es sei zunächst daran erinnert, daß $X_1, X_2, \ldots, X_n$ die Stichprobenvariablen sind, also unabhängige (μ, σ^2)-normalverteilte Zufallsgrößen darstellen. $(n-1)\cdot\dfrac{S^2}{\sigma^2}$ besitzt dann (vgl. Kapitel 4.4.1) eine χ^2-Verteilung mit $(n-1)$ Freiheitsgraden, und S^2 und $\overline{X}$ sind voneinander unabhängige Zufallsgrößen. $A = \dfrac{\overline{X}-\mu}{\sigma/\sqrt{n}}$ ist eine $(0, 1^2)$-normalverteilte Zufallsvariable, $B = (n-1)\cdot\dfrac{S^2}{\sigma^2}$ ist eine von A unabhängige χ^2-verteilte Zufallsvariable mit $(n-1)$ Freiheitsgraden. Nach Kapitel 4.4.2 erhält man eine Student-verteilte oder t-verteilte Zufallsgröße mit $(n-1)$ Freiheitsgraden, wenn man den Quotienten $T = \dfrac{A}{\sqrt{B/(n-1)}}$ bildet.

$$T = \frac{\dfrac{\overline{X}-\mu}{\sigma/\sqrt{n}}}{\sqrt{S^2/\sigma^2}} = \frac{\overline{X}-\mu}{S/\sqrt{n}} \tag{5.19}$$

Bei dieser Division fällt der unbekannte Parameter σ heraus. Die Zufallsgröße $\dfrac{\overline{X}-\mu}{S/\sqrt{n}}$ ist also t-verteilt und man kann folgende Wahrscheinlichkeitsaussage treffen:

$$P\left(\overline{X} - t_{n-1;1-\alpha/2}\cdot\frac{S}{\sqrt{n}} \leq \mu \leq \overline{X} + t_{n-1;1-\alpha/2}\cdot\frac{S}{\sqrt{n}}\right) = 1-\alpha \tag{5.20}$$

$t_{n-1;1-\alpha/2}$ ist die $1-\alpha/2$-Fraktile der t-Verteilung mit $n-1$ Freiheitsgraden.

Mit zunehmenden Freiheitsgraden streben die Fraktilen der t-Verteilung gegen die Fraktilen der Normalverteilung: $\lim\limits_{m\to\infty} t_{m;1-\alpha} = u_{1-\alpha}$. Ein Blick auf Tab. A.2 und A.4 im Anhang zeigt, daß bereits ab 50 Freiheitsgraden nur noch geringe Unterschiede zwischen den Fraktilen der Normal- und der t-Verteilung bestehen.

Man ersetzt jetzt die Zufallsvariablen $\overline{X}$ und S durch die ihre Realisationen $\overline{x}$ und s und erhält das zweiseitige Vertrauensintervall für μ:

$$\text{V.I.}\left\{\overline{x} - t_{n-1;1-\alpha/2}\cdot\frac{s}{\sqrt{n}} \leq \mu \leq \overline{x} + t_{n-1;1-\alpha/2}\cdot\frac{s}{\sqrt{n}}\right\}_{1-\alpha} \tag{5.21}$$

Die beiden einseitigen Vertrauensintervalle leiten sich aus den entsprechenden Wahrscheinlichkeitsaussagen her und lauten:

$$\begin{aligned} &\text{V.I.}\left\{\overline{x} - t_{n-1;1-\alpha} \cdot \frac{s}{\sqrt{n}} \leq \mu < \infty\right\}_{1-\alpha} \\ &\text{V.I.}\left\{-\infty < \mu \leq \overline{x} + t_{n-1;1-\alpha)} \cdot \frac{s}{\sqrt{n}}\right\}_{1-\alpha} \end{aligned} \tag{5.22}$$

Auch den notwendigen Stichprobenumfang, um den unbekannten Erwartungswert μ bei einer vorgegebenen Sicherheitswahrscheinlichkeit von $1-\alpha$ bis auf einen vorgegebenen Fehler δ zu bestimmen, kann man ähnlich wie bei bekannter Varianz σ^2 berechnen. Man fordert im zweiseitigen Fall:

$$|\overline{x} - \mu| = \frac{s}{\sqrt{n}} \cdot t_{n-1,1-\alpha/2} \leq \delta \tag{5.23}$$

Daraus folgt für den notwendigen Stichprobenumfang:

$$n \geq \frac{s^2 \cdot (t_{n-1;1-\alpha/2})^2}{\delta^2} \tag{5.24}$$

Beim einseitigen Vertrauensintervall ist der notwendige Stichprobenumfang:

$$n \geq \frac{s^2 \cdot (t_{n-1;1-\alpha})^2}{\delta^2} \tag{5.25}$$

Es taucht die Schwierigkeit auf, daß s^2 und $t_{n-1;1-\alpha/2}$ bzw. $t_{n-1;1-\alpha}$ von n abhängen und zum anderen, daß s^2 zusätzlich vom Ergebnis der Stichprobe abhängt, also n nicht vor der Ziehung der Stichprobe ermittelt werden kann. Vielleicht kann man für s^2 jedoch einen Schätzwert oder eine obere Schranke einsetzen. Anschließend muß man durch Probieren versuchen, die Bedingung $\frac{s}{\sqrt{n}} \cdot t_{n-1;1-\alpha/2} \leq \delta$ bzw. $\frac{s}{\sqrt{n}} \cdot t_{n-1;1-\alpha} \leq \delta$ zu erfüllen und dann nach Gleichung (5.24) und (5.25) die Zahl n bestimmen.

Beispiele:

1. *Im Beispiel auf Seite 195 lag eine Stichprobe vom Umfang $n = 9$ normalverteilter Eigewichte X vor. Die Standardabweichung σ sei jetzt unbekannt. Für den unbekannten Mittelwert μ wird nun ein zweiseitiges symmetrisches 95%-Vertrauensintervall bestimmt.*

   Der Mittelwert ist $\overline{x} = 50.9$, die Standardabweichung $s = 3.76$, die Freiheitsgrade FG $= n - 1 = 9 - 1 = 8$. Dann ist $t_{n-1;1-\alpha/2} = t_{8;0.975} = 2.306$ (Tab. A.4).

   $t_{8;0.975} \cdot \frac{s}{\sqrt{n}} = 2.306 \cdot \frac{3.76}{3} = 2.9$

   $\text{V.I.}\{50.9 - 2.9 \leq \mu \leq 50.9 + 2.9\}_{95\%} = \text{V.I.}\{48.0 \leq \mu \leq 53.8\}_{95\%}$

Von diesem 95%-Vertrauensintervall für den Mittelwert oder Erwartungswert μ des Eigewichts X, das aufgrund einer Stichprobe vom Umfang n berechnet wird, ist begrifflich das Intervall zu unterscheiden, in dem mit 95% Wahrscheinlichkeit die Eigewichte liegen, also die Realisationen x der (μ, σ^2)-normalverteilten Zufallsvariablen. Wenn man für μ und σ die Schätzwerte $\overline{x} = 50.9$ und $s = 3.76$ zugrunde legt, so erhält man folgende Wahrscheinlichkeitsaussage, die allerdings nur angenähert mit 95% Wahrscheinlichkeit gilt (vgl. Kap. 3.1.1):

$$P(50.9 - 1.96 \cdot 3.76 \leq X \leq 50.9 + 1.96 \cdot 3.76) = P(43.5 \leq X \leq 58.3) \approx 95\%$$

Man kann dies auch als Vorhersageintervall oder Prognoseintervall mit 95% Wahrscheinlichkeit für das Auftreten eines Stichprobenwerts auffassen. Dieses Intervall ist selbstverständlich größer als das Vertrauensintervall für den Mittelwert μ, weil es sich jetzt um Einzelwerte handelt.

2. *Im Beispiel auf Seite 195 lag eine Stichprobe vom Umfang $n = 6$ normalverteilter Eiweißgehalte von Milch vor. Der Mittelwert ist $\overline{x} = 3.70$, die Standardabweichung $s = 0.127$, die Freiheitsgrade FG $= 6 - 1 = 5$.*

$$t_{5;0.99} = 3.365 \text{ (Tab. A.4)}, \; t_{5;0.99} \cdot \frac{s}{\sqrt{n}} = 3.365 \cdot \frac{0.127}{\sqrt{6}} = 0.17$$

$$\text{V.I.}\{3.70 - 0.17 \leq \mu < \infty\}_{99\%} = \text{V.I.}\{3.53 \leq \mu < \infty\}_{99\%}$$

Das MINITAB-Kommando `tinterval` dient zur Berechnung von zweiseitigen Vertrauens- bzw. Konfidenzintervallen bei unbekannter Varianz. Die allgemeine Syntax ist:

`TINTERVAL` [`K` Prozent Konfidenzniveau] für `C`...`C`

Wird kein Konfidenzniveau angegeben, dann wird mit 95% gerechnet. Ist der Wert des Konfidenzniveaus bei der Eingabe kleiner als 1, dann wird intern mit 100 multipliziert. Für die Daten aus den Beispielen sollen zweiseitige 95%- und 99%-Vertrauensintervalle berechnet werden.

```
MTB > name c1 'Gewicht' c2 'Eiweiss'
MTB > set 'Gewicht'
DATA> 50 45 52 55 56 52 46 53 49
DATA> end
MTB > set 'Eiweiss'
DATA> 3.52 3.65 3.63 3.71 3.88 3.79
DATA> end
MTB > tinterval 'Gewicht' 'Eiweiss'

              N       MEAN     STDEV   SE MEAN    95.0 PERCENT C.I.
Gewicht       9      50.89      3.76      1.25  (    48.00,    53.78)
Eiweiss       6     3.6967    0.1268    0.0517  (   3.5636,   3.8297)

MTB > tinterval 0.99 c1 c2

              N       MEAN     STDEV   SE MEAN    99.0 PERCENT C.I.
Gewicht       9      50.89      3.76      1.25  (    46.69,    55.09)
Eiweiss       6     3.6967    0.1268    0.0517  (   3.4880,   3.9053)
```

5.7 Vertrauensintervall für die Varianz

Die Zufallsvariable S^2 mit $S^2 = \dfrac{1}{n-1} \cdot \sum_{i=1}^{n}(X_i - \overline{X})^2$ ist ein unverzerrter Schätzer für σ^2, d.h. $\mathrm{E}(S^2) = \sigma^2$. Bei Vorliegen von n Stichprobenwerten $x_1, x_2, \ldots, x_n$ ist also die Größe s^2 ein unverzerrter Schätzwert für σ^2.

Diese Aussagen gelten unabhängig von der Art der Verteilung der Grundgesamtheit. Unter der oben gemachten Voraussetzung, daß die Stichprobe aus einer (μ, σ^2)-normalverteilten Grundgesamtheit gezogen wird, kann man die Verteilung des Schätzers S^2 herleiten. Hier sei nur das Ergebnis zitiert (vgl. Heinhold/Gaede):

Sind $X_1, X_2, \ldots, X_n$ unabhängige (μ, σ^2)-normalverteilte Zufallsvariablen, so besitzt die Zufallsvariable $\dfrac{n-1}{\sigma^2} \cdot S^2$ eine χ^2-Verteilung mit $n-1$ Freiheitsgraden und S^2 und X^2 sind unabhängige Zufallsvariablen. Man kann damit für die Zufallsvariable $\dfrac{n-1}{\sigma^2} \cdot S^2$ folgende Wahrscheinlichkeitsaussage treffen, wenn $\chi^2_{n-1;K\%}$ die $K\%$-Fraktile und $\chi^2_{n-1;L\%}$ die $L\%$-Fraktile der χ^2-Verteilung mit den Freiheitsgraden $n-1$ und $K\% > L\%$ ist:

$$P\left(\chi^2_{n-1;L\%} \leq \frac{(n-1)\cdot S^2}{\sigma^2} \leq \chi^2_{n-1;K\%}\right) = (K-L)\% \tag{5.26}$$

Man möchte letztendlich ein Vertrauensintervall für σ^2 haben und formt daher die obige Klammer entsprechend um:

$$\text{V.I.}\left\{\frac{(n-1)\cdot s^2}{\chi^2_{n-1;K\%}} \leq \sigma^2 \leq \frac{(n-1)\cdot s^2}{\chi^2_{n-1;L\%}}\right\}_{(K-L)\%} \tag{5.27}$$

Man will gewöhnlich ein $K\%$- bzw. $1-\alpha$-Vertrauensintervall und nicht ein $(K-L)\%$-Vertrauensintervall angeben. Dazu wird die Differenz $(100-K)\% = \alpha$ zu gleichen Teilen am oberen und am unteren Ende der χ^2-Verteilung abgeschnitten. Man verwendet also die beiden Fraktilen $\chi^2_{n-1;\alpha/2}$ und $\chi^2_{n-1;1-\alpha/2}$ (vgl. Bild 5.3) und erhält schließlich die gebräuchliche Form:

$$\text{V.I.}\left\{\frac{(n-1)\cdot s^2}{\chi^2_{n-1;1-\alpha/2}} \leq \sigma^2 \leq \frac{(n-1)\cdot s^2}{\chi^2_{n-1;\alpha/2}}\right\}_{1-\alpha} \tag{5.28}$$

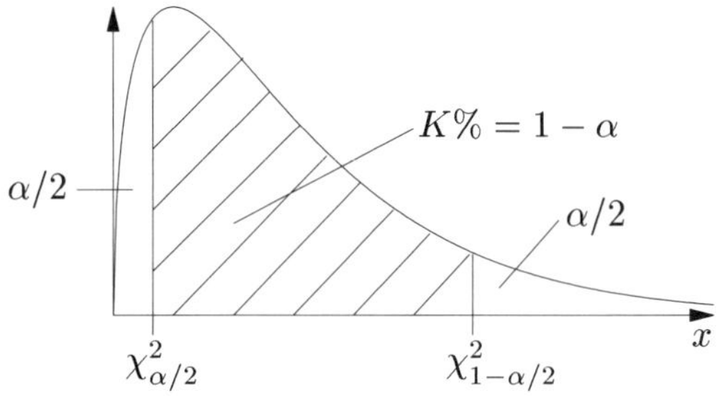

Bild 5.3: Fraktilen der χ^2-Verteilung zum Vertrauensintervall der Varianz

Beispiele:

1. *Die Stichprobe der Eigewichte des Beispiels auf Seite 195 vom Umfang $n = 9$ hat die Varianz $s^2 = 3.76^2 = 14.14$.*

   Für ein 95%-Vertrauensintervall liest man in Tab. A.3 des Anhangs folgende Fraktilen ab:

   $\chi^2_{8;0.025} = 2.18$, $\chi^2_{8;0.975} = 17.53$

   $$\text{V.I.}\left\{\frac{8 \cdot 14.14}{17.53} \le \sigma^2 \le \frac{8 \cdot 14.14}{2.18}\right\}_{95\%} = \text{V.I.}\left\{6.45 \le \sigma^2 \le 51.89\right\}_{95\%}$$

   Daß dieses Intervall eine so große Länge hat, ist einmal auf den geringen Stichprobenumfang von $n = 9$ zurückzuführen und hängt zum anderen damit zusammen, daß der Vertrauensbereich für eine quadratische Größe entsprechend größer als für eine lineare Größe ist, wenn die Beträge jeweils größer als 1 sind. Häufig gibt man deshalb den Vertrauensbereich für die Standardabweichung σ an:

   $$\text{V.I.}\{2.54 \le \sigma \le 7.20\}_{95\%} = \text{V.I.}\left\{\sqrt{6.45} \le \sqrt{\sigma^2} \le \sqrt{51.89}\right\}_{95\%}$$

2. *Die Stichprobe des Milcheiweißgehalts des Beispiels auf Seite 195 vom Umfang $n = 6$ hat die Varianz $s^2 = 0.127^2 = 0.0161$.*

   Für ein 99%-Vertrauensintervall liest man in Tab. A.3 des Anhangs folgende Fraktilen ab:

   $\chi^2_{5;0.005} = 0.41$, $\chi^2_{5;0.995} = 16.75$

   $$\text{V.I.}\left\{\frac{5 \cdot 0.0161}{16.75} \le \sigma^2 \le \frac{5 \cdot 0.0161}{0.41}\right\}_{99\%} = \text{V.I.}\left\{0.005 \le \sigma^2 \le 0.196\right\}_{99\%}$$

   Für die Standardabweichung folgt:

   $$\text{V.I.}\{0.071 \le \sigma \le 0.443\}_{99\%}$$

Ein MINITAB-Befehl wie `zinterval` oder `tinterval` zur Berechnung von Vertrauensintervallen für die Varianz existiert nicht. Man muß den Umweg über die Fraktilen gehen.

Beispiele:

1. *Für die Berechnung des 95%-Vertrauensintervalls der Varianz der Eigewichte im obigen Beispiel erfolgt nach der Dateneingabe zunächst die Berechnung der Standardabweichung von* `c1` *durch den Befehl* `stdev`*. Diese wird in einer Konstanten* `k1` *gespeichert. Mit dieser Konstanten berechnet man das Produkt* $(n-1) \cdot s^2$ *und speichert es in einer Konstanten* `k2` *durch die Sequenz* `let k2 = 8*k1**2`*. Anschließend berechnet das* `invcdf`*-Kommando die 2.5%- sowie die 97.5%-Fraktile der* χ^2*-Verteilung und speichert diese in den Konstanten* `k3` *und* `k4`*. Die Vertrauensintervallgrenzen werden dann durch die Quotienten* `k5=k2/k3` *und* `k6=k2/k4` *bestimmt. Der* `print`*-Befehl gibt diese Grenzen am Bildschirm aus.*

```
MTB > set c1
DATA> 50 45 52 55 56 52 46 53 49
DATA> end
MTB > stdev c1 k1
   ST.DEV. =       3.7565
MTB > let k2=8*k1**2
MTB > invcdf 0.025 0.975 k3 k4;
SUBC> chisquare 8.
MTB > let k5=k2/k3
MTB > let k6=k2/k4
MTB > print k5 k6
K5       51.7903
K6       6.43808
```

Das Vertrauensintervall für die Varianz entspricht dem Ergebnis bei Handrechnung: $\text{V.I.}\{6.44 \le \sigma^2 \le 51.8\}_{95\%}$.

2. *Genauso verfährt man bei der Berechnung des 99%-Vertrauensintervalls für den Milcheiweißgehalt mit den entsprechenden Freiheitsgraden* $\text{FG} = 5$ *und Fraktilen* $\chi^2_{5;0.005}$ *und* $\chi^2_{5;0.995}$.

```
MTB > set c1
DATA> 3.52 3.65 3.63 3.71 3.88 3.79
DATA> end
MTB > stdev c1 k1
   ST.DEV. =      0.12675
MTB > let k2=5*k1**2
MTB > invcdf 0.005 0.995 k3 k4;
SUBC> chisquare 5.
MTB > let k5=k2/k3
MTB > let k6=k2/k4
MTB > print k5 k6

K5       0.195106
K6       0.00479613
```

6 Test von statistischen Hypothesen

Empirische Wissenschaften arbeiten experimentell und stellen aufgrund von Beobachtungen Hypothesen und Theorien auf. Diese Hypothesen sind vereinfachte Modelle der Wirklichkeit. Die Methoden zur Erlangung neuer Erkenntnisse sind induktiv. Man versucht, durch endlich viele Experimente und Beobachtungen auf eine allgemeine Regel oder Aussage zu schließen.

Die aufgestellten Hypothesen sind häufig sog. **statistische Hypothesen**. Sie sagen etwas über die Verteilung einer Zufallsvariablen voraus. Die Zufallsvariable wird nun im Experiment mehrmals realisiert. Man erhält dann eine Stichprobe, aufgrund derer man entscheiden (testen) will, ob man an der aufgestellten Hypothese festhält oder sie verwirft.

Grundsätzlich ist eine statistische Hypothese weder verifizierbar noch falsifizierbar. Das Ergebnis einer Entscheidung oder eines Tests muß in Bezug auf die gemachten Beobachtungen gesehen werden und ist prinzipiell etwas Provisorisches. Verwirft man eine Hypothese, so ist dies nicht endgültig, d.h. ein Beweis für die Falschheit der Hypothese. Man hält vielmehr an der Verwerfung der Hypothese bzw. an der sog. **Alternativhypothese** solange fest, bis evtl. neuere und umfassendere Beobachtungen und Daten zu einer Revision der getroffenen Entscheidung Anlaß geben.

Die einzelnen Schritte bei der Erkenntnisbildung eines empirischen Wissenschaftlers sind im wesentlichen:

1. Aufstellen von statistischen Hypothesen aufgrund von Vermutungen, Vorwissen oder auch mit Hilfe explorativer Methoden
2. Gewinnung von empirischen Beobachtungen
3. Durchführung statistischer Tests
4. Beibehaltung oder Verwerfung der aufgestellten Hypothese
5. evtl. zurück zu Punkt 1

Gewinnt man mit Hilfe explorativer Methoden anhand einer Stichprobe eine Hypothese, so darf man die Hypothese natürlich nicht an der gleichen Stichprobe, sondern muß sie an einer neuen Stichprobe überprüfen.

6.1 Grundbegriffe der Testtheorie

Der Statistiker stellt vor Durchführung eines Versuchs eine statistische Hypothese auf, d.h. er trifft eine Annahme über die Verteilung einer Zufallsvariablen X, z.B. über den Mittelwert μ oder die Standardabweichung σ einer normalverteilten Zufallsgröße oder die Verteilungsfunktion F einer Zufallsvariablen.

Liegt beispielsweise eine Vermutung vor, daß der Mittelwert μ der normalverteilten Zufallsvariablen "Ertrag" einen Wert von μ_0 hat, dann stellt man die Hypothese $\mu = \mu_0$ auf. Diese Hypothese heißt **Nullhypothese** und wird allgemein so formuliert:

$$H_0 : \mu = \mu_0 \tag{6.1}$$

Mit Hilfe einer Stichprobe vom Umfang n will man nun prüfen, ob das Ergebnis der Stichprobe mit der Nullhypothese H_0 im Widerspruch steht. Man führt also einen statistischen Test durch und überprüft, ob die Nullhypothese abgelehnt werden muß, oder ob eine solche Ablehnung nicht gerechtfertigt ist.

Beispiel:

Das Füllgewicht einer Abfüllmaschine sei eine (μ, σ^2)-normalverteilte Zufallsvariable X. Die Maschine soll Packungen mit einem Nettofüllgewicht von 1 kg abfüllen. Der Abfüllprozeß liefert nicht ausschließlich Packungen mit exakt 1 kg Füllgewicht, denn die einzelnen Füllmengen schwanken zufällig. Wenn die Maschine jedoch richtig eingestellt ist, sollte der Mittelwert μ gleich dem geforderten Abfüllgewicht von 1 kg sein. Die Nullhypothese lautet in diesem Fall: $H_0 : \mu = 1$ kg. Die Firma kontrolliert nun den Abfüllprozeß durch Entnahme von Stichproben. Sie muß darauf achten, daß der Stichprobenmittelwert $\overline{x}$ nicht zu stark von 1 kg abweicht. Ist die Abweichung zu groß, d.h. wird die Nullhypothese verworfen, dann muß die Maschine neu justiert werden.

Der empirische Mittelwert $\overline{x}$ einer Stichprobe wird selbstverständlich kaum mit dem geforderten Sollwert μ_0 übereinstimmen. Kleine zufällige Schwankungen nach oben oder unten sind aufgrund des zufälligen Charakters des Abfüllprozesses in obigem Beispiel zu erwarten. Wann sind aber diese kleinen, unvermeidlichen Abweichungen so groß, daß man sie nicht mehr durch den Zufall bedingt erklären kann? Man muß also eine objektive Grenze zwischen den kleineren, rein zufälligen Abweichungen und den größeren, oder wie man auch sagt, den **signifikanten Abweichungen** ziehen. Dazu ist noch zu überlegen, in welcher Richtung die Abweichungen interessieren: Nach oben, nach unten oder in beiden Richtungen. Man muß also eine sog. **Alternativhypothese** aufstellen, die mit H_1 abgekürzt wird.

Ist die Firma aus obigem Beispiel daran interessiert, nicht zuviel in die Packungen zu füllen, so lautet die Alternativhypothese:

$$H_1 : \mu > \mu_0 \tag{6.2}$$

Kommt es dagegen darauf an, nicht zu wenig abzufüllen, so ist die Alternativhypothese:

$$H_1 : \mu < \mu_0 \tag{6.3}$$

Die Alternativhypothesen (6.2) und (6.3) werden auch **einseitige Alternativhypothesen** genannt.

Soll das Abfüllgewicht schließlich nicht zu klein und nicht zu groß sein, dann lautet die **zweiseitige Alternativhypothese**:

$$H_1 : \mu \neq \mu_0 \tag{6.4}$$

Die Nullhypothese könnte im Fall einseitiger Alternativhypothesen auch in analoger einseitiger Form formuliert werden:

$$\begin{aligned} H_0' &: \mu \leq \mu_0 \quad \text{gegen} \quad H_1 : \mu > \mu_0 \quad \text{bzw.} \\ H_0' &: \mu \geq \mu_0 \quad \text{gegen} \quad H_1 : \mu < \mu_0 \end{aligned} \tag{6.5}$$

Es ist jedoch üblich, die Nullhypothese in der zweiseitigen Form $H_0 : \mu = \mu_0$ zu formulieren, unabhängig von der Alternativhypothese. Auf die praktische Durchführung des Tests selbst hat die Formulierung keinen Einfluß. Es treten lediglich kleine Verschiebungen bzgl. der Sicherheitswahrscheinlichkeit auf.

Wie bekommt man nun aufgrund einer Stichprobe Grenzen, die einen sog. **Ablehnungsbereich** und einen sog. **Nichtablehnungsbereich** festlegen? Beim einseitigen Test $H_0 : \mu = \mu_0$ mit der Alternative $H_1 : \mu > \mu_0$ interessiert die kritische Größe c auf der x-Achse in Bild 6.1.

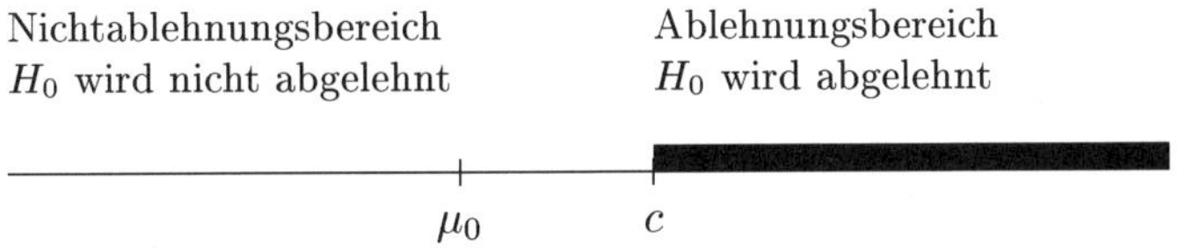

Bild 6.1: Ablehnungs- und Nichtablehnungsbereich beim einseitigen Test

Liegt der Stichprobenmittelwert $\overline{x}$ links von c, so wird die Nullhypothese H_0 nicht abgelehnt, liegt er rechts davon, so wird H_0 verworfen. Den Abstand zwischen μ_0 und c läßt man als Spielraum für kleinere zufällige Schwankungen von $\overline{x}$ zu. Die Abweichung von μ_0 wird jedoch **signifikant**, wenn $\overline{x}$ in den dick gezeichneten Bereich fällt.

Beim zweiseitigen Test $H_0 : \mu = \mu_0$ mit der Alternative $H_1 : \mu \neq \mu_0$ muß man zwei Grenzen c_1 und c_2 bestimmen (Bild 6.2).

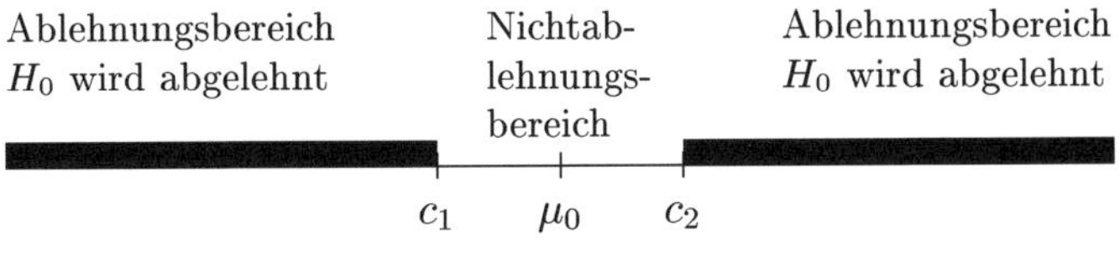

Bild 6.2: Ablehnungs- und Nichtablehnungsbereich beim zweiseitigen Test

Bei der praktischen Durchführung eines Tests berechnet man eine geeignete **Testgröße**, in die der zu testende Parameter (z.B. $\overline{x}$) eingeht. Diese Testgröße wird mit einem entsprechenden **Schwellenwert** oder einer **Testschranke** verglichen. Schwellenwerte bzw. Testschranken sind Fraktilen oder Grenzen der Verteilung der Testgröße. Der Vergleich der Testgröße mit dem Schwellenwert führt zu einer Entscheidung zwischen Ablehnung von H_0 oder Nichtablehnung von H_0.

Das Prinzip eines statistischen Tests kann auch folgendermaßen erklärt werden. Man berechnet unter der Annahme der Nullhypothese die Wahrscheinlichkeit dafür, daß das festgestellte Ergebnis (z.B. $\overline{x}$) oder ein "extremeres" beobachtet werden kann. Diese Wahrscheinlichkeit nennt man ***p*-Wert** (p-value). Wenn diese Wahrscheinlichkeit "klein" ist, verwirft man H_0 und erklärt H_1 für signifikant. Dabei bedeutet "klein", daß p kleiner als ein gewähltes **Signifikanzniveau** α ist. Man spricht häufig von signifikant, wenn der p-Wert kleiner als $\alpha = 5\%$ ist, von hochsignifikant, wenn der p-Wert kleiner als $\alpha = 1\%$ ist, und von höchstsignifikant oder sehr hoch signifikant, wenn der p-Wert kleiner als $\alpha = 0.1\%$ ist. Je kleiner der p-Wert ist, desto weniger glaubwürdig ist H_0, und umso mehr spricht für die Alternative H_1.

Bei einem statistischen Test können zwei Fehlentscheidungen vorkommen.

Ein **Fehler 1. Art** tritt auf, wenn man die Nullhypothese H_0 verwirft, obwohl sie richtig ist. Die Wahrscheinlichkeit, einen solchen Fehler zu begehen, ist das **Risiko 1. Art** und heißt **Irrtumswahrscheinlichkeit 1. Art** oder **Signifikanzniveau** α des Tests. Die Größe $1 - \alpha$ ist die entsprechende **Sicherheitswahrscheinlichkeit**. Bei einem einseitigen Test, z.B. $H_0 : \mu = \mu_0$ gegen $H_1 : \mu > \mu_0$ ist die Irrtumswahrscheinlichkeit durch die Beziehung $P_{\mu=\mu_0}(\overline{X} > c) = \alpha$ gegeben, wenn c die Grenze zwischen Ablehnungs- und Nichtablehnungsbereich ist (vgl. Tab. 6.1 und Bild 6.3).

Ein **Fehler 2. Art** tritt auf, wenn die Nullhypothese H_0 nicht abgelehnt wird, obwohl sie falsch ist. Die Wahrscheinlichkeit dafür wird mit β bezeichnet und heißt **Risiko 2. Art**. Die Größe $1 - \beta$ gibt die Wahrscheinlichkeit an, einen Fehler 2. Art zu vermeiden und heißt **Macht** des Tests (vgl. Tab. 6.1 und Bild 6.3).

	wahrer (unbekannter) Verteilungsparameter	
Ausfall des Tests	H_0 richtig (z.B. $\mu = \mu_0$)	H_0 falsch (z.B. $\mu = \mu_1$)
Nichtablehnung von H_0	richtige Entscheidung mit der Wahrscheinlichkeit $1 - \alpha$	Fehlentscheidung 2. Art mit der Wahrscheinlichkeit β
Ablehnung von H_0	Fehlentscheidung 1. Art mit der Wahrscheinlichkeit α	richtige Entscheidung mit der Wahrscheinlichkeit $1 - \beta$

Tabelle 6.1: Mögliche Entscheidungen beim Testen eines Parameters

Die Wahrscheinlichkeiten, einen Fehler 1. oder 2. Art zu begehen, hängen von der Grenze c ab. Bild 6.3 zeigt, daß man diese Grenze nicht derart festlegen kann, daß beide Fehlerarten gleichzeitig klein werden. Wählt man das Risiko 1. Art kleiner, so wird das Risiko 2. Art größer ausfallen. Dies ist auch der Grund, warum man nicht sagt, "die Hypothese H_0 wird angenommen", sondern vorsichtiger formuliert, "die Hypothese H_0 wird nicht abgelehnt".

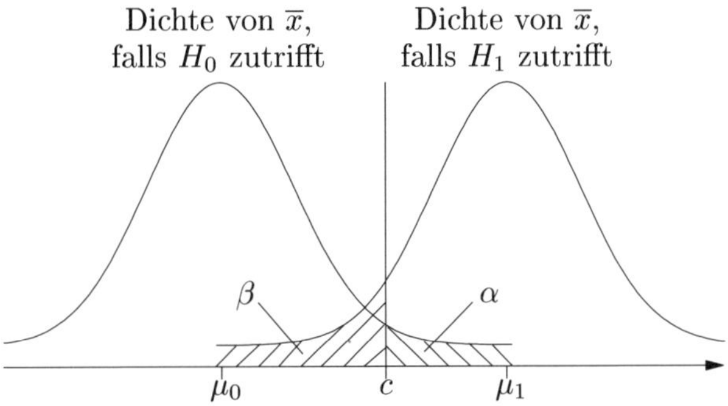

Bild 6.3: Veranschaulichung der Fehlentscheidungen beim statistischen Test

Vor der Durchführung eines Tests legt der Testanwender die Irrtumswahrscheinlichkeit 1. Art, also das Signifikanzniveau α fest. Ist der p-Wert kleiner oder gleich dem vorgegebenen Signifikanzniveau, so wird H_0 zugunsten von H_1 abgelehnt.

Als Pauschalmaßnahme zur Verringerung der Wahrscheinlichkeit β für den Fehler 2. Art bzw. zur Steigerung der Macht des Tests kann der Versuchsansteller eigentlich nur den Stichprobenumfang n vergrößern. Eine Verkleinerung von σ^2 bzw. s^2 würde zwar auch die Macht erhöhen, der Versuchsansteller hat jedoch in der Regel darauf keinen Einfluß.

Stehen mehrere Testverfahren für eine Fragestellung zur Verfügung, so wird man selbstverständlich das Verfahren anwenden, welches bei fester Irrtumswahrscheinlichkeit α und festem Stichprobenumfang n die höhere Macht besitzt.

Die Wahl der Irrtumswahrscheinlichkeit α, also des Signifikanzniveaus, geschieht subjektiv durch den Testansteller. Die Wahl von $\alpha = 0.05$, 0.01 oder 0.001 hat sich eingebürgert, ist aber nicht sachlich bzw. objektiv zu begründen.

Der Testansteller sollte sich jedoch klarmachen, daß bei festem Stichprobenumfang n die Macht des Tests mit abnehmendem α ebenfalls abfällt (vgl. Bild 6.3) und sollte daher die Möglichkeiten eines Fehlers 1. bzw. 2. Art gegeneinander abwägen. Er muß sich also fragen: Was ist schlimmer? Zu behaupten, die Sorte A ist besser als die Sorte B, obwohl in Wirklichkeit kein Unterschied im Ertrag vorhanden ist, oder einen tatsächlich vorhandenen Ertragsunterschied nicht aufzudecken.

Man kann je nach Versuchsfrage verschiedene Strategien bei einem statistischen Test verfolgen. Man spricht von einer sog. **Entdecker-Strategie**, wenn man H_0 verwerfen will und daher ein größeres Risiko α und ein kleineres Risiko β akzeptiert. Ein Versuchsansteller, der als **Kritiker** gegen die Alternative H_1 eingestellt ist, wird sich entsprechend umgekehrt verhalten, d.h. ein kleineres Risiko α und ein größeres Risiko β akzeptieren.

Von einem sinnvollen Test sollte man nach Neyman und Pearson verlangen, daß die Wahrscheinlichkeit α für einen Fehler 1. Art kleiner ist als die Wahrscheinlichkeit $1-\beta$, einen Fehler 2. Art zu vermeiden. Ein solcher Test wird auch **unverzerrt** (engl. *unbiased*) genannt. Ein verzerrter Test wäre so konstruiert, daß die Wahrscheinlichkeit, H_0 im Wahrheitsfall zu verwerfen, mindestens so groß ist wie die Wahrscheinlichkeit, H_0 im Falschheitsfall zu verwerfen. Eine solche Vorschrift würde ein Anwender sicherlich als unvernünftig empfinden.

Zeichnet man die Macht eines Tests $1-\beta$, d.h. die Wahrscheinlichkeit, die Nullhypothese abzulehnen, als Funktion des wahren Mittelwertunterschieds $\mu_1 - \mu_0$ auf, so erhält man als Graph die sog. **Gütefunktion** (Bild 6.4).

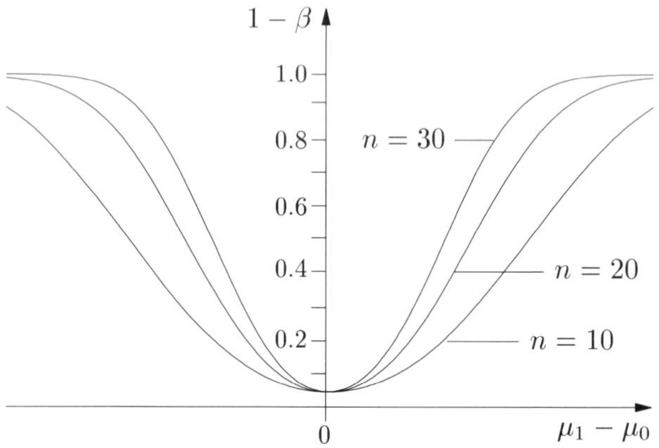

Bild 6.4: Gütefunktion beim zweiseitigen Test für verschiedene Stichprobenumfänge n und $\alpha = 5\%$

Man betrachtet auch häufig die Wahrscheinlichkeit, eine falsche Nullhypothese beizubehalten, d.h. also einen Fehler 2. Art zu machen. Diese Wahrscheinlichkeit β wird auch als **Operationscharakteristik** (kurz OC) bezeichnet. Die Operationscharakteristik ergibt sich aus dem Komplement der Gütefunktion, also (vgl. Bild 6.4):

$$\text{OC} = \text{Operationscharakteristik} = 1 - \text{Gütefunktion} \tag{6.6}$$

Zur Beschreibung eines Tests kann man also entweder die Gütefunktion oder die Operationscharakteristik heranziehen.

In der Praxis wird der Stichprobenumfang n häufig so festgelegt, daß die Fehler 1. und 2. Art kleiner oder gleich festen Werten α bzw. β sind unter der Voraussetzung, daß $\mu_1 - \mu_0 \geq \delta$ ist (δ vorgegeben). Der notwendige Stichprobenumfang n läßt sich im Fall $H_0 : \mu = \mu_0$, $H_1 : \mu = \mu_1 > \mu_0$ folgendermaßen bestimmen:

Unter H_0 ist $\dfrac{\overline{X} - \mu_0}{S/\sqrt{n}}$ t-verteilt mit $n-1$ Freiheitsgraden. Unter H_1 ist $\dfrac{\overline{X} - \mu_1}{S/\sqrt{n}}$ t-verteilt mit $n-1$ Freiheitsgraden.

Dann gilt:

$$P_{H_0}\left(\frac{\overline{X}-\mu_0}{S/\sqrt{n}} > t_{n-1;1-\alpha}\right) = P_{H_0}\left(\overline{X} > \mu_0 + t_{n-1;1-\alpha}\cdot\frac{S}{\sqrt{n}}\right) = \alpha$$

$$P_{H_1}\left(\frac{\overline{X}-\mu_1}{S/\sqrt{n}} < -t_{n-1;1-\beta}\right) = P_{H_1}\left(\overline{X} < \mu_1 - t_{n-1;1-\beta}\cdot\frac{S}{\sqrt{n}}\right) = \beta$$

Es ist $\mu_0 + t_{n-1;1-\alpha}\cdot\frac{s}{\sqrt{n}} = \mu_1 - t_{n-1;1-\beta}\cdot\frac{s}{\sqrt{n}}$, denn die beiden Ausdrücke stellen die Testschranke c dar. Somit ist $(t_{n-1;1-\alpha} + t_{n-1;1-\beta})\cdot\frac{s}{\sqrt{n}} = \mu_1 - \mu_0 = \delta$. Also folgt für n:

$$n \geq \frac{s^2}{\delta^2}\cdot\left(t_{n-1;1-\alpha} + t_{n-1;1-\beta}\right)^2 \tag{6.7}$$

n ist i.a. nicht ganzzahlig. Rundet man auf die nächste ganze Zahl auf, so werden beide Irrtumswahrscheinlichkeiten etwas unterschritten und man bleibt auf der sicheren Seite.

Die Zahl n kann selbstverständlich nicht exakt berechnet werden, weil man n bereits kennen müßte, um $t_{n-1;1-\alpha}$ und $t_{n-1;1-\beta}$ ablesen zu können. Man kann sich jedoch rekursiv an den wahren Wert herantasten. Die Wahl von δ hängt von der Problemstellung ab. Man sollte z.B. bei einem Sortenversuch vor der Versuchsdurchführung entscheiden, ob bereits bei einem durchschnittlichen Mehrertrag von 50 kg/ha oder erst bei einem durchschnittlichen Mehrertrag von 100 kg/ha mit hoher Wahrscheinlichkeit $1-\beta$ bewiesen werden soll (d.h. H_0 ablehnen), daß die eine Sorte einen höheren Ertrag hat als die andere. Diese Frage muß der Versuchsansteller jeweils aus sachlogischen Überlegungen entscheiden. Wird der Test zweiseitig durchgeführt, so folgt analog zu (6.7) die Gleichung:

$$n \geq \frac{s^2}{\delta^2}\cdot\left(t_{n-1;1-\alpha/2} + t_{n-1;1-\beta/2}\right)^2 \tag{6.8}$$

Es gibt einfache Computerprogramme, die die Anzahl n der notwendigen Stichprobenelemente bei gegebenen Fehlern 1. und 2. Art berechnen oder auch umgekehrt die Fehler 1. und 2. Art ermitteln, wenn der Stichprobenumfang n vorgegeben ist. Ein solches Programm wird in Abschnitt 6.9 vorgestellt.

6.2 Test eines Erwartungswerts

Im folgenden Abschnitt werden Tests für Erwartungs- oder Mittelwerte von Normalverteilungen vorgestellt. Der Erwartungswert ist ein Parameter über die Lage oder die Lokation der Verteilung. Man spricht daher auch von **Lokationstests**.

6.2.1 t-Test für den Mittelwert bei unbekanntem σ

Der t-Test für den Erwartungswert bei unbekannter Standardabweichung σ vergleicht aufgrund einer Stichprobe den Erwartungswert μ einer normalverteilten Grundgesamtheit mit einem hypothetischen oder vermuteten Wert μ_0. Aus der Stichprobe vom Umfang n berechnet man mit den Stichprobenwerten $x_1, x_2, \ldots, x_n$, die einer (μ, σ^2)-normalverteilten Grundgesamtheit entnommen wurden, die Testgröße t_0 nach Gleichung (6.9). Diese Testgröße ist als Realisation einer t-verteilten Zufallsgröße mit $\mu = \mu_0$ aufzufassen.

$$t_0 = \frac{\overline{x} - \mu_0}{s/\sqrt{n}} \tag{6.9}$$

Der Test der Nullhypothese H_0 erfolgt beim vorgewählten Signifikanzniveau α je nach Alternativhypothese H_1:

1. $H_0 : \mu = \mu_0 \quad H_1 : \mu < \mu_0$ (einseitige Hypothese)

   Ist $t_0 < -t_{n-1;1-\alpha}$, dann wird die Nullhypothese H_0 auf dem Signifikanzniveau α abgelehnt. Im anderen Fall besteht kein Grund zur Ablehnung.
2. $H_0 : \mu = \mu_0 \quad H_1 : \mu > \mu_0$ (einseitige Hypothese)

   Ist $t_0 > t_{n-1;1-\alpha}$, dann wird die Nullhypothese H_0 auf dem Signifikanzniveau α abgelehnt, andernfalls erfolgt keine Ablehnung.
3. $H_0 : \mu = \mu_0 \quad H_1 : \mu \neq \mu_0$ (zweiseitige Hypothese)

   Ist $|t_0| > t_{n-1;1-\alpha/2}$, dann wird die Nullhypothese H_0 beim Signifikanzniveau α abgelehnt, ansonsten kann H_0 nicht abgelehnt werden.

Das Testschema in Kurzform zeigt Tab. 6.2.

In der Praxis wird man i.a. nicht nur eine dichotome Entscheidung zwischen Ablehnung und Nichtablehnung von H_0 auf einem festen Signifikanzniveau treffen bzw. protokollieren. Vorzuziehen ist in jedem Fall die Angabe des p-Werts. Der p-Wert gibt die Wahrscheinlichkeit an, ein mindestens so extremes Ergebnis wie das Testergebnis zu erhalten, wenn die Nullhypothese richtig ist. Je kleiner diese Wahrscheinlichkeit ist, desto unglaubwürdiger ist H_0, und umso mehr spricht für die Alternative H_1. Am p-Wert kann der Anwender also die sachlogische Relevanz eines Effekts bzw. eines Mittelwertunterschieds selbst beurteilen.

Freiheitsgrade spielen in der gesamten beurteilenden Statistik eine entscheidende Rolle und tauchen fast immer als wesentliches Indiz für eine Testgröße auf. Der Begriff der Freiheitsgrade in der Statistik lehnt sich an den gleichnamigen Begriff in der Physik an. Allerdings deutet er hier nicht wie in der Mechanik eine unabhängige Verschiebung

Voraussetzung:	Normalverteilung, σ unbekannt
Testgröße:	$t_0 = \dfrac{\overline{x} - \mu_0}{s/\sqrt{n}}$
H_0:	$\mu = \mu_0$
H_1:	Ablehnung von H_0, wenn
$\mu < \mu_0$	$t_0 < -t_{n-1;1-\alpha}$
$\mu > \mu_0$	$t_0 > t_{n-1;1-\alpha}$ (Tab. A.4)
$\mu \neq \mu_0$	$\lvert t_0 \rvert > t_{n-1;1-\alpha/2}$

Tabelle 6.2: t-Test für den Erwartungswert bei unbekanntem σ

eines Massenpunkts an, sondern bedeutet analog eine unabhängige Bestimmung oder Messung für einen Stichprobenwert. Das statistische Maß des arithmetischen Mittels $\overline{x}$ kommt in der Prüfgröße t_0 des t-Tests vor. Betrachtet man eine Stichprobe von 5 Werten, so gilt: $\overline{x} = (x_1 + x_2 + x_3 + x_4 + x_5)/5$. Es gibt unendlich viele Möglichkeiten für Meßwerte x_1 bis x_5, so daß ein festes $\overline{x}$ zustande kommt. Die Unabhängigkeit bzw. die freie Auswahl besteht jedoch nur für vier Meßwerte, der fünfte liegt dann aufgrund der Berechnung fest. Darum sagt man in diesem Fall, daß 4 Freiheitsgrade existieren. Allgemein hat man bei n Meßwerten nach Berechnung einer statistischen Maßzahl, z.B. $\overline{x}$ nur noch $n-1$ Freiheitsgrade. Auch die Standardabweichung s hat $n-1$ Freiheitsgrade, da sie auf den Werten $x_i - \overline{x}$ basiert, wovon nur $n-1$ Werte frei wählbar sind, denn $\sum(x_i - \overline{x})$ ist stets gleich 0. Darum sagt man, die Testgröße t_0, in der $\overline{x}$ und s vorkommen, hat $n-1$ Freiheitsgrade.

Beispiele:

1. *Eine Ladenkette fordert von den Erzeugern für Chinakohl ein mittleres Kopfgewicht von mindestens* 1000 g. *Es wird eine Stichprobe aus einer Lieferung gezogen und folgende Kopfgewichte bestimmt:*

Kopf	1	2	3	4	5	6	7
Gewicht [g]	920	975	1030	910	955	925	1010

Es soll auf einem Signifikanzniveau von 0.05 *überprüft werden, ob das mittlere Kopfgewicht der Forderung entspricht. Der Test erfolgt einseitig, da höhere Kopfgewichte natürlich zugelassen sind. Die Null- und Alternativhypothese lauten also* $H_0 : \mu = 1000$ g *gegen* $H_1 : \mu < 1000$ g.

Der Mittelwert ist $\overline{x} = 960.7$ g, *die Standardabweichung ist* $s = 46.5$ g.

Die Testgröße lautet $t_0 = \dfrac{\overline{x} - \mu_0}{s/\sqrt{n}} = \dfrac{960.7 - 1000.0}{46.5/\sqrt{7}} = -2.236.$

Es liegen $7 - 1 = 6$ *Freiheitsgrade vor. Die* $t_{6;0.95}$*-Fraktile kann aus Tab. A.4 im Anhang bestimmt werden zu* $t_{6;0.95} = 1.943$. *Damit folgt:*

$-2.236 = t_0 < -t_{6;0.95} = -1.943$

Also wird H_0 auf dem Signifikanzniveau 0.05 zugunsten von H_1 abgelehnt (vgl. Tab. 6.2).

Der p-Wert bei Ablehnung der Nullhypothese ist kleiner als 5%. Er liegt etwa in der Mitte zwischen 0.05 und 0.025, denn $t_{6;0.975} = 2.447$ (vgl. Tab. A.4). Er gibt die Wahrscheinlichkeit an, ein Stichprobenmittel von höchstens 960.7 g zu erhalten, wenn das mittlere Kopfgewicht in Wirklichkeit 1000 g beträgt, also H_0 richtig ist.

2. *In München wurde an einem Sommertag der Ozongehalt der Luft an fünf verschiedenen Meßstellen bestimmt:*

Meßstelle	1	2	3	4	5
Ozongehalt [μg/m^3]	114	128	130	118	123

Überschreitet der mittlere Ozongehalt bei einem 5%-Signifikanzniveau den Grenzwert von 120 μg/m^3, so muß eine Warnung der Bevölkerung erfolgen.

Die Daten werden mit MINITAB *ausgewertet. Mit dem* `set`*-Befehl werden die Meßwerte in Spalte 1 eingelesen. Das Kommando* `ttest 120 c1` *führt den t-Test mit $\mu_0 = 120$ $\mu g/m^3$ für die Werte in Spalte 1 durch. Das Subkommando* `alternative 1` *testet die Alternativhypothese $\mu > \mu_0$. Gibt man im Subkommando* `-1` *an, so lautet $H_1 : \mu < \mu_0$, wird das Subkommando weggelassen, dann erfolgt der zweiseitige Test, also: $H_1 : \mu \neq \mu_0$.*

```
MTB > set c1
DATA> 114 128 130 118 123
DATA> end
MTB > ttest 120 c1;
SUBC> alternative 1.

TEST OF MU = 120.000 VS MU G.T. 120.000

            N      MEAN     STDEV   SE MEAN        T    P VALUE
C1          5   122.600     6.693     2.993     0.87       0.22
```

MINITAB *gibt die Hypothesen H_0 :* `MU = 120.000` *und H_1 :* `MU G.T. 120.000` *(*`G.T.` *von engl. greater than) aus. Die Testgröße ist $t_0 = 0.87$. Anstatt ein Signifikanzniveau vorzugeben, berechnen die meisten Statistikprogramme den p-Wert, der in Computerprogrammen meist mit* `P VALUE` *bezeichnet wird. Der p-Wert ist die Wahrscheinlichkeit, unter Annahme von H_0 einen ebenso großen oder extremeren, d.h. hier größeren Wert der Testgröße zu erhalten. Da er im vorliegenden Fall 22% beträgt und damit größer als 5% ist, kann man die Nullhypothese auf dem üblichen Signifikanzniveau von $\alpha = 5\%$ nicht verwerfen. Mit anderen Worten: Man kann nicht behaupten, daß der mittlere Ozongehalt signifikant (auf dem 5%-Niveau) größer als der Grenzwert von 120 μg/m^3 ist.*

3. *Eine Maschine zur Abfüllung von Mehl in Papiertüten ist auf ein Füllgewicht von 500 g eingestellt. Es wird vorausgesetzt, daß das Abfüllgewicht normalverteilt und die Streuung unbekannt ist. Auf dem 10%-Signifikanzniveau, d.h. bei 10% Irrtumswahrscheinlichkeit 1. Art, soll durch eine Stichprobe vom Umfang $n = 6$ überprüft werden, ob das mittlere Gewicht von 500 g eingehalten wird.*

Stichprobe	1	2	3	4	5	6
Füllgewicht [g]	490	496	506	492	502	499

Der zweiseitige Test $H_0 : \mu = 500$ g gegen $H_1 : \mu \neq 500$ g erfolgt in MINITAB *mit dem* `ttest`*-Befehl ohne Angabe eines Subkommandos.*

```
MTB > name c1 'Gewicht'
MTB > set 'Gewicht'
DATA> 490 496 506 492 502 499
DATA> end
MTB > ttest 500 'Gewicht'

TEST OF MU = 500.000 VS MU N.E. 500.000

            N      MEAN     STDEV    SE MEAN          T     P VALUE
Gewicht     6   497.500     6.058      2.473      -1.01        0.36
```

Die Prüfgröße ist $t_0 = -1.01$ bei 5 Freiheitsgraden. Dies ist der negative Wert von $t_{5;1-0.36/2}$. Der p-Wert ist also mit 36% größer als $\alpha = 5\%$, so daß H_0 auf dem 10%-Niveau nicht verworfen werden kann. Bei Richtigkeit der Nullhypothese, daß das mittlere Füllgewicht 500 g beträgt, wäre also ein Mittelwert von höchstens 497.5 g bzw. eine Testgröße von -1.01 oder noch kleiner immerhin mit einer Wahrscheinlichkeit von 36% entstanden. Diese Wahrscheinlichkeit ist im Vergleich zu $\alpha = 5\%$ relativ groß, so daß kein Grund zur Ablehnung von H_0 besteht.

6.2.2 z-Test für den Mittelwert bei bekanntem σ

Falls σ bekannt ist, kann der Test des Mittelwerts auf eine normalverteilte Testgröße zurückgeführt werden. Man benötigt dann die t-Verteilung mit ihren Freiheitsgraden nicht. Unter der Annahme der Nullhypothese $H_0 : \mu = \mu_0$ ist das Stichprobenmittel $\overline{X}$ $(\mu, \sigma^2/n)$-normalverteilt. Die Testgröße z_0 lautet in diesem Fall:

$$z_0 = \frac{\overline{x} - \mu_0}{\sigma/\sqrt{n}} \tag{6.10}$$

Der Test der Nullhypothese H_0 erfolgt beim vorgewählten Signifikanzniveau α prinzipiell wie bei unbekannter Varianz. Anstelle der t-Fraktilen sind in diesem Fall die u-Fraktilen[1] bzw. die λ-Grenzen der Standardnormalverteilung zu verwenden.

Das Testschema in Kurzform zeigt Tab. 6.3.

Es sei noch angemerkt, daß σ^2 in den meisten Fällen nicht bekannt ist. Die praktische Bedeutung des z-Tests ist deshalb sehr gering.

[1] Der Test wird deshalb manchmal auch als u-Test bezeichnet.

Voraussetzung:	Normalverteilung, σ bekannt
Testgröße:	$z_0 = \dfrac{\overline{x} - \mu_0}{\sigma/\sqrt{n}}$
H_0 :	$\mu = \mu_0$
H_1 :	Ablehnung von H_0, wenn
$\mu < \mu_0$	$z_0 < -u_{1-\alpha}$
$\mu > \mu_0$	$z_0 > u_{1-\alpha}$ (Tab. A.2)
$\mu \neq \mu_0$	$\lvert z_0\rvert > u_{1-\alpha/2} = \lambda_{1-\alpha}$

Tabelle 6.3: z-Test für den Erwartungswert bei bekanntem σ

Beispiel:

Ein Voltmeter zur Messung der elektrischen Spannung über einem Widerstand hat laut Herstellerangabe eine Standardabweichung von 0.5 V *bei der Spannung* 50 V. *Das Gerät sollte neu justiert werden, wenn auf dem 5%-Signifikanzniveau die mittlere Spannung von diesem Wert abweicht. Es wird eine Spannung von* 50 V *angelegt und* 10 *mal gemessen.*

Messung	1	2	3	4	5	6	7	8	9	10
Spannung [V]	49.8	50.1	48.9	49.4	51.0	48.8	49.3	49.4	49.9	50.0

Die Nullhypothese $H_0 : \mu_U = 50$ V *wird gegen die zweiseitige Alternative* $H_1 : \mu_U \neq 50$ V *getestet, da Abweichungen weder nach oben noch nach unten erwünscht sind. Der Mittelwert ist* $\overline{U} = 49.66$ V. *Damit lautet die Testgröße:*

$$z_0 = \frac{\overline{U} - \mu_U}{\sigma_U/\sqrt{n}} = \frac{49.66 \text{ V} - 50.00 \text{ V}}{0.5 \text{ V}/\sqrt{10}} = -2.15$$

Die 97.5%*-Fraktile bzw.* 95%*-Grenze der Standardnormalverteilung wird in Tab. A.2 im Anhang abgelesen zu* $u_{0.975} = \lambda_{0.95} = 1.96$.

Damit folgt: $\lvert z_0\rvert = 2.15 > 1.96 = u_{0.975} = \lambda_{0.95}$

Die Nullhypothese wird zugunsten der Alternativhypothese abgelehnt. Zum Signifikanzniveau von 5% ist also statistisch gesichert, daß der mittlere Meßwert des Geräts bei einer anliegenden Spannung von 50 V *vom Sollwert abweicht.*

In MINITAB *dient der Befehl* `ztest` *ohne Subkommando* `alternative` *zur Durchführung des zweiseitigen* z*-Tests. Einseitige Tests können mit den Optionen* `alternative 1` *bzw.* `alternative -1` *vorgenommen werden.*

```
MTB > set c1
DATA> 49.8 50.1 48.9 49.4 51.0 48.8 49.3 49.4 49.9 50.0
DATA> end
MTB > ztest 50 0.5 c1

TEST OF MU = 50.000 VS MU N.E. 50.000
THE ASSUMED SIGMA = 0.500

                N      MEAN     STDEV   SE MEAN         Z    P VALUE
C1             10    49.660     0.647     0.158     -2.15      0.032
```

Der p-Wert ist hier 3.2%, also kleiner als das Signifikanzniveau $\alpha = 5\%$, so daß H_0 abgelehnt werden kann. Eine Abweichung von mindestens 0.34 V vom Sollwert 50 V kommt eben unter H_0, d.h. wenn wirklich 50 V Spannung anliegen, nur mit Wahrscheinlichkeit 3.2% vor. Dies wird als zu klein ($< \alpha = 5\%$) empfunden, so daß man $H_0 : \mu = 50\text{V}$ nicht mehr glaubt und das Gerät neu justiert.

6.2.3 Vertrauensintervalle für den Mittelwert

Anstelle des t- und z-Tests kann man auch ein $K\% = (1-\alpha)$-Vertrauensintervall für den unbekannten Mittelwert bestimmen und prüfen, ob der Sollwert in diesem Intervall liegt. Ist dies nicht der Fall, so kann die Nullhypothese $H_0 : \mu = \mu_0$ abgelehnt werden. Das Vertrauensintervall enthält also alle diejenigen μ_0, für die $H_0 : \mu = \mu_0$ nicht abgelehnt wird.

Die Vertrauensintervalle bei unbekannter Varianz lauten (vgl. Kap. 5.6):

$$\begin{aligned}
&\text{V.I.}\left\{-\infty < \mu \le \overline{x} + t_{n-1;1-\alpha} \cdot \frac{s}{\sqrt{n}}\right\}_{1-\alpha} \quad \text{(einseitig)} \\
&\text{V.I.}\left\{\overline{x} - t_{n-1;1-\alpha} \cdot \frac{s}{\sqrt{n}} \le \mu < +\infty\right\}_{1-\alpha} \quad \text{(einseitig)} \\
&\text{V.I.}\left\{\overline{x} - t_{n-1;1-\alpha/2} \cdot \frac{s}{\sqrt{n}} \le \mu \le \overline{x} + t_{n-1;1-\alpha/2} \cdot \frac{s}{\sqrt{n}}\right\}_{1-\alpha} \quad \text{(zweiseitig)}
\end{aligned} \tag{6.11}$$

Bei bekannter Varianz sind die Vertrauensintervalle (vgl. Kap. 5.2):

$$\begin{aligned}
&\text{V.I.}\left\{-\infty < \mu \le \overline{x} + u_{1-\alpha} \cdot \frac{\sigma}{\sqrt{n}}\right\}_{1-\alpha} \quad \text{(einseitig)} \\
&\text{V.I.}\left\{\overline{x} - u_{1-\alpha} \cdot \frac{\sigma}{\sqrt{n}} \le \mu < +\infty\right\}_{1-\alpha} \quad \text{(einseitig)} \\
&\text{V.I.}\left\{\overline{x} - u_{1-\alpha/2} \cdot \frac{\sigma}{\sqrt{n}} \le \mu \le \overline{x} + u_{1-\alpha/2} \cdot \frac{\sigma}{\sqrt{n}}\right\}_{1-\alpha} \quad \text{(zweiseitig)}
\end{aligned} \tag{6.12}$$

Beispiel:

Das einseitige nach oben offene 95%-Vertrauensintervall für den unbekannten Mittelwert des Ozongehalts der Luft im Beispiel auf Seite 222 wird mit dem Mittelwert $\overline{x} = 122.6$ *und der Standardabweichung* $s = 6.7$ *sowie der Fraktilen* $t_{4;0.95} = 2.132$ *(vgl. Tab. A.4 im Anhang) berechnet:*

$$\text{V.I.}\left\{122.6 - 2.132 \cdot \frac{6.7}{\sqrt{5}} \leq \mu < \infty\right\}_{0.95} = \text{V.I.}\,\{116.2 \leq \mu < \infty\}_{0.95}$$

Der Grenzwert von 120 μg/m^3 *ist im einseitigen 95%-Vertrauensintervall des mittleren Ozongehalts der Luft enthalten. Infolgedessen kann die Hypothese, daß der mittlere Ozongehalt gleich 120* μg/m^3 *ist, auf 5%-Signifikanzniveau nicht zugunsten der Alternativhypothese, daß der Ozongehalt größer als der Grenzwert 120* μg/m^3 *ist, verworfen werden. Würde der Grenzwert allerdings auf 110* μg/m^3 *reduziert, dann müßte eine Warnung der Bevölkerung erfolgen, weil man dann die Nullhypothese ablehnen könnte.*

Ein $(1-\alpha)$-Vertrauensintervall enthält alle hypothetischen Werte μ_0, für die aufgrund einer vorliegenden Stichprobe die Nullhypothese $H_0 : \mu = \mu_0$ nicht abgelehnt werden kann. Umgekehrt ist sofort ersichtlich, für welche Werte von μ_0 die Nullhypothese auf dem Signifikanzniveau α abgelehnt werden muß. Ein Vertrauensintervall liefert also mehr Information als ein Testergebnis allein.

6.3 Vergleich zweier Erwartungswerte

In vielen praktischen Fragestellungen will man zwei verschiedene Dinge miteinander vergleichen, z.B. die Wirksamkeit zweier Medikamente, den Ertrag von zwei Getreidesorten, die Inhaltsstoffe zweier Futtermittel, den Schadstoffausstoß zweier Autotypen usw. Die Frage, ob das eine besser oder schlechter ist als das andere, bzw. ob sich die beiden unterscheiden, kann auf den t-Test zum Testen des Mittelwerts zurückgeführt werden. Der Test prüft die Nullhypothese, daß zwischen zwei Sorten, Medikamenten o.ä. kein Unterschied existiert im Gegensatz zu einer Alternativhypothese, z.B. Sorte 1 hat einen höheren Ertrag als Sorte 2, oder die beiden Medikamente unterscheiden sich in ihrer Wirksamkeit. Kann man die Nullhypothese nicht ablehnen, so wird man in der Regel die bequemere oder billigere Lösung verwenden. Kann die Nullhypothese abgelehnt werden, so ist beispielsweise eine Sorte als ertragreicher oder die Wirksamkeit zweier Medikamente als unterschiedlich erkannt worden, selbstverständlich mit einer gewissen Irrtumswahrscheinlichkeit.

Zur Herleitung eines Tests zum Vergleich zweier Erwartungswerte geht man folgendermaßen vor: Eine Grundgesamtheit X sei (μ_x, σ^2)- und eine Grundgesamtheit Y (μ_y, σ^2)-normalverteilt. Die Parameter μ_X, μ_Y und σ seien unbekannt. Die Streuung σ^2 soll jedoch in beiden Grundgesamtheiten gleich sein (wie man die Hypothese der **Homogenität der Varianzen** selbst testet, wird in Kapitel 6.4 beschrieben). Aufgrund zweier Stichproben mit den Stichprobenumfängen n_x und n_y aus den beiden Verteilungen erhält man die Stichprobenmittel $\overline{x}$ und $\overline{y}$ und die Standardabweichungen s_x und s_y. Es wird eine neue Zufallsgröße $\overline{X} - \overline{Y}$ gebildet, deren gemeinsame Streuung durch die **gepoolte Varianz**

$$s_p^2 = \frac{(n_x - 1) \cdot s_x^2 + (n_y - 1) \cdot s_y^2}{n_x + n_y - 2} \tag{6.13}$$

geschätzt wird. Die Standardabweichung von $\overline{X} - \overline{Y}$ wird geschätzt durch:

$$s = s_p \cdot \sqrt{\frac{1}{n_x} + \frac{1}{n_y}} \tag{6.14}$$

Der Test basiert auf der Testgröße

$$t_0 = \frac{\overline{x} - \overline{y}}{s} \tag{6.15}$$

mit dem Mittelwert $\mu_x - \mu_y$, der bei Gültigkeit der Nullhypothese $H_0 : \mu_x = \mu_y$ wegen des Additionstheorems der Normalverteilung gleich 0 ist. $\overline{X} - \overline{Y}$ ist dann t-verteilt mit $n_x + n_y - 2$ Freiheitsgraden.

Es sind zwei wichtige Fälle zu unterscheiden:

1. Die beiden Stichproben sind voneinander unabhängig.

   Die Stichprobenumfänge betragen n_x und n_y. Diese brauchen nicht gleich groß zu sein.

2. Die beiden Stichproben sind verbunden.

   Dann sind die Stichprobenumfänge automatisch gleich groß, also $n_x = n_y = n$. Jeweils ein Wert x_i und y_i gehören zusammen, weil sie beispielsweise vom selben Versuchsobjekt (Mensch, Tier, Pflanze, Parzelle usw.) stammen. Man spricht auch von einem **paarweisen Vergleich** oder einem **rechts-links-Vergleich**.

Beispiele:

1. *n_a Tiere werden mit einer Futtermischung A und n_b andere Tiere mit der Futtermischung B gefüttert. Die Gewichtszunahmen der n_a Tiere sind die Stichprobenwerte $a_1, a_2, \ldots, a_{n_a}$, die Zunahmen der n_b anderen Tiere sind die Stichprobenwerte $b_1, b_2, \ldots, b_{n_b}$. Da der Versuch an zwei verschiedenen Gruppen von Tieren durchgeführt wird, sind die Stichproben unabhängig.*

2. *An einer Gruppe von n Personen wird die Wirkung zweier Medikamente getestet. Die Versuchspersonen erhalten zunächst das eine Medikament. Nach einiger Zeit wird das andere Medikament verabreicht und jeweils die Wirksamkeit gemessen. Diese Messungen sind verbundene Stichproben, da die Versuchspersonen individuell verschieden auf Medikamente reagieren. In diesem Fall kann man den Einfluß der Variabilität der Individuen, also deren unterschiedliche Reaktion auf Medikamente, eliminieren. Dies ist der Vorteil des Paarvergleichs. Wird die Gruppe jedoch in zwei Hälften geteilt, wobei jede Hälfte ausschließlich das eine Medikament erhält, dann sind die Stichproben unabhängig.*

Es ist weiterhin zu unterscheiden, ob die Varianzen bekannt oder unbekannt sind und ob bei unbekannten Varianzen diese in beiden Stichproben als gleich (homogen) angenommen werden oder nicht.

Die Nullhypothese lautet in allen Fällen: $H_0 : \mu_x = \mu_y$. In Worten: Die Mittelwerte der beiden Verteilungen sind gleich. Als Alternative kommt eine der drei Möglichkeiten $\mu_x < \mu_y$, $\mu_x > \mu_y$ und $\mu_x \neq \mu_y$ in Frage.

6.3.1 *t*-Test zum Mittelwertvergleich unabhängiger Stichproben bei unbekanntem $\sigma_x = \sigma_y$

Die Testgröße lautet:

$$t_0 = \sqrt{\frac{n_x \cdot n_y \cdot (n_x + n_y - 2)}{n_x + n_y}} \cdot \frac{\overline{x} - \overline{y}}{\sqrt{(n_x - 1) \cdot s_x^2 + (n_y - 1) \cdot s_y^2}} \tag{6.16}$$

Für gleiche Stichprobenumfänge $n_x = n_y = n$ vereinfacht sich die Testgröße zu:

$$t_0 = \sqrt{n} \cdot \frac{\overline{x} - \overline{y}}{\sqrt{s_x^2 + s_y^2}} \tag{6.17}$$

Die Varianz $\sigma_x = \sigma_y$ beider Grundgesamtheiten wird durch die gepoolte Varianz $\dfrac{(n_x-1)s_x^2+(n_y-1)s_y^2}{n_x+n_y-2}$ erwartungstreu geschätzt.

Der Test der Nullhypothese $H_0 : \mu_x = \mu_y$ erfolgt beim vorgewählten Signifikanzniveau α nach dem Testschema in Tab. 6.4.

Voraussetzung:	Normalverteilung, Unabhängigkeit, $\sigma_x = \sigma_y$ unbekannt
Testgröße:	$t_0 = \sqrt{\dfrac{n_x \cdot n_y \cdot (n_x+n_y-2)}{n_x+n_y}} \cdot \dfrac{\overline{x}-\overline{y}}{\sqrt{(n_x-1)\cdot s_x^2+(n_y-1)\cdot s_y^2}}$ $t_0 = \sqrt{n} \cdot \dfrac{\overline{x}-\overline{y}}{\sqrt{s_x^2+s_y^2}}$ für $n_x = n_y = n$
H_0:	$\mu_x = \mu_y$
H_1:	Ablehnung von H_0, wenn:
$\mu_x < \mu_y$	$t_0 < -t_{n_x+n_y-2;1-\alpha}$
$\mu_x > \mu_y$	$t_0 > t_{n_x+n_y-2;1-\alpha}$ (Tab. A.4)
$\mu_x \neq \mu_y$	$\lvert t_0 \rvert > t_{n_x+n_y-2;1-\alpha/2}$

Tabelle 6.4: t-Test zum Mittelwertvergleich unabhängiger Stichproben bei unbekanntem $\sigma_x = \sigma_y$

6.3.2 t-Test zum Mittelwertvergleich verbundener Stichproben bei unbekanntem σ_d

Aus den beiden Stichproben x_i und y_i werden die Differenzen $d_i = x_i - y_i$ gebildet. Man testet nun die Hypothese, daß die Grundgesamtheit, aus der diese Differenzen-Stichprobe stammt, den Mittelwert $\mu_d = 0$ hat, also:

$$H_0 : \mu_x - \mu_y = 0 \quad \text{bzw.} \quad H_0 : \mu_d = 0 \tag{6.18}$$

Die Testgröße t_0 berechnet sich mit $\overline{d} = \frac{1}{n} \cdot \sum_{i=1}^{n} d_i = \frac{1}{n} \cdot \sum_{i=1}^{n} (x_i - y_i)$ und $s_d^2 = \frac{1}{n-1} \cdot \sum_{i=1}^{n} (d_i - \overline{d})^2 = \frac{1}{n-1} \cdot \left(\sum_{i=1}^{n} d_i^2 - \frac{1}{n} \cdot \left(\sum_{i=1}^{n} d_i \right)^2 \right)$ zu:

$$t_0 = \frac{\overline{d}}{s_d/\sqrt{n}} \tag{6.19}$$

Die Zahl der Freiheitsgrade ist jetzt nur noch $n-1$.

Der Test verläuft wie beim einfachen t-Test für den Erwartungswert (vgl. Kap. 6.2.1).

Das Testschema in Kurzform zeigt Tab. 6.5.

Voraussetzung:	Normalverteilung, Abhängigkeit, $\sigma_x = \sigma_y$ unbekannt
Testgröße:	$t_0 = \dfrac{\overline{d}}{s_d/\sqrt{n}}$
H_0:	$\mu_x = \mu_y$ bzw. $\mu_x - \mu_y = \mu_d = 0$
H_1:	Ablehnung von H_0, wenn:
$\mu_x < \mu_y$ bzw. $\mu_d < 0$	$t_0 < -t_{n-1;1-\alpha}$
$\mu_x > \mu_y$ bzw. $\mu_d > 0$	$t_0 > t_{n-1;1-\alpha}$ (Tab. A.4)
$\mu_x \neq \mu_y$ bzw. $\mu_d \neq 0$	$\lvert t_0 \rvert > t_{n-1;1-\alpha/2}$

Tabelle 6.5: t-Test zum Mittelwertvergleich verbundener Stichproben bei unbekanntem $\sigma_x = \sigma_y$

6.3.3 t-Test zum Mittelwertvergleich unabhängiger Stichproben bei unbekannten und verschiedenen $\sigma_x \neq \sigma_y$ (Welch-Test)

Bisher wurde vorausgesetzt, daß die Standardabweichungen der beiden Grundgesamtheiten gleich sind. Im Fall unterschiedlicher Streuungen wird die Standardabweichung der Zufallsgröße $\overline{x} - \overline{y}$ durch

$$s = \sqrt{s_x^2/n_x + s_y^2/n_y} \tag{6.20}$$

geschätzt. Die Testgröße ist dann $t_0 = (\overline{x} - \overline{y})/s_{\overline{x}-\overline{y}}$, also:

$$t_0 = \frac{\overline{x} - \overline{y}}{\sqrt{s_x^2/n_x + s_y^2/n_y}} \tag{6.21}$$

Diese Testgröße ist approximativ t-verteilt. Die Anzahl der Freiheitsgrade wird geschätzt durch:

$$\mathrm{FG} = \frac{\left(s_x^2/n_x + s_y^2/n_y\right)^2}{s_x^4/(n_x^2 \cdot (n_x - 1)) + s_y^4/(n_y^2 \cdot (n_y - 1))} \tag{6.22}$$

Falls $n_x = n_y = n$ gilt:

$$\mathrm{FG} = (n-1) \cdot \frac{\left(s_x^2 + s_y^2\right)^2}{s_x^4 + s_y^4} \tag{6.23}$$

Voraussetzung:	Normalvert., Unabhängigkeit, $\sigma_x \neq \sigma_y$ unbekannt
Testgröße:	$t_0 = \dfrac{\overline{x} - \overline{y}}{\sqrt{s_x^2/n_x + s_y^2/n_y}}$
Freiheitsgrade:	$\text{FG} = \dfrac{\left(s_x^2/n_x + s_y^2/n_y\right)^2}{s_x^4/(n_x^2 \cdot (n_x - 1)) + s_y^4/(n_y^2 \cdot (n_y - 1))}$ $\text{FG} = (n-1) \cdot \dfrac{\left(s_x^2 + s_y^2\right)^2}{s_x^4 + s_y^4}$ für $n_x = n_y = n$
H_0:	$\mu_x = \mu_y$
H_1:	Ablehnung von H_0, wenn:
$\mu_x < \mu_y$	$t_0 < -t_{\text{FG};1-\alpha}$
$\mu_x > \mu_y$	$t_0 > t_{\text{FG};1-\alpha}$ (Tab. A.4)
$\mu_x \neq \mu_y$	$\lvert t_0 \rvert > t_{\text{FG};1-\alpha/2}$

Tabelle 6.6: t-Test zum Mittelwertvergleich unabhängiger Stichproben bei unbekannten und verschiedenen $\sigma_x \neq \sigma_y$

Der Test, der auch unter dem Namen **Welch-Test** bekannt ist, verläuft wie beim Vergleich zweier Mittelwerte bei gleichen Streuungen, allerdings mit FG Freiheitsgraden. FG ist in der Regel keine ganze Zahl und sollte auf die nächst niedrigere ganze Zahl abgerundet werden, um auf der sicheren Seite zu bleiben.

Das Testschema in Kurzform zeigt Tab. 6.6.

Der Test zweier Erwartungswerte bei gleichen Streuungen reagiert zwar besser auf Mittelwertunterschiede als der Test bei ungleichen Streuungen, allerdings kann eine ungerechtfertigte Annahme gleicher Varianzen zu schwerwiegenden Fehlentscheidungen führen. Wenn man sich also nicht sicher ist, ob die Annahme gleicher Streuungen in den beiden Grundgesamtheiten gerechtfertigt ist, sollte der t-Test für verschiedene Streuungen bevorzugt werden.

6.3.4 z-Test zum Mittelwertvergleich unabhängiger Stichproben bei bekanntem σ_x und σ_y

Will man zwei Erwartungswerte aus zwei normalverteilten Grundgesamtheiten X und Y, deren Standardabweichungen σ_x und σ_y bekannt sind, vergleichen, so kann ein Test auf die Differenz $\mu_x - \mu_y$ durchgeführt werden, z.B. $H_0 : \mu_x = \mu_y$ gegen $H_1 : \mu_x \neq \mu_y$. Aufgrund des Additionssatzes der Normalverteilung ist die Differenz $\overline{X} - \overline{Y}$ wieder normalverteilt mit dem Erwartungswert $\mu_x - \mu_y$ und der Streuung $\dfrac{\sigma_x^2}{n_x} + \dfrac{\sigma_y^2}{n_y}$. Deshalb ist für unabhängige Stichproben die Testgröße

$$z_0 = \frac{\overline{x} - \overline{y}}{\sqrt{\sigma_x^2/n_x + \sigma_y^2/n_y}} \tag{6.24}$$

ebenfalls normalverteilt und man kann die Fraktilen u und die Grenzen λ der Standardnormalverteilung als Schwellenwerte heranziehen. Das Testschema zeigt Tab. 6.7.

Voraussetzung:	Normalverteilung, Unabhängigkeit, $\sigma_x = \sigma_y$ bekannt
Testgröße:	$z_0 = \frac{\overline{x} - \overline{y}}{\sqrt{\sigma_x^2/n_x + \sigma_y^2/n_y}}$
H_0:	$\mu_x = \mu_y$
H_1:	Ablehnung von H_0, wenn:
$\mu_x < \mu_y$	$z_0 < -u_{1-\alpha}$
$\mu_x > \mu_y$	$z_0 > u_{1-\alpha}$ (Tab. A.2)
$\mu_x \neq \mu_y$	$\lvert z_0 \rvert > u_{1-\alpha/2} = \lambda_{1-\alpha}$

Tabelle 6.7: z-Test für den Vergleich zweier Erwartungswerte bei bekannten σ_x und σ_y für unabhängige Stichproben

6.3.5 z-Test zum Mittelwertvergleich verbundener Stichproben bei bekanntem σ_d

Auch der Fall, daß die Stichproben verbunden sind, ist auf den Fall übertragbar, daß die Varianz σ_d^2 der Differenz bekannt ist.

Daraus resultiert folgende Testgröße:

$$z_0 = \frac{\overline{d}}{\sigma_d/\sqrt{n}} = \sqrt{n} \cdot \frac{\overline{d}}{\sigma_d} \tag{6.25}$$

mit $\overline{d} = \frac{1}{n}\sum_{i=1}^{n}(x_i - y_i)$.

Das Testschema zeigt Tab. 6.8.

Voraussetzung:	Normalverteilung, Abhängigkeit, $\sigma = \sigma_x = \sigma_y$ bekannt
Testgröße:	$z_0 = \dfrac{\overline{d}}{\sigma_d/\sqrt{n}} = \sqrt{n} \cdot \dfrac{\overline{d}}{\sigma_d}$
H_0:	$\mu_x = \mu_y$ bzw. $\mu_x - \mu_y = \mu_d = 0$
H_1:	Ablehnung von H_0, wenn:
$\mu_x < \mu_y$ bzw. $\mu_d < 0$	$z_0 < -u_{1-\alpha}$
$\mu_x > \mu_y$ bzw. $\mu_d > 0$	$z_0 > u_{1-\alpha}$ (Tab. A.2)
$\mu_x \neq \mu_y$ bzw. $\mu_d \neq 0$	$\lvert z_0\rvert > u_{1-\alpha/2} = \lambda_{1-\alpha}$

Tabelle 6.8: z-Test zum Mittelwertvergleich verbundener Stichproben bei bekanntem σ_x und σ_y

Beispiele:

1. *In einem Versuch wurden zwei Gruppen von jeweils 8 Schweinen gleicher Rasse mit Futter von verschiedenem Proteingehalt gemästet. Es interessiert, ob ein hoher Proteingehalt auf einem Signifikanzniveau von 0.01 höhere mittlere tägliche Gewichtszunahmen der Tiere verursacht.*

Futter	mittlere tägliche Gewichtszunahme [g]							
hoher Proteingehalt H_i	715	683	664	659	660	762	720	715
niedriger Proteingehalt N_i	684	655	657	531	638	601	611	651

Die Mittelwerte sind $\overline{H} = 697.3$ g *und* $\overline{N} = 628.5$ g. *Die unbekannte Standardabweichung* σ *wird in beiden Gruppen als gleich angenommen. Die empirischen Standardabweichungen sind* $s_H = 36.8$ g *und* $s_N = 47.4$ g. *Es liegen unabhängige Stichproben vor. Die Testgröße* t_0 *berechnet sich dann nach Gleichung (6.16):*

$$\begin{aligned} t_0 &= \sqrt{\frac{n_H \cdot n_N \cdot (n_H + n_N - 2)}{n_H + n_N}} \cdot \frac{\overline{H} - \overline{N}}{\sqrt{(n_H - 1) \cdot s_H^2 + (n_N - 1) \cdot s_N^2}} = \\ &= \sqrt{\frac{8 \cdot 8 \cdot (8 + 8 - 2)}{8 + 8}} \cdot \frac{697.3 - 628.5}{\sqrt{(8-1) \cdot 36.8^2 + (8-1) \cdot 47.4^2}} = \\ &= \sqrt{56} \cdot \frac{68.8}{\sqrt{25207}} \approx 3.24 \end{aligned}$$

Da der Umfang der beiden Stichproben gleich ist, kann die Berechnung einfacher nach Gleichung (6.17) erfolgen:

$$t_0 = \sqrt{n} \cdot \frac{\overline{H} - \overline{N}}{\sqrt{s_H^2 + s_N^2}} = \sqrt{8} \cdot \frac{697.3 - 628.5}{\sqrt{36.8^2 + 47.4^2}} = 3.24$$

Da interessiert, ob das Futter mit dem hohen Proteingehalt höhere Gewichtszunahme liefert, wird die einseitige Alternativhypothese gewählt:

$H_0 : \mu_H = \mu_N$ gegen $H_1 : \mu_H > \mu_N$

Die t-Fraktile bei 99% mit $n_H + n_N - 2 = 14$ Freiheitsgraden wird in der Anhangstabelle A.4 nachgeschlagen. Es folgt:

$t_0 = 3.24 > 2.624 = t_{14;0.99}$

H_0 wird demnach auf dem Signifikanzniveau $\alpha = 1\%$ abgelehnt. Die Alternativhypothese H_1, daß das Futtermittel mit dem höheren Proteingehalt höhere Gewichtszunahmen bewirkt, wird angenommen.

MINITAB *stellt den Befehl* `twosample` *zum Mittelwertvergleich zur Verfügung. Ohne Angabe eines K%-Konfidenzniveaus wird ein 95-Vertrauensintervall für die Mittelwertsdifferenz bestimmt. Einseitige Tests können mit den Optionen* `alternative -1` *bzw.* `alternative 1` *ausgewählt werden. Ohne Angabe dieses Subkommandos wird zweiseitig getestet. Zum Test für gleiche Varianzen dient das Subkommando* `pooled`. *Ohne Angabe wird von verschiedenen Varianzen ausgegangen und der Welch-Test durchgeführt.*

In der folgenden MINITAB*-Session erfolgt nach der Dateneingabe der einseitige t-Test für ein Konfidenzniveau von 99%, also $\alpha = 1\%$, mit der Alternative $H_1 : \mu_H > \mu_N$ und gepoolten Standardabweichungen.*

```
MTB > name c1 'H' c2 'N'
MTB > set 'H'
DATA> 715 683 664 659 660 762 720 715
DATA> end
MTB > set 'N'
DATA> 684 655 657 531 638 601 611 651
DATA> end
MTB > twosample 99 'H' 'N';
SUBC> alternative 1;
SUBC> pooled.

TWOSAMPLE T FOR H VS N
   N      MEAN      STDEV   SE MEAN
H  8     697.3       36.8        13
N  8     628.5       47.4        17

99 PCT CI FOR MU H - MU N: (6, 132)

TTEST MU H = MU N (VS GT): T= 3.24  P=0.0030  DF=  14

POOLED STDEV =         42.5
```

MINITAB *gibt nach den statistischen Maßzahlen (Mittelwert, Standardabweichung und Standardfehler des Mittels) das 99%-Vertrauensintervall für die Mittelwertsdifferenz aus. Dieses reicht von 6 bis 132. Da die Null nicht in diesem Intervall enthalten ist, ist die Nullhypothese der Mittelwertsgleichheit auf 1% Signifikanzniveau abzulehnen. Der eigentliche t-Test* `MU H = MU N` *($\mu_H = \mu_N$)* `(VS GT)` *(engl. versus greater than) ($\mu_H > \mu_N$) liefert die Testgröße* `T= 3.24`, *den p-Wert* `P=0.0030` *und* *die Freiheitsgrade* `DF= 14` *(engl. degrees of freedom). Der p-Wert ist die Wahrscheinlichkeit, bei Gültigkeit von* H_0 *ein mindestens so extremes Ergebnis wie* $T = 3.24$ *zu erhalten, d.h. bei dieser Alternative* $H_1 : \mu_H > \mu_N$ *die Wahrscheinlichkeit, daß die Testgröße größer oder gleich* $T = 3.24$ *ausfällt, wenn* $H_0 : \mu_H = \mu_N$ *gilt. Also errechnet sich der p-Wert zu* $1 - F(3.24)$*, wobei* F *die Verteilungsfunktion der t-Verteilung mit 14 Freiheitsgraden ist. Man erhält in Anhangstab. A.4 etwa* $F(3.24) = 0.997$*, so daß sich der p-Wert zu 0.003 ergibt. Da* $p = 0.003 < 0.01 = \alpha$*, wird* H_0 *zugunsten von* H_1 *abgelehnt. Man hätte* H_0 *auf jedem Signifikanzniveau bis hinab zu 0.3% ablehnen können. Da* MINITAB *immer den p-Wert ausgibt, ist es eigentlich egal, welches Konfidenzniveau man beim* `twosample`*-Kommando angibt. Dies dient lediglich zur Angabe des Vertrauensintervalls der Mittelwertsdifferenz. Die letzte Zeile im Output gibt noch an, mit welcher gepoolten Standardabweichung der Test durchgeführt wurde. Man sieht, daß beide Standardabweichungen in der gleichen Größenordnung liegen, so daß die Voraussetzung gleicher Varianzen vernünftig erscheint.*

2. *Austernpilze und Braunkappen sind Holzpilze, die auf Stroh kultiviert werden können. Es liegen zwei Stichproben über den Frischmasseertrag pro Strohballen von beiden Pilzarten vor.*

	Frischmasse [kg/Strohballen]											
Austernpilze	4.0	7.6	6.5	5.9	8.6	7.3	5.2	4.8	6.1	6.1		
Braunkappen	4.7	5.7	5.7	5.0	4.7	4.6	5.5	5.2	5.5	5.5	5.4	5.2
Stichprobe	1	2	3	4	5	6	7	8	9	10	11	12

Es soll getestet werden, ob die mittleren Erträge der beiden Pilze unterschiedlich sind. Die Annahme der homogenen Varianzen ist hier gefährlich, da zwei verschiedene Arten verglichen werden. Es wird deshalb der zweiseitige t-Test für verschiedene Streuungen (Welch-Test) mit MINITAB *durchgeführt. Dazu wird das Kommando* `twosample` *ohne Angabe einer Option verwendet.*

```
MTB > name c1 'Auster' c2 'Braun'
MTB > set 'Auster'
DATA> 4 7.6 6.5 5.9 8.6 7.3 5.2 4.8 6.1 6.1
DATA> end
MTB > set 'Braun'
DATA> 4.7 5.7 5.7 5 4.7 4.6 5.5 5.2 5.5 5.5 5.4 5.2
DATA> end
MTB > twosample c1 c2

TWOSAMPLE T FOR Auster VS Braun
         N      MEAN     STDEV   SE MEAN
Auster  10      6.21      1.37      0.43
Braun   12     5.225     0.393      0.11

95 PCT CI FOR MU Auster - MU Braun: (-0.01, 1.98)
TTEST MU Auster = MU Braun (VS NE): T= 2.20  P=0.053  DF=  10
```

Der p-Wert ist 5.3%. Ein Ertragsunterschied kann demnach auf dem 5%-Signifikanzniveau nicht abgesichert werden. Daß die Ablehnung nur knapp verfehlt wurde, zeigt auch das 95%-Vertrauensintervall für die Mittelwertsdifferenz, in dem die Null gerade noch enthalten ist. Der Output zeigt auch, daß die empirische Standardabweichung der Austernpilze ca. dreimal so groß ist wie die der Braunkappen.

Führt man den t-Test mit gepoolter Varianz durch, so resultiert folgendes Testergebnis:

```
MTB > twosample c1 c2;
SUBC> pooled.

TWOSAMPLE T FOR Auster VS Braun
          N      MEAN     STDEV   SE MEAN
Auster   10      6.21      1.37      0.43
Braun    12     5.225     0.393      0.11

95 PCT CI FOR MU Auster - MU Braun: (0.12, 1.85)
TTEST MU Auster = MU Braun (VS NE): T= 2.38  P=0.027  DF=  20
POOLED STDEV =       0.965
```

Der p-Wert beträgt nun 2.7%, d.h. die Erträge wären signifikant verschieden. Man sollte jedoch den Welch-Test bevorzugen, da er bei heterogenen Varianzen das Signifikanzniveau genauer hält.

3. *Gosset hat 1908 den gepaarten oder verbundenen t-Test eingeführt, indem er die Wirkung zweier Schlafmittel miteinander verglich. Es wurde die schlafverlängernde Wirkung (in Stunden) zweier Schlafmittel A und B an jeweils 10 gleichen Personen in zwei aufeinanderfolgenden Nächten festgestellt*[2].

Person i	A_i	B_i	$d_i = A_i - B_i$	$d_i^2 = (A_i - B_i)^2$
1	1.9	0.7	1.2	1.44
2	0.8	−1.6	2.4	5.76
3	1.1	−0.2	1.3	1.69
4	0.1	−1.2	1.3	1.69
5	−0.1	−0.1	0.0	0.00
6	4.4	3.4	1.0	1.00
7	5.5	3.7	1.8	3.24
8	1.6	0.8	0.8	0.64
9	4.6	0.0	4.6	21.16
10	3.4	2.0	1.4	1.96
$\sum$	23.3	7.5	15.8	38.58
	$\overline{A} = 2.33$	$\overline{B} = 0.75$	$\overline{d} = 1.58$	

Die Nullhypothese lautet: Die Erwartungswerte der Schlafverlängerung von Mittel A und Mittel B sind gleich, oder wie Gosset formulierte: Der Erwartungswert der Differenz der Erwartungswerte ist Null:

[2] CUSHNY U. PEEPLES 1905, Journal of Physiology.

$H_0 : \mu_A = \mu_B$ bzw. $\mu_d = 0$ $\qquad H_1 : \mu_A \neq \mu_B$ bzw. $\mu_d \neq 0$

Es ist $\overline{d} = 1.58$. *Die Anzahl der Freiheitsgrade ist* FG $= 10 - 1 = 9$.

Die Standardabweichung der Differenzen ist:

$$s_d^2 = \frac{1}{9} \cdot \left(38.58 - \frac{1}{10} \cdot 15.8^2\right) = 1.513 \;\Rightarrow\; s_d \approx 1.23$$

Die Testgröße berechnet sich dann zu:

$$t_0 = \frac{\overline{d}}{s_d/\sqrt{n}} = \frac{1.58 \cdot \sqrt{10}}{1.23} = 4.06$$

Wenn $\alpha = 0.01 = 1\%$ *gefordert wird, dann erhält man* $t_{9;0.995} = 3.25$ *aus Tab. A.4 im Anhang.*

$|t_0| = 4.06 > 3.25 = t_{9;0.995}$

Die Nullhypothese über die Gleichheit der beiden Mittel wird auf dem 1%-Signifikanzniveau abgelehnt.

Es soll noch ausdrücklich darauf hingewiesen werden, daß ein Testergebnis kein Beweis für eine Theorie ist. Es kommt sehr stark auf die Formulierung der Hypothesen, die unterstellten Voraussetzungen und auf die Versuchsdurchführung an. Das zuerst verabreichte Medikament kann im vorliegenden Fall noch in der folgenden Nacht wirksam sein und so eine schlafverlängernde Wirkung des zweiten Medikaments vortäuschen. Dieser Effekt ist der sog. **carry-over**. *Es wird also eine Wirkung in eine folgende Versuchsperiode mit hinübergetragen. Es wäre eventuell sinnvoll, eine Pause zwischen der ersten und zweiten Verabreichung einzulegen, um einen sog.* **wash-out** *zu erreichen. Dies könnte allerdings wiederum zur Folge haben, daß die Versuchspersonen nach dieser Zeitspanne physisch und psychisch anders reagieren als unmittelbar nach der ersten Nacht.*

6.3.6 Unabhängige oder verbundene Stichproben?

Wenn man die Wahl hat, ein Experiment mit unabhängigen oder verbundenen Stichproben durchzuführen, empfiehlt sich eine Versuchsplanung mit verbundenen Stichproben. In diesem Fall bekommt man meist genauere Ergebnisse, weil durch die Differenzbildung aus den zusammengehörigen Stichprobenwerten eine kleinere Varianz resultiert ($s_d^2 < s_x^2 + s_y^2$). Die Testgröße wird dadurch größer und überschreitet deshalb eher einen Schwellenwert, so daß Unterschiede besser aufgedeckt werden können. Es gehen allerdings Freiheitsgrade verloren: Bei zwei unabhängigen gleich großen Stichproben sind es $2n - 2$, bei zwei verbundenen Stichproben dagegen nur $n - 1$ Freiheitsgrade. Dadurch wird der zum Vergleich herangezogene Schwellenwert aber nur unwesentlich größer, es sei denn, n ist sehr klein.

Beispiel:

Es soll geprüft werden, ob sich die Benzinqualität der Marken Eral und Asso unterscheiden. Für beide Marken wurde der Verbrauch in l/100 km *am gleichen von jeweils fünf Autos gemessen.*

Typ	Eral	Asso
Limousine	11.9	12.3
Kleinwagen	7.7	7.7
Kombi	8.2	8.5
Sportwagen	13.4	14.0
Mittelklassewagen	8.0	8.3

Die Stichproben sind in diesem Fall natürlich verbunden, da der Verbrauch eines Autotyps für beide Benzinmarken in der gleichen Größenordnung liegt.

Die Daten werden diesmal mit dem `read`*-Befehl spaltenweise in* MINITAB *eingelesen und anschließend zunächst der t-Test zum Mittelwertvergleich unabhängiger Stichproben mit gepoolter Standardabweichung durchgeführt.*

```
MTB > read c1 c2
DATA> 11.9 12.3
DATA>  7.7  7.7
DATA>  8.2  8.5
DATA> 13.4 14.0
DATA>  8.0  8.3
DATA> end
      5 ROWS READ
MTB > name c1 'Eral' c2 'Asso'
MTB > twosample 'Eral' 'Asso';
SUBC> pooled.

TWOSAMPLE T FOR Eral VS Asso
      N      MEAN      STDEV   SE MEAN
Eral  5      9.84       2.63       1.2
Asso  5     10.16       2.81       1.3

95 PCT CI FOR MU Eral - MU Asso: (-4.3, 3.6)

TTEST MU Eral = MU Asso (VS NE): T= -0.19  P=0.86  DF=  8

POOLED STDEV =       2.72
```

Der p-Wert beträgt 86%, d.h. die Wahrscheinlichkeit, wenn beide Marken gleichen Verbrauch verursachen (H_0)*, eine betragsmäßig mindestens so große Mittelwertsdifferenz wie die vorhandene* $|9.84 - 10.16| = 0.35$ *zu erhalten, ist 86%, also nahezu 100%. Es besteht demnach absolut kein Grund,* H_0 *nicht zu glauben.*

Der richtige Test für verbundene Stichproben erfolgt mit dem t-Test für den Mittelwert bei unbekanntem σ (Abschnitt 6.2.1), indem man die Differenzen der Verbrauchswerte gegen 0 testet, also: $H_0 : \mu_d = 0$ gegen $H_1 : \mu_d \neq 0$. Dazu werden zunächst die Differenzen mit dem `let`*-Befehl gebildet und anschließend der t-Test durchgeführt.*

```
MTB > name c3 'Diff.'
MTB > let c3=c1-c2
MTB > ttest 0 'Diff.'

TEST OF MU = 0.0000 VS MU N.E. 0.0000

              N      MEAN     STDEV   SE MEAN          T    P VALUE
Diff.         5   -0.3200    0.2168    0.0970      -3.30      0.030
```

Nun beträgt der p-Wert gerade noch ca. 3%. Ein Qualitätsunterschied kann also auf dem 5%-Niveau statistisch gesichert werden.

Der krasse Unterschied in den Testergebnissen des Beispiels ist durch die Variabilität im Verbrauch der einzelnen Autotypen bedingt. Beim Test für unabhängige Stichproben wird diese Typenvariabilität der jeweiligen Stichprobe angelastet, während sie im anderen Fall dem jeweils zusammengehörigen Wertepaar zugerechnet und deshalb durch die Differenzbildung eliminiert wird. Es ist auch offensichtlich, daß der Verbrauch mit der Marke Asso in allen Fällen höher oder gleich war.

6.3.7 Einseitige oder zweiseitige Alternativhypothesen?

Bei einem Mittelwertvergleich will man z.B. einen Unterschied zwischen zwei Methoden oder Sorten feststellen. Über die Richtung eines möglichen Unterschieds in der Wirkung oder im Ertrag liegen in der Regel jedoch vor der Stichprobenerhebung keine Informationen vor. In diesem häufigsten Fall lautet die Alternativhypothese: Die beiden Stichprobenmittel entstammen unterschiedlichen Grundgesamtheiten, sie sind also lediglich verschieden ($H_1 : \mu_1 \neq \mu_2$). Ist jedoch aus sachlichen Gründen die Richtung des zu erwartenden Unterschieds bekannt oder sind Abweichungen in einer Richtung uninteressant, dann ist die einseitige Alternativhypothese ($H_1 : \mu_1 < \mu_2$ bzw. $H_1 : \mu_1 > \mu_2$) vorzuziehen. Eine Ablehnung der Nullhypothese und damit eine Annahme der Alternativhypothese ist bei der einseitigen Fragestellung eher möglich als bei der zweiseitigen, da die zweiseitige die Hälfte der Irrtumswahrscheinlichkeit für die andere Richtung des Ablehnungsbereichs verschwendet.

Beispiel:

Auf dem Münchner Oktoberfest prüft ein Stadtbeamter die Füllmenge der Maßkrüge in einem Bierzelt. Der Wiesenwirt erhält eine Verwarnung, wenn der mittlere Inhalt auf dem 5% Signifikanzniveau kleiner als 0.90 l *ist. Der Kontrolleur kauft* 10 *Maß Bier, mißt den Inhalt und wertet die Daten in* MINITAB *mit dem t-Test für den Mittelwert bei unbekanntem σ (Abschnitt 6.2.1) aus.*

```
MTB > set c1
DATA> 0.88 0.85 0.91 0.90 0.82 0.86 0.89 0.90 0.89 0.90
DATA> end
MTB > ttest 0.9 c1

TEST OF MU = 0.90000 VS MU N.E. 0.90000

              N      MEAN     STDEV   SE MEAN         T    P VALUE
C1           10   0.88000   0.02828   0.00894     -2.24      0.052
```

Aufgrund des zweiseitigen t-Tests kann die Alternativhypothese, daß die mittlere Biermenge verschieden von 0.9 l ist, auf dem 5%-Niveau nicht angenommen werden.

Interessant ist allerdings ausschließlich eine Abweichung nach unten. Es ist also sinnvoller, folgende Hypothesen aufzustellen:

$H_0 : \mu = 0.9$ l gegen $H_1 : \mu < 0.9$ l

In MINITAB erfolgt dieser Test mit dem Subkommando `alternative -1.`

```
MTB > ttest 0.9 c1;
SUBC> alternative -1.

TEST OF MU = 0.90000 VS MU L.T. 0.90000

              N      MEAN     STDEV   SE MEAN         T    P VALUE
C1           10   0.88000   0.02828   0.00894     -2.24      0.026
```

Der p-Wert beträgt jetzt 2.6%, also die Hälfte von vorher. Die Nullhypothese ist in diesem Fall auf dem 5%-Niveau abzulehnen. Der Wirt erhält eine Verwarnung.

6.3.8 Bekanntes oder unbekanntes σ?

Ist die Größenordnung der Streuung einer Grundgesamtheit (z.B. aus früheren Messungen) bekannt, so wird man diese beim Mittelwertvergleich als bekannt voraussetzen. Die Ablehnung einer falschen Nullhypothese ist in diesem Fall eher möglich, weil dann als Testschwelle eine Fraktile der Normalverteilung dient. Diese Fraktile ist immer kleiner als die entsprechende Fraktile der t-Verteilung. Besonders bei kleinen Stichprobenumfängen oder wenn extrem hohe bzw. niedrige Werte auftreten ist es möglich, daß die geschätzte Varianz stark von der tatsächlichen Varianz abweicht.

Generell ist der z-Test sicherlich sehr selten anzuwenden, da man die Streuung σ^2 in der Regel nicht oder nicht genügend genau kennt, wenn schon der Mittelwert μ unbekannt ist.

Beispiel:

Es soll der Natriumgehalt (in mg/l*) von zwei Mineralwässern aufgrund folgender Stichprobe verglichen werden:*

Mineralwasser 1	8.17	5.53	7.12	8.01	$\overline{x}_1 = 7.21$	$s_1 = 1.21$
Mineralwasser 2	9.32	8.24	8.99	9.10	$\overline{x}_2 = 8.91$	$s_2 = 0.47$

Die Nullhypothese, die mittleren Natriumgehalte sind gleich, wird gegen die Alternativhypothese, die mittleren Natriumgehalte sind verschieden, bei einem Signifikanzniveau von $\alpha = 1\%$ getestet:

$H_0 : \mu_1 = \mu_2 \quad H_1 : \mu_1 \neq \mu_2 \quad \alpha = 0.01$

Der t-Test für den Mittelwertvergleich bei unterschiedlichen Streuungen (Welch-Test) hat als Testgröße

$$t_0 = \frac{\overline{x}_1 - \overline{x}_2}{\sqrt{s_1^2/n_1 + s_2^2/n_2}} = \frac{7.21 - 8.91}{\sqrt{1.21^2/4 + 0.47^2/4}} = -2.62$$

mit

$$\begin{aligned} \mathrm{FG} &= \frac{(s_1^2/n + s_2^2/n)^2}{s_1^4/(n^2 \cdot (n-1)) + s_2^4/(n^2 \cdot (n-1))} = \\ &= \frac{(1.21^2/4 + 0.47^2/4)^2}{1.21^4/(16 \cdot 3) + 0.47^4/(16 \cdot 3)} = 3.89. \end{aligned}$$

Die Freiheitsgrade werden auf 3 abgerundet, um auf der sicheren Seite zu bleiben, denn die Fraktile für 3 Freiheitsgrade ist größer als die für 4 Freiheitsgrade.

Es ist (vgl. Tab. A.4 im Anhang):

$|t_0| = 2.62 \not> 5.84 = t_{0.995}^{(3)}$

Also kann H_0 nicht abgelehnt werden.

Allerdings ist der Wert 5.53 der ersten Stichprobe relativ klein im Vergleich zu den anderen. Außerdem weiß man aufgrund zahlreicher früherer Untersuchungen, daß der Natriumgehalt von Mineralwässern eine Standardabweichung in der Größenordnung von $\sigma \approx 0.5$ hat. Es kann in diesem Fall der z-Test zum Mittelwertvergleich bei bekannten Streuungen herangezogen werden. Die Testgröße lautet:

$$z_0 = \frac{\overline{x}_1 - \overline{x}_2}{\sqrt{\sigma^2/n_1 + \sigma^2/n_2}} = \frac{7.21 - 8.91}{\sqrt{0.5^2/4 + 0.5^2/4}} = -4.81$$

Damit folgt (vgl. Tab. A.2 im Anhang):

$|z_0| = 4.81 > 2.58 = \lambda_{0.99}$

Ein Unterschied im mittleren Natriumgehalt kann also auf dem 1%-Niveau statistisch abgesichert werden.

6.4 Test der Varianz

Im folgenden Abschnitt werden Stichproben aus normalverteilten Grundgesamtheiten betrachtet. Die Erwartungswerte und Varianzen bzw. Standardabweichungen seien unbekannt.

6.4.1 χ^2-Test für die Varianz

Gegeben sei eine (μ, σ^2)-normalverteilte Grundgesamtheit. Anhand einer Stichprobe vom Umfang n und der daraus ermittelten empirischen Varianz s^2 soll getestet werden, ob die Annahme, daß die Varianz der Grundgesamtheit einen bestimmten Wert σ_0 hat, aufrechterhalten werden kann oder abzulehnen ist. Die Nullhypothese lautet also:

$$H_0 : \sigma^2 = \sigma_0^2 \quad \text{bzw.} \quad H_0 : \sigma = \sigma_0 \tag{6.26}$$

Die Nullhypothese ist zugunsten der zweiseitigen Alternative $H_1 : \sigma^2 \neq \sigma_0^2$ auf einem Signifikanzniveau von α abzulehnen, wenn der Wert σ_0^2 außerhalb des Vertrauensbereichs

$$\text{V.I.}\left\{\frac{(n-1)s^2}{\chi^2_{n-1;1-\alpha/2}} \leq \sigma^2 \leq \frac{(n-1)s^2}{\chi^2_{n-1;\alpha/2}}\right\}_{1-\alpha} \tag{6.27}$$

liegt. Die Fraktilen der χ^2-Verteilung sind in Tab. A.3 im Anhang tabelliert.

Bei den einseitigen Alternativhypothesen $H_1 : \sigma^2 < \sigma_0^2$ bzw. $H_1 : \sigma^2 > \sigma_0^2$ ist H_0 abzulehnen, wenn der Wert σ_0^2 außerhalb des Vertrauensintervalls

$$\begin{aligned} &\text{V.I.}\left\{0 \leq \sigma^2 \leq \frac{(n-1)s^2}{\chi^2_{n-1;\alpha}}\right\}_{1-\alpha} \quad \text{bzw.} \\ &\text{V.I.}\left\{\frac{(n-1)s^2}{\chi^2_{n-1;1-\alpha}} \leq \sigma^2 < \infty\right\}_{1-\alpha} \end{aligned} \tag{6.28}$$

liegt. Die Testgröße χ_0^2 beim entsprechenden Test lautet also:

$$\chi_0^2 = \frac{(n-1)s^2}{\sigma_0^2} \tag{6.29}$$

Der Test der Nullhypothese H_0 erfolgt beim vorgewählten Signifikanzniveau α je nach Alternativhypothese H_1 nach dem Schema in Tab. 6.9.

Voraussetzung:	Normalverteilung
Testgröße:	$\chi_0^2 = \dfrac{(n-1)s^2}{\sigma_0^2}$
H_0:	$\sigma^2 = \sigma_0^2$
H_1:	Ablehnung von H_0, wenn
$\sigma^2 < \sigma_0^2$	$\chi_0^2 < \chi_{n-1;\alpha}^2$
$\sigma^2 > \sigma_0^2$	$\chi_0^2 > \chi_{n-1;1-\alpha}^2$ (Tab. A.3)
$\sigma^2 \neq \sigma_0^2$	$\chi_0^2 \begin{cases} > & \chi_{n-1;1-\alpha/2}^2 \\ \text{oder} & \\ < & \chi_{n-1;\alpha/2}^2 \end{cases}$

Tabelle 6.9: Test der Hypothese $\sigma^2 = \sigma_0^2$

Beispiel:

Beim Vergleich des Natriumgehalts von zwei Mineralwässern auf Seite 241 wurde angenommen, daß der Gehalt eine Standardabweichung von $\sigma = 0.5$ µg/l hat. Es soll nun getestet werden, ob diese Annahme aufrecht erhalten werden kann. Es erfolgt der Test:

$H_0 : \sigma = 0.5 \qquad H_1 : \sigma \neq 0.5 \qquad \alpha = 1\%$

Die Testgrößen für die beiden Mineralwässer lauten:

$$\chi_{0,1}^2 = \frac{(n_1-1)s_1^2}{\sigma_0^2} = \frac{3 \cdot 1.21^2}{0.5^2} = 17.57 \quad \textit{und}$$

$$\chi_{0,2}^2 = \frac{(n_2-1)s_2^2}{\sigma_0^2} = \frac{3 \cdot 0.47^2}{0.5^2} = 2.65$$

Die $(1-0.01)/2 = 0.995$- und die $0.01/2 = 0.005$-Fraktilen müssen in der Anhangstabelle A.3 bei 3 Freiheitsgraden nachgeschlagen werden:

$\chi_{3;0.995}^2 = 12.84 \quad \textit{und} \quad \chi_{3;0.005}^2 = 0.07$

Es ist $\chi_{0,1}^2 = 17.57 > 12.84 = \chi_{3;0.995}^2$. Für Mineralwasser 1 muß die Hypothese, daß die Standardabweichung 0.5 µg/l beträgt, auf dem Signifikanzniveau von $\alpha = 0.01$ verworfen werden, für Mineralwasser 2 dagegen nicht, da $\chi_{0,2}^2$ zwischen diesen beiden Fraktilen liegt.

6.4.2 *F*-Test zum Vergleich zweier Varianzen

Voraussetzung für den Vergleich zweier Erwartungswerte durch den t-Test mit gepoolter Varianz ist die Gleichheit oder **Homogenität der Varianzen**. Aus diesem Grund ist es häufig notwendig, zu prüfen, ob diese Voraussetzung verletzt wird.

Seien $x_1, x_2, \ldots, x_m$ und $y_1, y_2, \ldots, y_n$ zwei voneinander unabhängige Stichproben aus einer (μ_x, σ_x^2)- bzw. (μ_y, σ_y^2)-normalverteilten Grundgesamtheit, so ist die Größe $\dfrac{S_x^2/\sigma_x^2}{S_y^2/\sigma_y^2}$ eine F-verteilte Zufallsvariable mit $m-1$ Zähler- und $n-1$ Nennerfreiheitsgraden. $F_{m-1,n-1;K\%}$ bzw. $F_{m-1,n-1;L\%}$ seien die F-Fraktilen mit den Prozentwerten K und L sowie den Zählerfreiheitsgraden $m-1$ und den Nennerfreiheitsgraden $n-1$. Dann gilt folgende Wahrscheinlichkeitsaussage:

$$P\left(F_{m-1,n-1;L\%} \leq \frac{S_x^2/\sigma_x^2}{S_y^2/\sigma_y^2} \leq F_{m-1,n-1;K\%}\right) = (K-L)\% \tag{6.30}$$

Das Verhältnis σ_x/σ_y ist unbekannt, während s_x und s_y aufgrund der Stichprobe berechnet werden können. Die Wahrscheinlichkeitsaussage (6.30) wird daher in mehreren Schritten, die hier nicht aufgeführt werden, so umformuliert, daß ein Vertrauensbereich für σ_x^2/σ_y^2 resultiert:

$$P\left(F_{n-1,m-1;(100-K)\%} \cdot \frac{S_x^2}{S_y^2} \leq \frac{\sigma_x^2}{\sigma_y^2} \leq F_{n-1,m-1;(100-L)\%} \cdot \frac{S_x^2}{S_y^2}\right) = (K-L)\% \tag{6.31}$$

Mit symmetrischen Grenzen, also mit $K = 100 \cdot (1-\alpha/2)$ und $L = 100 \cdot \alpha/2$, folgt:

$$P\left(F_{n-1,m-1;\alpha/2} \cdot \frac{S_x^2}{S_y^2} \leq \frac{\sigma_x^2}{\sigma_y^2} \leq F_{n-1,m-1;1-\alpha/2} \cdot \frac{S_x^2}{S_y^2}\right) = \alpha \tag{6.32}$$

Daraus ergibt sich der entsprechende Vertrauensbereich:

$$\text{V.I.}\left\{F_{n-1,m-1;\alpha/2} \cdot \frac{s_x^2}{s_y^2} \leq \frac{\sigma_x^2}{\sigma_y^2} \leq F_{n-1,m-1;1-\alpha/2} \cdot \frac{s_x^2}{s_y^2}\right\}_{1-\alpha} \tag{6.33}$$

Die F-Fraktilen sind den Tabellen A.5 bis A.7 im Anhang zu entnehmen.

Die Prüfgröße für das entsprechende Testverfahren lautet also:

$$F_0 = \frac{s_x^2}{s_y^2} \tag{6.34}$$

Der Test der Nullhypothese, also der Varianzhomogenität, erfolgt beim vorgewählten Signifikanzniveau α je nach Alternativhypothese H_1 anhand von Tab. 6.10.

Zur Bildung von $F_{m,n;\alpha}$ bildet man den Kehrwert der $(1-\alpha)$-Fraktilen bei vertauschten Zähler- und Nennerfreiheitsgraden:

$$F_{m,n;\alpha} = \frac{1}{F_{n,m;1-\alpha}} \tag{6.35}$$

Der Vergleich von F_0 mit $F_{m,n;\alpha/2}$ braucht nicht durchgeführt zu werden, wenn man zur Berechnung von F_0 immer die größere durch die kleinere Varianz teilt, also die Stichprobe mit der größeren Varianz mit den x_i und die mit der kleineren Varianz mit den y_i bezeichnet. Die Formulierung der einseitigen Alternative muß sich dann auch diesen Benennungen anpassen.

Voraussetzung:	Normalverteilung
Testgröße:	$F_0 = \frac{s_x^2}{s_y^2}$
H_0:	$\sigma_x^2 = \sigma_y^2$
H_1:	Ablehnung von H_0, wenn
$\sigma_x^2 < \sigma_y^2$	$F_0 < F_{m-1,n-1;\alpha}$
$\sigma_x^2 > \sigma_y^2$	$F_0 > F_{m-1,n-1;1-\alpha}$ (Tab. A.5 – A.7)
$\sigma_x^2 \neq \sigma_y^2$	$F_0 \begin{cases} > & F_{m-1,n-1;1-\alpha/2} \\ \text{oder} & \\ < & F_{m-1,n-1;\alpha/2} \end{cases}$

Tabelle 6.10: F-Test zum Vergleich zweier Varianzen

Beispiel:

Im Beispiel mit den Pilzen auf Seite 235 wurde angenommen, daß die Streuungen der Frischmasseerträge von Austernpilzen und Braunkappen verschieden sind. Dies soll nun zum Signifikanzniveau $\alpha = 5\%$ getestet werden.

$H_0 : \sigma_A = \sigma_B \quad H_1 : \sigma_a \neq \sigma_B \quad \alpha = 0.05$

$$F_0 = \frac{s_A^2}{s_B^2} = \frac{1.37^2}{0.393^2} = 12.15$$

$F_0 = 12.15 > 3.78 = F_{9,10;0.975} > F_{9,11;0.975}$ *(Tab. A.6 im Anhang)*

Also ist die Hypothese der Varianzhomogenität bei $\alpha = 5\%$ abzulehnen.

6.4.3 Der berichtigte Pfanzagl-Test zum Vergleich zweier Varianzen

Der F-Test zum Vergleich zweier Varianzen ist nicht robust gegenüber Abweichungen von der Normalverteilung. Ein berichtigter Pfanzagl-Test[3] dagegen benötigt die Annahme der Normalverteilung nicht. Die Idee des Pfanzagl- und des Levene-z-Tests besteht darin, mittels der Transformation $d_{x_i} = |x_i - \overline{x}|$ und $d_{y_i} = |y_i - \overline{y}|$ den Test auf Gleichheit der Skalenparameter in einen Test auf Gleichheit der Lokationsparameter der so transformierten Grundgesamtheiten überzuführen. Denn streuen z.B. die x_i stärker als die y_i, dann liegt der Mittelwert der Abweichungsbeträge d_{x_i} höher als der Mittelwert der d_{y_i}, so daß ein Test auf Gleichheit der Mittelwerte entstanden ist. Die zu prüfende Nullhypothese H_0 besagt hier die Gleichheit der mittleren Abweichungen der Grundgesamtheiten vom jeweiligen Median. Sie ist dann mit der Hypothese

[3]Pfanzagl J. 1966: Allgemeine Methodenlehre der Statistik II, Göschen. Der Pfanzagl-Test ist ein Spezialfall des Levene-z-Test (Levene H. 1960: Robust Tests for Equality of Variances. Contributions of Probability and Statistics, Stanford University Press Stanford, S. 278–292). Dieser dient auch zum Vergleich von mehr als zwei Skalenparametern.

der Gleichheit zweier Varianzen $H_0 : \sigma_x^2 = \sigma_y^2$ äquivalent, wenn die standardisierten[4] Grundgesamtheiten dieselbe Verteilung haben.

Wenn man wie Pfanzagl zum Prüfen von H_0 den t-Test mit den Abweichungsbeträgen d_{x_i} und d_{y_i} vom jeweiligen Mittelwert durchführt, dann hält dieser Test das Signifikanzniveau α bei asymmetrischer Verteilung nicht einmal asymptotisch, d.h. daß sogar bei sehr großen Stichprobenumfängen die tatsächliche Irrtumswahrscheinlichkeit 1. Art das Niveau α weit überschreiten kann. Führt man anstattdessen den t-Test (oder auch den Welch-Test) mit den Abweichungsbeträgen von den Medianen $\tilde{x}_i$ bzw. $\tilde{y}_i$ durch,

$$d'_{x_i} = |x_i - \tilde{x}| \qquad \text{und} \qquad d'_{y_i} = |y_i - \tilde{y}| \tag{6.36}$$

dann hält er das Signifikanzniveau asymptotisch exakt, d.h. daß bei großen Stichprobenumfängen n_x und n_y die tatsächliche Irrtumswahrscheinlichkeit erster Art schon ziemlich genau α ist. Der Test ist deswegen nur approximativ, weil die transformierten Grundgesamtheiten nicht normalverteilt sind.

Beispiel:

Zum Vergleich der Varianzen von Austernpilzen und Braunkappen im Beispiel auf Seite 235 werden zunächst die Mediane (Kommando `median`*) in den Konstanten* `k1` *und* `k2` *gespeichert und anschließend die absoluten (Funktion* `abs`*) Abweichungen der Meßwerte vom Mittelwert berechnet.*

```
MTB > name k1 'Auster_m' k2 'Braun_m'
MTB > name c3 'd_Auster' c4 'd_Braun'
MTB > median 'Auster' 'Auster_m'
   Median of Auster = 6.1
MTB > median 'Braun' 'Braun_m'
   Median of Braun = 5.3
MTB > let 'd_Auster'=abs('Auster'-'Auster_m')
MTB > let 'd_Braun'=abs('Braun'-'Braun_m')
```

Das `twosample`*-Kommando führt dann den t-Test durch.*

```
MTB > twosample 'd_Auster' 'd_Braun'

Two sample T for d_Auster vs d_Braun
           N      Mean     StDev   SE Mean
d_Auster  10     1.010     0.872      0.28
d_Braun   12     0.325     0.214     0.062

95% CI for mu d_Auster - mu d_Braun: ( 0.05,  1.324)
T-Test mu d_Auster = mu d_Braun (vs not =): T= 2.42  P=0.038  DF=  9
```

Da der p-Wert 3.8% beträgt und damit kleiner als 5% ist, kann man H_0 auf dem 5%-Niveau verwerfen.

[4] Ein Wert x der Grundgesamtheit wird durch $(x - \mu)/\sigma$ standardisiert.

6.5 Vergleich zweier Bernoulli-Wahrscheinlichkeiten

Häufig wird die Frage gestellt, ob sich die Anteile bestimmter Objekte oder Merkmale in zwei verschiedenen Grundgesamtheiten unterscheiden. Man will z.B. wissen, ob die Behandlung einer Getreidesorte mit zwei Fungiziden verschiedene Befallshäufigkeiten zur Folge hat oder ob die Toxizität zweier Umweltschadstoffe unterschiedlich ist. Es existieren in solchen Fällen also empirische Häufigkeitswerte h_1 und h_2, die aufgrund einer Stichprobe ermittelt wurden. Diese sind Schätzwerte für die unbekannten Häufigkeiten p_1 und p_2, beispielsweise die Befallshäufigkeit mit einem Erreger oder der Anteil geschädigter Organismen nach Einwirkung eines Schadstoffs. Es soll dann die Nullhypothese, die Häufigkeiten sind gleich, gegen eine entsprechende Alternativhypothese getestet werden.

Bei nicht zu geringem Stichprobenumfang ist die relative Häufigkeit h etwa normalverteilt mit Erwartungswert p und Varianz pq/n, wobei $q = 1 - p$. Die Differenz $h_1 - h_2$ zweier Anteile ist dann ebenfalls approximativ normalverteilt mit dem Erwartungswert $p_1 - p_2$ und der Varianz $p_1q_1/n_1 + p_2q_2/n_2$, also der Standardabweichung $\sqrt{p_1q_1/n_1 + p_2q_2/n_2}$. Unter Annahme der Nullhypothese $H_0 : p_1 = p_2$ gilt auch $p_1q_1 = p_2q_2 = pq$. Es empfiehlt sich also ein gepoolter Schätzwert für p und q aus der Anzahl der beobachteten Daten a_1, a_2, $\overline{a}_1$ und $\overline{a}_2$ (vgl. folgendes Schema).

Ereignis	Stichprobe 1	Stichprobe 2	gesamt
A	a_1	a_2	$a_1 + a_2$
$\overline{A}$	$\overline{a}_1$	$\overline{a}_2$	$\overline{a}_1 + \overline{a}_2$
gesamt	$n_1 = a_1 + \overline{a}_1$	$n_2 = a_2 + \overline{a}_2$	$n = n_1 + n_2$

Es bietet sich daher an, p durch

$$h = \frac{a_1 + a_2}{n} \tag{6.37}$$

zu schätzen. Die empirischen Häufigkeiten sind

$$h_1 = \frac{a_1}{n_1} \quad \text{und} \quad h_2 = \frac{a_2}{n_2} \tag{6.38}$$

Eine Schätzung für die Standardabweichung der Differenz $\Delta h = h_1 - h_2$ ist:

$$s_{\Delta h} = \sqrt{h \cdot (1 - h) \cdot \left(\frac{1}{n_1} + \frac{1}{n_2}\right)} \tag{6.39}$$

Damit erhält man die Testgröße:

$$z_0 = \frac{h_1 - h_2}{s_{\Delta h}} = \frac{h_1 - h_2}{\sqrt{h \cdot (1 - h) \cdot \left(\frac{1}{n_1} + \frac{1}{n_2}\right)}} \tag{6.40}$$

Voraussetzung:	Bernoulli-Experiment, n_1, n_2 genügend groß
Testgröße:	$z_0 = \dfrac{h_1 - h_2}{\sqrt{h \cdot (1-h) \cdot (1/n_1 + 1/n_2)}}$ mit $h_1 = \dfrac{a_1}{n_1}$, $h_2 = \dfrac{a_2}{n_2}$, $h = \dfrac{a_1 + a_2}{n}$
H_0:	$p_1 = p_2$
H_1:	Ablehnung von H_0, wenn
$p_1 < p_2$	$z_0 < -u_{1-\alpha}$
$p_1 > p_2$	$z_0 > u_{1-\alpha}$ (Tab. A.2)
$p_1 \neq p_2$	$\lvert z_0 \rvert > \lambda_{1-\alpha} = u_{1-\alpha/2}$

Tabelle 6.11: z-Test für den Vergleich zweier Bernoulli-Wahrscheinlichkeiten

Unter Annahme der Nullhypothese ist die Testgröße ungefähr standardnormalverteilt. Der Test verläuft dann nach dem Schema in Tab. 6.11.

Es wird jedoch dringend empfohlen, den Vergleich zweier Bernoulli-Wahrscheinlichkeiten mit dem χ^2-Test mit Yates-Korrektur durchzuführen (vgl. Tab. 6.16 in Abschnitt 6.6.4), da er das Signifikanzniveau α wesentlich genauer einhält.

Beispiel:

Bei der Toxizitätsprüfung zweier chemischer Substanzen wurden Ratten im Labor kontaminiert. Die Anzahl der überlebenden und verendeten Ratten zeigt folgende Tabelle.

	Wirkstoff 1	Wirkstoff 2	gesamt
Überlebende	48	34	82
Tote	81	53	134
gesamt	129	87	216

Die beiden unbekannten Überlebenswahrscheinlichkeiten p_1 und p_2 werden durch die empirischen Häufigkeiten $h_1 = \frac{48}{129} = 0.37$ und $h_2 = \frac{34}{87} = 0.39$ geschätzt, der gepoolte Schätzwert für p ist $h = \frac{48+34}{216} = 0.38$. Als Testgröße berechnet man:

$$z_0 = \frac{0.37 - 0.39}{\sqrt{0.38 \cdot 0.62 \cdot \left(\frac{1}{129} + \frac{1}{87}\right)}} = -0.30$$

Es gilt: $|z_0| = 0.30 \not> 1.645 = \lambda_{0.90} = u_{0.95}$. Die unterschiedliche Toxizität der beiden Substanzen kann also auf dem 10%-Signifikanzniveau nicht statistisch gesichert werden.

6.6 Test der Verteilungsfunktion und Analyse von Kontingenztafeln

Die bisher vorgestellten Tests bezogen sich fast ausnahmslos auf Hypothesen über Parameter von bekannt vorausgesetzten Verteilungen. Die folgenden **Chi-Quadrat-Tests** testen die Hypothese H_0, daß die Grundgesamtheit eine bestimmte Verteilung besitzt bzw. die Unabhängigkeit von Merkmalen aufgrund einer gegebenen **Kontingenztafel** (vgl. Kap. 1.3).

6.6.1 χ^2-Test für Verteilungsfunktionen

Mit Hilfe einer Stichprobe soll die Hypothese getestet werden, ob eine Grundgesamtheit oder die sie charakterisierende Zufallsvariable X eine bestimmte Verteilungsfunktion F hat. Aus der Stichprobe kann man die empirische Summenhäufigkeitsfunktion $\widetilde{F}$ berechnen. F und $\widetilde{F}$ werden dann in ihrem ganzen Verlauf miteinander verglichen und die Abweichung bewertet.

Bei der Durchführung des Tests unterteilt man die x-Achse in r sich nicht überlappende Klassen oder Teilintervalle $T_1, T_2, \ldots, T_r$. B_i $(i = 1, 2, \ldots, r)$ sei die Anzahl der beobachteten Stichprobenwerte in T_i. Dann berechnet man aufgrund der hypothetischen Verteilungsfunktion F die Wahrscheinlichkeit p_i, daß die Zufallsvariable X einen Wert aus dem Intervall T_i annimmt. Wenn die Stichprobe den Umfang n hat, dann sind im Teilintervall T_i theoretisch $E_i = n \cdot p_i$ Stichprobenwerte zu erwarten.

Dann werden die beobachteten Häufigkeiten B_i mit den unter der Hypothese H_0 erwarteten Häufigkeiten E_i verglichen. Dazu berechnet man folgende Testgröße χ_0^2:

$$\chi_0^2 = \sum_{i=1}^{r} \frac{(B_i - E_i)^2}{E_i} \tag{6.41}$$

Die Größe χ_0^2, aufgefaßt als Zufallsvariable, konvergiert unter der Voraussetzung, daß die Hypothese richtig ist, für $n \to \infty$ gegen die χ^2-Verteilung mit $r-1$ Freiheitsgraden. Die Nutzanwendung dieser Tatsache ist, daß man die Größe χ_0^2 praktisch als χ^2-verteilt mit $r-1$ Freiheitsgraden ansehen kann, wenn nur alle $E_i \geq 4$ sind (Faustregel). Man legt eine Irrtumswahrscheinlichkeit α fest und sucht den entsprechenden Tabellenwert $\chi^2_{r-1;1-\alpha}$ in Anhangstabelle A.3. Ist dann $\chi_0^2 > \chi^2_{r-1;1-\alpha}$, so wird die Nullhypothese verworfen.

Bisher wurde angenommen, daß die Verteilungsfunktion F vollständig bekannt ist. Falls jedoch in der zu testenden Verteilungsfunktion k unbekannte Parameter (z.B. Mittelwert, Varianz usw.) enthalten sind, dann sind diese unbekannten Parameter erst zu schätzen. Die Prüfgröße χ_0^2 nach (6.41) ist in diesem Fall angenähert χ^2-verteilt mit $r-k-1$ Freiheitsgraden.

Das Testschema zeigt Tab. 6.12.

Testgröße:	$\chi_0^2 = \sum_{i=1}^{r} \frac{(B_i - E_i)^2}{E_i}$
H_0:	$X \sim F$
H_1: $X \not\sim F$	Ablehnung von H_0, wenn $\chi_0^2 > \chi^2_{r-k-1;1-\alpha}$ (Tab. A.3)

Tabelle 6.12: χ^2-Test für Verteilungsfunktionen

Beispiel:

Es soll geprüft werden, ob die Milchleistungen der Stichprobe von Tab. 1.8 aus einer normalverteilten Grundgesamtheit stammen. In Tab. 1.9 sind die absoluten Häufigkeiten der klassifizierten Stichprobe angeführt. Der Stichprobenumfang ist $n = 100$, *der Mittelwert ist* $\overline{x} = 5189$, *die Standardabweichung ist* $s = 655$. *Die letzten beiden Werte werden zunächst als Parameter der zu testenden Normalverteilung herangezogen. Die Hypothesen lauten dann:*

$H_0 : X \sim (5189, 655^2)$-n.v. $\quad H_1 : X \not\sim (5189, 655^2)$-n.v.

Da in der vorletzten Klasse nur 3 Stichprobenwerte auftreten, ist es zweckmäßig, die letzten beiden Klassen zu einer einzigen Klasse zu vereinigen. Die erwarteten Häufigkeiten E_i *berechnet man über die Wahrscheinlichkeit* p_i, *daß die Milchleistung im Teilintervall* i *vorkommt. Zu diesem Zweck benötigt man die Verteilungsfunktion* F. *Wird wie im vorliegenden Fall die Hypothese der Normalverteilung getestet, so muß zunächst auf die Standardnormalverteilung* Φ *transformiert werden. Das gesuchte* p_i *ergibt sich dann aus der Differenz der Funktionswerte der Standardnormalverteilung an den Klassengrenzen. Die Berechnung der erwarteten Häufigkeit* E_1 *für die erste Klasse lautet ausführlich:*

$$
\begin{aligned}
E_1 &= p_1 \cdot n = p_1 \cdot 100 = (F(4000) - F(-\infty)) \cdot 100 = \\
&= \left(\Phi\left(\frac{4000 - 5189}{655}\right) - \Phi(-\infty)\right) \cdot 100 = (\Phi(-1.82) - \Phi(-\infty)) \cdot 100 = \\
&= (0.034 - 0.000) \cdot 100 = 3.4
\end{aligned}
$$

Die Berechnung der erwarteten Häufigkeiten für jede Klasse erfolgt zweckmäßigerweise in Tabellenform.

Intervall	$\frac{x-5189}{655}$	$\Phi\left(\frac{x-5189}{655}\right)$	p_i	E_i	B_i	$\frac{(B_i-E_i)^2}{E_i}$
...4000	...−1.82	0.000...0.034	0.034	3.4	5	0.753
4000...4400	−1.82...−1.20	0.034...0.115	0.081	8.1	8	0.001
4400...4800	−1.20...−0.59	0.115...0.278	0.163	16.3	14	0.325
4800...5200	−0.59... 0.02	0.278...0.492	0.214	21.4	22	0.017
5200...5600	0.02... 0.63	0.492...0.736	0.244	24.4	20	0.793
5600...6000	0.63... 1.24	0.736...0.893	0.157	15.7	24	4.388
6000...	1.24...	0.893...1.000	0.107	10.7	7	1.279
			1.000	100.0	100	7.556

$\chi_0^2 = 7.556 \not> 9.49 = \chi^2_{4;0.95}$ *(Tab. A.3 im Anhang)*

Auf dem 5%-Niveau kann man also die Hypothese der $(5189, 655^2)$*-Normalverteilung nicht ablehnen.*

Die Anzahl der Freiheitsgrade beträgt in diesem Fall $r - k - 1 = 7 - 2 - 1 = 4$*, da zwei Parameter (Mittelwert und Standardabweichung) aus den Meßwerten geschätzt wurden.*

Der folgende Test erfolgt mit dem gleichen Datensatz auf eine $(5000, 700^2)$*-normalverteilte Grundgesamtheit, also:*

$H_0 : X \sim (5000, 700^2)$-n.v. $\quad H_1 : X \not\sim (5000, 700^2)$-n.v.

In diesem Fall werden keine Parameter geschätzt. Infolgedessen existieren $r - k - 1 = 7 - 0 - 1 = 6$ *Freiheitsgrade.*

Intervall	$\frac{x-5000}{700}$	$\Phi\left(\frac{x-5000}{700}\right)$	p_i	E_i	B_i	$\frac{(B_i-E_i)^2}{E_i}$
...4000	...−1.43	0.000...0.076	0.076	7.6	5	0.89
4000...4400	−1.43...−0.86	0.076...0.195	0.119	11.9	8	1.28
4400...4800	−0.86...−0.29	0.195...0.386	0.191	19.1	14	1.36
4800...5200	−0.29... 0.29	0.386...0.614	0.228	22.8	22	0.03
5200...5600	0.29... 0.86	0.614...0.805	0.191	19.1	20	0.04
5600...6000	0.86... 1.43	0.805...0.924	0.119	11.9	24	12.30
6000...	1.43...	0.924...1.000	0.076	7.6	7	0.05
			1.000	100.0	100	15.95

$\chi_0^2 = 15.95 > 12.59 = \chi^2_{6;0.95}$ *(Tab. A.3 im Anhang)*

Auf dem 5%-Niveau ist die Hypothese der $(5000, 700^2)$*-Normalverteilung abzulehnen.*

6.6.2 χ^2-Test zum Prüfen von Häufigkeiten

Der χ^2-Test eignet sich auch zur Überprüfung von theoretischen Häufigkeitsverteilungen mit empirischen Häufigkeitsverteilungen. Sei B_i die beobachtete Häufigkeit des i-ten Ereignisses und E_i die aufgrund einer angenommenen Verteilung zu erwartende Häufigkeit des Ereignisses, dann erfolgt der Test nach dem Schema in Tab. 6.13.

Testgröße:	$\chi_0^2 = \sum_{i=1}^{r} \frac{(B_i - E_i)^2}{E_i}$
H_0:	$X \sim F$
H_1: $X \not\sim F$	Ablehnung von H_0, wenn $\chi_0^2 > \chi^2_{r-k-1;1-\alpha}$ (Tab. A.3)

Tabelle 6.13: χ^2-Test zum Prüfen von Häufigkeiten

Beispiele:

1. *Bei Erbsen ist am Genlocus für die Kornfarbe das Allel* R *für eine runde Form der Körner dominant über das Allel* r *für eine kantige Kornform. Die Kornfarbe gelb ist dominant über grün und wird an einem anderen Genlocus durch die Allele* G *bzw.* g *codiert. Kreuzt man zwei in diesen Merkmalen reinerbige Zuchtlinien, z.B. Pflanzen mit runden gelben Körnern und Pflanzen mit kantigen gelben Körnern, in der Parentalgeneration P miteinander, so erhält man in der ersten Filialgeneration F_1 ausschließlich mischerbige Pflanzen nach folgendem Kreuzungsschema:*

Genotyp in P	RRGG	×	rrgg
Gameten	RG		rg
Genotyp in F_1		RrGg	

Die F_1-Generation kann vier verschiedene Typen von Gameten produzieren, so daß die Genotypenverteilung in der zweiten Filialgeneration nach Kreuzung der F_1-Generation nach folgendem Schema bestimmt werden kann:

Gameten	RG	Rg	rG	rg
RG	RRGG	RRGg	RrGG	RrGg
Rg	RRGg	RRgg	RrGg	Rrgg
rG	RrGG	RrGg	rrGG	rrGg
rg	RrGg	Rrgg	rrGg	rrgg

Die Phänotypenverteilung in der F_2 ist also:

rund	gelb	R-G-	9
rund	grün	R-gg	3
kantig	gelb	rrG-	3
kantig	grün	rrgg	1

Gregor Mendel erhielt bei einem seiner Kreuzungsversuche in der F_2-Generation 315 Erbsenpflanzen mit runden gelben Körnern 108 Pflanzen mit runden grünen Erbsen, 105 Pflanzen mit kantigen gelben Körner und 32 Erbsenpflanzen mit kantigen grünen Körnern. Die beobachteten Häufigkeiten sollten nach Mendels Theorie dem Verhältnis 9 : 3 : 3 : 1 entsprechen. Diese Hypothese wird mit dem χ^2-Test geprüft.

Erbsen	theoretisches Verhältnis p_i	Zahl der Pflanzen beobachtet B_i	theoretisch $E_i = 556 \cdot p_i$	$\frac{(B_i - E_i)^2}{E_i}$
rund, gelb	9/16	315	312.75	0.0162
rund, grün	3/16	108	104.25	0.1349
kantig, gelb	3/16	101	104.25	0.1013
kantig, grün	1/16	32	34.75	0.2176
	1	556	556.00	0.4700

Es wird nun mit MINITAB *der Wert der Verteilungsfunktion an der Stelle* 0.47 *bei 3 Freiheitsgraden berechnet.*

```
MTB > cdf 0.47;
SUBC> chisquare 3.
    0.4700    0.0746
```

Es besteht wegen des hohen p-Werts von $1 - 0.0746 = 0.9254$ Grund zu der Annahme, daß das hypothetische Spaltungsverhältnis auch zutrifft. Der p-Wert gibt ja die Wahrscheinlichkeit an, bei Gültigkeit der Mendelschen Gesetze (H_0) eine mindestens so starke Abweichung der beobachteten von den erwarteten Häufigkeiten zu erhalten. Da diese Wahrscheinlichkeit 92.54%, also fast 100% beträgt, ist H_0 besonders glaubwürdig.

2. *Die Gen- oder Allelfrequenz eines Allels ist der relative Anteil des Allels an einem Genlocus. Bei der Rinderrasse Shorthorn existiert ein dialleler Locus, der für die Fellfarbe codiert. Der Erbgang ist intermediär. Die folgende Tabelle zeigt die Geno- und Phänotypen sowie deren Anteile an einer Stichprobe von 6000 Herdbuchshorthorns*[5].

Genotyp	Phänotyp	Anteil
RR	rot	47.6%
RS	rotschimmelig	43.8%
SS	weiß	8.6%

Ist p die Genfrequenz des Allels R und q die Genfrequenz des Allels S, dann gilt: $p + q = 1$. Eine Population befindet sich im genetischen Gleichgewicht, wenn die Verteilung der Genotypen $(p+q)^2 = p^2$ RR $+ 2pq$ RS $+ q^2$ SS beträgt.

Es soll zunächst auf dem Signifikanzniveau $\alpha = 5\%$ die Nullhypothese geprüft werden, daß sich die Population im genetischen Gleichgewicht mit $p = 0.7$ und $q = 1 - p = 0.3$ befindet.

	p_i	E_i	B_i	$\frac{(B_i - E_i)^2}{E_i}$
RR	0.49	2940	2856	2.40
RS	0.42	2520	2628	4.63
SS	0.09	540	516	1.07
	1.00	6000	6000	8.10

Die Anzahl der Freiheitsgrade beträgt in diesem Fall 2, da drei Genotypen vorhanden sind und kein Parameter geschätzt wird.

$\chi_0^2 = 8.10 > \chi^2_{2;0.95} = 5.99$ *(Tab. A.3 im Anhang)*

Damit wird die Nullhypothese auf dem vorgegebenen Signifikanzniveau von 5% abgelehnt.

Die Allelfrequenzen kann man aus den gegebenen Daten schätzen. In den roten Tieren kommen ausschließlich R*-Allele vor, in den rotschimmeligen nur zur Hälfte, in den weißen gar keine. Die geschätzte Genfrequenz $\widehat{p}$ ist dann:*

[5] aus PIRCHNER F. 1979: Populationsgenetik in der Tierzucht. Paul Parey Verlag.

$\widehat{p} = 0.476 + 0.438/2 = 0.695$

Damit folgt automatisch für die Frequenz $\widehat{q}$ des Alternativallels S*:*

$\widehat{q} = 1 - 0.695 = 0.305$

	p_i	E_i	B_i	$\frac{(B_i - E_i)^2}{E_i}$
RR	0.483	2898	2856	0.61
RS	0.424	2544	2628	2.77
SS	0.093	558	516	3.16
	1.00	6000	6000	6.54

Die Anzahl der Freiheitsgrade beträgt in diesem Fall 1, da drei Genotypen vorhanden sind und die Allelfrequenz von R *geschätzt wird. Die Frequenz von* S *wird nicht mehr gesondert geschätzt, sondern aus der Schätzung $\widehat{q} = 1 - \widehat{p}$ berechnet.*

$\chi_0^2 = 6.54 > \chi_{1;0.95}^2 = 3.84$

Damit wird die Nullhypothese auf dem vorgegebenen Signifikanzniveau von 5% auch hier abgelehnt.

Eine Erklärung, daß sich die Population nicht im genetischen Gleichgewicht befindet, ist vermutlich eine Bevorzugung von Rotschimmeln bei der Herdbuchanmeldung.

6.6.3 χ^2-Test zum Prüfen auf Unabhängigkeit

In vielen praktischen Fragestellungen erfolgt eine zweifache Klassifizierung eines Beobachtungsmaterials. Beide Merkmale sollten nur nominal sein. Sie sollten also nicht in eine Reihenfolge gebracht werden können. Kann nämlich ein Merkmal geordnet werden (z.B. stark – mittel – gering), so sollte nach Möglichkeit der Kruskal-Wallis-Test bevorzugt werden (siehe Band 2).

Das Datenmaterial sei bezüglich des 1. Merkmals in k Gruppen unterteilt, bezüglich des 2. Merkmals in l Gruppen. Man erhält dann eine **Zweiwegetafel** oder **zweidimensionale Kontingenztafel** von folgendem allgemeinen Typ:

	2. Merkmal						
1. Merkmal	1	2	...	j	...	l	$\sum$
1	B_{11}	B_{12}	...	B_{1j}	...	B_{1l}	$B_{1.}$
2	B_{21}	B_{22}	...	B_{2j}	...	B_{2l}	$B_{2.}$
$\vdots$	$\vdots$	$\vdots$		$\vdots$		$\vdots$	$\vdots$
i	B_{i1}	B_{i2}	...	B_{ij}	...	B_{il}	$B_{i.}$
$\vdots$	$\vdots$	$\vdots$		$\vdots$		$\vdots$	$\vdots$
k	B_{k1}	B_{k2}	...	B_{kj}	...	B_{kl}	$B_{k.}$
$\sum$	$B_{.1}$	$B_{.2}$	...	$B_{.j}$	...	$B_{.l}$	$B_{..} = n$

Der Gesamtumfang der Stichprobe ist n und ist nach den zwei verschiedenen diskreten Merkmalen klassifiziert. Geprüft werden soll die Nullhypothese der Unabhängigkeit, d.h. das 1. Merkmal beeinflußt das 2. Merkmal nicht und umgekehrt. Man kann den Test aber auch als Prüfung von Häufigkeiten interpretieren. Wenn keine Beziehung zwischen den beiden Merkmalen besteht, dann muß sich theoretisch eine zu den Randhäufigkeiten proportionale Häufigkeitsverteilung erwarten lassen.

B_{ij} ist die beobachtete Häufigkeit in der i-ten Gruppe des 1. Merkmals und in der j-ten Gruppe des 2. Merkmals. $B_{i.}$ ist die Randhäufigkeit der i-ten Gruppe, $B_{.j}$ ist die Randhäufigkeit der j-ten Gruppe.

Die erwarteten Häufigkeiten E_{ij} in der i-ten Gruppe des 1. Merkmals und der j-ten Gruppe des 2. Merkmals sind dann:

$$E_{ij} = \frac{B_{i.} \cdot B_{.j}}{n} \tag{6.42}$$

Als approximativ χ^2-verteilte Testgröße dient:

$$\chi_0^2 = \sum_{i=1}^{k} \sum_{j=1}^{l} \frac{(B_{ij} - E_{ij})^2}{E_{ij}} \tag{6.43}$$

Einfacher handzuhaben ist folgende Prüfgröße:

$$\chi_0^2 = n \cdot \left(\sum_{i=1}^{k} \sum_{j=1}^{l} \frac{B_{ij}^2}{B_{i.} \cdot B_{.j}} - 1 \right) \tag{6.44}$$

Die Anzahl der Freiheitsgrade ist $(k-1) \cdot (l-1)$. Die Zahl der Freiheitsgrade gibt die Zahl der Felder einer Zweiwegetafel an, für die man die Häufigkeiten frei wählen kann, wenn die Randhäufigkeiten gegeben sind. Die erwarteten Häufigkeiten sollten ≥ 1 sein. Ansonsten sind mehrere Felder zusammenzufassen, um diese Bedingung zu erfüllen.

Das Testschema zeigt Tab. 6.14.

Testgröße:	$\chi_0^2 = \sum_{i=1}^{k} \sum_{j=1}^{l} \frac{(B_{ij} - E_{ij})^2}{E_{ij}} = n \cdot \left(\sum_{i=1}^{k} \sum_{j=1}^{l} \frac{B_{ij}^2}{B_{i.} \cdot B_{.j}} - 1 \right)$
H_0:	Unabhängigkeit der beiden Merkmale
H_1: Abhängigkeit	Ablehnung von H_0, wenn $\chi_0^2 > \chi^2_{(k-1)(l-1);1-\alpha}$ (Tab. A.3)

Tabelle 6.14: χ^2-Test zum Prüfen auf Unabhängigkeit

Beispiel:

Bei einer Umfrage unter Mitgliedern von vier verschiedenen Parteien konnten die Probanden mit "ja", "nein", *oder* "weiß nicht" *antworten. Das Ergebnis zeigt folgende Kontingenztafel:*

Partei	Antwort ja	nein	weiß nicht	$\sum$
A	30	19	16	65
B	8	8	39	55
C	12	12	24	48
D	22	9	11	42
$\sum$	72	48	90	210

Wenn die Parteimitglieder bezüglich ihrer Meinungen homogen sind, dann sollten die theoretischen Häufigkeiten in den einzelnen Unterklassen proportional zu den einzelnen Randhäufigkeiten sein.

Die zu erwartenden Häufigkeiten für Partei A *berechnen sich zu:*

$$E_{\text{A}-\text{ja}} = E_{11} = \frac{65 \cdot 72}{210} = 22.29$$

$$E_{\text{A}-\text{nein}} = E_{12} = \frac{65 \cdot 48}{210} = 14.86$$

$$E_{\text{A}-\text{weiß nicht}} = E_{13} = \frac{65 \cdot 90}{210} = 27.86$$

Man erhält insgesamt folgende zu erwartenden Häufigkeiten:

Partei	Antwort ja	nein	weiß nicht	$\sum$
A	22.29	14.86	27.86	65.01
B	18.86	12.57	23.57	55.10
C	16.46	10.97	20.57	48.00
D	14.40	9.60	18.00	42.00
$\sum$	72.01	48.10	90.00	210.11

Zu testen ist nun die Nullhypothese: Die Meinung ist unabhängig von der Parteizugehörigkeit. Man kann die Nullhypothese auch noch anders ausdrücken: Zwischen der beobachteten und der zu erwartenden Verteilung der Grundgesamtheit (d.h. aller Parteimitglieder) besteht bei Unabhängigkeit der Merkmale kein Unterschied. Das Signifikanzniveau, das vor dem Ziehen der Stichprobe gewählt werden muß, sei $alpha = 1\%$.

Die Berechnung der Testgröße nach Gleichung (6.44) ergibt:

$$\chi_0^2 = 210 \cdot \left(\sum_{i=1}^{4} \frac{1}{B_{i.}} \cdot \sum_{j=1}^{3} \frac{B_{ij}^2}{B_{.j}} - 1 \right) =$$

$$= 210 \cdot \left(\frac{1}{65} \cdot \left(\frac{900}{72} + \frac{361}{48} + \frac{256}{90} \right) + \frac{1}{55} \cdot \left(\frac{64}{72} + \frac{64}{48} + \frac{1521}{90} \right) + \right.$$

$$\left. + \frac{1}{48} \cdot \left(\frac{144}{72} + \frac{144}{48} + \frac{576}{90} \right) + \frac{1}{42} \cdot \left(\frac{484}{72} + \frac{81}{48} + \frac{121}{90} \right) - 1 \right) = 35.53$$

Die Zahl der Freiheitsgrade beträgt $(4-1) \cdot (3-1) = 6$

Es ist $\chi_0^2 = 35.53 > 16.81 = \chi_{6;0.99}^2$ *(Tab. A.3 im Anhang). Damit ist eine Abhängigkeit der Meinung zur gestellten Frage von der Parteizugehörigkeit auf dem 1%-Signifikanzniveau statistisch gesichert.*

MINITAB *führt die Kontingenztafelanalyse zwar nicht automatisch aus, berechnet jedoch zumindest die* χ^2*-Testgröße. In der folgenden Session wird die Kontingenztafel mit dem* `read`*-Befehl eingelesen und anschließend das Kommando* `chisquare` *für die Spalten* `c1` *bis* `c3` *eingegeben.*

```
MTB > read c1-c3
DATA> 30 19 16
DATA> 8 8 39
DATA> 12 12 24
DATA> 22 9 11
DATA> end
      4 ROWS READ
MTB > chisquare c1-c3
```

```
Expected counts are printed below observed counts

            C1        C2        C3     Total
   1        30        19        16        65
         22.29     14.86     27.86
   2         8         8        39        55
         18.86     12.57     23.57
   3        12        12        24        48
         16.46     10.97     20.57
   4        22         9        11        42
         14.40      9.60     18.00

Total       72        48        90       210

ChiSq =  2.670 +  1.155 +  5.047 +
         6.251 +  1.662 + 10.099 +
         1.207 +  0.096 +  0.571 +
         4.011 +  0.038 +  2.722 = 35.530
df = 6

MTB > invcdf 0.99;
SUBC> chisquare 6.
    0.9900   16.8119
```

Der Output enthält die erwarteten Häufigkeiten unter den beobachteten sowie die Randhäufigkeiten. Es wird die χ^2-Testgröße und die Zahl der Freiheitsgrade ausgegeben. Diese kann man dann mit der entsprechenden Fraktile vergleichen, die hier ebenfalls mit MINITAB *berechnet wurde.*

Das Testergebnis ist natürlich identisch mit dem Ergebnis des per Hand ausgeführten Tests.

6.6.4 χ^2-Test bei einer einfachen Zweiwegklassifikation

Wenn bei beiden Merkmalen jeweils nur zwei Klassen oder zwei Ausprägungen vorliegen, kann man ein abgekürztes Verfahren verwenden. Man erhält dann eine sog. **2 × 2-Tafel** oder **Vierfeldertafel**.

	2. Merkmal		
1. Merkmal	1	2	$\sum$
1	a	b	$a+b$
2	c	d	$c+d$
$\sum$	$a+c$	$b+d$	n

Die Testgröße aus Tab. 6.14, die approximativ χ^2-verteilt mit einem Freiheitsgrad ist, läßt sich dann ohne Bestimmung der erwarteten Häufigkeiten E_{ij} berechnen:

$$\chi_0^2 = \frac{n \cdot (a \cdot d - b \cdot c)^2}{(a+b) \cdot (c+d) \cdot (a+c) \cdot (b+d)} \tag{6.45}$$

Allerdings ist die Approximation durch die χ^2-Verteilung mit einem Freiheitsgrad bei einer Vierfeldertafel genauer, wenn man die sog. **Yates-Korrektur** verwendet. Diese besagt, daß von den Abweichungsbeträgen zwischen beobachteten und erwarteten Häufigkeiten jeweils 1/2 abgezogen wird, bevor sie in quadratischer Form in die Testgröße eingehen:

$$\chi_0^2 = \sum_{i=1}^{k}\sum_{j=1}^{l} \frac{(|B_{ij} - E_{ij}| - 0.5)^2}{E_{ij}} \tag{6.46}$$

Im abgekürzten Verfahren errechnet sich auch diese Testgröße einfacher:

$$\chi_0^2 = \frac{n \cdot (|a \cdot d - b \cdot c| - n/2)^2}{(a+b) \cdot (c+d) \cdot (a+c) \cdot (b+d)} \tag{6.47}$$

Dieser χ^2-Test mit Yates-Korrektur, die sich nur bei einer Vierfeldertafel eignet, ist auch bei kleinen Häufigkeiten schon sehr genau hinsichtlich α, so daß Fisher's exakter Test oder ein exakter χ^2-Test keine wesentliche Verbesserung mehr bringt.

Ein χ^2-Test auf Unabhängigkeit bei einer Vierfeldertafel kann stets auch als Test auf Gleichheit zweier Bernoulli-Wahrscheinlichkeiten aufgefaßt werden, wie das folgende Beispiel zeigt. Die χ^2-Testgröße ohne Yates-Korrektur entspricht dem Quadrat der Testgröße z_0 in Gleichung (6.40).

Das Testschema zeigt Tab. 6.15.

Testgröße:	$\chi_0^2 = \frac{n \cdot (\lvert a \cdot d - b \cdot c\rvert - n/2)^2}{(a+b) \cdot (c+d) \cdot (a+c) \cdot (b+d)}$
H_0:	Unabhängigkeit
H_1: Abhängigkeit	Ablehnung von H_0, wenn $\chi_0^2 > \chi_{1;1-\alpha}^2$ (Tab. A.3)

Tabelle 6.15: χ^2-Test mit Yates-Korrektur zum Prüfen einer Vierfeldertafel

Beispiel:

Es sollen zwei Medikamente A und B auf ihren Behandlungserfolg an jeweils 20 Patienten getestet werden. Die Ergebnisse werden in folgender Vierfeldertafel zusammengefaßt:

Medikament	ohne Erfolg	mit Erfolg	$\sum$
A	5	15	20
B	11	9	20
$\sum$	16	24	40

Die Nullhypothese lautet: Der Behandlungserfolg ist unabhängig vom verwendeten Medikament.

Die Testgröße ist:

$$\chi_0^2 = \frac{40 \cdot (|5 \cdot 9 - 15 \cdot 11| - 40/2)^2}{20 \cdot 20 \cdot 16 \cdot 24} = 2.604$$

Da $\chi_0^2 = 2.604 \not> 3.84 = \chi^2_{1;0.95}$ *(Tab. A.3 im Anhang) kann die Hypothese der Unabhängigkeit zum Signifikanzniveau* $\alpha = 5\%$ *nicht statistisch widerlegt werden. Es gibt also keinen signifikant unterschiedlichen Behandlungserfolg der beiden Medikamente.*

Wenn man die Richtung eines vermuteten Größenunterschieds kennt, dann kann man sich vor dem Test auch zu einer einseitigen Alternative entscheiden. Ist also bekannt, daß z.B. ein Medikament auf keinen Fall schlechter sein kann als ein Placebo, dann kann ein Vergleich zweier Bernoulli-Wahrscheinlichkeiten (vgl. Abschnitt 6.5) mit $H_0 : p_{\text{Medikament}} = p_{\text{Placebo}}$ gegen $H_1 : p_{\text{Medikament}} > p_{\text{Placebo}}$ erfolgen. Die Teststärke ist hier natürlich größer als im zweiseitigen Fall, d.h. ein vorhandener Unterschied wird bereits bei geringeren Unterschieden der Stichprobenwerte gesichert. Man muß dann auch überprüfen, ob der Anteil $h_{\text{Medikament}}$ größer als der Anteil h_{Placebo} ist. Ist jedoch a priori nichts über die Wirkung bekannt (z.B. beim Vergleich zweier Medikamente) dann ist der zweiseitige Test anzuwenden. Beim einseitigen Test lehnt man $H_0 : p_1 = p_2$ zugunsten von $H_1 : p_1 > p_2$ ab, falls $h_1 > h_2$ und $\chi_0^2 > \chi^2_{1;1-2\alpha}$.

Das Testschema zum Vergleich zweier Bernoulli-Wahrscheinlichkeiten mit Yates-Korrektur zeigt Tab. 6.16.

Voraussetzung:	Bernoulli-Experiment
Testgröße:	$\chi_0^2 = \frac{n \cdot (\lvert a \cdot d - b \cdot c\rvert - n/2)^2}{(a+b) \cdot (c+d) \cdot (a+c) \cdot (b+d)}$
H_0:	$p_1 = p_2$
H_1:	Ablehnung von H_0, wenn
$p_1 < p_2$	$h_1 < h_2$ und $\chi_0^2 > \chi^2_{1;1-2\alpha}$
$p_1 > p_2$	$h_1 > h_2$ und $\chi_0^2 > \chi^2_{1;1-2\alpha}$
$p_1 \neq p_2$	$\chi_0^2 > \chi^2_{1;1-\alpha}$

Tabelle 6.16: χ^2-Test mit zum Vergleich zweier Bernoulli-Wahrscheinlichkeiten mit Yates-Korrektur

6.7 Test auf Ausreißer

Manchmal treten in einer Reihe von Beobachtungen einzelne Werte auf, die extrem hoch oder niedrig im Vergleich zu den übrigen Werten sind. Solche Werte sind u.U. durch Fehler des Meßgeräts oder fehlerhaftes Ablesen bzw. Notieren der Meßwerte verursacht. Man bezeichnet sie als **Ausreißer**, denn es besteht Grund zur Annahme, daß sie aus einer anderen Grundgesamtheit stammen. Ausreißer werden gewöhnlich vor einer weiteren statistischen Analyse aus dem Datensatz eliminiert. Wie erkennt man jedoch Ausreißer? In der explorativen Statistik existieren für ausreißerverdächtige Werte die Begriffe "außen" und "weit außen". Um inferenzstatistisch vorzugehen, muß vorausgesetzt werden, daß die Grundgesamtheit, aus der die Stichprobe stammt, normalverteilt ist.

In erster Näherung kann man als Faustregel festhalten, daß bei mindestens 10 Beobachtungswerten ein Wert einen Ausreißer darstellt, wenn er nicht in das Intervall $\overline{x} \pm 4s$ fällt, wobei $\overline{x}$ und s ohne den fraglichen Ausreißerwert berechnet werden müssen. Bei Annahme einer Normalverteilung umfaßt der 4σ-Bereich $[\mu - 4\sigma, \mu + 4\sigma]$ 99.99% aller Werte. Das Auftreten einer Beobachtung außerhalb dieses Intervalls ist also mit 0.01% Wahrscheinlichkeit so unwahrscheinlich, daß man vernünftigerweise annehmen kann, er stammt aus einer anderen Grundgesamtheit.

Für Stichproben bis zum Umfang 25 hat Dixon ein Testverfahren vorgeschlagen, das je nach Stichprobenumfang verschiedene Testgrößen empfiehlt. Zur Herleitung dieses Verfahrens benötigt man sog. **Ordnungsstatistiken** (engl. *order statistics*), deren Behandlung den Rahmen dieser Einführung sprengen würde. Unter einer Ordnungsstatistik versteht man beispielsweise die Verteilung der Spannweite, also der Differenz zwischen größter und kleinster Beobachtung. Um das Verfahren von Dixon zu beschreiben, wird davon ausgegangen, daß die Stichprobenwerte der Größe nach geordnet vorliegen, also:

$$x_1 \geq x_2 \geq \ldots \geq x_n \qquad \text{oder} \qquad x_1 \leq x_2 \leq \ldots \leq x_n$$

Man bildet nun die absolute Differenz des fraglichen Ausreißers x_1 (also des größten oder kleinsten Werts) je nach Stichprobenumfang mit seinen Nachbarwerten x_2 oder x_3 und bezieht diese Differenz auf die Spannweite $|x_1 - x_n|$ bzw. auf $|x_1 - x_{n-1}|$ oder $|x_1 - x_{n-2}|$. Tab. 6.17[6] zeigt die je nach Stichprobenumfang n zu verwendende Testgröße. Überschreitet der Wert der Testgröße die angegebenen Testschranken, so wird der fragliche Wert auf dem entsprechenden Signifikanzniveau als Ausreißer angesehen.

[6] DIXON W.J. 1953: Processing data for outliers, Biometrics 9, 74–89.

n	$\alpha = 0.10$	$\alpha = 0.05$	$\alpha = 0.01$	Testgröße
				$\left\lvert \frac{x_1 - x_2}{x_1 - x_n} \right\rvert$
3	0.886	0.941	0.988	
4	0.679	0.765	0.889	
5	0.557	0.642	0.780	
6	0.482	0.560	0.698	
7	0.434	0.477	0.597	
				$\left\lvert \frac{x_1 - x_2}{x_1 - x_{n-1}} \right\rvert$
8	0.497	0.554	0.683	
9	0.441	0.512	0.635	
10	0.409	0.477	0.597	
				$\left\lvert \frac{x_1 - x_3}{x_1 - x_{n-1}} \right\rvert$
11	0.517	0.576	0.679	
12	0.490	0.546	0.642	
13	0.467	0.521	0.615	
				$\left\lvert \frac{x_1 - x_3}{x_1 - x_{n-2}} \right\rvert$
14	0.492	0.546	0.641	
15	0.472	0.525	0.616	
16	0.454	0.507	0.595	
17	0.438	0.490	0.577	
18	0.424	0.475	0.561	
19	0.412	0.462	0.547	
20	0.401	0.450	0.535	
21	0.391	0.440	0.524	
22	0.382	0.430	0.514	
23	0.374	0.421	0.505	
24	0.367	0.413	0.497	
25	0.360	0.406	0.489	

Tabelle 6.17: Signifikanzschranken beim Dixon-Ausreißertest

Für Stichprobenumfänge mit $n \geq 20$ kann man ein Verfahren anwenden, das auf David, Hartley und Pearson zurückgeht. Es benutzt als Testgröße sie sog. **studentisierte Spannweite**:

$$z_0 = \frac{|x_1 - x_n|}{s} \tag{6.48}$$

Man vergleicht z_0 mit den Schwellenwerten z der Tab. 6.18[7]. Überschreitet die Testgröße z_0 den entsprechenden Schwellenwert z, dann berechnet man zusätzlich $|x_1 - \overline{x}|$ und $|\overline{x} - x_n|$. Falls $|x_1 - \overline{x}|$ größer ist als $|\overline{x} - x_n|$, so betrachtet man x_1 als Ausreißer, wenn jedoch $|x_1 - \overline{x}|$ kleiner ist als $|\overline{x} - x_n|$, dann wird x_n als Ausreißer klassifiziert. Anschließend kann der Test erneut auf die restlichen $n - 1$ Beobachtungen angewandt werden.

Testgröße: $z_0 = \frac{\lvert x_1 - x_n \rvert}{s}$					
n	$\alpha = 0.100$	$\alpha = 0.050$	$\alpha = 0.025$	$\alpha = 0.010$	$\alpha = 0.005$
20	4.32	4.49	4.63	4.79	4.91
30	4.70	4.89	5.06	5.25	5.39
40	4.96	5.15	5.34	5.54	5.69
50	5.15	5.35	5.54	5.77	5.91
60	5.29	5.50	5.70	5.93	6.09
80	5.51	5.73	5.93	6.18	6.35
100	5.68	5.90	6.11	6.36	6.54
150	5.96	6.18	6.39	6.64	6.84
200	6.15	6.38	6.59	6.85	7.03
500	6.72	6.94	7.15	7.42	7.60
1000	7.11	7.33	7.54	7.80	7.99

Tabelle 6.18: Signifikanzschranken beim Pearson-Ausreißertest

Beispiel:

Es wurde der Nitratgehalt N von 23 Grundwasserproben untersucht. Die Nitratgehalte [ppm] *der Größe nach geordnet sind:*

39	43	45	47	47	48	48	48	48	49	49	49
50	50	50	50	51	51	51	52	53	54	56	

Die empirische Häufigkeitsverteilung des Nitratgehalts zeigt Bild 6.5.

Bis auf den Wert 39 ppm *scheinen die Nitratgehalte annähernd normalverteilt zu sein. Möglicherweise liegt ein Meßfehler bei der Kjeldahl-Analyse vor. Es soll deshalb überprüft werden, ob der kleinste Wert als Ausreißer klassifiziert werden kann.*

[7] DAVID H.A., HARTLEY H.O., PEARSON E.S. 1954, The distribution of the ratio in a single normal sample of range to standard deviation, Biometrika 41, 482.

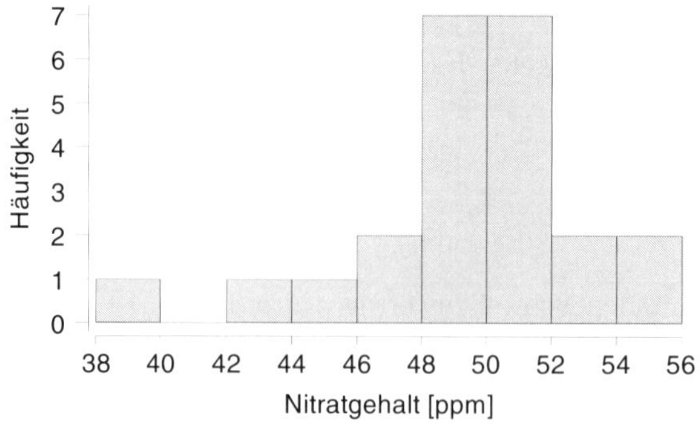

Bild 6.5: Häufigkeitsverteilung des Nitratgehalts im Grundwasser

Mittelwert und Standardabweichung der Stichprobe sind $\overline{N} = 49.0$ ppm *und* $s_N = 3.56$ ppm. *Mittelwert und Standardabweichung der Stichprobe ohne den Ausreißerwert sind* $\overline{N}' = 49.5$ ppm *und* $s_{N'} = 2.87$ ppm.

Das Intervall $\overline{N}' \pm 4s_{N'}$ *ist* $[38, 61]$. *Darin ist der Wert 39 enthalten und gilt demnach nicht als Ausreißer.*

Der schärfere Test nach Dixon hat als Testgröße bei einem Stichprobenumfang von $n = 23$ *die Testgröße* $\left|\frac{N_1 - N_3}{N_1 - N_{21}}\right| = \left|\frac{39 - 45}{39 - 53}\right| = 0.429$. *Dieser Wert überschreitet die Signifikanzschranke* 0.421 *bei* $\alpha = 0.05$ *und* $n = 23$ *in Tab. 6.17 und gilt deshalb auf dem 5%-Signifikanzniveau als Ausreißer.*

Der Test nach Pearson hat die Testgröße $z_0 = \frac{|N_1 - N_n|}{s_N} = \frac{|39 - 56|}{3.56} = 4.78$. *Der Schwellenwert bei* $n = 23$ *und* $\alpha = 0.05$ *muß aus Tab. 6.18 durch Interpolation geschätzt werden. Er ergibt sich zu* $4.49 + 3 \cdot \frac{4.89 - 4.49}{10} = 4.61$. *Die Testgröße ist größer als dieser Wert, deshalb liegt entweder ein Ausreißer von 39 ppm oder von 56 ppm vor. Dies überprüft man durch den Vergleich von* $|N_1 - \overline{N}| = 10.04$ *mit* $|\overline{N} - N_n| = 6.96$. *Die erste Differenz ist größer als die zweite. Der Ausreißer ist also der Wert 39 ppm. Die Anwendung des Tests auf die restlichen Stichprobenwerte liefert keinen weiteren Ausreißer.*

6.8 Test der Normalverteilung

In Abschnitt 6.6.1 wurde bereits der χ^2-Test für beliebige Verteilungsfunktionen vorgestellt, mit dem natürlich auch die Hypothese der Normalverteilung überprüft werden kann.

Ein visueller Test der Normalverteilung ist durch die Auftragung des Histogramms der Stichprobenwerte möglich. Wenn dieses stark von einer Glockenkurve abweicht, bestehen Zweifel an der Normalverteilung der Grundgesamtheit. Dies drückt sich auch in einer offensichtlichen Abweichung der Summenhäufigkeiten im Wahrscheinlichkeitspapier (vgl. Kap. 3.1.2) oder im Quantil-Quantil-Plot aus (vgl. Kap. 3.1.5). Aufbauend auf diesen Darstellungen der Summenhäufigkeiten oder den Quantils- bzw. Normalwerten als Geraden existiert ein mächtiger Test, der unter dem Namen **Shapiro-Wilk-Test** bekannt ist.

In einem Quantil-Quantil-Plot trägt man die der Größe nach geordneten Stichprobenwerte $x_{(i)}$[8] gegen die entsprechenden Quantilswerte $u_{(i)}$ der Standardnormalverteilung, **Normalwerte** oder **normal scores** genannt, auf. Stammt die Stichprobe aus einer Normalverteilung, dann liegen die Werte annähernd auf einer Geraden. Die Berechnung der Quantilswerte verläuft bei n Werten nach folgenden Regeln. Dem i-ten kleinsten Wert wird jeweils der Normalwert $u_{(i)} = \Phi^{-1}\left(\frac{i-3/8}{n+1/4}\right)$ zugeordnet. Dabei ist Φ^{-1} die Umkehrfunktion der Standardnormalverteilungsfunktion, also die Quantile, und n der Stichprobenumfang. Die Standardnormalverteilung kann durch $\Phi^{-1}(K\%) = 4.91 \cdot (((K\%)^{0.14}) - ((1-K\%)^{0.14}))$ approximiert werden. Falls mehrere Werte gleich sind, wird ihnen jeweils derselbe mittlere normal score zugeteilt.

Die Güte der linearen Annäherung wird nach Kap. 1.3.2 durch den Korrelationskoeffizienten gemessen. Es bietet sich daher an, diesen zwischen den Stichprobenwerten und deren normal scores zu berechnen, um die Normalverteilung zu überprüfen. Wenn die Korrelation nahe bei 1 ist (negative Korrelationen sind wegen der größenmäßigen Ordnung ausgeschlossen), dann ist eine Normalverteilung nicht von der Hand zu weisen, bei exakter Normalverteilung hätte man genau eine Gerade im Wahrscheinlichkeitsplot. Je mehr der Graph im Quantil-Quantil-Plot von einer Geraden abweicht, desto größer ist die Abweichung von der Normalverteilung. Das heißt, wenn der Korrelationskoeffizient deutlich kleiner als 1 ist, sind die Residuen nicht normalverteilt. Die Hypothese der Normalverteilung wird verworfen, wenn der berechnete Korrelationkoeffizient r die in Anhangstabelle A.9 aufgeführten kritischen Werte $r_{\text{krit.}}$ unterschreitet.

Beispiele:

1. *Die Milchleistungen aus Tab. 1.8 wurden bereits in Bild 3.11 des Beispiels auf Seite 143 als Quantil-Quantil-Plot dargestellt. Eine Berechnung des Korrelationskoeffizienten zwischen den Stichprobenwerten und den normal scores mit* MINITAB *bringt folgendes Ergebnis:*

```
MTB >correlation 'Milch' 'Quantil'

Correlation of Milch and Quantil = 0.995
```

[8]der geklammerte Index deutet auf die größenmäßige Ordnung hin.

Aus Tab. A.9 liest man für $n = 100$ und $\alpha = 10\%$ einen kritischen Wert von $r_{\text{krit.}} = 0.9898$ ab. Der berechnete Korrelationskoeffizient von $r = 0.995$ ist also größer als der kritische Wert. Die Hypothese der Normalverteilung kann also auf 10% Signifikanzniveau nicht abgelehnt werden.

2. *In* MINITAB *existiert auch ein Makro*[9] `normplot` *mit dem Unterkommando* `swtest` *zur Durchführung des Shapiro-Wilk-Tests. Mit diesem werden nun die Milchleistungen aus Tab. A.10 im Anhang getestet. Die Dateneingabe ist in Kap. 1.6 beschrieben.*

```
MTB > %normplot 'ML(kg)';
SUBC> swtest.
```

Bild 6.6 zeigt den Quantil-Quantil-Plot und das Testergebnis. Aufgrund des p-Werts von 0.0476 kann die Hypothese der Normalverteilung auf $\alpha = 5\%$ abgelehnt werden.

Vergleicht man das zweigipflige Histogramm der Milchleistungen in Bild 1.30 mit dem Quantil-Quantil-Plot in Bild 6.6, so drückt sich der linke Gipfel in einer Abweichung unterhalb der Geraden und der rechte Gipfel in einer Abweichung oberhalb der Geraden aus. Es ist offensichtlich, daß hier nicht von einer normalverteilten Grundgesamtheit auszugehen ist. Die Zweigipfligkeit resultiert daraus, daß die Stichprobe aus verschiedenen Rassen mit normalverteilten Milchleisungen aber unterschiedlichen Mittelwerten besteht (vgl. Kap. 1.6).

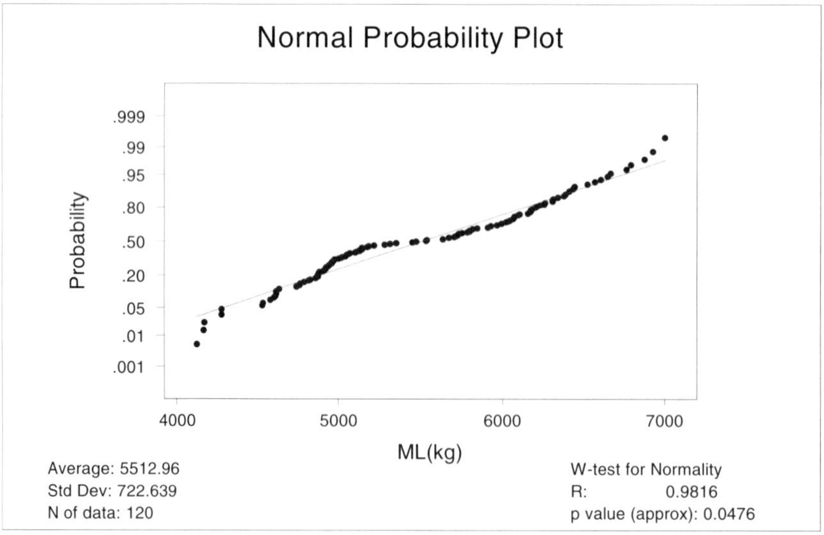

Bild 6.6: Quantil-Quantil-Plot und Shapiro-Wilk-Test der Milchleistungen aus Tab. A.10

[9]Ein Makro ist eine Folge von Befehlen, die in einer eigenen Datei abgespeichert sind und bei Aufruf des Makros abgearbeitet werden. In MINITAB haben Makros die Dateierweiterung `.MAC`. Ihr Aufruf erfolgt durch ein vorangestelltes %-Zeichen.

6.9 Versuchsplanung und Stichprobenumfang

Vor der Durchführung eines Experiments muß sich der Versuchsansteller die Versuchsfrage und das statistische Ziel überlegen. Die Versuchsfrage wird in Form der Nullhypothese H_0 und der Alternativhypothese H_1 formuliert. Formal will man in der Regel die Nullhypothese ablehnen und die Alternativhypothese annehmen. Dies geschieht vor allem aus Gründen der Interpretation eines statistischen Tests. Die Ablehnung der Nullhypothese ist statistisch aussagekräftiger als ihre Nichtablehnung. Meistens wird also der angestrebte Test als **Test auf Unterschied** formuliert. Das bedeutet, die Nullhypothese H_0 lautet z.B. auf Gleichheit von zwei Methoden oder zwei Mitteln. Die Alternative H_1 behauptet, daß sich die beiden Methoden oder Mittel unterscheiden. Grundsätzlich ist auch ein Test möglich, bei dem man die Rollen von H_0 und H_1 vertauscht und einen Test auf Gleichheit oder Äquivalenz von zwei Methoden durchführt. Ein solcher Test wird **Äquivalenztest** genannt. In diesem Fall wird man die Nullhypothese so formulieren: Die beiden Methoden oder Behandlungsmittel unterscheiden sich mindestens um einen bestimmten Betrag Δ. Die entsprechende Alternative H_1 ist dazu komplementär und lautet: Die beiden Methoden oder Behandlungsmittel unterscheiden sich um weniger als Δ voneinander, sind also aus sachlogischer Beurteilung des Problems heraus als **äquivalent** oder **bioäquivalent** anzusehen.

Beim statistischen Test auf Unterschied, der bisher behandelt wurde, lauten die Testhypothesen also:

$$\begin{aligned} &H_0 : \mu_1 = \mu_2 \quad \text{bzw.} \quad \text{Behandlungsmittel 1} = \text{Behandlungsmittel 2} \\ &H_1 : \mu_1 \neq \mu_2 \quad \text{bzw.} \quad \text{Behandlungsmittel 1} \neq \text{Behandlungsmittel 2} \end{aligned} \tag{6.49}$$

Der Wert für die Irrtumswahrscheinlichkeit 1. Art oder das Niveau α wird z.B. auf 5% festgelegt. Nichtablehnung von H_0 bedeutet nicht, daß H_0 mit Wahrscheinlichkeit $1 - \alpha$ statistisch gesichert ist. Man kann lediglich festhalten, daß die Stichprobendaten der Nullhypothese nicht widersprechen. Ablehnung der Nullhypothese H_0 stellt eine Art Umkehrschluß dar. Man weiß, daß eine richtige Nullhypothese H_0 nur mit meist sehr klein gewählter Wahrscheinlichkeit α abgelehnt wird. Führt das Testergebnis dennoch zur Ablehnung, spricht dies sehr dafür, daß H_0 falsch ist, also H_1 zutrifft. Ein solcher statistischer Test hat auch die Eigenschaft, daß vor dem Ziehen der Stichprobe $H_0 : \mu_1 = \mu_2$ bei genügend großem Unterschied der μ_i mit hoher Wahrscheinlichkeit abgelehnt wird, d.h. daß ein Unterschied $H_1 : \mu_1 \neq \mu_2$ mit hoher Wahrscheinlichkeit statistisch gesichert werden kann.

Führt man einen Äquivalenztest durch, werden die Testhypothesen folgendermaßen formuliert:

$$\begin{aligned} &H_0 : |\mu_1 - \mu_2| \geq \Delta \\ &H_1 : |\mu_1 - \mu_2| < \Delta \end{aligned} \tag{6.50}$$

Δ ist eine fest gewählte Grenze. Es soll hier nicht näher auf die praktische Durchführung eines solchen Äquivalenztests eingegangen, denn man benötigt für die Berechnung einer entsprechenden Testgröße eine nichtzentrale Verteilung, d.h. der Mittelwert der Testgröße ist ungleich Null. Dies erschwert die numerische Berechnung. Mit entsprechenden

Computerprogrammen stellt diese umgekehrte Form des Testens aber prinzipiell keine Schwierigkeit dar. Es wird beispielsweise auf das Programm TESTIMATE der Firma IDV verwiesen[10].

Um z.B. einen statistischen Test auf Unterschied durchzuführen, ist es sinnvoll, eine Art Versuchsplan aufzustellen, in dem neben dem Niveau α festgelegt wird, welcher Unterschied mit welcher Wahrscheinlichkeit bzw. Macht $1-\beta$ entdeckt werden soll und welcher Stichprobenumfang dazu notwendig ist. In der Regel wird man folgendermaßen vorgehen: Man formuliert zunächst die Testhypothesen H_0 sowie H_1 und legt den **biologisch** oder **ökonomisch relevanten Unterschied** δ bzw. den **Äquivalenzbetrag** Δ fest. Anschließend wählt man das Signifikanzniveau α sowie die Macht des statistischen Tests $1-\beta$, mit der eine Differenz δ nachgewiesen werden soll oder mit der eine Äquivalenz innerhalb der Grenze Δ bewiesen werden soll. Mit diesen Vorgaben erfolgt die Berechnung des dazu notwendigen Stichprobenumfangs n. Beim einfachen t-Test beispielsweise sind die Größen Stichprobenumfang n, Fehler 1. und 2. Art α bzw. β sowie der relevante Unterschied $\delta = \mu_1 - \mu_2$ und die Varianz σ^2 bzw. ein Schätzwert s^2 durch die Beziehungen (6.7) und (6.8) festgelegt, je nachdem, ob es sich um eine ein- oder zweiseitige Fragestellung handelt. Im Prinzip kann man daraus eine gesuchte Größe, z.B. den notwendigen Mindeststichprobenumfang n, ausrechnen, wenn man die anderen Größen festlegt. Die Gleichungen (6.7) und (6.8) kann man zwar nicht explizit nach n auflösen, aber mit einem entsprechenden iterativen Verfahren lassen sich die Lösungen bestimmen. Es gibt viele Computerprogramme, welche etwa den notwendigen Stichprobenumfang für viele Versuchssituationen (Meßdaten, Ereignisdaten, verbundene oder unabhängige Stichproben, Test auf Unterschied oder Äquivalenztest) ausrechnen.

Nachfolgend werden mögliche Versuchsplanungen mit Hilfe des Programms N[11] anhand dreier Beispiele durchgeführt.

Nach dem Aufruf von N und der Eingabe des Versuchsnamens (in diesem Fall Milchfett), -merkmals, -datums usw. gelangt man in einMenü, in dem man die Art des Versuchs und die Form der Hypothesen festlegt. Möglich ist ein Versuch mit Meßdaten aus einer Normalverteilung (z.B. Milchfettgehalt, Gewicht) oder Binärdaten mit zwei Ausprägungen (z.B. Münzwurf oder Trefferergebnis). Man gibt an, ob man eine Gruppe gegen einen festen Wert testen möchte oder ob man zwei Gruppen gegeneinander testet, wobei man dann zwischen verbundenem und unverbundenem Test wählen kann. Schließlich legt man die Form des gewünschten Tests und der Hypothesen, Test auf Unterschied oder Äquivalenztest, zweiseitig oder einseitig, fest. Will man z.B. den Milchfettgehalt von Kühen mit einem einseitigen Test auf Unterschied einer Gruppe (`Test`) gegen einen festen Wert (`Standard`) testen und geht außerdem von Normalverteilung aus, so stellt man im folgenden Menü die gewünschte Parameterkonstellation ein. Der Test soll z.B. gegen einen festen Wert, nämlich gegen `Standard = 3.67` [%] durchgeführt werden. Es soll bei dem Test bereits eine sehr kleine Abweichung (`Diff`) nach unten um wenigstens $\delta = 0.02\%$ Milchfettgehalt mit vernünftiger Erfolgswahrscheinlichkeit $1-\beta$ bei einer Irrtumswahrscheinlichkeit α erkannt werden, z.B. $\alpha = 5\%$ und $\beta = 10\%$. Man gibt in das Menü folgende Werte ein: `Standard = 3.67` und die

[10] TESTIMATE. IDV Datenanalyse und Versuchsplanung, Gauting 1990
[11] N. IDV Datenanalyse und Versuchsplanung, Gauting

praktische relevante Differenz `Diff = - 0.02`. Der Wert für Test (`Test = 3.65`) wird daraus automatisch berechnet. Ebensogut könnte man den Standardwert und den Testwert vorgeben, dann ergibt sich die zu erkennende Differenz von selbst. Es kommt letztlich nur auf den Wert der Differenz `Diff` an. Das Vorzeichen der Differenz gibt die Richtung des einseitigen Tests an. Man gibt weiter die Standardabweichung (`Sigma`) bzw. einen entsprechenden Schätzer an und wählt das gewünschte Signifikanzniveau bzw. den `Fehler 1.Art`, z.B. $\alpha = 0.05$, sowie die gewünschte Macht $1 - \beta$ des Tests bzw. den `Fehler 2.Art`, z.B. $\beta = 0.1$. Die Stichprobengröße `N` wird als Zielgröße festgelegt (Funktionstaste F3). Startet man die Berechnungen (F4-Taste), dann erscheint im Feld `N` nach kurzer Zeit die Stichprobengröße $n = 175$. Es müssen in diesem Beispiel also mindestens 175 Gemelke untersucht werden, um auf dem 5%-Niveau mit 90%-iger Erfolgswahrscheinlichkeit eine Abweichung nach unten von mindestens 0.02% Milchfettgehalt zu erkennen.

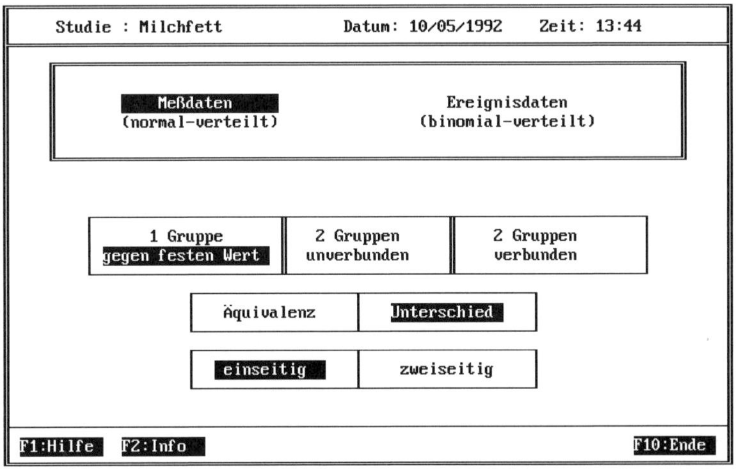

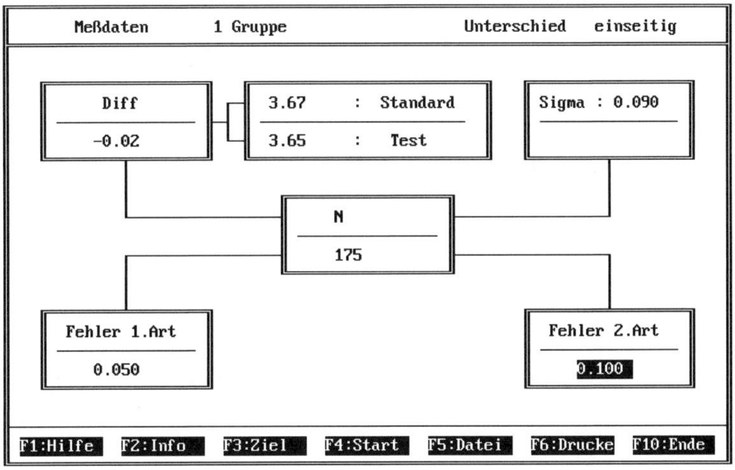

Mit der Funktionstaste F5 kann man sich die berechneten Ergebnisse etwas detaillierter auf eine Datei (mit F6 auf einen Drucker) ausgeben lassen. Der Ergebnisausdruck ist weitgehend selbstbeschreibend. Zusätzlich zu dem berechneten notwendigen Stichprobenumfang n wird der kritische Wert für den t-Test und eine Tabelle zur Operationscharakteristik ausgegeben.

```
KRITISCHE WERTE

T E S T E N T S C H E I D U N G

t-Wert enthalten im Intervall
(      -1.654,    +unendl.)  ?

   ja               nein

kein Unterschied          Unterschied
```

```
OPERATIONS-CHARAKTERISTIK

Die OC-Kurve beschreibt den Zusammenhang zwischen dem wahren
Unterschied D und der Wahrscheinlichkeit, diesen Unterschied
zu übersehen.
```

Wahres D	% von Diff	OC
0.000	0%	0.950
-0.002	10%	0.912
-0.004	20%	0.855
-0.006	30%	0.778
-0.008	40%	0.682
-0.010	50%	0.572
-0.012	60%	0.455
-0.014	70%	0.343
-0.016	80%	0.243
-0.018	90%	0.161
-0.020	100%	0.100
-0.022	110%	0.057
-0.024	120%	0.031
-0.026	130%	0.015
-0.028	140%	0.007
-0.030	150%	0.003
-0.032	160%	0.001
-0.034	170%	0.000
-0.036	180%	0.000
-0.038	190%	0.000
-0.040	200%	0.000

Der kritische Wert besagt: Wenn die Testgröße größer als -1.654 ist, so kann man schließen, daß ein Unterschied von (mindestens) -0.02% Fettgehalt vorhanden ist. Der Testwert weicht also um mindestens 0.02% nach unten vom Standardwert 3.67% ab. Außerdem wird die sogenannte **Operationscharakteristik** bzw. die **OC-Kurve** ausgegeben. Die OC-Kurve beschreibt den Zusammenhang zwischen der wahren Differenz D von Test und Standard und der Wahrscheinlichkeit, diesen Unterschied zu übersehen, also dem β-Fehler. OC entspricht diesem Fehler 2. Art β. Aus dem Zusammenhang von D und β läßt sich folgern, daß je größer die wahre Differenz zwischen dem Mittelwert und dem Testwert ist, desto kleiner ist die Wahrscheinlichkeit, diesen Unterschied zu übersehen. Eine Differenz von 0.034 und größer wird praktisch immer, also mit 100%-iger Erfolgswahrscheinlichkeit, aufgedeckt. Umgekehrt ist die Wahrscheinlichkeit, eine kleine Differenz zu übersehen, entsprechend hoch. Gemäß dem Bildschirmergebnis wird ein Unterschied von 0.02 bzw. -0.02 gemäß den Eingabedaten mit 90%-iger Wahrscheinlichkeit erkannt, d.h. $\beta = 0.1$.

Es wird nun davon ausgegangen, daß eine Stichprobengröße von $n = 55$ vorgegeben ist. Um den Fehler 2. Art bei dieser Stichprobengröße zu errechnen, wird das Feld `Fehler 2.Art` als Ziel markiert (F3), die Stichprobengröße `N = 55` eingetragen und der Programmablauf neu gestartet (F4).

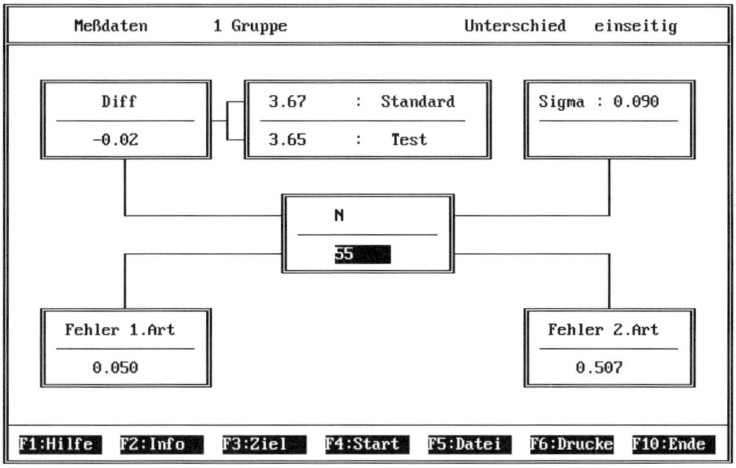

Es wird ein β-Fehler von 0.507 errechnet. Das bedeutet, daß bei einer Stichprobengröße von $n = 55$ die Erfolgswahrscheinlichkeit, eine Differenz von -0.02% wirklich zu erkennen, bei nur 49.3% liegt. Der Fehler, eine solche Differenz zu übersehen, ist also sehr hoch.

Bemerkungen (siehe auch Handbuch zu N)

- `Diff` ist nicht die tatsächliche Differenz der Mittelwerte, sondern die relevante, d.h. die für den Versuchsansteller relevante Differenz δ, die mit einer Erfolgswahrscheinlichkeit von mindestens $1-\beta$ erkannt werden soll. Die jeweilige Größe der Abweichung hängt von sachlogischen und inhaltlichen Kriterien ab, im allgemeinen wird man die Differenz in der Größenordnung der Standardabweichung wählen. Als Anhaltswert für die relevante Differenz dient auch der von Cohen[12] vorgeschlagene Bewertungsmaßstab für die sogenannte **standardisierte Differenz**, das ist der Quotient aus der Differenz `Diff` und der Standardabweichung `Sigma`:

`Diff/Sigma` ≈ 0.2:	kleiner Unterschied
`Diff/Sigma` ≈ 0.5:	mittlerer Unterschied
`Diff/Sigma` ≈ 0.8:	großer Unterschied

[12] Cohen J. 1977: Statistical Power Analysis for the Behavioral Sciences (Revised Edition). Academic Press, Inc., London.

- Für die Standardabweichung `Sigma` wird auf einen empirischen Erfahrungswert oder Schätzwert zurückgegriffen. Da er aber in jedem Fall als bekannt vorausgesetzt wird, ist die Berechnung der Standardabweichung als Zielgröße mit dem Programm N nicht möglich.
- Das Signifikanzniveau α wird in der Biostatistik meist auf 0.1%, 1%, 5% oder 10% festgesetzt. Es sind jedoch auch beliebige andere, insbesondere größere Werte möglich. Der Fehler 2. Art β wird auch vom Versuchsansteller definiert, wobei $\beta = 0.2$ schon als vernünftige Wahl, $\beta = 0.1$ jedoch als wünschenswert gilt. Ein Fehler 2. Art von 10% entspricht einer Macht von 90%. Das bedeutet, bei 10 durchgeführten Studien wird bei 9 Studien ein Unterschied bestimmter Größe auch tatsächlich aufgedeckt. Stets muß die Beziehung $\alpha + \beta < 1$ erfüllt sein, wobei α in der Regel kleiner als β gewählt wird. Es gibt verschiedene Faustregeln für die gemeinsame Festlegung von α und β, auf die anschließend noch eingegangen wird.
- Das Programm N macht es möglich, bei Vorgabe der anderen Parameter des gewünschten Tests eine beliebige andere Zielgröße zu definieren. So kann man z.B. die Stichprobengröße festlegen und (bei sonst gleichen Werten) den Fehler 2. Art berechnen oder beides vorgeben und die relevante Differenz ausrechnen lassen usw.
- Bei einem Äquivalenztest wird `Diff` (δ) durch die vorgegebene Schranke `Delta` (Δ) ersetzt. Die Fehlerwahrscheinlichkeiten kehren sich entsprechend um.

Mit Hilfe von N soll untersucht werden, wie groß das Risiko ist, die Wirkung eines blutdrucksenkenden Mittels zu übersehen [13], d.h. eine durchaus relevante Senkung von 5 mm Hg gegenüber der Kontrollgruppe nicht zu erkennen. Dabei stehen pro Gruppe 15 Versuchstiere zur Verfügung. Die Standardabweichung beträgt erfahrungsgemäß $\sigma = 10$ mm Hg. Das Signifikanzniveau wird auf $\alpha = 5\%$ festgesetzt. Da eine Erhöhung des Blutdrucks ausgeschlossen werden kann, wird einseitig getestet. Die Zielgröße ist der Fehler 2. Art. Nach Einsetzen dieser Vorgaben errechnet N ein Risiko von $\beta = 0.621$.

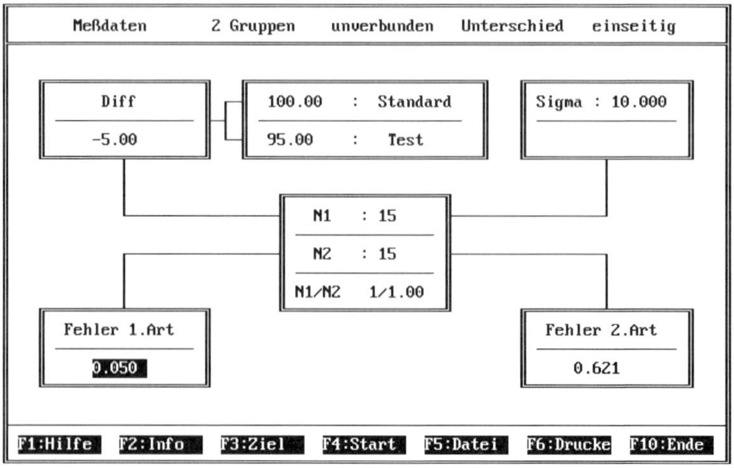

Das Ergebnis zeigt, daß die Wahrscheinlichkeit, eine blutdrucksenkende Wirkung von mindestens 5 mm Hg zu erkennen, nur etwa 38% beträgt. Das ist i.a. zu wenig, um in

[13] vgl. Beispiel im N-Handbuch S. 66

der Pharmakologie vorhandene Effekte aufzudecken. In diesem Fall empfiehlt sich eine sog. **α-Adjustierung**, d.h. man wählt ein "vernünftiges" Risiko 2. Art und adjustiert den Fehler 1. Art entsprechend. Man ändert die Versuchsparameter so ab, daß die Wahrscheinlichkeit, relevante Wirkungen zu übersehen, also der Fehler 2. Art, nun auf z.B. vertretbare 10% festgesetzt wird und der Fehler 1. Art zur neuen Zielgröße wird (F3).

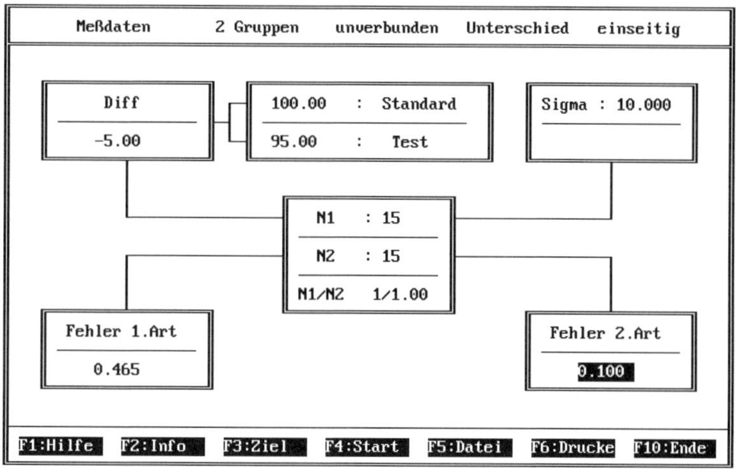

N errechnet nun eine sehr hohe Irrtumswahrscheinlichkeit $\alpha = 0.465$. Es bleibt dem Versuchsansteller überlassen, ob er dieses hohe Risiko akzeptiert. Wenn nicht, bleibt nur die Möglichkeit, den Stichprobenumfang zu erhöhen, um bei gleicher Macht eine niedrigere Irrtumswahrscheinlichkeit zu erzielen. Wird etwa ein α-Niveau von 20% gefordert, dann müssen wenigstens 74 Tiere, 37 je Gruppe bei gleicher Stichprobengröße, untersucht werden, um mit 90%-iger Wahrscheinlichkeit relevante Wirkungen aufzudecken. Zur Berechnung wurde dazu der Fehler 1. Art auf 0.2 und der Fehler 2. Art auf 0.1 festgesetzt. Zielgröße ist jetzt der Stichprobenumfang der beiden Gruppen. Das Verhältnis der Stichprobengrößen `N1/N2` soll 1 sein.

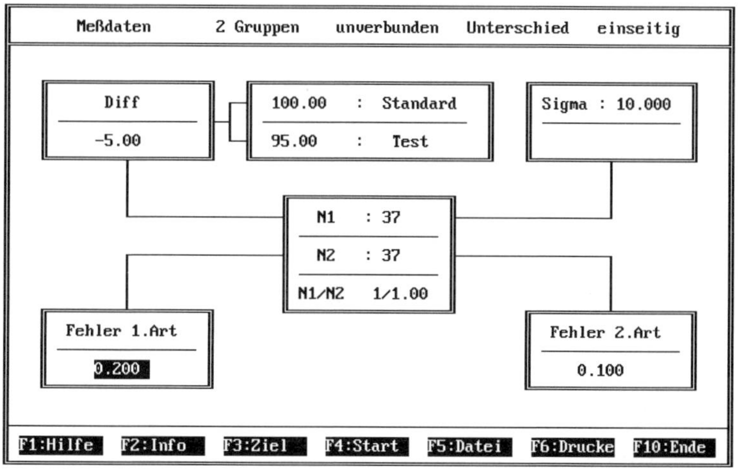

Bemerkungen

- Bei verbundenen Meßreihen ist neben der Standardabweichung `Sigma` auch der Korrelationskoeffizient `Rho` anzugeben. Wie bei der Standardabweichung wird er als bekannt vorausgesetzt, wobei auf einen empirischen Erfahrungswert oder Schätzwert zurückgegriffen wird.
- Bei unterschiedlich großen Stichprobenumfängen kann man entweder beide Größen `N1` und `N2` angeben, das Verhältnis `N1:N2` ergibt sich dann von selbst, oder man gibt eine Größe und das Verhältnis vor, dann ergibt sich der zweite Stichprobenumfang automatisch. Bei gleichen Stichprobengrößen beträgt das Verhältnis 1:1.

Als abschließendes Beispiel soll der Wurf einer Münze[14] betrachtet werden. Beim Münzwurf besteht der Verdacht, daß die Münze nicht symmetrisch ist. Es stellt sich die Frage, wie oft man die Münze werfen muß, um diesen Verdacht zu erhärten. Die Nullhypothese eines entsprechenden statistischen Tests lautet: $H_0 : p = 0.5$, die Alternative $H_1 : p \neq 0.5$. Man will eine Asymmetrie aufdecken, wenn die Wahrscheinlichkeit p für eine Seite, Kopf oder Zahl, um mindestens 10% vom Standardwert 0.5 abweicht, der Testwert ist also 0.45 oder 0.55. Man formuliert einen zweiseitigen Test auf Unterschied des Standards gegen einen festen Testwert mit binomialverteilten Ereignisdaten. Die Irrtumswahrscheinlichkeit α soll auf 5% festgesetzt werden, d.h. in 95% der Fälle soll eine symmetrische Münze nicht als asymmetrisch erkannt werden. Die Abweichung von 10% vom Standardwert $p = 0.5$ soll mit einer Wahrscheinlichkeit von 90% erkannt werden, d.h. der Fehler 2. Art wird auf $\beta = 0.1$ festgesetzt. Das Zielfeld ist die Stichprobengröße `N`. Nach Eintrag aller Parameterwerte und Berechnung des Programms folgt als Ergebnis, daß man die Münze also mindestens 1055 mal werfen muß, um mit 90%-iger Erfolgswahrscheinlichkeit eine Abweichung von 10% vom symmetrischen Standardwert zu erkennen.

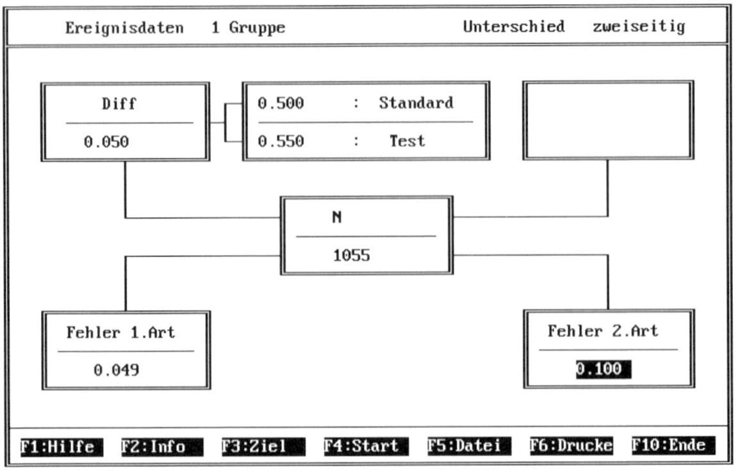

[14] vgl. Beispiel im N-Handbuch S. 12

Bemerkungen

- Der Fehler 1. Art wurde auf 5% festgelegt und hat sich nach den Berechnungen zu $\alpha = 0.049$ geändert. Da es sich um diskrete Ergebnisdaten handelt, ist die Bedingung $\alpha = 0.05$ nicht exakt erfüllbar. Das Programm N wählt daher den nächstkleineren Wert für α. Solche Sprünge können für binomialverteilte Daten bei α, β oder bei beiden Größen auftreten. Im Ergebnisausdruck heißt der vom Benutzer eingestellte Fehler 1. Art **nominelles** und der von N berechnete Alpha-Fehler **exaktes α-Risiko**.
- Im obigen Menü wurde eine Abweichung nach oben von +0.05 (Testwert 0.55) gewählt. Durch die Symmetrie der Binomialverteilung führt eine Abweichung nach unten von −0.05, also ein Testwert von 0.45, zu völlig identischen Ergebnissen.

Der verkürzte Ergebnisausdruck sieht folgendermaßen aus:

```
KRITISCHE WERTE

                 T E S T E N T S C H E I D U N G

                      Trefferzahl zwischen
               496 ( 47 % ) und   559 ( 53 % )  ?

                   ja ──────┴────── nein
          kein Unterschied                 Unterschied

OPERATIONS-CHARAKTERISTIK

     Die OC-Kurve beschreibt den Zusammenhang zwischen dem wahren
     Unterschied D und der Wahrscheinlichkeit, diesen Unterschied
     zu übersehen.
```

Wahres D	% von |Diff|	OC
0.000	0%	0.951
0.005	10%	0.939
0.010	20%	0.902
0.015	30%	0.839
0.020	40%	0.748
0.025	50%	0.635
0.030	60%	0.508
0.035	70%	0.380
0.040	80%	0.264
0.045	90%	0.169
0.050	100%	0.100
0.055	110%	0.054
0.060	120%	0.026
0.065	130%	0.012
0.070	140%	0.005
0.075	150%	0.002
0.080	160%	0.001
0.085	170%	0.000
0.090	180%	0.000
0.095	190%	0.000
0.100	200%	0.000

Die angegebene Testentscheidung zeigt die kritischen Trefferzahlen. Befindet sich die Anzahl von Kopf (bzw. Zahl) bei $n = 1055$ Würfen zwischen 496 und 559, dann kann die Symmetrie der Münze nicht abgelehnt werden. Unter- bzw. überschreitet die Anzahl von Kopf (bzw. Zahl) die kritischen Trefferzahlen, dann ist die Asymmetrie der Münze zum Signifikanzniveau $\alpha = 4.9\%$ statistisch gesichert. Die OC-Kurve zeigt, daß es praktisch unmöglich ist, d.h. das Risiko liegt nur bei $\beta = 0.001$, eine vergleichsweise große Differenz von 0.08 zu übersehen, während man eine kleine Abweichung von z.B. 0.01 doch in etwa 9 von 10 Fällen übersieht.

Festlegung der Risiken α und β

Bei der Versuchsplanung und Vorbereitung eines statistischen Tests spielt neben dem Stichprobenumfang die Festlegung der beiden Risiken α und β eine wichtige Rolle. Es wurde bisher in der Regel von einem Wert 0.05 bzw. 5% für das Signifikanzniveau α ausgegangen. In Abhängigkeit von der Versuchsfrage und dem Ziel der Untersuchung kann man auch andere Werte für α akzeptieren. Man unterscheidet verschiedene Strategien, je nachdem ob man Prüfglieder entdecken möchte, die sich unterscheiden oder nicht unterscheiden. Es kommt also durchaus darauf an, von welchem Blickwinkel der Test durchgeführt werden soll. Man kann mit einer **Kritiker-Strategie** oder mit einer **Entdecker-Strategie** an die Versuchsplanung herangehen (vgl. CADEMO[15]). Verfolgt man bei einem Test auf Unterschied eine Entdecker-Strategie für die Alternativhypothese (also Unterschied), so akzeptiert man ein größeres α-Risiko und möchte ein kleineres β-Risiko eingehen, z.B. $\alpha = 25\%$ und $\beta = 5\% \ldots 10\%$. Der Versuchsansteller möchte also keine unterschiedlichen Prüfglieder übersehen und nimmt dafür ein höheres Risiko in Kauf, irrtümlich zwei gleiche Prüfglieder als unterschiedlich zu erklären. Dies kann durchaus in einer frühen Phase eines Forschungsvorhabens angebracht sein. Verfolgt man aber eine Entdecker-Strategie für die Nullhypothese, vorausgesetzt Gleichheit wird postuliert, so wird man die Werte für α und β vertauschen, also $\alpha = 5\% \ldots 10\%$ und $\beta = 25\%$ und höher. Schlägt man eine Kritiker-Strategie für die Alternative ein, so möchte man bereits vorliegende Forschungsergebnisse überprüfen und eine sichere Aussage treffen, daß sich die Prüfglieder unterscheiden. Man kann die Werte von z.B. $\alpha = 5\%$ und $\beta \leq 25\%$ akzeptieren. Eine Kritiker-Strategie für die Nullhypothese ist angebracht, falls man eine sichere Aussage über praktisch gleiche Prüfglieder treffen möchte. Man kann dann etwa folgende Werte für α und β akzeptieren: $\alpha \leq 25\%$ und $\beta = 5\%$. Eine **neutrale Strategie** für beide Hypothesen wird ein Versuchsansteller einschlagen, wenn er Forschungsergebnisse in einer Art Schiedsrichterfunktion überprüfen will. In diesem Fall wird man für α und β in etwa gleich große Werte wählen. Als Anhaltspunkt möge gelten: $\alpha = \beta \leq 25\%$.

[15]CADEMO, Dialogsystem zur statistischen Versuchsplanung und Modellwahl. BIORAT GmbH, Rostock.

Anhang

Tab. A.1 zeigt die Funktionswerte der Standardnormalverteilung $\Phi(x)$ und die Flächenanteile $D(x) = \Phi(x) - \Phi(-x)$, die zur Berechnung der Verteilungsfunktion beliebiger Normalverteilungen mit Mittelwert μ und Standardabweichung σ dienen. Diese Werte wurden mit dem MINITAB-Befehl `cdf` (von engl. *cumulative density function*) berechnet. Das `cdf`-Kommando bestimmt den Funktionswert der Verteilungsfunktion, d.h. die Wahrscheinlichkeit, daß eine Zufallsgröße kleiner oder gleich einem vorgegebenen Wert ist.

Die Tabellen A.2 – A.7 enthalten Fraktilen der Standardnormalverteilung, t- und F-Verteilung zur Bestimmung von Vertrauensintervallen und Test von Hypothesen. Die Fraktilen sind die x-Werte, bei denen die Verteilungsfunktion den Wert $K\%$ bzw. $1-\alpha$ annimmt. Diese Fraktilen wurden mit dem MINITAB Kommando `invcdf` (von engl. *inverse cumulative density function*) bestimmt. Der Befehl `invcdf` berechnet für vorgegebene $K\%$-Werte der Verteilungsfunktion die zugehörigen x-Werte ($K\%$-Fraktilen). Das jeweilige Subkommando ist bei den einzelnen Verteilungen mit angeführt. Die nicht tabellierten Fraktilen bei Zwischenwerten oder fehlenden Freiheitsgraden müssen interpoliert werden oder sind bei Bedarf mit MINITAB oder anderen Programmen zu bestimmen.

MINITAB berechnet die Verteilungsfunktionen und Fraktilen durch Approximation der Funktionen durch ein Polynom. Infolgedessen können die Werte in anderen Werken geringfügig von den hier angegebenen Werten abweichen, je nachdem welcher Algorithmus dort verwendet wurde.

Tab. A.8 enthält dreistellige Zufallszahlen, die man zur Auswahl von Stichproben heranziehen kann. Die Generierung von Zufallszahlen ist in MINITAB mit dem `random`-Befehl und dem Subkommando `integer` möglich (siehe Seite 176).

Tab. A.9 enthält die kritischen Korrelationen für den Shapiro-Wilk-Test auf Normalverteilung.

Tab. A.10 zeigt die Meßwerte einer Stichprobe verschiedener Leistungs- und Größenmerkmale aus einer Kuhpopulation, die zur Demonstration der beschreibenden und explorativen Statistik mit MINITAB in Kap. 1.6 verwendet wurde.

Tab. A.11 zeigt Meßwerte einer Stichprobe des Hydroxymethyfurfurolgehalts (HMF) von Honig, der als Beispieldatensatz für logarithmisch normalverteilte Zufallsgrößen in Kap. 3.2 dient.

Funktionswerte und Fraktilen der Standardnormalverteilung

Tab. A.1 enthält für ein gegebenes x (1. Spalte) die Werte der Standardnormalverteilungsfunktion $\Phi(-x)$ (2. Spalte) bzw. $\Phi(x)$ (3. Spalte) sowie den Flächenanteil $D(x) = \Phi(x) - \Phi(-x)$ (4. Spalte) zwischen $-x$ und x (vgl. Bild 6.7).

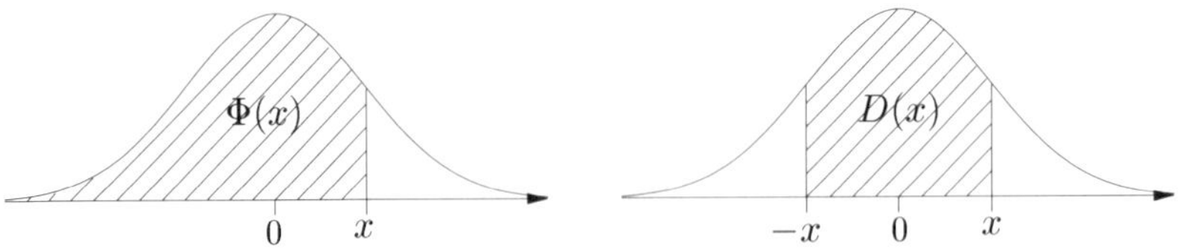

Bild 6.7: Standardnormalverteilung

Tab. A.2 enthält für gegebene Werte $\Phi(x) = K\%$ der Standardnormalverteilung die $K\%$-Fraktilen $u_{K\%}$ und die $K\%$-Grenzen $\lambda_{K\%}$ (vgl. Bild 3.7).

Beispiel:

$\Phi(1.27) = 0.8980$, $\Phi(-0.83) = 0.2033$, $\Phi(-4) \approx 0$, $\Phi(3.2) \approx 1$

$D(2.5) = 0.9876$

$u_{0.9} = 1.282$, $\lambda_{0.95} = 1.960$

Mit MINITAB erfolgt die Berechnung der Werte der Standardnormalverteilungsfunktion $\Phi(x)$ durch den Befehl `cdf`. Das Subkommando `normal` kann in diesem Fall weggelassen werden.

```
MTB > cdf 1.27
    1.2700     0.8980
MTB > cdf -0.83
   -0.8300     0.2033
MTB > cdf -4
   -4.0000     0.0000
MTB > cdf 3.2
    3.2000     0.9993
```

Die Fraktilen u der Standardnormalverteilung erhält man durch den Befehl `invcdf`. Die zweiseitige Fraktile bzw. Grenze $\lambda_{1-\alpha}$ erhält man durch Berechnung von $u_{1-\alpha/2}$.

```
MTB > invcdf 0.9
    0.9000     1.2816
MTB > invcdf 0.975
    0.9750     1.9600
```

x	$\Phi(-x)$	$\Phi(x)$	$D(x)$
0.00	0.5000	0.5000	0.0000
0.01	0.4960	0.5040	0.0080
0.02	0.4920	0.5080	0.0160
0.03	0.4880	0.5120	0.0240
0.04	0.4840	0.5160	0.0320
0.05	0.4801	0.5199	0.0398
0.06	0.4761	0.5239	0.0478
0.07	0.4721	0.5279	0.0558
0.08	0.4681	0.5319	0.0638
0.09	0.4641	0.5359	0.0718
0.10	0.4602	0.5398	0.0796
0.11	0.4562	0.5438	0.0876
0.12	0.4522	0.5478	0.0956
0.13	0.4483	0.5517	0.1034
0.14	0.4443	0.5557	0.1114
0.15	0.4404	0.5596	0.1192
0.16	0.4364	0.5636	0.1272
0.17	0.4325	0.5675	0.1350
0.18	0.4286	0.5714	0.1428
0.19	0.4247	0.5753	0.1506
0.20	0.4207	0.5793	0.1586
0.21	0.4168	0.5832	0.1664
0.22	0.4129	0.5871	0.1742
0.23	0.4090	0.5910	0.1820
0.24	0.4052	0.5948	0.1896
0.25	0.4013	0.5987	0.1974
0.26	0.3974	0.6026	0.2052
0.27	0.3936	0.6064	0.2128
0.28	0.3897	0.6103	0.2206
0.29	0.3859	0.6141	0.2282
0.30	0.3821	0.6179	0.2358
0.31	0.3783	0.6217	0.2434
0.32	0.3745	0.6255	0.2510
0.33	0.3707	0.6293	0.2586
0.34	0.3669	0.6331	0.2662
0.35	0.3632	0.6368	0.2736
0.36	0.3594	0.6406	0.2812
0.37	0.3557	0.6443	0.2886
0.38	0.3520	0.6480	0.2960
0.39	0.3483	0.6517	0.3034
0.40	0.3446	0.6554	0.3108
0.41	0.3409	0.6591	0.3182
0.42	0.3372	0.6628	0.3256
0.43	0.3336	0.6664	0.3328
0.44	0.3300	0.6700	0.3400
0.45	0.3264	0.6736	0.3472
0.46	0.3228	0.6772	0.3544
0.47	0.3192	0.6808	0.3616
0.48	0.3156	0.6844	0.3688
0.49	0.3121	0.6879	0.3758
0.50	0.3085	0.6915	0.3830

x	$\Phi(-x)$	$\Phi(x)$	$D(x)$
0.51	0.3050	0.6950	0.3900
0.52	0.3015	0.6985	0.3970
0.53	0.2981	0.7019	0.4038
0.54	0.2946	0.7054	0.4108
0.55	0.2912	0.7088	0.4176
0.56	0.2877	0.7123	0.4246
0.57	0.2843	0.7157	0.4314
0.58	0.2810	0.7190	0.4380
0.59	0.2776	0.7224	0.4448
0.60	0.2743	0.7257	0.4514
0.61	0.2709	0.7291	0.4582
0.62	0.2676	0.7324	0.4648
0.63	0.2643	0.7357	0.4714
0.64	0.2611	0.7389	0.4778
0.65	0.2578	0.7422	0.4844
0.66	0.2546	0.7454	0.4908
0.67	0.2514	0.7486	0.4972
0.68	0.2483	0.7517	0.5034
0.69	0.2451	0.7549	0.5098
0.70	0.2420	0.7580	0.5160
0.71	0.2389	0.7611	0.5222
0.72	0.2358	0.7642	0.5284
0.73	0.2327	0.7673	0.5346
0.74	0.2297	0.7704	0.5407
0.75	0.2266	0.7734	0.5468
0.76	0.2236	0.7764	0.5528
0.77	0.2207	0.7794	0.5587
0.78	0.2177	0.7823	0.5646
0.79	0.2148	0.7852	0.5704
0.80	0.2119	0.7881	0.5762
0.81	0.2090	0.7910	0.5820
0.82	0.2061	0.7939	0.5878
0.83	0.2033	0.7967	0.5934
0.84	0.2005	0.7995	0.5990
0.85	0.1977	0.8023	0.6046
0.86	0.1949	0.8051	0.6102
0.87	0.1922	0.8078	0.6156
0.88	0.1894	0.8106	0.6212
0.89	0.1867	0.8133	0.6266
0.90	0.1841	0.8159	0.6318
0.91	0.1814	0.8186	0.6372
0.92	0.1788	0.8212	0.6424
0.93	0.1762	0.8238	0.6476
0.94	0.1736	0.8264	0.6528
0.95	0.1711	0.8289	0.6578
0.96	0.1685	0.8315	0.6630
0.97	0.1660	0.8340	0.6680
0.98	0.1635	0.8365	0.6730
0.99	0.1611	0.8389	0.6778
1.00	0.1587	0.8413	0.6826

Tabelle A.1: $\Phi(x)$ und $D(x)$ der Standardnormalverteilungsfunktion

x	$\Phi(-x)$	$\Phi(x)$	$D(x)$	x	$\Phi(-x)$	$\Phi(x)$	$D(x)$
1.01	0.1562	0.8438	0.6876	1.51	0.0655	0.9345	0.8690
1.02	0.1539	0.8461	0.6922	1.52	0.0643	0.9357	0.8714
1.03	0.1515	0.8485	0.6970	1.53	0.0630	0.9370	0.8740
1.04	0.1492	0.8508	0.7016	1.54	0.0618	0.9382	0.8764
1.05	0.1469	0.8531	0.7062	1.55	0.0606	0.9394	0.8788
1.06	0.1446	0.8554	0.7108	1.56	0.0594	0.9406	0.8812
1.07	0.1423	0.8577	0.7154	1.57	0.0582	0.9418	0.8836
1.08	0.1401	0.8599	0.7198	1.58	0.0571	0.9429	0.8858
1.09	0.1379	0.8621	0.7242	1.59	0.0559	0.9441	0.8882
1.10	0.1357	0.8643	0.7286	1.60	0.0548	0.9452	0.8904
1.11	0.1335	0.8665	0.7330	1.61	0.0537	0.9463	0.8926
1.12	0.1314	0.8686	0.7372	1.62	0.0526	0.9474	0.8948
1.13	0.1292	0.8708	0.7416	1.63	0.0516	0.9484	0.8968
1.14	0.1271	0.8729	0.7458	1.64	0.0505	0.9495	0.8990
1.15	0.1251	0.8749	0.7498	1.65	0.0495	0.9505	0.9010
1.16	0.1230	0.8770	0.7540	1.66	0.0485	0.9515	0.9030
1.17	0.1210	0.8790	0.7580	1.67	0.0475	0.9525	0.9050
1.18	0.1190	0.8810	0.7620	1.68	0.0465	0.9535	0.9070
1.19	0.1170	0.8830	0.7660	1.69	0.0455	0.9545	0.9090
1.20	0.1151	0.8849	0.7698	1.70	0.0446	0.9554	0.9108
1.21	0.1131	0.8869	0.7738	1.71	0.0436	0.9564	0.9128
1.22	0.1112	0.8888	0.7776	1.72	0.0427	0.9573	0.9146
1.23	0.1093	0.8907	0.7814	1.73	0.0418	0.9582	0.9164
1.24	0.1075	0.8925	0.7850	1.74	0.0409	0.9591	0.9182
1.25	0.1057	0.8944	0.7887	1.75	0.0401	0.9599	0.9198
1.26	0.1038	0.8962	0.7924	1.76	0.0392	0.9608	0.9216
1.27	0.1020	0.8980	0.7960	1.77	0.0384	0.9616	0.9232
1.28	0.1003	0.8997	0.7994	1.78	0.0375	0.9625	0.9250
1.29	0.0985	0.9015	0.8030	1.79	0.0367	0.9633	0.9266
1.30	0.0968	0.9032	0.8064	1.80	0.0359	0.9641	0.9282
1.31	0.0951	0.9049	0.8098	1.81	0.0351	0.9649	0.9298
1.32	0.0934	0.9066	0.8132	1.82	0.0344	0.9656	0.9312
1.33	0.0918	0.9082	0.8164	1.83	0.0336	0.9664	0.9328
1.34	0.0901	0.9099	0.8198	1.84	0.0329	0.9671	0.9342
1.35	0.0885	0.9115	0.8230	1.85	0.0322	0.9678	0.9356
1.36	0.0869	0.9131	0.8262	1.86	0.0314	0.9686	0.9372
1.37	0.0853	0.9147	0.8294	1.87	0.0307	0.9693	0.9386
1.38	0.0838	0.9162	0.8324	1.88	0.0301	0.9699	0.9398
1.39	0.0823	0.9177	0.8354	1.89	0.0294	0.9706	0.9412
1.40	0.0808	0.9192	0.8384	1.90	0.0287	0.9713	0.9426
1.41	0.0793	0.9207	0.8414	1.91	0.0281	0.9719	0.9438
1.42	0.0778	0.9222	0.8444	1.92	0.0274	0.9726	0.9452
1.43	0.0764	0.9236	0.8472	1.93	0.0268	0.9732	0.9464
1.44	0.0749	0.9251	0.8502	1.94	0.0262	0.9738	0.9476
1.45	0.0735	0.9265	0.8530	1.95	0.0256	0.9744	0.9488
1.46	0.0721	0.9279	0.8558	1.96	0.0250	0.9750	0.9500
1.47	0.0708	0.9292	0.8584	1.97	0.0244	0.9756	0.9512
1.48	0.0694	0.9306	0.8612	1.98	0.0239	0.9761	0.9522
1.49	0.0681	0.9319	0.8638	1.99	0.0233	0.9767	0.9534
1.50	0.0668	0.9332	0.8664	2.00	0.0228	0.9773	0.9545

Tabelle A.1: $\Phi(x)$ und $D(x)$ der Standardnormalverteilungsfunktion

x	$\Phi(-x)$	$\Phi(x)$	$D(x)$	x	$\Phi(-x)$	$\Phi(x)$	$D(x)$
2.01	0.0222	0.9778	0.9556	2.51	0.0060	0.9940	0.9880
2.02	0.0217	0.9783	0.9566	2.52	0.0059	0.9941	0.9882
2.03	0.0212	0.9788	0.9576	2.53	0.0057	0.9943	0.9886
2.04	0.0207	0.9793	0.9586	2.54	0.0055	0.9945	0.9890
2.05	0.0202	0.9798	0.9596	2.55	0.0054	0.9946	0.9892
2.06	0.0197	0.9803	0.9606	2.56	0.0052	0.9948	0.9896
2.07	0.0192	0.9808	0.9616	2.57	0.0051	0.9949	0.9898
2.08	0.0188	0.9812	0.9624	2.58	0.0049	0.9951	0.9902
2.09	0.0183	0.9817	0.9634	2.59	0.0048	0.9952	0.9904
2.10	0.0179	0.9821	0.9642	2.60	0.0047	0.9953	0.9906
2.11	0.0174	0.9826	0.9652	2.61	0.0045	0.9955	0.9910
2.12	0.0170	0.9830	0.9660	2.62	0.0044	0.9956	0.9912
2.13	0.0166	0.9834	0.9668	2.63	0.0043	0.9957	0.9914
2.14	0.0162	0.9838	0.9676	2.64	0.0041	0.9959	0.9918
2.15	0.0158	0.9842	0.9684	2.65	0.0040	0.9960	0.9920
2.16	0.0154	0.9846	0.9692	2.66	0.0039	0.9961	0.9922
2.17	0.0150	0.9850	0.9700	2.67	0.0038	0.9962	0.9924
2.18	0.0146	0.9854	0.9708	2.68	0.0037	0.9963	0.9926
2.19	0.0143	0.9857	0.9714	2.69	0.0036	0.9964	0.9928
2.20	0.0139	0.9861	0.9722	2.70	0.0035	0.9965	0.9930
2.21	0.0136	0.9864	0.9728	2.71	0.0034	0.9966	0.9932
2.22	0.0132	0.9868	0.9736	2.72	0.0033	0.9967	0.9934
2.23	0.0129	0.9871	0.9742	2.73	0.0032	0.9968	0.9936
2.24	0.0125	0.9875	0.9750	2.74	0.0031	0.9969	0.9938
2.25	0.0122	0.9878	0.9756	2.75	0.0030	0.9970	0.9940
2.26	0.0119	0.9881	0.9762	2.76	0.0029	0.9971	0.9942
2.27	0.0116	0.9884	0.9768	2.77	0.0028	0.9972	0.9944
2.28	0.0113	0.9887	0.9774	2.78	0.0027	0.9973	0.9946
2.29	0.0110	0.9890	0.9780	2.79	0.0026	0.9974	0.9948
2.30	0.0107	0.9893	0.9786	2.80	0.0026	0.9974	0.9948
2.31	0.0104	0.9896	0.9792	2.81	0.0025	0.9975	0.9950
2.32	0.0102	0.9898	0.9796	2.82	0.0024	0.9976	0.9952
2.33	0.0099	0.9901	0.9802	2.83	0.0023	0.9977	0.9954
2.34	0.0096	0.9904	0.9808	2.84	0.0023	0.9977	0.9954
2.35	0.0094	0.9906	0.9812	2.85	0.0022	0.9978	0.9956
2.36	0.0091	0.9909	0.9818	2.86	0.0021	0.9979	0.9958
2.37	0.0089	0.9911	0.9822	2.87	0.0021	0.9979	0.9958
2.38	0.0087	0.9913	0.9826	2.88	0.0020	0.9980	0.9960
2.39	0.0084	0.9916	0.9832	2.89	0.0019	0.9981	0.9962
2.40	0.0082	0.9918	0.9836	2.90	0.0019	0.9981	0.9962
2.41	0.0080	0.9920	0.9840	2.91	0.0018	0.9982	0.9964
2.42	0.0078	0.9922	0.9844	2.92	0.0018	0.9983	0.9965
2.43	0.0075	0.9925	0.9850	2.93	0.0017	0.9983	0.9966
2.44	0.0073	0.9927	0.9854	2.94	0.0016	0.9984	0.9968
2.45	0.0071	0.9929	0.9858	2.95	0.0016	0.9984	0.9968
2.46	0.0069	0.9931	0.9862	2.96	0.0015	0.9985	0.9970
2.47	0.0068	0.9932	0.9864	2.97	0.0015	0.9985	0.9970
2.48	0.0066	0.9934	0.9868	2.98	0.0014	0.9986	0.9972
2.49	0.0064	0.9936	0.9872	2.99	0.0014	0.9986	0.9972
2.50	0.0062	0.9938	0.9876	3.00	0.0013	0.9987	0.9974

Tabelle A.1: $\Phi(x)$ und $D(x)$ der Standardnormalverteilungsfunktion

%	u	λ
1	−2.326	0.013
2	−2.054	0.025
3	−1.881	0.038
4	−1.751	0.050
5	−1.645	0.063
6	−1.555	0.075
7	−1.476	0.088
8	−1.405	0.100
9	−1.341	0.113
10	−1.282	0.126
11	−1.227	0.138
12	−1.175	0.151
13	−1.126	0.164
14	−1.080	0.176
15	−1.036	0.189
16	−0.994	0.202
17	−0.954	0.215
18	−0.915	0.228
19	−0.878	0.240
20	−0.842	0.253
21	−0.806	0.266
22	−0.772	0.279
23	−0.739	0.292
24	−0.706	0.305
25	−0.674	0.319
26	−0.643	0.332
27	−0.613	0.345
28	−0.583	0.358
29	−0.553	0.372
30	−0.524	0.385
31	−0.496	0.399
32	−0.468	0.412
33	−0.440	0.426
34	−0.412	0.440
35	−0.385	0.454
36	−0.358	0.468
37	−0.332	0.482
38	−0.305	0.496
39	−0.279	0.510
40	−0.253	0.524
41	−0.228	0.539
42	−0.202	0.553
43	−0.176	0.568
44	−0.151	0.583
45	−0.126	0.598
46	−0.100	0.613
47	−0.075	0.628
48	−0.050	0.643
49	−0.025	0.659

%	u	λ
50	0.000	0.674
51	0.025	0.690
52	0.050	0.706
53	0.075	0.722
54	0.100	0.739
55	0.126	0.755
56	0.151	0.772
57	0.176	0.789
58	0.202	0.806
59	0.228	0.824
60	0.253	0.842
61	0.279	0.860
62	0.305	0.878
63	0.332	0.896
64	0.358	0.915
65	0.385	0.935
66	0.412	0.954
67	0.440	0.974
68	0.468	0.994
69	0.496	1.015
70	0.524	1.036
71	0.553	1.058
72	0.583	1.080
73	0.613	1.103
74	0.643	1.126
75	0.674	1.150
76	0.706	1.175
77	0.739	1.200
78	0.772	1.227
79	0.806	1.254
80	0.842	1.282
81	0.878	1.311
82	0.915	1.341
83	0.954	1.372
84	0.994	1.405
85	1.036	1.440
86	1.080	1.476
87	1.126	1.514
88	1.175	1.555
89	1.227	1.598
90	1.282	1.645
91	1.341	1.695
92	1.405	1.751
93	1.476	1.812
94	1.555	1.881
95	1.645	1.960
96	1.751	2.054
97	1.881	2.170
98	2.054	2.326
99	2.326	2.576

%	u	λ
99.10	2.366	2.612
99.20	2.409	2.652
99.30	2.457	2.697
99.40	2.512	2.748
99.50	2.576	2.807
99.60	2.652	2.878
99.70	2.748	2.968
99.80	2.878	3.090
99.90	3.090	3.290
99.91	3.121	3.320
99.92	3.156	3.353
99.93	3.195	3.390
99.94	3.239	3.432
99.95	3.291	3.481
99.96	3.353	3.540
99.97	3.432	3.615
99.98	3.540	3.719
99.99	3.719	3.891

Tabelle A.2: Fraktilen u und Grenzen λ der Standardnormalverteilung

Fraktilen der χ^2-Verteilung

Tab. A.3 enthält die Fraktilen der χ^2-Verteilung für verschiedene Wahrscheinlichkeiten $P(X \leq x) = F(x)$ und Freiheitsgrade FG.

Beispiel:

Bei FG $= 6$ *und* $F(x) = 0.99$ *ist* $x = 16.81$, *d.h. die* 99%*-Fraktile bei* 6 *Freiheitsgraden ist:*

$\chi^2_{6;0.99} = 16.81$

Zur Bestimmung der 95%*-Fraktilen bei* 64 *Freiheitsgraden muß zwischen den Werten* $\chi^2_{60;0.95} = 79.1$ *und* $\chi^2_{70;0.95} = 90.5$ *interpoliert werden:*

$$\chi_{64;0.95} = 79.1 + \frac{4}{10} \cdot (90.5 - 79.1) = 83.7$$

In MINITAB erfolgt die Berechnung der Fraktilen der χ^2-Verteilung durch den Befehl `invcdf` mit dem Subkommando `chisquare` und Angabe der Freiheitsgrade.

```
MTB > invcdf 0.99;
SUBC> chisquare 6.
    0.9900   16.8119
MTB > invcdf 0.95;
SUBC> chisquare 64.
    0.9500   83.6753
```

	Freiheitsgrade									
$F(x)$	1	2	3	4	5	6	7	8	9	10
0.001	0.00	0.00	0.02	0.09	0.21	0.38	0.60	0.86	1.15	1.48
0.005	0.00	0.01	0.07	0.21	0.41	0.68	0.99	1.34	1.73	2.16
0.010	0.00	0.02	0.11	0.30	0.55	0.87	1.24	1.65	2.09	2.56
0.025	0.00	0.05	0.22	0.48	0.83	1.24	1.69	2.18	2.70	3.25
0.050	0.00	0.10	0.35	0.71	1.15	1.64	2.17	2.73	3.33	3.94
0.100	0.02	0.21	0.58	1.06	1.61	2.20	2.83	3.49	4.17	4.87
0.250	0.10	0.58	1.21	1.92	2.67	3.45	4.25	5.07	5.90	6.74
0.500	0.45	1.39	2.37	3.36	4.35	5.35	6.35	7.34	8.34	9.34
0.750	1.32	2.77	4.11	5.39	6.63	7.84	9.04	10.22	11.39	12.55
0.900	2.71	4.61	6.25	7.78	9.24	10.64	12.02	13.36	14.68	15.99
0.950	3.84	5.99	7.81	9.49	11.07	12.59	14.07	15.51	16.92	18.31
0.975	5.02	7.38	9.35	11.14	12.83	14.45	16.01	17.53	19.02	20.48
0.990	6.63	9.21	11.34	13.28	15.09	16.81	18.48	20.09	21.67	23.21
0.995	7.88	10.60	12.84	14.86	16.75	18.55	20.28	21.95	23.59	25.19
0.999	10.83	13.82	16.27	18.47	20.52	22.46	24.32	26.12	27.88	29.59

	Freiheitsgrade									
$F(x)$	11	12	13	14	15	16	17	18	19	20
0.001	1.83	2.21	2.62	3.04	3.48	3.94	4.42	4.90	5.41	5.92
0.005	2.60	3.07	3.57	4.07	4.60	5.14	5.70	6.26	6.84	7.43
0.010	3.05	3.57	4.11	4.66	5.23	5.81	6.41	7.01	7.63	8.26
0.025	3.82	4.40	5.01	5.63	6.26	6.91	7.56	8.23	8.91	9.59
0.050	4.57	5.23	5.89	6.57	7.26	7.96	8.67	9.39	10.12	10.85
0.100	5.58	6.30	7.04	7.79	8.55	9.31	10.09	10.86	11.65	12.44
0.250	7.58	8.44	9.30	10.17	11.04	11.91	12.79	13.68	14.56	15.45
0.500	10.34	11.34	12.34	13.34	14.34	15.34	16.34	17.34	18.34	19.34
0.750	13.70	14.85	15.98	17.12	18.25	19.37	20.49	21.60	22.72	23.83
0.900	17.28	18.55	19.81	21.06	22.31	23.54	24.77	25.99	27.20	28.41
0.950	19.68	21.03	22.36	23.68	25.00	26.30	27.59	28.87	30.14	31.41
0.975	21.92	23.34	24.74	26.12	27.49	28.85	30.19	31.53	32.85	34.17
0.990	24.72	26.22	27.69	29.14	30.58	32.00	33.41	34.81	36.19	37.57
0.995	26.76	28.30	29.82	31.32	32.80	34.27	35.72	37.16	38.58	40.00
0.999	31.26	32.91	34.53	36.12	37.70	39.25	40.79	42.31	43.82	45.31

Tabelle A.3: Fraktilen der χ^2-Verteilung

$F(x)$	Freiheitsgrade							
	30	40	50	60	70	80	90	100
0.001	11.6	17.9	24.7	31.7	39.0	46.5	54.2	61.9
0.005	13.8	20.7	28.0	35.5	43.3	51.2	59.2	67.3
0.010	15.0	22.2	29.7	37.5	45.4	53.5	61.8	70.1
0.025	16.8	24.4	32.4	40.5	48.8	57.2	65.6	74.2
0.050	18.5	26.5	34.8	43.2	51.7	60.4	69.1	77.9
0.100	20.6	29.1	37.7	46.5	55.3	64.3	73.3	82.4
0.250	24.5	33.7	42.9	52.3	61.7	71.1	80.6	90.1
0.500	29.3	39.3	49.3	59.3	69.3	79.3	89.3	99.3
0.750	34.8	45.6	56.3	67.0	77.6	88.1	98.6	109.1
0.900	40.3	51.8	63.2	74.4	85.5	96.6	107.6	118.5
0.950	43.8	55.8	67.5	79.1	90.5	101.9	113.1	124.3
0.975	47.0	59.3	71.4	83.3	95.0	106.6	118.1	129.6
0.990	50.9	63.7	76.2	88.4	100.4	112.3	124.1	135.8
0.995	53.7	66.8	79.5	92.0	104.2	116.3	128.3	140.2
0.999	59.7	73.4	86.7	99.6	112.3	124.8	137.2	149.5

$F(x)$	Freiheitsgrade									
	200	300	400	500	600	700	800	900	1000	10000
0.001	143.8	230.0	318.3	407.9	498.6	590.0	682.0	774.5	867.5	9568.6
0.005	152.2	240.7	330.9	422.3	514.5	607.4	700.7	794.5	888.5	9639.4
0.010	156.4	246.0	337.2	429.4	522.3	615.9	709.9	804.2	898.9	9673.9
0.025	162.7	253.9	346.5	439.9	534.0	628.6	723.5	818.7	914.2	9724.7
0.050	168.3	260.9	354.6	449.1	544.2	639.6	735.3	831.4	927.6	9768.5
0.100	174.8	269.1	364.2	459.9	556.1	652.5	749.2	846.1	943.1	9819.2
0.250	186.2	283.1	380.6	478.3	576.3	674.4	772.7	871.0	969.5	9904.3
0.500	199.3	299.3	399.3	499.3	599.3	699.3	799.3	899.3	999.3	9999.3
0.750	213.1	316.1	418.7	520.9	623.0	724.8	826.6	928.2	1029.8	10.95.0
0.900	226.0	331.8	436.6	540.9	644.8	748.4	851.7	954.8	1057.7	10181.7
0.950	234.0	341.4	447.6	553.1	658.1	762.7	866.9	970.9	1074.7	10233.8
0.975	241.1	349.9	457.3	563.9	669.9	775.2	880.3	985.1	1089.6	10279.1
0.990	249.5	359.9	468.7	576.5	683.5	790.0	896.0	1001.7	1107.0	10332.0
0.995	255.3	366.8	476.6	585.2	693.0	800.2	906.8	1013.1	1119.0	10368.1
0.999	267.6	381.3	493.0	603.5	712.8	821.4	929.4	1036.9	1143.9	10442.8

Tabelle A.3: Fraktilen der χ^2-Verteilung

Fraktilen der Student- oder t-Verteilung

Tab. A.4 enthält die Fraktilen der t-Verteilung für verschiedene Wahrscheinlichkeiten $P(X \leq x) = F(x)$ und Freiheitsgrade FG.

Beispiel:

Bei FG = 8 $F(x) = 0.95$ *ist* $x = 1.860$, *d.h. die* 95%*-Fraktile bei* 8 *Freiheitsgraden ist:*

$t_{8;0.95} = 1.860$

Da die t-Verteilung symmetrisch um 0 ist, erfolgt die Bestimmung von Fraktilen für $1 - \alpha >\leq 0.5$ über die Beziehung:

$t_{n-1;1-\alpha} = -t_{n-1;\alpha}$

Beispiel: $t_{8;0.05} = t_{8;1-0.95} = -t_{8;0.95} = -1.860$

Manchmal wird die zweiseitige K%- Fraktile bzw. die K%-Grenze zur Berechnung von Vertrauensintervallen oder zum Test von Hypothesen verwendet. Mit $K\% = 1 - \alpha$ ist der Zusammenhang zwischen der Grenze γ und der Fraktile t: $\gamma_{n-1;1-\alpha} = t_{n-1;1-\alpha/2}$.

Beispiel:

Die zweiseitige 99%*-Fraktile oder* 99%*-Grenze bei* 15 *Freiheitsgraden ist*

$\gamma_{15;99\%} = t_{15;99.5\%} = 2.947$,

denn es ist $\gamma_{15;0.99} = \gamma_{15;1-0.01} = t_{15;1-0.005} = t_{15;0.995}$.

In MINITAB erfolgt die Berechnung der Fraktilen der t-Verteilung durch den Befehl `invcdf` mit dem Subkommando `t` und Angabe der Freiheitsgrade.

```
MTB > invcdf 0.95;
SUBC> t 8.
    0.9500    1.8595
MTB > invcdf 0.05;
SUBC> t 8.
    0.0500   -1.8595
MTB > invcdf 0.995;
SUBC> t 15.
    0.9950    2.9467
```

$F(x)$	Freiheitsgrade 1	2	3	4	5	6	7	8	9	10
0.500	0.000	0.000	0.000	0.000	0.000	0.000	0.000	0.000	0.000	0.000
0.600	0.325	0.289	0.277	0.271	0.267	0.265	0.263	0.262	0.261	0.260
0.700	0.727	0.617	0.584	0.569	0.559	0.553	0.549	0.546	0.543	0.542
0.800	1.376	1.061	0.978	0.941	0.920	0.906	0.896	0.889	0.883	0.879
0.900	3.078	1.886	1.638	1.533	1.476	1.440	1.415	1.397	1.383	1.372
0.950	6.314	2.920	2.353	2.132	2.015	1.943	1.895	1.860	1.833	1.812
0.975	12.706	4.303	3.182	2.776	2.571	2.447	2.365	2.306	2.262	2.228
0.990	31.821	6.965	4.541	3.747	3.365	3.143	2.998	2.896	2.821	2.764
0.995	63.657	9.925	5.841	4.604	4.032	3.707	3.499	3.355	3.250	3.169
0.999	318.317	22.327	10.215	7.173	5.893	5.208	4.785	4.501	4.297	4.144

$F(x)$	Freiheitsgrade 11	12	13	14	15	16	17	18	19	20
0.500	0.000	0.000	0.000	0.000	0.000	0.000	0.000	0.000	0.000	0.000
0.600	0.260	0.259	0.259	0.258	0.258	0.258	0.257	0.257	0.257	0.257
0.700	0.540	0.539	0.538	0.537	0.536	0.535	0.534	0.534	0.533	0.533
0.800	0.876	0.873	0.870	0.868	0.866	0.865	0.863	0.862	0.861	0.860
0.900	1.363	1.356	1.350	1.345	1.341	1.337	1.333	1.330	1.328	1.325
0.950	1.796	1.782	1.771	1.761	1.753	1.746	1.740	1.734	1.729	1.725
0.975	2.201	2.179	2.160	2.145	2.131	2.120	2.110	2.101	2.093	2.086
0.990	2.718	2.681	2.650	2.624	2.602	2.583	2.567	2.552	2.539	2.528
0.995	3.106	3.055	3.012	2.977	2.947	2.921	2.898	2.878	2.861	2.845
0.999	4.025	3.930	3.852	3.787	3.733	3.686	3.646	3.611	3.579	3.552

$F(x)$	Freiheitsgrade 22	24	26	28	30	40	50	100	200	∞
0.500	0.000	0.000	0.000	0.000	0.000	0.000	0.000	0.000	0.000	0.000
0.600	0.256	0.256	0.256	0.256	0.256	0.255	0.255	0.254	0.254	0.253
0.700	0.532	0.531	0.531	0.530	0.530	0.529	0.528	0.526	0.525	0.524
0.800	0.858	0.857	0.856	0.855	0.854	0.851	0.849	0.845	0.843	0.842
0.900	1.321	1.318	1.315	1.313	1.310	1.303	1.299	1.290	1.286	1.292
0.950	1.717	1.711	1.706	1.701	1.697	1.684	1.676	1.660	1.653	1.645
0.975	2.074	2.064	2.056	2.048	2.042	2.021	2.009	1.984	1.972	1.960
0.990	2.508	2.492	2.479	2.467	2.457	2.423	2.403	2.364	2.345	2.326
0.995	2.819	2.797	2.779	2.763	2.750	2.704	2.678	2.626	2.601	2.576
0.999	3.505	3.467	3.435	3.408	3.385	3.307	3.261	3.174	3.131	3.090

Tabelle A.4: Fraktilen der Student- oder t-Verteilung

Fraktilen der *F*-Verteilung

Die Tabellen A.5 – A.7 enthalten die am Häufigsten verwendeten Fraktilen der F-Verteilung für $F(x) = 0.95$, $F(x) = 0.975$ und $F(x) = 0.99$ bei verschiedenen Zähler- (m) und Nennerfreiheitsgraden (n).

Beispiel:

Für $m = 5$ und $n = 4$ und $P(X \leq x) = F(x) = 0.975$ ist $x = 6.26$, d.h. die 97.5%-Fraktile bei 5 Zähler- und 4 Nennerfreiheitsgraden ist:

$F_{5,4;0.975} = 9.36$

Bei der Berechnung von Vertrauensintervallen und beim Test statistischer Hypothesen werden auch die α-Fraktilen verwendet. Diese hängen mit den $1 - \alpha$-Fraktilen über die Beziehung

$$F_{m,n;\alpha} = \frac{1}{F_{n,m;1-\alpha}}$$

zusammen. Man bestimmt also die $1 - \alpha$ Fraktile bei vertauschten Zähler- und Nennerfreiheitsgraden und bildet den Kehrwert.

Beispiel:

$$F_{5,4;0.025} = \frac{1}{F_{4,5;0.975}} = \frac{1}{7.39} = 0.135$$

Die Berechnung der F-Fraktilen für beliebige Wahrscheinlichkeiten und Freiheitsgrade erfolgt in MINITAB durch das Kommando `invcdf` mit dem Subkommando `f` sowie der Angabe der Zähler- und Nennerfreiheitsgrade.

```
MTB > invcdf 0.975;
SUBC> f 5 4.
    0.9750    9.3645
MTB > invcdf 0.025;
SUBC> f 5 4.
    0.0250    0.1354
```

n	m = 1	2	3	4	5	6	7	8	9	10
1	161.45	199.50	215.71	224.58	230.16	233.99	236.77	238.88	240.54	241.88
2	18.51	19.00	19.16	19.25	19.30	19.33	19.35	19.37	19.38	19.40
3	10.13	9.55	9.28	9.12	9.01	8.94	8.89	8.85	8.81	8.79
4	7.71	6.94	6.59	6.39	6.26	6.16	6.09	6.04	6.00	5.96
5	6.61	5.79	5.41	5.19	5.05	4.95	4.88	4.82	4.77	4.74
6	5.99	5.14	4.76	4.53	4.39	4.28	4.21	4.15	4.10	4.06
7	5.59	4.74	4.35	4.12	3.97	3.87	3.79	3.73	3.68	3.64
8	5.32	4.46	4.07	3.84	3.69	3.58	3.50	3.44	3.39	3.35
9	5.12	4.26	3.86	3.63	3.48	3.37	3.29	3.23	3.18	3.14
10	4.96	4.10	3.71	3.48	3.33	3.22	3.14	3.07	3.02	2.98
20	4.35	3.49	3.10	2.87	2.71	2.60	2.51	2.45	2.39	2.35
30	4.17	3.32	2.92	2.69	2.53	2.42	2.33	2.27	2.21	2.16
40	4.08	3.23	2.84	2.61	2.45	2.34	2.25	2.18	2.12	2.08
50	4.03	3.18	2.79	2.56	2.40	2.29	2.20	2.13	2.07	2.03
60	4.00	3.15	2.76	2.53	2.37	2.25	2.17	2.10	2.04	1.99
70	3.98	3.13	2.74	2.50	2.35	2.23	2.14	2.07	2.02	1.97
80	3.96	3.11	2.72	2.49	2.33	2.21	2.13	2.06	2.00	1.95
90	3.95	3.10	2.71	2.47	2.32	2.20	2.11	2.04	1.99	1.94
100	3.94	3.09	2.70	2.46	2.31	2.19	2.10	2.03	1.97	1.93
200	3.89	3.04	2.66	2.42	2.26	2.14	2.06	1.99	1.93	1.88
∞	3.84	3.00	2.61	2.38	2.22	2.10	2.01	1.94	1.88	1.83

n	m = 20	30	40	50	60	70	80	90	100	∞
1	248.01	250.09	251.14	251.77	252.19	252.49	252.72	252.90	253.04	254.30
2	19.45	19.46	19.47	19.48	19.48	19.48	19.48	19.48	19.49	19.50
3	8.66	8.62	8.59	8.58	8.57	8.57	8.56	8.56	8.55	8.56
4	5.80	5.75	5.72	5.70	5.69	5.68	5.67	5.67	5.66	5.64
5	4.56	4.50	4.46	4.44	4.43	4.42	4.41	4.41	4.41	4.37
6	3.87	3.81	3.77	3.75	3.74	3.73	3.72	3.72	3.71	3.67
7	3.44	3.38	3.34	3.32	3.30	3.29	3.29	3.28	3.27	3.23
8	3.15	3.08	3.04	3.02	3.01	2.99	2.99	2.98	2.97	2.93
9	2.94	2.86	2.83	2.80	2.79	2.78	2.77	2.76	2.76	2.71
10	2.77	2.70	2.66	2.64	2.62	2.61	2.60	2.59	2.59	2.54
20	2.12	2.04	1.99	1.97	1.95	1.93	1.92	1.91	1.91	1.84
30	1.93	1.84	1.79	1.76	1.74	1.72	1.71	1.70	1.70	1.62
40	1.84	1.74	1.69	1.66	1.64	1.62	1.61	1.60	1.59	1.51
50	1.78	1.69	1.63	1.60	1.58	1.56	1.54	1.53	1.52	1.44
60	1.75	1.65	1.59	1.56	1.53	1.52	1.50	1.49	1.48	1.39
70	1.72	1.62	1.57	1.53	1.50	1.49	1.47	1.46	1.45	1.35
80	1.70	1.60	1.54	1.51	1.48	1.46	1.45	1.44	1.43	1.33
90	1.69	1.59	1.53	1.49	1.46	1.44	1.43	1.42	1.41	1.30
100	1.68	1.57	1.52	1.48	1.45	1.43	1.41	1.40	1.39	1.28
200	1.62	1.52	1.46	1.41	1.39	1.36	1.35	1.33	1.32	1.19
∞	1.57	1.46	1.40	1.35	1.32	1.29	1.28	1.26	1.25	1.00

Tabelle A.5: 95%-Fraktilen der F-Verteilung

n	m 1	2	3	4	5	6	7	8	9	10
1	647.79	799.50	864.16	899.58	921.85	937.11	948.22	956.65	963.28	968.62
2	38.51	39.00	39.17	39.25	39.30	39.33	39.36	39.37	39.39	39.40
3	17.44	16.04	15.44	15.10	14.88	14.73	14.62	14.54	14.47	14.42
4	12.22	10.65	9.98	9.60	9.36	9.20	9.07	8.98	8.90	8.84
5	10.01	8.43	7.76	7.39	7.15	6.98	6.85	6.76	6.68	6.62
6	8.81	7.26	6.60	6.23	5.99	5.82	5.70	5.60	5.52	5.46
7	8.07	6.54	5.89	5.52	5.29	5.12	4.99	4.90	4.82	4.76
8	7.57	6.06	5.42	5.05	4.82	4.65	4.53	4.43	4.36	4.30
9	7.21	5.71	5.08	4.72	4.48	4.32	4.20	4.10	4.03	3.96
10	6.94	5.46	4.83	4.47	4.24	4.07	3.95	3.85	3.78	3.72
20	5.87	4.46	3.86	3.51	3.29	3.13	3.01	2.91	2.84	2.77
30	5.57	4.18	3.59	3.25	3.03	2.87	2.75	2.65	2.57	2.51
40	5.42	4.05	3.46	3.13	2.90	2.74	2.62	2.53	2.45	2.39
50	5.34	3.97	3.39	3.05	2.83	2.67	2.55	2.46	2.38	2.32
60	5.29	3.93	3.34	3.01	2.79	2.63	2.51	2.41	2.33	2.27
70	5.25	3.89	3.31	2.97	2.75	2.59	2.47	2.38	2.30	2.24
80	5.22	3.86	3.28	2.95	2.73	2.57	2.45	2.35	2.28	2.21
90	5.20	3.84	3.26	2.93	2.71	2.55	2.43	2.34	2.26	2.19
100	5.18	3.83	3.25	2.92	2.70	2.54	2.42	2.32	2.24	2.18
200	5.10	3.76	3.18	2.85	2.63	2.47	2.35	2.26	2.18	2.11
∞	5.02	3.69	3.12	2.79	2.57	2.41	2.29	2.19	2.11	2.05

n	m 20	30	40	50	60	70	80	90	100	∞
1	993.10	1001.41	1005.59	1008.11	1009.78	1011.00	1011.91	1012.62	1013.16	1018.26
2	39.45	39.46	39.47	39.48	39.48	39.48	39.49	39.49	39.49	39.50
3	14.17	14.08	14.04	14.01	13.99	13.98	13.97	13.96	13.96	13.90
4	8.56	8.46	8.41	8.38	8.36	8.35	8.33	8.33	8.32	8.26
5	6.33	6.23	6.18	6.14	6.12	6.11	6.10	6.09	6.08	6.02
6	5.17	5.07	5.01	4.98	4.96	4.94	4.93	4.92	4.92	4.85
7	4.47	4.36	4.31	4.28	4.25	4.24	4.23	4.22	4.21	4.14
8	4.00	3.89	3.84	3.81	3.78	3.77	3.76	3.75	3.74	3.67
9	3.67	3.56	3.51	3.47	3.45	3.43	3.42	3.41	3.40	3.33
10	3.42	3.31	3.26	3.22	3.20	3.18	3.17	3.16	3.15	3.08
20	2.46	2.35	2.29	2.25	2.22	2.20	2.19	2.18	2.17	2.09
30	2.20	2.07	2.01	1.97	1.94	1.92	1.90	1.89	1.88	1.79
40	2.07	1.94	1.88	1.83	1.80	1.78	1.76	1.75	1.74	1.64
50	1.99	1.87	1.80	1.75	1.72	1.70	1.68	1.67	1.66	1.55
60	1.94	1.82	1.74	1.70	1.67	1.64	1.63	1.61	1.60	1.48
70	1.91	1.78	1.71	1.66	1.63	1.60	1.59	1.57	1.56	1.44
80	1.88	1.75	1.68	1.63	1.60	1.57	1.55	1.54	1.53	1.40
90	1.86	1.73	1.66	1.61	1.58	1.55	1.53	1.52	1.50	1.37
100	1.85	1.71	1.64	1.59	1.56	1.53	1.51	1.50	1.48	1.35
200	1.78	1.64	1.56	1.51	1.47	1.45	1.42	1.41	1.39	1.23
∞	1.71	1.57	1.48	1.43	1.39	1.36	1.33	1.31	1.30	1.00

Tabelle A.6: 97.5%-Fraktilen der F-Verteilung

	m									
n	1	2	3	4	5	6	7	8	9	10
1	4052.19	4999.50	5403.35	5624.57	5763.63	5858.97	5928.34	5981.05	6022.45	6055.82
2	98.50	99.00	99.17	99.25	99.30	99.33	99.36	99.37	99.39	99.40
3	34.12	30.82	29.46	28.71	28.24	27.91	27.67	27.49	27.35	27.23
4	21.20	18.00	16.69	15.98	15.52	15.21	14.98	14.80	14.66	14.55
5	16.26	13.27	12.06	11.39	10.97	10.67	10.46	10.29	10.16	10.05
6	13.75	10.92	9.78	9.15	8.75	8.47	8.26	8.10	7.98	7.87
7	12.25	9.55	8.45	7.85	7.46	7.19	6.99	6.84	6.72	6.62
8	11.26	8.65	7.59	7.01	6.63	6.37	6.18	6.03	5.91	5.81
9	10.56	8.02	6.99	6.42	6.06	5.80	5.61	5.47	5.35	5.26
10	10.04	7.56	6.55	5.99	5.64	5.39	5.20	5.06	4.94	4.85
20	8.10	5.85	4.94	4.43	4.10	3.87	3.70	3.56	3.46	3.37
30	7.56	5.39	4.51	4.02	3.70	3.47	3.30	3.17	3.07	2.98
40	7.31	5.18	4.31	3.83	3.51	3.29	3.12	2.99	2.89	2.80
50	7.17	5.06	4.20	3.72	3.41	3.19	3.02	2.89	2.78	2.70
60	7.08	4.98	4.13	3.65	3.34	3.12	2.95	2.82	2.72	2.63
70	7.01	4.92	4.07	3.60	3.29	3.07	2.91	2.78	2.67	2.59
80	6.96	4.88	4.04	3.56	3.26	3.04	2.87	2.74	2.64	2.55
90	6.93	4.85	4.01	3.54	3.23	3.01	2.84	2.72	2.61	2.52
100	6.90	4.82	3.98	3.51	3.21	2.99	2.82	2.69	2.59	2.50
200	6.76	4.71	3.93	3.43	3.12	2.90	2.73	2.60	2.50	2.41
∞	6.64	4.61	3.83	3.34	3.03	2.81	2.64	2.51	2.41	2.32

	m									
n	20	30	40	50	60	70	80	90	100	∞
1	6208.70	6260.62	6286.74	6302.49	6312.93	6320.51	6326.20	6330.64	6334.04	6365.55
2	99.45	99.46	99.47	99.48	99.48	99.49	99.49	99.49	99.49	99.50
3	26.69	26.50	26.41	26.35	26.32	26.29	26.27	26.25	26.24	26.47
4	14.02	13.84	13.75	13.69	13.65	13.63	13.61	13.59	13.58	13.52
5	9.55	9.38	9.29	9.24	9.20	9.18	9.16	9.14	9.13	9.04
6	7.40	7.23	7.14	7.09	7.06	7.03	7.01	7.00	6.99	6.89
7	6.16	5.99	5.91	5.86	5.82	5.80	5.78	5.77	5.75	5.65
8	5.36	5.20	5.12	5.07	5.03	5.01	4.99	4.97	4.96	4.86
9	4.81	4.65	4.57	4.52	4.48	4.46	4.44	4.43	4.41	4.31
10	4.41	4.25	4.17	4.12	4.08	4.06	4.04	4.03	4.01	3.91
20	2.94	2.78	2.69	2.64	2.61	2.58	2.56	2.55	2.54	2.42
30	2.55	2.39	2.30	2.25	2.21	2.18	2.16	2.14	2.13	2.01
40	2.37	2.20	2.11	2.06	2.02	1.99	1.97	1.95	1.94	1.81
50	2.27	2.10	2.01	1.95	1.91	1.88	1.86	1.84	1.82	1.68
60	2.20	2.03	1.94	1.88	1.84	1.81	1.78	1.76	1.75	1.60
70	2.15	1.98	1.89	1.83	1.78	1.75	1.73	1.71	1.70	1.54
80	2.12	1.94	1.85	1.79	1.75	1.71	1.69	1.67	1.65	1.50
90	2.09	1.92	1.82	1.76	1.72	1.68	1.66	1.64	1.62	1.46
100	2.07	1.89	1.80	1.74	1.69	1.66	1.63	1.61	1.60	1.43
200	1.97	1.79	1.69	1.63	1.58	1.55	1.52	1.50	1.48	1.28
∞	1.88	1.70	1.59	1.53	1.48	1.44	1.41	1.38	1.36	1.00

Tabelle A.7: 99%-Fraktilen der F-Verteilung

Zufallszahlen

214	209	479	335	836	917	201	707	556	388	999	290	627	764	418
785	207	876	919	587	684	215	393	540	570	965	333	496	536	293
134	887	569	879	481	516	880	157	501	263	725	700	122	064	648
757	956	156	885	240	624	025	694	742	900	653	520	362	103	095
670	533	584	747	055	030	148	781	800	507	717	069	372	947	888
860	690	001	398	880	784	502	678	072	457	633	736	502	411	010
507	321	198	844	039	108	795	872	005	151	127	050	793	399	334
429	173	760	524	880	510	489	023	689	956	968	261	159	985	755
743	692	017	616	034	847	166	983	182	586	082	724	955	132	393
876	573	172	026	355	889	848	983	839	261	368	547	470	564	214
582	661	517	318	376	202	028	933	970	747	048	384	856	503	857
838	694	718	870	075	323	547	731	359	475	103	031	035	882	247
830	768	859	828	475	380	441	405	918	393	959	934	477	352	997
757	064	492	592	413	581	217	661	823	247	981	771	654	034	696
669	008	513	066	633	686	194	677	990	937	676	473	752	367	041
658	005	160	319	193	752	336	745	808	147	511	193	064	902	144
361	734	038	931	149	106	038	210	031	378	901	191	031	764	109
216	765	836	428	675	273	770	251	905	334	662	899	973	509	728
078	633	558	541	376	158	366	492	229	762	774	466	633	700	032
835	140	833	680	064	802	843	543	629	298	837	299	161	611	052
451	544	125	082	106	304	494	948	714	370	746	443	181	435	557
477	057	657	370	282	029	771	616	324	317	296	459	745	468	682
729	206	246	372	320	656	464	020	621	737	092	470	225	602	372
218	752	850	616	088	014	020	570	661	182	566	765	129	296	519
309	091	256	025	092	854	507	272	667	785	816	642	185	043	916
680	485	018	218	534	781	488	090	454	164	082	252	201	442	586
066	641	257	297	782	743	091	286	858	596	272	544	149	269	318
342	128	213	222	771	918	393	802	299	534	073	042	665	699	816
820	065	632	760	383	852	180	332	479	847	235	294	242	380	067
548	219	034	046	917	516	521	532	946	935	456	868	271	602	417
577	492	312	754	634	556	218	610	359	879	018	565	875	250	174
137	585	028	251	331	575	288	313	884	990	343	674	453	360	823
228	184	619	378	393	966	043	174	543	845	969	251	644	075	996
500	103	388	272	220	837	378	830	945	663	229	385	600	493	529
582	878	503	000	606	673	323	772	213	955	635	138	085	681	136
779	777	875	093	845	233	443	619	729	446	418	266	690	221	086
375	229	463	723	736	138	454	432	143	844	334	373	354	654	859
969	746	974	435	002	344	861	068	944	548	867	667	325	808	443
153	371	841	487	305	051	629	573	008	588	486	390	672	026	433
208	469	217	882	132	455	690	698	024	624	811	800	003	352	201
062	635	249	281	508	875	324	354	081	026	412	074	455	078	147
866	481	181	127	546	428	531	310	131	354	621	324	985	793	425
320	213	690	971	260	604	396	839	455	324	650	503	219	137	207
007	741	335	401	558	621	508	898	890	526	365	937	482	212	877
927	674	889	182	810	639	509	290	356	842	706	141	356	511	665
977	330	129	803	281	985	656	266	584	357	283	702	516	919	181
198	353	197	405	125	178	001	290	082	672	416	816	577	891	738
787	247	743	691	702	347	149	290	256	079	102	073	151	472	308
420	949	933	438	873	442	741	291	045	888	849	149	971	118	576
553	627	634	830	231	265	741	380	683	039	218	677	430	859	102

Tabelle A.8: Zufallszahlen

Kritische Shapiro-Wilk-Werte

n	$\alpha = 0.10$	$\alpha = 0.05$	$\alpha = 0.01$
4	0.8951	0.8734	0.8318
5	0.9033	0.8804	0.8320
10	0.9347	0.9180	0.8804
15	0.9506	0.9383	0.9110
20	0.9600	0.9503	0.9290
25	0.9662	0.9582	0.9408
30	0.9707	0.9639	0.9490
40	0.9767	0.9715	0.9597
50	0.9807	0.9764	0.9664
60	0.9835	0.9799	0.9710
75	0.9865	0.9835	0.9757
100	0.9898	0.9874	0.9804

Tabelle A.9: Kritische Korrelationen $r_{\text{krit.}}$ beim Shapiro-Wilk-Test auf Normalverteilung

Für nicht aufgeführte Stichprobengrößen n können die kritischen Werte nach folgenden Gleichungen approximiert werden:

$$r_{\text{krit.}} \approx 1.0071 - \frac{0.1371}{\sqrt{n}} - \frac{0.3682}{n} + \frac{0.7780}{n^2} \quad \text{für } \alpha = 0.10$$

$$r_{\text{krit.}} \approx 1.0063 - \frac{0.1288}{\sqrt{n}} - \frac{0.6118}{n} + \frac{1.3505}{n^2} \quad \text{für } \alpha = 0.05$$

$$r_{\text{krit.}} \approx 0.9963 - \frac{0.0211}{\sqrt{n}} - \frac{1.4106}{n} + \frac{3.1791}{n^2} \quad \text{für } \alpha = 0.01$$

Weitere Einzelheiten findet man z.B. bei Ryan und Joiner[16] oder Filliben[17].

[16] Ryan T.A. Jr., Joiner B.L. 1976: Normal Probability Plots and Tests for Normality. Technical Report TR1, Statistics Department, The Pennsylvania State University

[17] Filliben J.J. 1975: The Probability Plot Correlation Coefficient Test for Normality. Technometrics, Vol. 17, S. 111 ff.

Stichprobenwerte aus einer Kuhpopulation

Tab. A.10 zeigt die Originaldaten, die für die Demonstrationen zur Datenanalyse mit MINITAB in Kapitel 1.6 verwendet wurden.

Der Stichprobenumfang beträgt $n = 120$. Jeder Kuh ist eine Zeile in der Tabelle zugeordnet. Die erste Spalte enthält die Rasse der jeweiligen Kuh, die wie folgt codiert ist.

1	Schwarzbunte
2	Fleckvieh
3	Braunvieh
4	Gelbvieh

Das erste quantitative Merkmal in Spalte 2 ist die jährlich produzierte Milchmenge in Kilogramm.

Spalte 3 enthält die Menge an Milchfett in Kilogramm pro Jahr.

Die folgende Spalte 4 zeigt den durchschnittlichen Milchfettgehalt in %. Dieser ist der Quotient aus der Fettmenge und der Milchleistung. Der Milchfettgehalt ist demnach nicht unabhängig von der Milchleistung und der Fettmenge.

Der mittlere Eiweißgehalt in % steht in Spalte 5.

Das Gewicht der Kühe in kg zeigt Spalte 6.

Die Kreuzhöhe in Spalte 7 ist nicht zu verwechseln mit dem bekannteren Merkmal Widerristhöhe. Die Messung erfolgt etwas anders. Infolgedessen ist die Kreuzhöhe einige cm größer als die Widerristhöhe.

In der letzten Spalte ist noch der Brustumfang in cm notiert.

In Kapitel 1.6 wird davon ausgegangen, daß die Daten in Matrixform in einer ASCII-Datei mit dem Namen `KUEHE.DAT` vorliegen. Es existiert pro Kuh eine Zeile, also insgesamt 120 Zeilen. Die ersten zehn Zeilen lauten:

```
2  4965  3.99  3.47  198  683  141  196
1  5735  4.28  3.58  245  677  140  197
2  5281  3.92  3.29  207  767  150  206
2  4876  4.19  3.45  204  703  146  200
2  4960  3.74  3.87  186  712  146  203
3  6036  4.22  3.76  255  616  129  191
4  4123  4.04  3.86  167  727  145  200
3  6761  3.85  3.40  260  635  130  191
1  6062  4.11  3.23  249  666  141  196
3  6212  4.24  3.50  263  658  134  198
```

Rasse	Milchleistung [kg/a]	Fett [kg/a]	Fettgehalt [%]	Eiweißgehalt [%]	Gewicht [kg]	Kreuzhöhe [cm]	Brustumfang [cm]
2	4965	3.99	3.47	198	683	141	196
1	5735	4.28	3.58	245	677	140	197
2	5281	3.92	3.29	207	767	150	206
2	4876	4.19	3.45	204	703	146	200
2	4960	3.74	3.87	186	712	146	203
3	6036	4.22	3.76	255	616	129	191
4	4123	4.04	3.86	167	727	145	200
3	6761	3.85	3.40	260	635	130	191
1	6062	4.11	3.23	249	666	141	196
3	6212	4.24	3.50	263	658	134	198
2	4940	4.03	3.39	199	761	145	202
2	5103	3.95	3.46	202	742	148	203
4	4275	4.13	3.65	177	799	158	206
2	4927	3.77	3.89	186	726	143	203
1	6065	3.74	3.77	227	731	144	203
1	6153	3.91	3.35	241	694	140	196
2	5111	3.88	3.44	198	761	148	201
4	4538	3.88	3.50	176	723	143	198
1	6409	3.94	3.15	253	702	142	195
2	4978	3.91	3.63	195	720	144	199
3	6927	3.64	3.52	252	691	139	198
2	4533	4.30	3.67	195	725	144	197
1	5725	4.14	3.61	237	668	139	192
1	5536	4.44	3.50	246	630	139	194
3	7002	3.78	3.19	265	673	135	193
2	5049	3.98	3.39	201	705	145	198
1	5910	3.85	3.76	228	658	140	192
1	6566	3.76	3.13	247	674	139	193
2	4745	4.04	3.67	192	703	145	205
4	4603	3.88	3.51	179	708	143	199
2	4877	4.17	3.43	203	699	145	198
3	6667	3.88	3.53	259	649	133	191
2	4958	3.83	3.67	190	690	139	193
3	6791	3.76	3.49	255	667	136	195
1	5726	4.22	3.64	242	704	141	201
3	6312	4.15	3.57	262	651	138	196
2	5002	3.83	3.67	192	713	147	201
2	5218	3.82	3.31	199	736	144	198
3	6876	3.90	3.24	268	641	133	192
2	5178	3.73	3.63	193	693	145	196

Tabelle A.10: Stichprobe über verschiedene Merkmale von Kühen

Rasse	Milch-leistung [kg/a]	Fett [kg/a]	Fett-gehalt [%]	Eiweiß-gehalt [%]	Gewicht [kg]	Kreuz-höhe [cm]	Brust-umfang [cm]
1	5471	4.03	3.95	220	703	140	198
1	5671	3.94	3.89	223	631	136	191
4	4767	3.86	3.48	184	724	144	200
1	5910	4.28	3.36	253	679	138	190
2	4885	4.11	3.67	201	735	146	202
2	4933	4.20	3.35	207	739	143	202
4	4275	4.20	3.55	180	724	148	200
3	6228	4.12	3.54	257	695	140	199
3	6386	3.97	3.65	254	705	139	199
1	5995	4.20	3.19	252	632	138	192
3	6308	4.15	3.61	262	654	130	194
1	5800	3.89	3.80	226	717	141	197
1	5535	4.36	3.64	241	639	140	194
2	4861	4.05	3.60	197	668	142	198
2	4874	4.17	3.50	203	716	145	198
1	6172	3.81	3.51	235	745	144	203
1	5751	3.99	3.86	229	695	140	198
2	4620	4.11	3.85	190	685	146	201
2	4944	4.15	3.37	205	731	143	199
1	6255	3.80	3.47	238	698	142	200
1	5637	4.16	3.72	234	604	136	184
2	5715	3.32	3.46	190	698	143	196
3	6646	4.03	3.39	268	697	140	193
2	4964	4.28	3.33	212	721	144	198
1	5928	3.88	3.68	230	681	138	198
3	6606	3.78	3.60	250	648	135	192
1	6019	4.34	3.15	261	688	139	201
2	5012	3.89	3.60	195	680	139	193
2	5042	4.19	3.28	211	738	144	200
2	4613	4.43	3.35	204	740	145	203
1	6097	3.96	3.41	241	727	141	197
2	4908	4.18	3.52	205	762	148	206
4	4276	4.14	3.49	177	741	146	203
3	6444	4.18	3.25	269	621	131	191
1	6181	3.98	3.44	246	711	141	201
2	5143	3.82	3.53	196	715	145	199
2	5144	3.83	3.54	197	778	150	206
1	5846	4.04	3.55	236	696	141	197
1	6070	4.03	3.43	245	698	139	196
2	4765	4.21	3.46	201	758	151	205

Tabelle A.10: Stichprobe über verschiedene Merkmale von Kühen

Rasse	Milch-leistung [kg/a]	Fett [kg/a]	Fett-gehalt [%]	Eiweiß-gehalt [%]	Gewicht [kg]	Kreuz-höhe [cm]	Brust-umfang [cm]
2	5128	4.25	3.09	218	656	140	192
3	6175	4.29	3.52	265	602	130	190
2	4621	4.23	3.52	195	751	151	205
3	5783	4.15	4.01	240	604	137	191
1	6102	4.07	3.37	248	675	141	196
2	5353	3.74	3.47	200	752	145	200
4	4792	3.78	3.49	181	775	146	199
1	6065	3.99	3.48	242	712	141	199
1	6168	3.62	3.96	223	705	143	200
2	4876	4.16	3.54	203	706	142	196
2	4637	4.06	3.85	188	752	150	203
1	5818	4.20	3.40	244	693	142	200
4	4169	4.42	3.44	184	746	151	205
2	5316	3.82	3.20	203	706	145	203
1	5995	4.05	3.44	243	683	139	191
3	6521	4.02	3.31	262	676	135	195
2	4827	4.13	3.45	199	683	141	196
3	6201	4.11	3.66	255	643	137	194
1	6379	4.09	3.06	261	684	141	195
1	5796	4.17	3.42	242	648	141	195
2	4637	4.37	3.56	203	780	153	205
3	6409	4.33	3.19	278	662	138	198
2	5185	3.68	3.47	191	776	146	202
2	5022	4.00	3.45	201	754	145	201
4	4165	4.40	3.43	183	674	139	200
1	6260	3.78	3.52	237	689	140	198
1	6435	3.97	3.23	255	680	141	196
2	5070	4.04	3.24	205	716	145	197
1	5966	3.89	3.78	232	724	144	204
2	5450	3.69	3.44	201	704	146	201
2	4581	4.25	3.73	195	728	147	201
1	6043	4.09	3.19	247	658	137	191
2	4817	4.11	3.55	198	750	148	206
2	5062	3.97	3.73	201	740	149	202
1	6343	3.73	3.37	237	681	141	197
2	4920	4.07	3.49	200	702	144	197
1	5703	4.29	3.48	245	652	140	189
2	4917	4.03	3.54	198	742	146	203
2	5131	3.94	3.37	202	738	146	198
1	6309	3.64	3.63	230	691	139	199

Tabelle A.10: Stichprobe über verschiedene Merkmale von Kühen

Stichprobenwerte des Hydroxymethyfurfurolgehalts von Honig

Probe	HMF [mg/100 g]	ln HMF	Probe	HMF [mg/100 g]	ln HMF
1	1.31	0.27003	41	3.50	1.25276
2	1.62	0.48243	42	2.93	1.07500
3	1.88	0.63127	43	3.18	1.15688
4	0.86	−0.15082	44	1.72	0.54232
5	1.95	0.66783	45	2.45	0.89609
6	2.55	0.93609	46	1.19	0.17395
7	5.91	1.77665	47	2.56	0.94001
8	2.41	0.87963	48	0.80	−0.22314
9	2.83	1.04028	49	1.53	0.42527
10	1.11	0.10436	50	1.34	0.29267
11	3.31	1.19695	51	3.75	1.32176
12	2.90	1.06471	52	2.20	0.78846
13	1.01	0.00995	53	0.76	−0.27444
14	1.17	0.15700	54	3.18	1.15688
15	2.08	0.73237	55	0.93	−0.07257
16	7.47	2.01090	56	1.09	0.08618
17	2.80	1.02962	57	2.01	0.69813
18	1.83	0.60432	58	2.70	0.99325
19	2.71	0.99695	59	3.60	1.28093
20	1.83	0.60432	60	0.57	−0.56212
21	1.55	0.43825	61	0.89	−0.11653
22	2.10	0.74194	62	1.08	0.07696
23	0.94	−0.06188	63	0.84	−0.17435
24	1.14	0.13103	64	1.08	0.07696
25	9.41	2.24177	65	0.96	−0.04082
26	2.88	1.05779	66	2.77	1.01885
27	4.99	1.60744	67	1.47	0.38526
28	2.29	0.82855	68	4.82	1.57277
29	1.84	0.60977	69	1.14	0.13103
30	5.45	1.69562	70	1.24	0.21511
31	1.87	0.62594	71	4.06	1.40118
32	3.97	1.37877	72	1.79	0.58222
33	0.61	−0.49430	73	1.81	0.59333
34	5.58	1.71919	74	0.89	−0.11653
35	2.11	0.74669	75	2.73	1.00430
36	3.44	1.23547	76	6.01	1.79342
37	3.12	1.13783	77	2.96	1.08519
38	1.43	0.35767	78	1.66	0.50682
39	0.27	−1.30933	79	0.70	−0.35667
40	0.45	−0.79851	80	1.58	0.45742

Tabelle A.11: HMF-Gehalt von Honigproben und deren natürlicher Logarithmus

Literatur

Chambers J.M., Cleveland W.S., Kleiner B., Tukey P.A. 1983:
Graphical Methods for Data Analysis.
Duxbury Press.

Heinhold J., Gaede K.W. 1979:
Ingenieur-Statistik.
4. Aufl., Oldenbourg.

Kendall M.G., Stuart A. 1991:
The Advanced Theory of Statistics.
Vol. 1 & 2, 5th ed., Charles Griffin.

Köhler W., Schachtel G., Voleske P. 1996:
Biostatistik. Einführung in die Biometrie für Biologen und Agrarwissenschaftler.
2. Auflage, Springer.

Kreyszig E. 1991:
Statistische Methoden und ihre Anwendungen.
7. Aufl., Vandenhoek u. Ruprecht.

Sachs L. 1993:
Statistische Methoden: Planung und Auswertung.
6. Auflage, Springer.

Sachs L. 1997:
Angewandte Statistik. Anwendung Statistischer Methoden.
6. Auflage, Springer.

Timischl W. 1990:
Biostatistik. Eine Einführung für Biologen.
Springer.

Tukey J.W. 1977:
Exploratory Data Analysis.
Addison-Wesley.

Vellemann P.F., Hoaglin D.C 1981:
Application, Basics and Computing of Exploratory Data Analysis.
Duxbury Press.

Wernecke K.-D. 1996:
Angewandte Statistik für die Praxis.
Addison-Wesley.

Tafeln und Tabellen

Documenta Geigy 1975:
Wissenschaftliche Tabellen.
7. Auflage, Thieme.

Fisher R.A., Yates F. 1974:
Statistical Tables for Biological, Agricultural and Medical Research.
6th ed., Longman Harlow.

Graf U., Henning H.-J., Stange K. 1997:
Formeln und Tabellen der angewandten mathematischen Statistik.
Springer.

Owen D.B. 1962:
Handbook of Statistical Tables.
Addison-Wesley.

Software und Handbücher

MINITAB Version 12
MINITAB™ ist im deutschsprachigen Raum erhältlich bei[18]:
IQBAL-Systeme GmbH
Heiser Weg 51
27616 Hollen
Tel. 04748/94990, Fax 04748/931245
EMail iq-info@iqbal.de
Homepage http://www.iqbal.de

MINITAB-Demoversion
Eine 30 Tage lang lauffähige Demoversion gibt es auf der MINITAB-Homepage unter http://www.minitab.com

Farber E. 1995:
A Guide to MINITAB.
Mc Graw Hill.

MINITAB Inc. 1998:
MINITAB User's Guide 1 & 2.

Ryan B.F., Joiner B.L. 1994:
MINITAB Handbook.
3rd ed., Duxbury Press.

[18] MINITAB ist ein eingetragenes Warenzeichen von Minitab Inc.

Index

J

K

L

M

N

T

U

V